高等学校土建类专业系列教材

建筑工程造价

（第3版）

主　编　武育秦
副主编　但　霞

武汉理工大学出版社
·武　汉·

内 容 提 要

《建筑工程造价》系高等学校土建类专业的一门专业课教材，由建筑工程计量与计价两部分构成。该教材对建筑工程造价的概念、特点、分类和构成，建筑安装工程费用项目组成、计算标准与计算程序，建筑工程定额的概念、分类、制定方法和具体应用，建筑面积与土建工程量计算，建筑工程施工图预算及其编制内容、方法与步骤，工程量清单的编制依据、编制方法和编制程序，工程量清单计价的组成内容、编制格式、编制方法及程序，施工预算的概念、编制方法和"两算"对比，设计概算的编制，工程结算与竣工决算等进行了全面、系统的阐述。在案例选编方面，均以实际工程中的应用问题为例题，并附有常用的计算规则、数据及各种应用表格，供读者学习和应用时参考。

本教材图文并茂、文字简练、语言流畅、通俗易懂，可供高等学校工程造价及相关专业本科教学使用，也可供高职高专相关专业教学使用，还可供工程造价人员、企业管理人员阅读参考。

图书在版编目(CIP)数据

建筑工程造价/武育秦主编. —3 版. —武汉：武汉理工大学出版社，2014.10

ISBN 978-7-5629-3024-2

Ⅰ.① 建… Ⅱ.① 武… Ⅲ.① 建筑工程-工程造价-高等学校-教材 Ⅳ.① TU723.3

中国版本图书馆 CIP 数据核字(2014)第 211811 号

项目负责人：田道全　　**责 任 编 辑**：田道全　万三宝
责 任 校 对：向玉露　　**装 帧 设 计**：许伶俐
出 版 发 行：武汉理工大学出版社
社　　　址：武汉市洪山区珞狮路 122 号
邮　　　编：430070
网　　　址：http://www.techbook.com.cn
经　　　销：各地新华书店
印　　　刷：武汉兴德林工贸有限公司
开　　　本：787×1092　1/16
印　　　张：20.25
插　　　页：4
字　　　数：544 千字
版　　　次：2014 年 10 月第 3 版
印　　　次：2014 年 10 月第 1 次印刷
印　　　数：1～3000 册
定　　　价：35.00 元

前　言

（第3版）

随着我国建设管理体制改革的不断深化，国家主管部门和各省、市、自治区相继颁发了关于工程造价计算与管理方面的新政策、新定额、新规定和新方法。为适应深化工程计价改革的需要，根据国家有关法律、法规及相关政策，在总结建标[2003]206号文《关于印发〈建筑安装工程费用项目组成〉的通知》执行情况的基础上，住房和城乡建设部、财政部完成了《建筑安装工程费用项目组成》的修订工作，于2013年3月21日发布了建标[2013]44号文《住房和城乡建设部 财政部关于印发〈建筑安装工程费用项目组成〉的通知》，并从2013年7月1日起贯彻执行，建标[2003]206号文同时废止。因此，根据上述变化和教学需要，编者对本教材第2版进行了修订，现说明如下：

(1) 为适应上述变化和满足该专业本科教学的需要，修订时删除了原教材第3章"建设工程预算概述"中第3.1、3.2、3.3节的全部内容，修改和补充了原教材第3.4、3.5节中的内容。

(2) 按照建标[2013]44号文的内容规定，对第3章的教材内容重新进行了编写，并将其改名为"建筑安装工程费用项目组成与计算程序"。其修改后的节次是：第3.1节"建筑安装工程费用项目组成"，第3.2节"建筑安装工程费用计算方法"，第3.3节"建筑安装工程费用标准和计算程序"。

(3) 由于各省、自治区、直辖市目前仍执行现行的《建筑与安装工程计价定额》(2008)和《建设工程费用定额》(2008)，因此这次修订重点对本教材的第3章内容，按照建标[2013]44号文的内容规定进行了修改与补充。

(4)《建筑与安装工程计价定额》和《建设工程费用定额》中所规定的内容，除第3章外，均与本教材其他章节的内容密切相关。因此，待各地区的《建筑与安装工程计价定额》和《建设工程费用定额》修订颁发执行后，再对本教材的相关章节内容进行全面的修改和补充。

此外，针对最新规范如《建筑工程建筑面积计算规范》(GB/T 50353—2013)、《建设工程工程量清单计价规范》(GB 50500—2013)及相应的计量规范等，对书中的相关内容作了修订。

限于我们的水平和条件，书中难免有疏漏、不当甚至是错误之处，恳请同行专家和广大读者批评指正。

编　者

2014年4月

前　言
（第2版）

《建筑工程造价》教材在武汉理工大学出版社的全力支持和帮助下，顺利地完成了编写出版任务（第2版），在此表示衷心感谢。

由于我国建设管理体制改革的不断深化，国家和各省、市、自治区相继颁发了关于工程造价计算与管理方面的新政策、新定额、新规定和新方法，为适应上述变化和满足教学的需要，我们对本教材的章节构成进行了调整，并对教材内容作了较大的修改与补充，现归纳如下：

1. 关于教材章节构成的调整

（1）这次修订我们将原教材的第2章“建筑工程定额概述”、第3章“施工定额”、第4章“预算定额”、第5章“概算定额、概算指标与投资估算指标”共计4章合并调整为修订后的第2章“建筑工程定额”。

（2）因工程造价的计算大都采用“预算软件”进行计算，相关专业也都单独开设了“预算软件”课程。因此，这次调整删去了原教材的第13章“计算机在建设工程造价计算中的应用”。

（3）我国现行规定工程项目的招标与投标报价必须采用“工程量清单计价”，为加强这方面的教学，我们将原教材的第9章“工程量清单计价”分设为两章，即再版修订后的第6章“工程量清单及计价”、第7章“建筑工程量清单及计价表编制实例”。

2. 关于教材内容组成的修改与补充

（1）按照国家建设部、质量监督检验检疫总局颁布的《建设工程工程量清单计价规范》（GB 50500—2008）的规定与要求，对本教材再版修订的第6章“工程量清单及其计价”中工程量清单的概念、编制内容与格式、编制方法等重新进行了编写，对第7章“建筑工程量清单及计价表编制实例”中的编制内容与格式也重新进行了编写与补充。

（2）按照重庆市建委颁布的《重庆市建筑工程计价定额》（CQJZDE—2008）、《重庆市装饰工程计价定额》（CQZSDE—2008）、《重庆市建设工程费用定额》（CQFYDE—2008）、《重庆市建设工程消耗量定额综合单价》等文件规定，对本教材的第3章中“建筑安装工程费用项目组成与计算程序”的费用标准、计算方法与计算程序等进行了修改，对第2章“建筑工程定额”中消耗量定额、计价定额（预算定额）标准等内容进行了比较大的修订，同时对第4章“土建工程量计算”中的计算规定与计算方法进行了修改与补充。

本教材再版修订后共计10章，由武育秦担任主编、但霞担任副主编。具体分工如下：第1章“建筑工程造价概述”、第3章“建设工程预算概述”、第4章“土建工程量计算”、第6章“工程量清单及计价”、第7章“建筑工程量清单及计价表编制实例”、第8章“土建工程施工预算”、第9章“设计概算的编制”、第10章“工程结算和竣工决算”由武育秦修订；第2章“建筑工程定额”、第5章“建筑工程施工图预算”由但霞修订。

由于我们的编写水平有限，教材中难免有不妥之处甚至错误，敬请同行专家和广大读者批评指正。

编　者

2012年4月

前　　言

（第1版）

《建筑工程造价》系高等职业技术教育建筑工程技术专业新编系列教材中的一门专业课教材。随着我国改革开放的不断深化，社会经济的迅速发展，以及工程技术和管理科学的不断进步，建筑工程管理也得到长足发展。因此，在这次新编系列教材重新编写出版时，本教材内容也新增和补充了相关的新理论、新知识、新技术和新方法，并将该教材从原名《建筑工程定额与预算》改名为《建筑工程造价》，以更好地适应我国社会主义市场经济不断发展，建筑企业管理能尽快与国际惯例接轨的需要。通过本教材内容的重新组织与编写，使教材体系、结构与内容完全能够满足高等职业技术教育等建筑类相关专业的用书需求。

《建筑工程造价》教材的重新编写，是根据国家教育部高教[2000]2号《关于加强高职高专人才培养的意见》、本专业的培养目标、教学计划及本课程的教学基本要求，以国家建设部颁布的建标[1995]736号《全国统一建筑工程基础定额》、建标[2003]206号《建筑安装工程费用项目组成》、GB 50500—2003《建设工程工程量清单计价规范》，以及重庆市建委颁布的《全国统一建筑工程基础定额重庆市基价表》、《重庆市建设工程费用定额》等资料为主要依据进行编写的。该教材对建筑工程造价的概念、特点、分类和构成，对建筑工程定额的概念、分类、制定方法和具体应用，对土建工程施工图预算的主要内容、工程量计算、费用组成、编制依据、编制方法和编制步骤，工程量清单计价的组成内容、编制格式、编制方法及步骤等进行了全面、系统的阐述。在专业理论知识方面，以必需、够用为度，突出以实际应用为重点；在培养应用能力方面，加强了实践教学的内容与要求；在案例选编方面，均以实际工程中的应用问题为例题，并附有常用的计算规则、数据及各种应用表格，供读者学习和应用时参考。该教材图文并茂、文字简练、语言流畅、通俗易懂，不仅是本专业及建筑类相关专业的一本理想教材，也是工程预算人员、企业管理人员业务学习必备的参考书。

本教材由武育秦编写，共计13章。1 建筑工程造价概论，2 建筑工程定额概述，3 施工定额，4 预算定额，5 概算定额、概算指标与投资估算指标，6 建设工程预算概述，7 土建工程量计算，8 土建工程施工图预算的编制，9 工程量清单计价，10 施工预算，11 设计概算的编制，12 工程结算和竣工决算，13 计算机在建设工程造价计算中的应用。由于编写水平有限，教材中难免有不妥之处，甚至错误，敬请同行专家和广大读者批评指正。

编　者

2006年4月

目　录

1 建筑工程造价概论

本 章 提 要

本章主要讲述工程造价的概念及其特点，工程造价的职能；建设项目的划分与分类；工程造价的计价特性；工程造价的分类；工程造价的管理。我国建设投资的构成和工程造价的构成包括建筑安装工程费用的构成、设备及工器具购置费用的构成和工程建设其他费用的构成。

1.1 建筑工程造价概述

1.1.1 工程造价的概念

工程造价是指拟建工程的建造价格。工程造价的含义，由于当事人所处的角度不同，其具体含义有以下两种：

(1) 工程造价是指完成某项工程建设所需要的全部费用，包括该工程项目有计划地进行固定资产再生产和形成相应无形资产，以及铺底流动资金一次性费用的总和。由此可知，这一含义是从投资者即业主的角度来定义的。业主(建设单位)在选定一个工程项目后，必须对该工程项目的可行性研究与评估进行决策，在此基础上再进行设计招标、工程施工招标直至竣工验收及决算等一系列投资管理活动。所有这些开支就构成了工程造价。从业主(建设单位)的角度上讲，工程造价就是指建设工程项目固定资产所需的全部投资费用。

(2) 工程造价是指一项建设工程项目的建造价格(费用)，包括建成该项工程所预计或实际在承包市场、技术市场、劳务市场和设备市场等交易活动中所形成的建筑安装工程的建造价格或建设工程项目建造的总价格。由此可知，这一含义是从建筑企业即从承包商的角度来定义的，而其含义是以社会主义商品经济和市场经济为前提的。它是以建设工程这种特定的建筑商品形式作为交换对象，并通过工程项目施工招投标、承发包或其他交易形式，在进行多次估算或预算的基础上，由市场最终所形成或决定的价格。通常把这种工程造价的含义又认定为建设工程的承发包价格。

上述工程造价的两种含义是从不同角度对同一事物本质的表述。对业主(建设单位)来讲工程造价就是“购买”工程项目所付出的价格，也是市场需求主体的业主(建设单位)“购买”工程项目时定价的基础。对承包商来讲，工程造价是承包商通过市场提供给需求主体(业主)出售建筑商品和劳务价格的总和，即建筑安装工程造价。

1.1.2　工程造价的基本特点

由于建设工程项目和建设过程的特殊性，其工程造价具有以下特点：

(1) 工程造价的个体性和差异性。每项建设工程项目都有特定的规模、功能和用途，因此，对每项建设工程项目的立面造型、主体结构、内外装饰、工艺设备和建筑材料都有具体的要求，这就使建设工程项目的实物形态千姿百态和千差万别，再由于不同地区投资费用构成中各种价格要素的差异，从而导致了工程造价的个体性和差异性。

(2) 工程造价的高额性。建设工程项目不仅实物体型庞大，而且工程造价费用高昂，动辄数百万或数千万元，特大的建设工程项目的工程造价可达数十亿或数百亿人民币。因此，工程造价的高额性，决定了工程造价的特殊性质，它不仅关系到各方面的经济利益，而且对宏观经济也会产生重大影响，这也说明了工程造价管理的重要性。

(3) 工程造价的层次性。一个建设工程一般由建设项目、单项工程和单位工程三个主要层次构成，如某个建设工程项目(某工厂)是由若干个单项工程(主厂房、仓库、办公楼、宿舍楼等)构成，一个单项工程又由若干个单位工程(土建工程、管道安装工程、电气安装工程等)组成。建设工程项目的层次性也就决定了工程造价的层次性。因此，与此相对应，工程造价也有主要的三个层次，即建设工程项目总造价、单项工程造价和单位工程造价。

(4) 工程造价的多变性。在社会主义市场经济的条件下，任何商品价格都不是一成不变的，其价格总是处于动态而不断变化的。一项建设项目从投资决策直到竣工交付使用都有一个较长的建设周期，在这期间存在许多影响工程造价的多变因素，如人工工资标准、材料设备价格、各项取费费率、利率等都会发生变化，这些多变因素直接影响到工程造价的变动。因此，在工程竣工结(决)算时应充分考虑这些多变因素的影响，以便正确计算和确定实际的工程造价。

1.1.3　工程造价的职能

因为建筑物产品也是商品，它同样具有一般商品的基本职能和派生职能。其基本职能包括表价职能与调节职能；派生职能包括核算职能与分配职能。除此之外，工程造价还具有自己特有的职能，现分述如下：

(1) 预测职能。由于工程造价的高额性和多变性，因而无论是业主(建设单位)，或是承包商(建筑施工企业)，都要对拟建工程造价进行预先测算。业主(建设单位)进行预先测算，其目的是为建设项目决策、筹集资金和控制造价提供依据；承包商(建筑施工企业)进行预先测算，其目的是把工程造价作为投标决策、投标报价和成本控制的依据。

(2) 评价职能。一个建设项目的工程造价，既是评价这个建设项目总投资和分项投资合理性和投资效益的主要依据之一，又是评价土地价格、建筑安装产品价格和设备价格是否合理的依据，也是评价建设项目偿贷能力和获利能力的依据，还是评价建筑安装企业管理水平和经营成果的重要依据。

(3) 调控职能。调控职能包括调整与控制两个方面。一方面是国家对建设工程项目的建设规模、工程结构、投资方向，以及建设中的各种物资消耗水平等进行调整与管理；另一方面是对投资者的投资控制和对承包商的成本控制。投资控制是根据工程造价在各阶段的预估，从而进行工程造价全过程和阶段性的控制。成本控制是在价格一定的条件下，建筑施工企业要以工程造价来控制成本，以增加盈利。

1.2 建设项目的划分与分类

1.2.1 建设项目的划分

(1) 建设项目

建设项目是指具有完整的计划任务书和总体设计并能进行施工，行政上有独立的组织形式，经济上实行统一核算的建设工程。一个建设项目可由几个单项工程或一个单项工程组成。建设项目按其用途的不同可分为生产性建设项目和非生产性建设项目。在生产性建设项目中，一般是以一个企业或一个联合企业为建设项目；在非生产性建设项目中，一般是以一个事业单位为建设项目，如一所学校；也有以经营性质为建设项目，如宾馆、饭店等。

(2) 单项工程

单项工程是指具有独立的设计文件，竣工后可以独立发挥生产能力或使用价值的工程。单项工程是建设项目的组成部分，它由若干个单位工程所组成，如一个工厂的生产车间、仓库，一所学校的教学楼、图书馆等。

(3) 单位工程

单位工程是指具有独立的设计文件，能单独施工，并可以单独作为经济核算对象的工程。单位工程是单项工程的组成部分，如一个生产车间的土建工程、电气照明工程、给排水工程、机械设备安装工程、电气设备安装工程等，都是生产车间这个单项工程的组成部分；又如在住宅工程中的土建工程、给排水工程、电气照明工程等都分别称为一个单位工程。

(4) 分部工程

分部工程是指按建筑工程的主要部位或工种工程的不同，以及安装工程的种类所划分的工程。分部工程是单位工程的组成部分，如一个单位工程中的土建工程可以分为土石方工程、砖石工程、脚手架工程、钢筋混凝土工程、楼地面工程、屋面工程及装饰工程等，而其中的每一个部分就是一个分部工程。

(5) 分项工程

分项工程是指按照不同的施工方法、建筑材料、设备不同的规格等，将分部工程作进一步细分的工程。分项工程是建筑工程的基本构造要素，是分部工程的组成部分，如土石方这一分部工程，可以分为人工挖土方、机械挖土方、运土方、回填土方等分项工程。

1.2.2 建设项目的分类

1.2.2.1 建设项目按其用途不同分类

(1) 生产性建设项目

生产性建设项目是指直接用于物资(产品)生产或满足物资(产品)生产所需要的建设项目，主要包括以下建设项目：

① 工业建设；

② 建筑业建设；

③ 农林水利气象建设；

④ 邮电运输建设；

⑤ 商业和物资供应建设；

⑥ 地质资源勘探建设。

(2) 非生产性建设项目

非生产性建设项目一般是指满足人民物质和文化生活所需要的建设项目，主要包括以下建设项目：

① 住宅建设；

② 文教卫生建设；

③ 科学实验研究建设；

④ 公用事业建设；

⑤ 其他建设。

1.2.2.2 建设项目按其性质不同分类

(1) 新建项目

新建项目是指从无到有新开始建设的项目。有的建设项目原有规模较小，经重新进行总体设计，扩大建设规模后，其新增加的固定资产价值超过原有固定资产价值三倍以上的，亦属于新建项目。

(2) 扩建项目

扩建项目是指原企事业单位为了扩大原有产品的生产能力和效益，或增加新的产品生产能力和效益而扩建的生产车间、生产线或其他工程。

(3) 改建项目

改建项目是指原企事业单位为了提高生产效率、改进产品质量或改变产品方向，对原有设备、工艺流程进行改造的建设项目。为了提高综合生产能力，增加一些附属和辅助车间或非生产性工程，亦属于改建项目。

(4) 恢复项目

恢复项目是指企事业单位的固定资产因自然灾害、战争、人为灾害等原因部分或全部被破坏报废，而后又重新投资恢复的建设项目。不论是按原来的规模恢复建设，还是在恢复的同时进行扩充建设的部分，均称为恢复项目。

(5) 迁建项目

迁建项目是指企事业单位由于各种原因将建设工程迁到另一地方的建设项目。不论其建设规模是否维持原来的建设规模，均属于迁建项目。

1.2.2.3 建设项目按其规模不同分类

依据建设项目规模或投资的大小，可把建设项目划分为大型建设项目、中型建设项目和小型建设项目。对于工业建设项目和非工业建设项目的大、中、小型划分标准，国家计委、建设部、财政部都有明确的规定。一个建设项目，只能属于大、中、小型其中的一类。大、中型建设项目一般都是国家的重点骨干工程，对国民经济的发展具有重大意义。

生产产品单一的工业企业，其建设规模一般按产品的设计能力划分。如钢铁联合企业，年生产钢量在 100 万 t 以上的为大型建设项目；10 万～100 万 t 为中型建设项目；10 万 t 以下的为小型建设项目。生产产品多样化的工业企业，按其主要产品的设计能力进行划分；生产产品种类繁多，难以按生产能力划分的，则按全部建设投资额的大小进行划分。

1.2.3　工程造价的计价特性

工程造价的计价特性是由工程造价的特点所决定的，了解和掌握这些特性，对工程造价的计算、确定与控制，都是十分重要和非常必要的。

(1) 计价的单件性

建筑产品的个体性和差异性决定了其计价的单件性。建筑产品不能像一般工业产品那样按照品种、规格和质量要求成批地生产与定价，只能通过规定的编制依据和编制程序，逐个地计算其工程造价。因此，这就决定了建筑产品（即建设工程）计价的单件性。

(2) 计价的阶段性（即多次性）

建设工程具有工期长、规模大、造价高等特点。因此，按照建设程序的规定，必须按其建设阶段的不同与划分进行工程造价的计算。为了满足工程建设各方的需要和经济关系的建立，按照工程造价控制和管理的要求，一般是在建设项目的可行性研究阶段需要编制投资估算，初步设计阶段需要编制设计概算，技术设计阶段需要编制修正概算，施工图设计阶段需要编制施工图预算，招投标阶段需要编制合同价，工程实施阶段需要编制结算价，竣工验收阶段需要编制实际造价。而整个计价过程是一个由粗到细、由浅到深，以计算和确定建设工程实际造价的过程。计价过程各阶段（环节）之间相互衔接，前者控制后者，后者补充前者。

(3) 计价的组合性

工程造价是按照建设项目的划分分别计算且组合而成的。一个建设项目是一个工程综合体，可以划分为若干个有内在联系的独立和不能独立的工程。计价时要按照建设项目的划分要求，逐个进行计算，层层加以汇总。其计算顺序和计算过程是：分部分项工程单价→单位工程造价→单项工程造价→建设项目总造价。

(4) 计价方法的多样性

由于工程造价计价是按其建设阶段的不同分别进行计算的，按规定各阶段的计价依据和计算精度要求是不相同的，因此，其计价方法也就存在多样性。如计算投资估算的方法有生产规模指数估算法和分项比例估算法两种，计算概、预算方法有单价法和实物法两种等。

1.2.4　工程造价的分类

根据建设项目实施阶段的不同，工程造价可以按以下建设阶段的要求进行分类：

(1) 投资估算

投资估算（又称估算造价）是指建设项目在项目建议书阶段和可行性研究阶段对拟建项目所需投资额的估算文件。投资估算是建设项目前期工作的一项重要内容，通过投资估算文件的编制，预先测算和确定其估算造价，可以为业主（建设单位）进行建设项目的立项和投资决策提供依据。

(2) 概算造价

概算造价（又称设计概算造价）是指设计单位在初步设计阶段或扩大初步设计阶段，为计算和确定拟建项目所需投资额（费用）的概算文件。

设计概算造价（即设计概算）是设计文件的重要组成部分。根据投资规模和使用范围的不同，可分为单位工程概算造价、单项工程概算造价和建设项目概算总造价，是由单个到综合、局部到总体、逐个编制、层层汇总而成。概算造价编制完成后，业主（建设单位）应按照建设项目的建设规模、隶属关系和审批程序报请主管部门审批。建设项目概算总造价经主管部门批准后，就成为国家控制该建设项目总投资的主要依据，并要求不得任意突破。

(3) 修正概算造价

修正概算造价是指设计单位在采用三阶段设计时的技术设计阶段，对初步设计内容作进一步深化的基础上，通过预先测算和修正后而编制的概算造价文件。修正概算造价是在初步设计概算造价的基础上进行修正调整，比初步设计概算造价准确，但要受该概算造价的控制。

(4) 预算造价

预算造价是指在施工图设计阶段，根据已完成的施工图纸、预算定额、费用定额等资料，通过预先测算和确定后而编制的预算造价文件。预算造价比概算造价或修正概算造价更为详尽和准确，同时也受审查批准后的概算造价或修正概算造价的控制。

(5) 合同价

合同价是指在工程招投标阶段，承发包双方根据合同条款及有关规定，并通过签订工程承包合同所计算和确定的拟建工程造价总额。合同价属于市场价格的范畴，不同于工程的实际造价。按照投资规模和范围的不同，合同价可分为建设项目总承包合同价、建筑安装工程承包合同价、材料设备采购合同价和技术及咨询服务合同价；按计价方法的不同，合同价可分为固定合同价、可调合同价和工程成本加酬金合同价。

(6) 结算价

结算价是指在承包合同实施阶段，拟建工程结算时按其合同调整范围和调价方法，对实际发生的设计变更、工程量增减和材料设备价差等进行调整后所计算和确定的工程价款。结算价是拟建工程的实际结算造价。

(7) 实际造价

实际造价是指在竣工验收决算阶段，业主（建设单位）为建设项目所编制的竣工决算造价，也是最终计算和确定的实际工程造价。

1.3 建设工程造价的构成

建设投资构成包括固定资产投资和流动资产投资两个组成部分。工程造价由建筑安装工程费用、设备及工器具购置费用、工程建设其他费用、预备费、建设期贷款利息、固定资产投资方向调节税构成。现分析如图 1.1 所示。

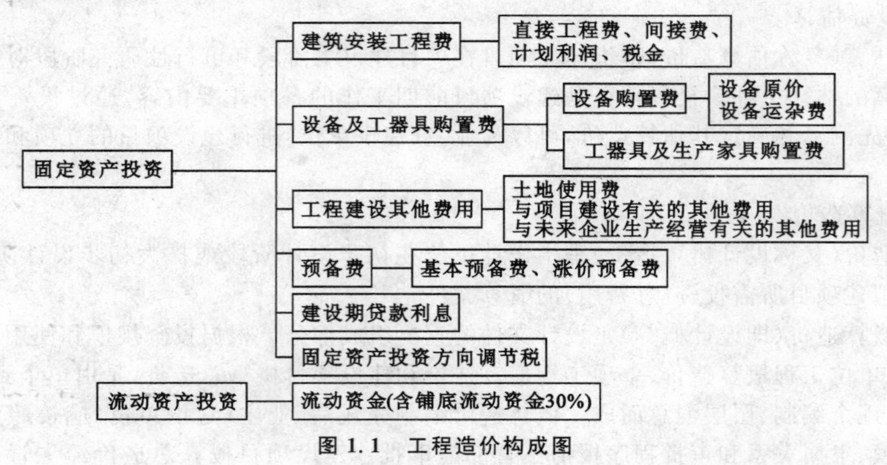

图 1.1 工程造价构成图

1.3.1 建筑安装工程费用的构成

建筑安装工程费用由直接工程费、间接费、利润和税金构成，将在后面的有关章节里作重点介绍。

1.3.2 设备及工器具购置费用的构成

设备及工器具购置费用是由设备购置费用(包括设备原价、设备运杂费)和工具、器具、生产家具的购置费用构成，它是固定资产的重要组成部分。在生产性建设项目中，设备及工器具购置费用占工程造价比重的增长，标志着生产技术的进步和资本构成的提高。

1.3.2.1 设备购置费用

建设项目的设备购置费用是指建设项目购置或自制的达到固定资产标准的各种国产或进口设备、工具、器具的购置费用。其具体计算公式如下：

设备购置费＝设备原价＋设备运杂费

在上述计算式中，设备原价是指国家标准设备、非标准设备、进口设备的原价；设备运杂费是指设备供销部门手续费、设备原价中未包括的包装和包装材料费、运输费、装卸费、采购费及仓库保管费之和。

(1) 国产标准设备原价

国产标准设备是指按照主管部门颁发的标准图纸和技术要求，由我国设备生产厂批量生产的，符合国家质量检验标准的设备。国产标准设备原价一般指的是设备制造厂的交货价，即出厂价。如设备系由设备成套公司供应，则以定货合同价为设备原价。有的设备有两种出厂价，即带有备件的出厂价和不带备件的出厂价。在计算设备原价时，一般采用带有备件的出厂价计算。

(2) 国产非标准设备原价

国产非标准设备是指国家尚无定型标准，各设备生产厂不可能在工艺过程中采用批量生产，只能按一次定货，并根据具体的设计图纸制造的设备。非标准设备原价有多种不同的计算方法，常用的方法是成本计算估价法。

按成本计算估价法确定国产非标准设备原价时，其费用构成主要有：材料费、加工费、辅助材料费、专用工具费、废品损失费、外购配套件费、包装费、利润、税金(主要指增值税)和设计费等。单台非标准设备原价计算表达式为：

单台非标准设备原价＝{[(材料费＋加工费＋辅助材料费)×(1＋专用工具费率)×
(1＋废品损失率)＋外购配套件费]×(1＋包装费率)－外购配套件费}×
(1＋利润率)＋增值税＋非标准设备设计费＋外购配套件费

(3) 进口设备原价

进口设备原价是指进口设备的抵岸价，即抵达买方边境港口或边境车站且交完关税为止形成的价格。

① 进口设备的交货方式可分为内陆交货类、目的地交货类、装运港交货类。

内陆交货类。即卖方在出口国内陆的某个地点完成交货任务。在交货地点，卖方及时提交合同规定的货物和有关凭证，并负担交货前的一切费用和风险；买方及时接受货物，交付货款，负担交货后的一切费用和风险，并自行办理手续和装运出口。

目的地交货类。即卖方在进口国的港口或内地交货，包括目的港船上交货价、目的港船边交货价（FOS）、目的港码头交货价（关税已付）和完税后交货价（进口国的指定地点）。它们的特点是：买卖双方承担的责任、费用和风险是以目的地约定交货地点为分界线，只有当卖方在交货地点将货物置于买方的控制下才算交货，才能向买方收取货款。这类交货方式对卖方来说承担的风险较大，在国际贸易中卖方一般不愿采用。

装运港交货类。即卖方在出口国装运港交货，主要有装运港船上交货价（FOB），习惯上称之为离岸价格；运费在内价（CFF）和运费、保险费在内价（CIF），习惯上称之为到岸价格。它们的特点是：卖方按约定的时间在装运港交货，只要卖方把合同规定的货物装船后提供货运单据便完成交货任务，并凭单据收回货款。

装运港船上交货价（FOB）是我国进口设备采用最多的一种交货价。采用此货价时卖方的责任是：在规定的期限内，负责在合同规定的装运港将货物装上买方指定的船只，并及时通知买方；负担货物装船前的一切费用和风险；负责办理出口手续；提供出口国政府或有关方面签发的证件；负责提供有关装运单据。买方的责任是：负责租船或订舱，支付运费，并将船期、船名通知卖方；负担货物装船后的一切费用和风险；负责办理保险及支付保险费，办理在目的港的进口和收货手续；接受卖方提供的有关单据，并按合同规定支付货款。

② 进口设备抵岸价的构成。我国进口设备采用最多的是装运港船上交货价（FOB），其到岸价的构成为：

进口设备价格＝货价＋国际运费＋运输保险费＋银行财务费＋外贸手续费＋关税＋增值税＋消费税＋海关监管手续费＋车辆购置附加费

(4) 设备运杂费

设备运杂费通常由下列各项构成：

① 运费和装卸费。国产设备由设备制造厂交货地点起至工地仓库（或施工组织设计指定的需要安装设备的堆放地点）止所发生的运费和装卸费；进口设备则由我国到岸港口或边境车站起至工地仓库（或施工组织设计指定的需要安装设备的地点）止所发生的运费和装卸费。

② 包装费。在设备原价中没有包含的为运输而进行的包装支出的各种费用。

③ 供销部门手续费。按有关规定的统一费率计算。

④ 采购与仓库保管费。指采购、验收、保管和收发设备所发生的各种费用，包括设备采购、保管和管理人员工资，工资附加费、办公费、差旅交通费、设备供应部门办公和仓库所占固定资产使用费、工器具使用费、劳动保护费、检验试验费等。这些费用可按主管部门规定的采购保管费率计算。设备运杂费的计算公式为：

设备运杂费＝设备原价×设备运杂费率

式中，设备运杂费率按各部门及省、市等的规定计取。

1.3.2.2 工器具及生产家具购置费

工器具及生产家具购置费是指新建项目或扩建项目初步设计规定的，保证初期正常生产必须购置的没有达到固定资产标准的设备、仪器、工卡模具、器具、生产家具和备品备件等的购置费用。一般以设备购置费为计算基数，按照部门或行业规定的工器具及生产家具费率计算，计算式为：

工器具及生产家具购置费＝设备原价×定额费率

1.3.3 工程建设其他费用构成

工程建设其他费用是指从工程筹建到工程竣工验收交付使用止的整个建设期间，除建筑安装工程费用和设备、工器具购置费以外的，为保证工程建设顺利完成和交付使用后能正常发挥效用而发生的各项费用的总和。

工程建设其他费用按其内容大体可分为三类：第一类指土地使用费；第二类指与工程建设有关的其他费用；第三类指与未来企业生产经营有关的其他费用。

1.3.3.1 土地使用费

任何一个建设项目都要占用一定量的土地，也就必然要发生为获得建设用地而支付的费用，即土地使用费。它是指建设项目通过划拨方式取得土地使用权而支付的土地征用及迁移补偿费，或者通过土地使用权出让方式取得土地使用权而支付的土地使用权出让金。

(1) 土地征用及迁移补偿费

土地征用及迁移补偿费指建设项目通过划拨方式取得无限期的土地使用权，依照《中华人民共和国土地管理法》的规定所支付的费用。其总和一般不得超过被征土地年产值的20倍，土地年产值则按该地被征用前3年的平均产量和国家规定的价格计算。其内容包括：

① 土地补偿费。征用耕地(包括菜地)的补偿标准为该耕地产值的3～6倍，其具体标准由省、自治区、直辖市人民政府在此范围内制订。征用园地、鱼塘、藕塘、苇塘、宅基地、林地、牧场、草原等的补偿标准，由省、自治区、直辖市人民政府制订。征用无收益的土地，不予补偿。

② 青苗补偿费和被征用土地上的房屋、水井、树木等附着物补偿费。该标准由省、自治区、直辖市人民政府制订。征用城市郊区的菜地时，还应按照有关规定向国家缴纳新菜地开发建设基金。

③ 安置补助费。征用耕地、菜地的，每个农业人口的安置补助费标准为该地每亩年产值的2～3倍，需要安置的农业人口数按被征地单位征地前农业人口和耕地面积的比例及征地数量计算。每亩的安置补助费最高不得超过其年产值的10倍。

④ 缴纳的耕地占用税或城镇土地使用税、土地登记及征地管理费等。县、市土地管理机关从征地费中提取管理费的比率要按征地工作量的大小，视不同情况，在1%～4%幅度内提取。

⑤ 征地动迁费。其内容包括征用土地上房屋及附属构筑物、城市公共设施等拆除、迁建补偿费、搬迁运输费，企业单位因搬迁造成的减产、停工损失补贴费、拆迁管理费等。

⑥ 水利水电工程水库淹没处理补偿费。其内容包括农村移民安置迁建费，城市迁建补偿费，库区工矿企业、交通、电力、通信、广播、管网、水利等的恢复、迁建补偿费，库底清理费，防护工程费，环境影响补偿费用等。

(2) 土地使用权出让金

土地使用权出让金指建设项目通过土地使用权出让方式取得有限期的土地使用权，依照《中华人民共和国城镇国有土地使用权出让和转让暂行条例》规定支付的土地使用权出让金。其内容包括：

① 明确国家是城市土地的唯一所有者，并分层次、有偿、有限地出让、转让城市土地使用权给用地者，第一层次由城市政府将国有土地使用权出让给用地者，该层次由城市政府垄断经营，出让对象可以是有法人资格的企事业单位，也可以是外商。第二层次及以下层次的转让则

发生在土地使用者之间。

② 城市土地的出让和转让方式有协议、招标、公开拍卖。要为各用地者获得土地使用权提供平等竞争机会，但竞争强度应各有不同。

协议方式是由用地单位申请，经市政府批准同意后双方洽谈具体地块及地价。该方式适用于市政工程、公益事业用地以及需要减免地价的机关、部队用地和需要重点扶持、优先发展的产业用地。

招标方式是在规定期限内，由用地单位以书面形式投标，市政府根据投标报价、所提供的规划方案以及企业的信誉等综合考虑，择优而取。该方式适用于一般工程建设用地。

公开拍卖是指在指定的地点和时间，由申请用地者叫价应价，价高者得。这完全是由市场竞争决定的，适用于盈利高的行业用地。

③ 在有偿出让和转让土地时，政府对地价不作统一规定，但应坚持以下原则：地价对投资环境不产生大的影响；地价与当时的社会经济承受能力相适应；地价要考虑已投入的土地开发费用、土地市场供求关系、土地用途和使用年限。

④ 关于政府有偿出让土地使用权的年限，各地可根据时间、区位等各种条件作不同的规定，一般可在30～99年之间。按照地面附属建筑物的折旧年限来看，以50年为宜。

⑤ 土地有偿出让和转让，土地使用者和所有者要签约，明确使用者对土地享有的权利和对土地所有者应承担的义务。有偿出让和转让使用权，应向土地受让者征收契税；转让土地如有增值，要向土地转让者征收土地增值税；在土地转让期间，国家要区别不同地段、不同用途向土地占用者收取土地占用费。

1.3.3.2　与工程建设有关的费用

(1) 建设单位管理费

建设单位管理费指建设项目立项、筹建、建设、联合试运转、竣工验收交付使用及后评估等全过程管理所需费用。其内容包括：

① 建设单位开办费。指新建项目为保证筹建和建设工作正常进行所需的办公设备、生活家具、用具、交通工具等的购置费用。

② 建设单位经费。包括工作人员的基本工资、工资性津贴、职工福利费、劳动保护费、劳动保险费、办公费、差旅交通费、工会经费、职工教育经费、固定资产使用费、工具用具使用费、技术图书资料费、生产人员招募费、工程招标费、合同咨询费、法律顾问费、审计费、业务招待费、排污费、竣工交付使用清理费、竣工验收费、后评估等费用。不包括应计入设备、材料预算价格的建设单位采购及保管设备材料所需的费用。

(2) 勘察设计费

勘察设计费指为本建设项目提供项目建议书、可行性研究报告及设计文件等所需费用。其内容包括编制项目建议书、可行性研究报告及投资估算、工程咨询、评价以及为编制上述文件所进行勘察、设计、研究等所需费用；委托勘察、设计单位进行初步设计、施工图设计及概预算编制等所需的费用；在规定范围内由建设单位自行完成的勘察、设计工作所需费用。

(3) 研究试验费

研究试验费指为本建设项目提供和验证设计参数、数据、资料所进行的必要的试验费用以及设计规定在施工中必须进行试验、验证所需费用，包括自行或委托其他部门研究试验所需人工费、材料费、试验设备及仪器使用费等。

(4) 临时设施费

临时设施费指建设期间建设单位所需临时设施的搭设、维修、摊销费用或租赁费用。

临时设施包括临时宿舍、文化福利及公用事业房屋与构筑物、仓库、办公室、加工厂及规定范围内的道路、水、电、管线等临时设施和小型临时设施。

(5) 工程监理费

工程监理费指委托工程监理单位对工程实施监理工作所需费用，可以选择以下方法进行计算：

① 一般情况应按工程建设监理收费标准计算，即占所监理工程概算或预算的百分比计算。

② 对于单工程或临时性项目，可根据参与监理的年度平均人数按3万～5万元/(人·年)计算。

(6) 工程保险费

工程保险费指建设项目在建设期间根据需要实施工程保险所需的费用，包括以各种建筑工程及其在施工过程中的材料、机器设备为保险标的的建筑工程一切保险以及机器损坏保险等。根据不同的工程类别，分别依其建筑、安装工程费乘以建筑、安装工程保险费率计算。民用建筑占建筑工程费的0.2%～0.4%；其他工程占建筑工程费的0.3%～0.6%；安装工程占建筑工程费的0.3%～0.6%。

(7) 供电贴费

供电贴费指建设项目按照国家规定应交付的供电工种贴费、施工临时用电贴费，是解决电力建设资金不足的临时对策。供电贴费是指用户申请用电时，由供电部门统一规划并负责建设的110 kV以下各级电压外部供电工种的建设、扩充、改建等费用的总称。供电贴费只能用于为增加或改善用户而必须新建、扩建和改善的电网建设以及有关的业务支出，由建设银行监督使用，不得挪作他用。

(8) 施工机构迁移费

施工机构迁移费指施工机构根据建设任务的需要，经有关部门决定成建制地(指公司或公司所属工程处、工区)由原驻地迁移到另一个地区的一次性搬迁费用。其内容包括职工及随同家属的差旅费，调迁期间的工资和施工机械、设备、工具、用具和周转性材料的搬运费。一般按建安工程费的0.5%～1%计算。

(9) 引进技术和进口设备其他费

引进技术和进口设备其他费包括出国人员费用、国外技术人员来华费用、技术引进费、分期或延期付款利息、担保以及进口检验鉴定费。

① 出国人员费用。指为引进技术和进口设备派出人员在国外进行设计联络、设备材料检验、培训等的差旅费、制装费、生活费等。

② 国外工程技术人员来华费用。指为安装进口设备、国外技术等聘用外国工程技术人员进行技术指导工作所发生的费用。

③ 技术引进费。指为引进国外先进技术而支付的费用，包括专利费、专有技术费、国外设计及技术资料费、计算机软件费等。

④ 分期或延期付款利息。指利用出口信贷引进技术或进口设备采用分期或延期付款的办法所支付的利息。

⑤ 担保费。指国内金融机构为买方出具保函的担保费。

⑥ 进口检验鉴定费用。指进口设备按规定付给商品检验部门的进口设备鉴定费。

(10) 工程承包费

工程承包费指具有总承包条件的工程公司对工程建设项目以开始建设至竣工投产全过程的总承包所需的管理费用。其主要包括组织勘察设计、设备材料采购、非标准设备设计制造与销售、施工招标、发包、工程预决算、项目管理、施工质量监督、隐蔽工程检查、验收试车直至竣工投产的各种管理费用。该项费用应按照国家主管部门，或各省、自治区、直辖市所规定的工程总承包费的取费标准计算。

1.3.3.3　与新建企业有关的其他费用

(1) 联合试运转费用

联合试运转费用是指新建企业或扩建企业在竣工验收前，按照设计规定的工程质量标准，进行负荷或无负荷联合试运转所发生的费用支出大于试运转收入(系指试运转产品销售和其他收入)的亏损部分。该费用包括试运转所需要的原料、燃料、油料和动力的费用，机械使用费用，低值易耗品及其他物品的购置费用，以及施工企业参加联合试运转人员的工资等。

(2) 生产准备费用

生产准备费用是指新建企业或扩建企业为保证竣工交付使用而进行的生产准备所发生的费用。其具体内容如下：

① 生产人员培训费用。包括自行培训或委托培训人员的工资、工资性补贴、职工福利费、差旅交通费、学习资料费、学习费和劳动保护费等。

② 新建企业提前进厂参加施工、设备调试及熟悉设备性能与工艺流程等人员的工资、工资性补贴、职工福利费、差旅交通费和劳动保护费等。

(3) 办公和生活家具购置费用

该项费用是指为了保证新建、扩建、改建工程项目建设初期能正常生产、管理所必须购置的办公和生活家具、用具的费用。扩建、改建项目所需的办公和生活家具、用具购置费，应低于新建项目，主要包括办公室、会议室、阅览室、资料档案室、文娱室、食堂、单身宿舍等家具、用具的购置费用。

关于预备费、建设期贷款利息和固定资产投资方向调节税等内容，将在本教材的相关章节再作介绍。

1.4　建设工程造价计价模式

1.4.1　建设工程造价计价种类

我国现行规定的建设工程计价模式，主要有定额计价模式和工程量清单计价模式两种，现就这两种计价模式的基本概念及其区别分述如下。

1.4.1.1　定额计价模式

定额计价模式也称传统计价模式，是指根据工程项目的设计施工图纸、计价定额(即概、预算定额)、费用定额、施工组织设计或施工方案等文件资料而计算和确定工程造价的一种计价模式。

在我国实行计划经济的几十年里，建设单位（业主）和建筑企业（承包商）按照国家的规定，都广泛采用这种定额计价模式计算拟建工程项目的工程造价，并作为结算工程价款的主要依据，为我国社会主义现代化建设起过重要作用。改革开放以后，随着社会主义市场经济的建立和逐步完善，定额计价模式已不适应我国建筑市场发展和与国际接轨的需要，改革传统的计价模式势在必行。因此，工程量清单计价模式，也就随着工程造价管理体系改革的深化应运而生了。

1.4.1.2 工程量清单计价模式

建设工程工程量清单计价模式，是指投标人（承包商）根据招标文件中的工程量清单计价表和计价与计量规范的规定等而填写、计算和确定工程造价的一种计价模式。

建设工程工程量清单计价表（即投标报价文件）的填写、计算与编制，是以招标文件、合同条件、建设工程工程量清单、施工设计图纸、国家技术经济规范和标准、投标人（承包商）制定的施工组织设计或施工方案为依据，按照各省、市、地区现行的建设工程消耗量定额、企业定额及市场信息价格，并结合建筑承包企业的施工技术水平和管理水平等，由投标人（承包商）自主确定。

1.4.2 定额计价模式与工程量清单计价模式的联系和区别

长期以来，我国的工程造价计算是按照传统的定额计价模式进行计价，实行的是与计划经济相适应的工程概预算定额管理制度。20 世纪 90 年代以后，我国就如何建立符合社会主义市场经济体制要求的工程造价管理模式展开了积极有益的探索，并提出了全新的工程量清单计价模式，它与传统的定额计价模式有着本质的区别，主要表现在以下几个方面。

1.4.2.1 两种计价模式之间的联系

① 造价基本原理相同

$$建筑安装工程造价 = \sum(单位工程基本构成单元工程量 \times 相应单价)$$

构成单元工程量：

定额计价方式下是按照定额划分的定额项目并按定额规则计算工程量。

清单计价方式下是按照国家计量规范划分的清单项目并按计量规则计算工程量。

相应单价：

定额计价方式一般采取的是工料单价，即人工费、材料和工程设备费、施工机具使用费。

清单计价方式下采取的综合单价，我国为不完整的综合单价，即人工费、材料和工程设备费、施工机具使用费、企业管理费、利润及一定范围内的风险费用。国际上采取的是完整的综合单价，即综合单价包括所有费用。

② 工程造价的构成相同

不管是定额计价方式还是清单计价方式，其工程造价按照造价形成过程都是由分部分项工程费、措施项目费、其他项目费、利润和税金构成的。

定额计价方式若采取工料单价：

$$\begin{aligned}工程造价 = &\sum(定额项目工程量 \times 工料单价) + 总价项目措施费 + \\ &其他项目费 + 企业管理费 + 利润 + 规费 + 税金\end{aligned}$$

定额计价方式若采取综合单价：

$$工程造价=\sum(定额项目工程量\times综合单价)+总价项目措施费+其他项目费+规费+税金$$

清单计价方式采取综合单价：

$$工程造价=\sum(清单项目工程量\times综合单价)+总价项目措施费+其他项目费+规费+税金$$

③ 造价计算思路相同

造价计算都体现了组合性(层次性)，即都是从下而上逐层汇总造价：

$$建设项目造价=\sum单项工程造价+其他建设费用$$

$$单项工程造价=\sum单位工程造价$$

$$单位工程造价=分部分项工程费+措施项目费+其他项目费+规费+税金$$

④ 计价程序有相同之处

两种计价方式都需要收集资料、熟悉图纸及现场、计算工程量等环节。

1.4.2.2 两种计价模式之间的区别

① 定额性质及特点不同

在传统的定额计价模式中，国家和政府为运行的主体，是以法定定额的形式进行工程价格构成的管理，而与价格行为密切相关的作为建筑市场主体的发包人和承包人，却没有决策权和定价权。我国地域广阔，情况复杂，国家难以规定统一的定额、工程量计算规则、计量单位、材料编码等，则由各地区、各部门自行制定，这使地区与地区之间、部门与部门之间、地区与部门之间产生许多矛盾，不适应对外开放和国际工程承包的要求。

工程量清单是招标文件中的一项重要组成内容，是依据招标文件、施工图设计资料和统一的工程量计算规则，由招标人或委托咨询机构计算出的分部分项工程量表及其汇总表等(即工程量清单)，而投标人按照市场规律自主地以招投标形式竞争而定价。实行工程量清单就是国家或政府主管部门制定统一的工程量计算规则和消耗量定额，并据此作为确定建设工程实物消耗量计价的依据，它打破了地区之间、部门之间、地区与部门之间在项目划分、工作内容和计算规则等方面自成体系的做法，实行全国统一。建筑施工企业再根据本身的劳动生产率、技术装备、施工工艺及管理水平、气候地理条件等因素，在计算总原则不变的情况下，对定额消耗量加以调整和补充，以充分体现企业自身的生产力水平，从而从根本上改变了传统模式量价合一的预算定额制度，为工程造价走向市场化奠定了基础。

② 价格的来源不同

在传统的定额计价模式下，由于价格由政府统一确定基准价，只用系数调整的方法来体现价格管理方式，管理动态变化的建筑市场，没有把工程实体消耗与施工措施消耗分开。传统的定额计价模式，基于事先确定工程造价的需要，将工程实体消耗费与施工措施费捆在一起，将技术装备、施工措施、管理水平等本属于竞争机制的活跃因素固定化了，这既不利于发挥承包人的优势，也不利于降低工程造价，使市场的参与各方无所适从，难以最终确定个体成本价。

在工程量清单计价模式下，构成工程的所有价格是由承包人依据定额的消耗量、材料价格信息等各种要素，并结合企业目标、竞争对手状况、经济需求等情况自主决定的。面对瞬息万变的市场价格，在工程量清单计价模式下，各地的信息网络服务体系则可及时提供各类人工单价、材料价格和机械台班单价等动态变化的信息。而这信息网络服务体系又不断收集、汇总、编辑、发布各类价格信息和价格指数，以指导承发包各方正确地计算工程造价。

③ 招投标计价的方式不同

《价格法》中规定了三种定价方式，即政府定价、政府指导价和市场调节价。建设工程造价（价格）应该属于市场调节价的范畴，这是因为我国现行的工程造价（价格）是以招投标方式为核心进行竞争定价的，其价格本应是市场调节价。实行工程量清单并按市场调节价格定价，从根本上改变了定额计价模式下套定额取费的计价办法，变为由建筑企业根据竞争需要、自身实力和在某一特定项目上的需求目标自主确定管理费和利润水平，业主则通过招投标方式优选中标单位，并用合同形式确定其工程造价。这一价格本质上是不同于定额计价模式下通过层层计算算出的价格，也不同于“一方愿卖一方愿买一拍即成的”简单的市场交易行为，它既不是投标人任意定价，也不是招标人自由出价，而是在一定市场规则的指导下，通过投标报价竞争，由社会加以确认定价。

在实行工程量清单计价的招标投标活动中，确定工程造价（价格）应遵循两个基本原则：一是合理低价中标，二是不要低于个别成本价。合理低价就是工期合理且最短，施工组织设计的方案足以保证工程质量，施工技术先进，措施合理可行且最佳，投标报价在合理的前提下能足以保证工程的顺利完成且最低。

④ 编制依据不同

定额计价方式按照本省、自治区、直辖市计价定额划分项目，按照定额的计算规则计算工程量。

工程量清单计价方式按照国家计量规范划分项目，按照计量规范的计算规则计算工程量。

计价定额和计量规范的项目划分不完全相同，清单项目更具有综合性，如计价定额一般把“砖基础”和“墙基防潮层”分开设置，而计量规范明确将“防潮层铺设”在“砖基础”中描述，即清单项目“砖基础”中已经包括了墙基防潮层，墙基防潮层不再单列，而是作为附项计入“砖基础”中。

两者的计算规则不完全相同。如有的省计价定额规定“混凝土散水”工程量按立方米计算，而计量规范明确“混凝土散水”工程量按平方米计算。

⑤ 责任主体不同

定额计价方式，编制者（包括招标人和投标人）既要计算工程量，还要计价，编制者既要对工程量的质量负责，还要对计价的质量负责，体现的是量价合一的责任关系。

工程量清单计价方式，招标人提供工程量清单，对其质量负责，投标人对于报价负责，体现的是量价分离的责任关系。

⑥ 适用范围不同

定额计价方式主要存在于设计阶段或者非国有投资的工程发承包及实施阶段。

工程量清单计价方式，国有投资的建设项目的发承包及实施阶段必须采用；非国有投资的建设项目提倡采用。

总之，建立以市场经济为导向的工程量清单计价模式，是建设工程造价改革的需要，是适应社会主义市场经济和现代化建设的需要，是加入 WTO 后与国际接轨的需要，它对整顿建筑市场，进而规范市场经济秩序定会起到积极的作用。

小　结

本章主要讲述建设工程造价概述、建设项目的划分与分类、建设工程造价的构成和建设工程造价计价模式等，现就本章的基本要点归纳如下：

(1) 从业主(建设单位)的角度来讲，工程造价是指对固定资产的投资；从承包商(建筑施工企业)的角度来讲，工程造价是指建设工程项目的建造价格，也称为工程承发包价格。工程造价的两种含义是从不同的角度表述同一事物的本质。

(2) 建设项目是一个完整的系统工程。按其建设规模、范围划分的不同可分为建设项目、单项工程、单位工程、分部工程和分项工程，而其中的分项工程是建筑工程的基本构造要素。

(3) 工程造价的计价特性是：计价的单件性、计价的多次性、计价的组合性和计价方法的多样性。工程造价按建设项目实施阶段的不同，可分为投资估算、概算造价、修正概算造价、预算造价、合同价、结算价和实际造价。它与建设项目实施过程中的主要建设阶段相对应，整个计价过程就是一个逐步细化、逐步深化、逐步接近实际造价的过程。

(4) 工程造价的有效控制主要体现在以下三个方面：以设计阶段为管理重点的建设全过程的工程造价控制；以建设项目实施阶段各种消耗为主要内容的工程造价控制；以技术和经济相结合为重要手段的工程造价控制。

(5) 建设工程造价是由建筑安装工程费用、设备及工器具购置费用、工程建设其他费用、预备费、建设期贷款利息和固定资产投资方向调节税等费税构成。

(6) 建设工程造价分为定额计价模式和工程量清单计价模式两种。这两种计价模式有一定的区别。相比之下工程量清单计价模式更具优越性，它既适应市场经济和建筑市场发展的需要，又能满足进行招投标竞争的要求。

通过本章的学习，要了解建设工程造价的概念、建设项目的划分与分类，掌握建设工程造价的构成和建设工程造价两种不同的计价模式。

复习思考题

1.1　什么是工程造价？它具有哪些基本特点？

1.2　工程造价分为哪几类？合同价又分为哪几种？

1.3　什么是动态投资？它包括哪些主要内容？

1.4　工程造价管理的主要内容是什么？为什么说设计阶段是工程造价控制的重点？

1.5　按照我国现行的规定工程造价主要由哪些费税构成？

1.6　进口设备交货类别有哪几种？如果采用在装运港船上交货，则买卖双方的责任是什么？

1.7　设备运杂费由哪些费用构成？

1.8　工程造价计价模式有哪几种？这些计价模式有何区别？

2 建筑工程定额

本章提要

本章主要讲述定额与建筑工程定额的概念、产生、作用、特点和分类；建筑工程消耗量定额的概念、流动定额、机械台班使用定额、材料消耗量定额；企业定额的概念、编制和管理；预算定额的概念、编制及应用；概算定额、概算指标和投资估算指标等。

2.1 建筑工程定额及其产生

2.1.1 定额及建筑工程定额

2.1.1.1 定额

(1) 定额概念的产生

所谓定，就是规定；额就是额度或限额。从广义理解，定额就是规定的额度或限额，又称为标准或尺度。

定额的种类很多，生产领域的定额统称为生产性定额或生产消耗定额，生活领域的定额统称为非生产性定额。

(2) 生产定额

在社会生产中，为了完成某一合格产品，必须要消耗(投入)一定量的活劳动和物化劳动，但在社会生产发展的各个阶段，由于各阶段的生产力水平及生产关系的不同，因而在产品生产过程中所消耗的活劳动和物化劳动的数量也就不同。然而在一定的生产条件下，总有一个合理的数额。即规定完成某一合格单位产品所需消耗的活劳动与物化劳动的数量标准(或额度)，就叫生产定额。也就是规定完成某一合格单位产品所需消耗的人工、材料和机械台班的数量标准。

(3) 建筑工程定额

建筑工程定额是专门为满足建筑产品生产需要而制定的一种定额，是生产定额中的一种。

规定完成某一合格的单位建筑产品基本构件要素或某种构配件所需消耗的活劳动与物化劳动的数量标准(或额度)，称为建筑工程定额。也就是规定完成某一建筑分项工程或某种结构构件(或配件)所需消耗的人工、材料和机械台班的数量标准。

2.1.1.2 定额的产生

前面已经讲到定额是一种规定的额度，也是确定各种消耗的数量标准。在现代社会经济生活中，定额在各行各业随处可见，几乎是无时无处不在。定额水平就是规定完成单位合格产品所需资源数量的多少。它随着社会生产力发展水平的变化而变化，是一定时期社会生产力发展的反映。

根据我国史书记载，早在唐朝就制定了有关营造的规范。如在《大唐六典》中就有各种用工量的计算方法。在北宋时期，分行业将工料限量与设计、施工、材料结合在一起的《营造法式》，标志着由国家所制定的第一部建筑工程定额的诞生。到了清朝时期，为适应营造业的发展，专门设置了"洋房"和"算房"两个部门，"洋房"负责图样设计，"算房"则专门负责施工预算（即工、料的计算）。可见，定额的使用范围逐渐扩大，定额的功能也在不断增加。

19 世纪末至 20 世纪初，西方资本主义国家生产日益扩大，生产技术迅速发展，劳动分工和协作也越来越细，对生产消耗进行科学管理的要求也更加迫切。当时在美、法等国家中都有企业科学管理的活动开展，并逐渐形成了系统的经济管理理论。现在被称为"古典管理理论"的代表人物是美国人泰罗、法国人约尔和英国人威克等。

实际上企业管理成为科学是从泰罗开始的。当时美国资本主义正处于上升时期，工业发展很快，而在企业管理上仍采用传统的管理方法，致使劳动生产率低下，生产能力不能充分发挥，阻碍了社会经济的发展，也使资本家不能获取更多的利润。因此，改善企业管理就成了生产发展的迫切需要。泰罗为适应当时的客观要求，首先开始了关于企业管理的研究，以解决提高工人劳动生产效率的问题。泰罗把工作时间分为若干组成部分，并测定每一操作过程的时间消耗，制订出工时定额，作为衡量工人工作效率的尺度。同时他还研究了工人劳动中的操作和动作，制订出最节约工作时间的标准操作方法，从而制订出比较高的工时定额。可见，通过工时定额的制订，实行标准操作方法，以及采用差别的计件工资，构成了泰罗制的主体。工时定额的出现，说明它产生于泰罗制，产生于科学管理。

综上所述，可以得知定额是随着管理科学的出现而产生的，也将随着管理科学的不断进步而发展，从而可知定额是科学管理中的一门学问，是企业实行管理科学的重要基础。

2.1.2　建筑工程定额的作用与特性

2.1.2.1　建筑工程定额的作用

定额是科学管理的产物，是实行科学管理的基础，它在社会主义市场经济中具有以下重要地位与作用：

（1）定额是投资决策和价格决策的依据

定额可以对建筑市场行为进行有效的规范，如投资者可以利用定额提供的信息提高项目决策的科学性，优化其投资行为，还可以利用定额权衡自己的财务状况、支付能力、预测资金投入和预期回报；对建筑施工企业来讲，应充分考虑定额的规定与要求，才能在投标报价时作出正确的价格决策，以获取更多的经济效益。

（2）定额是企业实行科学管理的基础

企业可以利用定额促使工人节约社会劳动时间和提高劳动生产效率，以增加市场竞争能力，获取更多的利润；计算工程造价依据的各类定额，可促使企业加强内部管理，把生产的各类消耗控制在规定的限额内，以降低工程成本支出。

（3）定额有利于建筑市场的公平竞争

公平竞争、优胜劣汰，同样也是建筑市场的竞争准则。而定额为各企业之间的公平竞争提供了有利的条件，也促进了社会主义市场经济的发展与繁荣。

（4）定额有利于完善建筑市场的信息系统

市场信息是市场体系中不可或缺的要素，它的可靠性、完备性和灵敏性是市场成熟和效率的标志。实行定额管理可以对大量的建筑市场信息进行加工整理，也可以对建筑市场信息进行传递，同时还可以对建筑市场信息进行反馈。

2.1.2.2　建筑工程定额的特性

在社会主义市场经济的条件下，定额具有以下几个方面的特性：

（1）定额的科学性

定额的科学性，主要表现为定额的编制是自觉遵循客观规律的要求，通过对施工生产过程进行长期的观察、测定、综合、分析，在广泛搜集资料和认真总结的基础上，实事求是地运用科学的方法制定出来的。定额的项目内容经过实践证明是成熟的、有效的。定额的编制技术吸取了现代科学管理的成就，具有一整套严密、科学的确定定额水平的行之有效的手段和方法。因此，定额中各种消耗指标能正确地反映当前社会生产力发展水平。

（2）定额的权威性

定额的权威性，表现在定额是由国家主管机关或它授权的各地管理部门组织编制的，定额一经批准颁发，任何单位都要严格遵守和贯彻执行，未经原制定单位批准，不得随意变更定额的内容和水平。如需进行调整、修改和补充，须经授权部门批准。这种权威性保证了对企业和工程项目有一个统一的造价与核算尺度，使国家对设计的经济效果和施工管理水平，能进行统一考核和有效监督。

（3）定额的群众性

定额的群众性，表现在定额来源于群众，又贯彻于群众，因此，定额的制度和执行都具有广泛的群众基础。定额水平的高低主要取决于建筑安装工人所创造的劳动生产力水平，另外定额的编制是采取工人群众、技术人员和定额专职人员三结合的方式，使定额体现和反映的是实际的技术与管理水平，并保证一定的先进性。同时，当定额一旦颁发执行，就成为广大群众共同奋斗的目标。总之，定额的制定和执行都离不开群众，也只有得到群众的大力支持和帮助，制定的定额才能是先进合理的，并能为广大群众所接受。

（4）定额的时效性

定额的时效性，主要表现在定额中所规定的各种工料消耗量，是由一定时期的社会生产力水平所确定的。随着科学技术水平和管理水平不断提高，当生产条件发生了较大的变化时，原有定额已不能适应生产发展的需要，定额制定授权部门就必须对定额进行修订与补充。所以定额不是固定不变的，它具有一定的时效性。

（5）定额的相对稳定性

定额的相对稳定性，主要表现在定额制定颁发后，有一个相对稳定的执行时期，因此，定额规定的各种工料消耗量绝不能朝令夕改。否则会造成定额在执行中的困难和混乱，很容易导致定额权威性的丧失，同时会给定额的制定工作带来极大的困难，还会伤害广大群众执行定额的积极性。

2.1.3　建筑工程定额的分类

建筑工程定额的种类较多，按照不同的划分方式与要求，可将其按生产要素分类、按编制单位与使用范围分类、按专业性质与适用对象分类，如图 2.1 所示。

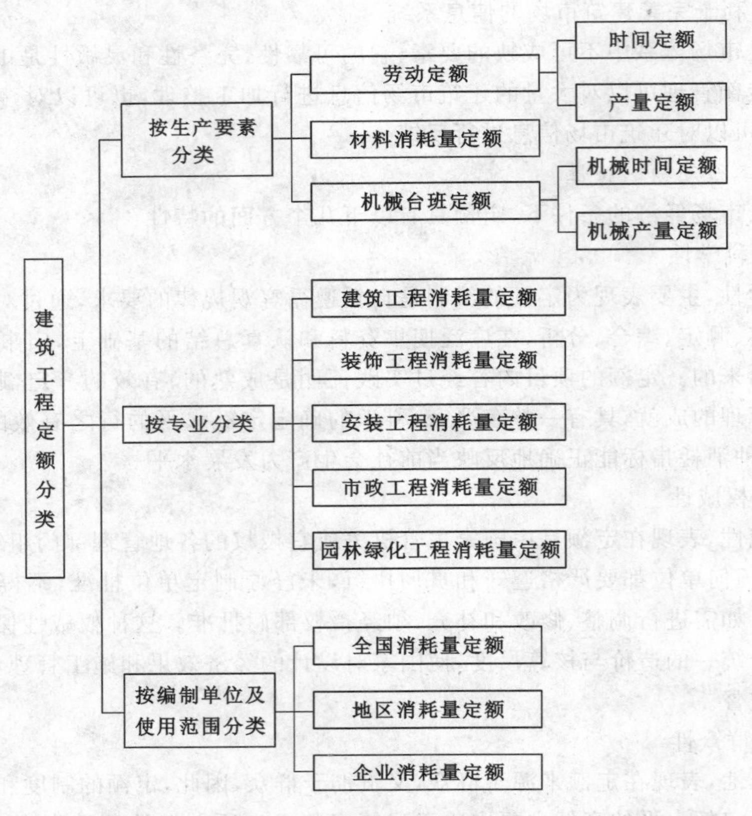

图 2.1　建筑工程定额分类图

2.1.3.1　按生产要素分类

进行物质资料生产所必须具备的三要素是：劳动者、劳动手段和劳动对象。劳动者是指从事生产活动的生产工人，劳动手段是指劳动者使用的生产工具和机械设备，劳动对象是指原材料、半成品和构配件。按此三要素进行分类可以分为劳动定额、材料消耗定额和机械台班使用定额。

(1) 劳动定额

劳动定额又称人工定额，是指规定在一定的生产技术装备、合理的劳动组织与合理使用材料的条件下，完成质量合格的单位产品所需劳动消耗量标准，或规定单位时间内完成质量合格产品的数量标准。劳动定额按其表示形式的不同又可分为时间定额和产量定额。

① 时间定额　时间定额又称工时定额，是指在一定的技术装备、合理的劳动组织与合理使用材料的条件下，规定完成质量合格的单位产品所需消耗的劳动时间。时间定额一般是以“工日”或“工时”为计量单位。

② 产量定额　产量定额又称每工产量，是指在一定的技术装备、合理的劳动组织与合理使用材料的条件下，规定某工种、某技术等级的工人(或工人班组)在单位时间内应完成质量合格的产品数量。由于建筑产品多种多样，产量定额一般是以 m、m^2、m^3、kg、t、块、套、组、台等为计量单位。

(2) 材料消耗定额

材料消耗定额是指在节约与合理使用材料的条件下，完成质量合格的单位产品所需消耗各种建筑材料(包括各种原材料、燃料、成品、半成品、构配件、周转材料的摊销等)的数量标准。

(3) 机械台班使用定额

机械台班使用定额又称机械台班消耗定额,指在合理施工组织与合理使用机械的正常施工条件下,规定施工机械完成质量合格的单位产品所需消耗机械台班的数量标准,或规定施工机械在单位台班时间内应完成质量合格产品的数量标准。机械台班使用定额按其表示形式的不同,又可分为机械时间定额与机械产量定额。

① 机械时间定额　指在合理施工组织与合理使用机械的正常施工条件下,规定某类施工机械完成质量合格的单位产品所需消耗的机械工作时间。一台施工机械工作一个工作班(即8 h)称为一个台班,一般是以"台班"或"台时"为计量单位。

② 机械产量定额　指在合理施工组织与合理使用机械的正常施工条件下,规定某种施工机械在单位台班时间内应完成质量合格的产品数量。一般是以完成这种产品的计量单位作为计量单位。

2.1.3.2 按编制单位与使用范围分类

建筑工程定额按编制单位与使用范围可分为全国统一定额、省(市)地区定额、行业专用定额和企业定额。

(1) 全国统一定额

全国统一定额是指由国家主管部门(建设部)编制,作为各省(市)编制地区定额依据的各种定额。如中华人民共和国劳动和劳动安全行业标准《建设工程劳动定额》(LD/T 72.1～11—2008)、《全国统一建筑工程基础定额》、《全国统一建筑装饰工程消耗量定额》等。

(2) 省(市)地区定额

省(市)地区定额是指由各省、市、自治区建设主管部门制定的各种定额,如《××市建设工程消耗量定额》。它可以作为该地区建设工程项目招标控制价(标底)编制的依据,施工企业在没有自己的企业定额时也可以将其作为投标计价的依据。

(3) 行业专用定额

行业专用定额是指由国家所属的主管部、委制定而行业专用的各种定额,如《铁路工程消耗量定额》、《交通工程消耗量定额》等。

(4) 企业定额

企业定额是指建筑施工企业根据本企业的施工技术水平和管理水平,以及各地区有关工程造价计算的规定,供本企业使用的《工程消耗量定额》。

2.1.3.3 按专业分类

建设工程定额按其专业的不同分类如下:

(1) 建筑工程消耗量定额

建筑工程是指房屋建筑的土建工程。建筑工程消耗量定额是指各地区(或企业)编制确定的完成每一建筑分项工程(即每一土建分项工程)所需人工、材料和机械台班消耗量标准的定额。它是业主或建筑施工企业(承包商)计算建筑工程造价主要的参考依据。

(2) 装饰工程消耗量定额

装饰工程是指房屋建筑室内外的装饰装修工程。装饰工程消耗量定额是指各地区(或企业)编制确定的完成每一装饰分项工程所需人工、材料和机械台班消耗量标准的定额。它是业主或装饰施工企业(承包商)计算装饰工程造价主要的参考依据。

(3) 安装工程消耗量定额

安装工程是指房屋建筑室内外各种管线、设备的安装工程。安装工程消耗量定额是指各地区(或企业)编制确定的完成每一安装分项工程所需人工、材料和机械台班消耗量标准的定额。它是业主或安装施工企业(承包商)计算安装工程造价主要的参考依据。

(4) 市政工程消耗量定额

市政工程是指城市道路、桥梁等公共公用设施的建设工程。市政工程消耗量定额是指各地区(或企业)编制确定的完成每一市政分项工程所需人工、材料和机械台班消耗量标准的定额。它是业主或市政施工企业(承包商)计算市政工程造价主要的参考依据。

(5) 园林绿化工程消耗量定额

园林绿化工程是指城市园林、房屋环境等的绿化工程。园林绿化工程消耗量定额是指各地区(或企业)编制确定的完成每一园林绿化分项工程所需人工、材料和机械台班消耗量标准的定额。它是业主或园林绿化施工企业(承包商)计算园林绿化工程造价主要的参考依据。

2.1.3.4 建筑工程定额的传统分类

建筑工程定额的传统分类,除与前述的按生产要素分类、按编制单位与使用范围分类、按专业分类基本一致外,还可按编制程序和用途的不同分为:工序定额、施工定额、预算定额、概算定额和概算指标。建筑工程定额的传统分类方法,不同于实行工程量清单计价后的定额分类方法,它与传统的定额计价模式密切相关。在实行工程量清单计价后,定额进行了"量"、"价"分离,国家也不再对建设项目中的"量、价、费"进行控制,而转变为由建筑市场进行确定、调节与控制。因此,传统计价依据的预算定额等将逐渐被各省(市、自治区)或企业所制定的《建设工程消耗量定额》所取代。

2.2 建筑工程消耗量定额

2.2.1 建筑工程消耗量定额概述

(1) 建筑工程消耗量定额的概念

建筑工程消耗量定额是指在正常组织施工生产的条件下,规定完成质量合格的单位建筑产品(即分项工程)所需人工、材料和机械台班的消耗量标准。

(2) 建筑工程消耗量定额的作用

建筑工程消耗量定额的作用主要包括以下几个方面:

① 它是计算和确定工程项目的人工、材料和机械台班消耗数量的依据;

② 它是建筑施工企业编制施工组织设计,制定施工作业计划,确定人工、材料和机械台班使用量计划的依据;

③ 它是业主编制工程标底、承包商计算投标报价的依据。

(3) 建筑工程消耗量定额的组成

完成单位建筑产品与完成其他工业产品一样,都必须消耗一定数量的人工、材料和机械台班,而建筑工程消耗量定额属于生产性定额,按照生产性定额的构成,它由劳动定额、材料消耗定额和机械台班消耗定额三部分组成。

2.2.2 劳动定额

2.2.2.1 劳动定额的概念

劳动定额是指在一定的技术装备、合理的劳动组织与合理使用材料的条件下，规定完成质量合格的单位产品所需劳动消耗量的标准，或规定在单位时间内完成质量合格产品的数量标准。

在上述的劳动定额概念中，应明确以下几点：

(1) 劳动定额的制定，与生产技术装备、合理的劳动组织条件密切相关。所谓生产条件是指生产规模的大小、产品种类的多少、生产稳定的程度、加工制作的环境和生产的设备工具等；技术装备条件是指产品的设计、加工工艺流程、生产技术措施、技术装备程度、劳动者的技术熟练程度等；劳动组织条件是指生产劳动过程的组织与管理、生产技术管理水平的高低等；生产技术与组织条件的不同，制定的劳动定额水平也不同。因此，在制定定额的劳动消耗量时，必须从上述的具体条件出发，制定的定额才具有可行性。

(2) 劳动定额的研究对象是生产过程中活劳动的消耗量，即劳动者所付出的劳动量。具体来说，它所要考虑的是完成质量合格单位产品的活劳动消耗量，是指产品生产过程的有效劳动，对产品有规定的质量要求，是符合质量规定要求的劳动消耗量。

(3) 为了使劳动定额在生产管理过程中发挥应有的作用，劳动定额应在产品正式投入生产之前预先制定。

2.2.2.2 劳动定额的表现形式

马克思说："劳动本身的量是用劳动的持续时间来计算，而劳动时间又是用一定的时间单位如工日、工时等作为尺度。"这说明工日或工时是衡量劳动消耗量的计量尺度。生产单位产品的劳动消耗量可以用劳动时间来表示，同样在单位时间内劳动消耗量也可以用生产的产品数量来表示。因此，劳动定额按其表现形式的不同，可分为时间定额和产量定额。

(1) 时间定额

时间定额又称工时定额，是指在一定的生产技术装备、合理的劳动组织与合理使用材料的条件下，规定完成质量合格的单位产品所需消耗的劳动时间。时间定额一般是以工日或工时为计量单位。计算公式如下：

$$时间定额=\frac{消耗的总工日数}{产品数量}$$

(2) 产量定额

产量定额又称每工产量，是指在一定的生产技术装备、合理的劳动组织与合理使用材料的条件下，规定某工种、某技术等级的工人(或工人班组)在单位时间内应完成质量合格的产品数量。由于建筑产品多种多样，产量定额一般是以 m、m^2、m^3、kg、t、块、套、组、台等为计量单位。计算公式如下：

$$产量定额=\frac{产品数量}{消耗的总工日数}$$

时间定额和产量定额是同一劳动定额的不同表现形式，它们都表示同一劳动定额，但各有其用途。时间定额因为计量单位统一，便于进行综合，计算劳动量比较方便；而产量定额具有形象化的特点，使工人的奋斗目标直观、明确，便于班组分配工作任务。

2.2.2.3　时间定额与产量定额的关系

时间定额与产量定额表示的是同一劳动定额，它们之间的关系可用下式来表示：

$$时间定额 \times 产量定额 = 1$$

$$时间定额 = \frac{1}{产量定额}$$

或

$$产量定额 = \frac{1}{时间定额}$$

也就是说，当时间定额减少时，产量定额就会增加；反之，当时间定额增加时，产量定额就会减少。然而其增加和减少的比例是不相同的。

2.2.2.4　劳动定额的表示方法

劳动定额的表示方法，不同于其他行业的劳动定额，其表示方法有单式表示法、复式表示法、综合与合计表示法。

(1) 单式表示法

在劳动定额表中，单式表示法一般只列出时间定额或产量定额，即两者不同时列出。

(2) 复式表示法

在劳动定额表中，复式表示法既列出时间定额，又列出产量定额。

(3) 综合与合计表示法

在劳动定额表中，综合定额与合计定额都表示同一产品的各单项（工序或工种）定额的综合或合计，按工序合计的定额称为综合定额，按工种综合的定额称为合计定额。计算公式如下：

$$综合时间定额 = \sum 各单项工序时间定额$$

$$合计时间定额 = \sum 各单项工种时间定额$$

$$综合产量定额 = \frac{1}{综合时间定额}$$

$$合计产量定额 = \frac{1}{合计时间定额}$$

【例 2.1】《××市建筑（装饰）安装工程劳动定额》中规定，每砌 1 m^3 的 1 砖半厚砖基础，其各工序时间定额如下：砌砖是 0.354 工日，运输是 0.449 工日，调制砂浆是 0.102 工日，试计算该分项工程的综合时间定额是多少？

【解】　$综合时间定额 = \sum 各单项工序时间定额$

$$= 0.354 + 0.449 + 0.102 = 0.905(工日/m^3)$$

2.2.2.5　劳动定额的作用

劳动定额的作用，主要表现在可以为企业组织施工生产和实行按劳分配提供依据。企业组织施工生产、下达施工任务、合理组织劳动力、推行经济责任制、实行计件工资和人工费承包等都是以劳动定额为基础，并据此提供上述计算的依据。因此，正确发挥劳动定额在组织施工生产和实行按劳分配两个方面的服务作用，对建筑业的发展有着极其重要的意义。

(1) 劳动定额是企业管理的基础

建筑施工企业施工计划、施工作业计划和签发施工任务书的编制与管理，都是以劳动定额为依据。例如施工进度计划的编制与管理，首先是根据施工图纸计算出分部分项工程量，再根据劳动定额计算出各分项工程所需要的劳动量，然后再根据本企业拥有的各种工人数量安排施工工期及相应的施工管理。

(2) 劳动定额是科学组织施工和合理组织劳动的依据

建筑施工企业要科学地组织施工生产，就要在施工过程中对劳动力、劳动工具和劳动对象做到科学、有效的组合，以求获得最大的经济效益。现代施工企业的施工生产过程分工精细、协作密切。为了保证施工过程的紧密衔接和均衡，施工企业需要在时间和空间上合理地组织劳动者协作与配合。要达到这一目的与要求，就要以劳动定额为依据准确计算出每个工人的劳动量，规定不同工种工人之间的比例关系等。如果没有劳动定额，这一切都将很难办到。

(3) 劳动定额是衡量劳动生产率的尺度

劳动生产率是指人们在生产过程中的劳动效率，是劳动者的生产成果与规定劳动消耗量的比率。劳动生产率增长的实质是在单位时间内所完成质量合格产品数量的增加，或完成质量合格单位产品所需消耗劳动量的减少，最终可归结为劳动消耗量的节省。由于劳动定额是指完成质量合格单位产品所需劳动消耗量的标准，它与劳动生产率有着密切的关系。计算公式如下：

$$L=\frac{W}{T}\times 100\%$$

式中 L——劳动生产率；

W——完成某单位产品的实际消耗时间；

T——时间定额。

从上述可知，以劳动定额衡量、计算劳动生产率，可以发现施工过程中存在的问题，找出原因并加以改进，以不断提高劳动生产率、推动施工生产向前发展。

(4) 劳动定额是按劳分配的依据

我国劳动分配的原则是按劳计酬，即多劳多得、少劳少得、不劳不得。劳动定额作为衡量劳动者付出劳动量和贡献大小的尺度，在贯彻按劳分配原则时，就应以劳动定额为依据。否则，没有衡量标准按劳分配就会变成有其名而无其实。

(5) 劳动定额是企业实行经济核算的基础

单位工程的用工数量与人工成本(即单位工程的工资含量)是企业经济核算的一项重要内容。为了考核、计算和分析工人在生产过程中的劳动消耗与劳动成果，就必须以劳动定额为基础进行人工及其费用的核算，只有用劳动定额严格、正确地计算和分析生产中的消耗与成果，才能降低工程成本中的人工费，达到经济核算的目的。

2.2.2.6 *劳动定额的制定*

(1) 劳动定额的制定原则

劳动定额能否在企业管理中发挥其组织施工生产和按劳分配的双重作用，关键在于定额水平的高低和定额的制定质量。因此，在劳动定额制定时必须遵循以下原则：

① 定额水平要体现先进合理的原则　定额水平是指定额所规定的劳动消耗量额度的高低，它是生产技术水平、企业管理水平、劳动生产率水平和劳动者思想觉悟水平的综合反映。所谓先进合理，是指在正常的生产技术组织条件下，经过努力，部分工人可以超额、多数工人可以达到或接近的定额水平。因此，定额水平既不能完全以先进企业、先进劳动者的水平为依据，也不能以后进企业、后进劳动者的水平为依据，而只能是先进合理的定额水平。

② 定额结构要体现简明适用的原则　所谓简明适用，是指结构合理，步距长短适当，文字通俗易懂，计算方法简便，易为群众掌握使用，具有多方的适应性，能在较大范围内满足不同情况、不同用途的需要。建筑施工生产的特点，客观上要求劳动定额的结构形式与内容必须简明适用。

(2) 劳动定额的制定依据

劳动定额既是技术定额，又是重要的经济法规。因此，劳动定额的制定必须以国家有关的技术、经济政策和可靠的科学技术资料为依据。其依据按性质可以分为以下两大类：

① 国家的经济政策和劳动制度。经济政策和劳动制度主要有：《建筑安装工人技术等级标准》和工资标准，工资奖励制度、劳动保护制度和8 h工作制度。

② 科学技术资料。科学技术资料可分为技术规范、技术测定和统计资料两部分：技术规范类如建筑安装工程施工质量验收规范、建筑安装工程操作规程、国家建筑材料标准、机械设备说明书，技术测定和统计资料如施工现场测定的有关技术数据、日常建筑产品完成情况和工时消耗的单项或综合统计资料。

(3) 劳动定额的制定方法

劳动定额的制定随着建筑施工技术水平的不断提高而不断改进。目前采用的制定方法有技术测定法、统计分析法、比较类推法和经验估计法。

① 技术测定法　这种方法是根据技术测定资料制定劳动定额的一种常用方法。就目前来说，该方法已发展成为一个多种技术测定体系，包括计时观察测定法、工作抽样测定法、回归分析测定法和标准时间资料法四种。

② 统计分析法　统计分析法是在将过去完成同类产品或完成同类工序实际耗用工时的统计资料，以及根据当前生产技术组织条件的变化因素相结合的基础上，进行分析研究而制定劳动定额的一种方法。

由于统计资料反映的是工人过去已达到的水平，在统计时并没有也不可能剔除施工活动中的不合理因素，因而这个水平一般偏于保守。为了克服这个缺陷，可采用二次平均法作为确定定额水平的依据。其确定步骤如下：

第一步，剔除统计资料中明显偏高、偏低的不合理数据。

第二步，计算一次平均值：

$$\bar{t} = \sum_{i=1}^{n} \frac{t_i}{n}$$

式中　$\bar{t}$——一次平均值；

t_i——统计资料的各个数据；

n——统计资料的数据个数。

第三步，计算平均先进值：

$$\bar{t}_{\min} = \frac{\sum_{i=1}^{x} t_{\min}}{x}$$

式中　$\bar{t}_{\min}$——平均先进值；

$t_{\min}$——小于一次平均值的统计数据；

x——小于一次平均值的统计数据个数。

第四步，计算二次平均值：

$$\bar{t}_0=\frac{\bar{t}+\bar{t}_{\min}}{2}$$

【例 2.2】　某种产品工时消耗的资料为 21、40、60、70、70、70、60、50、50、60、60、105（工时/台），试用二次平均法制定该产品的时间定额。

【解】　剔除明显偏高、偏低值，即 21、105。

计算一次平均值

$$\bar{t}=\frac{40+60+70+70+70+60+50+50+60+60}{10}=59（工时/台）$$

计算平均先进值

$$\bar{t}_{\min}=\frac{40+50+50}{3}=46.67（工时/台）$$

计算二次平均值

$$\bar{t}_0=\frac{59+46.67}{2}=52.84（工时/台）$$

③ 比较类推法　又称典型定额法，是指以生产同类产品（或工序）的定额为依据，经过分析比较，类推出同一组定额中相邻项目定额水平的方法。这种方法简便，工作量小，只要典型定额选择恰当，切合实际，具有代表性，类推出的定额水平一般比较合理。采用这种方法要特别注意工序和产品的施工（生产）工艺和劳动组织"类似"或"近似"的特征，防止将差别很大的项目作为同类型产品项目进行比较类推。通常的方法是首先选择好典型定额项目，并通过技术测定或统计分析确定相邻项目或类似项目的比较关系，然后再算出定额水平。计算公式如下：

$$t=pt_0$$

式中　t——所求项目的时间定额；

t_0——典型项目的时间定额；

p——比例系数。

【例 2.3】　已知挖地槽的一类土的时间定额与二、三、四类土的比例系数，求二、三、四类土的时间定额。

【解】　当地槽上口宽度在 0.8 m 以内时，其比例系数见表 2.1。

表 2.1　人工挖地槽时间定额表（工日/m^3）

项　目	比 例 系 数	地槽深度＜1.5 m		
		上口宽度（m）		
		＜0.8	1.5	3.0
一类土	1.00	0.133	0.115	0.106
二类土	1.43	0.190	0.164	0.154
三类土	2.50	0.333	0.286	0.270
四类土	3.76	0.500	0.431	0.396

二类土的时间定额　$t=pt_0=1.43\times0.133=0.190$（工日/$m^3$）

三类土的时间定额　$t=pt_0=2.50\times0.133=0.333$（工日/$m^3$）

四类土的时间定额　　$t=pt_0=3.76\times0.133=0.500$(工日/$m^3$)

地槽上口宽度在1.5 m以内和3.0 m以内的二、三、四类土挖地槽的时间定额计算方法同上。

④ 经验估计法　经验估计法是由定额人员、技术人员和工人三结合，总结个人或集体的实际经验，按照施工图纸和技术规范，通过座谈讨论反复平衡而确定定额水平的一种方法。应用经验估计法制定定额，应以工序(或单项产品)为对象，分别估算出工序中每一操作的基本工作时间，然后考虑辅助工作时间、准备与结束时间和休息时间，经过综合处理，并对处理结果予以优化处理，即得出该项产品(工作)的时间定额。

经验估计法简便及时，工作量小，可以缩短定额制定的时间。但由于受到估计人员经验水平的影响，又缺乏科学的依据，定额水平往往会出现偏高或偏低的现象。因而经验估计法只适用于不易计算工作量的施工作业，通常是作为一次性定额使用。其方法一般可用以下的经验公式进行优化处理：

$$t=\frac{a+4m+b}{6}$$

式中 t——优化定额时间；

a——先进作业时间；

m——一般作业时间；

b——后进作业时间。

2.2.2.7　*劳动定额的应用*

国家人力资源和社会保障部、住房和城乡建设部根据《建设部关于贯彻〈国务院关于解决农民工问题的若干意见〉的实施意见》(建人函[2006]80号)及《关于开展〈建设工程劳动定额〉编制工作的通知》(建办标函[2006]750号)文件，按照标准化的要求，编制了中华人民共和国劳动和劳动安全行业标准《建设工程劳动定额》(LD/T 72.1～11—2008)，并于2009年3月1日起开始施行。据此，各省、市、自治区编制适于本地使用的《建设工程劳动定额》。

(1) 劳动定额手册的内容组成

劳动定额手册是劳动定额的集中汇编制，它不仅包括所有的定额子目，还对影响定额水平的各种因素都作了明确的规定与说明，以方便基层使用。《建设工程劳动定额》分为建筑工程(LD/T 72.1～11—2008)、装饰工程(LD/T 73.1～4—2008)、安装工程(LD/T 74.1～4—2008)、市政工程(LD/T 99.1～13—2008)和园林绿化工程(LD/T 75.1～3—2008)。

《建设工程劳动定额》中的建筑工程(LD/T 72.1～11—2008)，是以1994年原劳动部和建设部颁布的《建筑安装工程劳动定额》，现行的施工规范、施工质量验收标准、建筑安装工人安全技术操作规程和各省、市、自治区及有关部门现行的定额标准以及其他有关劳动定额的技术测定和统计分析资料为依据，根据近年来施工生产水平，经过资料收集、整理、测算，广泛征求意见后编制而成。《建设工程劳动定额》中的建筑工程，其内容由目录、文字说明、分册(章、节)定额表、附录等内容组成。

① 文字说明　文字说明由前言、分册说明和章、节说明所构成。

● 前言　前言是对全册定额中带共性的问题与规定进行解释说明，包括定额的适用范围，定额的编制依据，定额的工作内容，定额的格式内容，定额的使用说明和参考图表，定额的主、参编单位和定额在实际应用中应掌握和注意的问题等。

● 分册说明 分册说明主要综合说明本册共性方面的内容与问题，主要包括本定额的标准性附录和资料性附录，本定额的定额编号和其他有关规定的说明等。本定额的定额编号用6位码标识，第一位编码用英文大写字母标识，代表专业，如A—建筑工程、B—装饰工程、C—安装工程、D—市政工程、E—园林绿化工程。第二位编码用英文大写字母标识，代表分册顺序，如建筑工程的第一分册“材料运输与加工工程”为A，以此类推。第三至第六位编码用阿拉伯数字标识，是顺序码。如定额项目“袋装水泥”，定额编号是AA0003，其中的第一位“A”代表建筑工程，第二位“A”代表建筑工程专业第一分册“材料运输与加工工程”，“0003”标识其顺序码。

● 章、节说明 章、节说明主要是对本章、本节的应用作更详细的说明，包括使用范围、规范性引用文件、使用规定(如劳动消耗量的单位、定额时间构成、劳动技术等级、工程量计算规则、水平运输、垂直运输、使用系数和其他使用规定)、工作内容等。尤其是对工作内容说明得更加详尽具体，还对某些项目在执行中应注意的事项在附注中予以注明。

② 时间定额表 《建筑工程劳动定额》中的建筑工程(LD/T 72.1～11—2008)，共计由材料运输与加工工程，人工土石方工程，架子工程，砌筑工程，木结构工程，模板工程，钢筋工程，混凝土工程，防水工程，金属结构工程，防腐、隔热、保温工程共11个分册组成。分册(章、节)时间定额表是劳动定额的核心内容组成，它详细列出了各分项工程名称、工作内容、计量单位、序号、定额编号、项目名称、子目名称，以及各个子项目的综合时间定额数额、工序时间定额数额及附注说明等，见表2.2、表2.3。

表2.2 砌筑工程——砖墙时间定额(m^3)

定额编号	AD0012	AD0013	AD0014	AD0015	AD0016	序号
项目	单面清水墙					
	1/2砖	3/4砖	1砖	3/2砖	≥2砖	
综合	1.520	1.480	1.230	1.140	1.070	一
砌砖	1.000	0.956	0.684	0.593	0.520	二
运输	0.434	0.437	0.440	0.440	0.440	三
调制砂浆	0.085	0.089	0.101	0.106	0.107	四

表2.3 模板工程(现浇构件)——基础时间定额(10 m^2)

定额编号	AF0028	AF0029	AF0030	AF0031	AF0032	AF0033	序号
项目	独立基础						
	体积(m^3)						
	≤5			>5			
	钢模板	木模板	竹胶合板	钢模板	木模板	竹胶合板	
综合	2.17	2.34	2.27	1.54	1.79	1.72	一
制作	—	0.839	0.763	—	0.714	0.650	二
安装	1.56	1.14	1.14	1.10	0.769	0.769	三
拆除	0.610	0.365	0.365	0.435	0.303	0.303	四

注：基础模板安装、拆除，以坑底深≤3 m或自然地面以上高≤1.5 m为准，超过者，其时间定额乘以系数1.18。

③ 附录　附录包括附录A和附录B。附录A系标准性附录，主要是介绍说明本定额项目中的施工方法、规定及示意图(补充件)。附录B系资料性附录，主要是对各分册(分部工程)定额的编制进行说明等。

(2) 劳动定额的具体应用

建筑产品的特点导致劳动定额的子项目繁多，而且针对性很强。因此，在实际应用时必须熟悉建筑施工技术和施工工艺，熟悉劳动定额手册的有关内容、说明及规定。

① 劳动定额的直接套用　当设计图纸(或施工组织设计)的内容要求与劳动定额子项目的工作内容一致时，可以直接套用定额中的各种消耗量指标，并据此计算出该项目的人工消耗量(工日)。

下面以《建设工程劳动定额》中的建筑工程部分为例，说明劳动定额的使用方法(以后各例均采用该定额)。

【例2.4】　××住宅，设计图纸要求砌筑1砖厚单面清水外墙，该分项工程量为120 m^3，试计算该分项工程的综合用工数量及砌砖、运输、调制砂浆工序的用工数量。

【解】　查《建设工程劳动定额》中的建筑工程——砌筑工程的砖墙时间定额(见表2.2)，可进行以下的确定与计算：

确定定额编号　　AD0014

查找定额综合用工量　　1.23 工日/m^3

计算该分项工程综合用工数量　　120.00 m^3×1.23 工日/m^3＝147.60 工日

查找砌砖工序定额用工量　　0.684 工日/m^3

计算砌砖工序的用工量　　120.00 m^3×0.684 工日/m^3＝82.08 工日

查找运输工序定额用工量　　0.44 工日/m^3

计算运输工序的用工量　　120.00 m^3×0.44 工日/m^3＝52.80 工日

查找调制砂浆工序定额用工量　　0.101 工日/m^3

计算调制工序的用工量　　120.00 m^3×0.101 工日/m^3＝12.12 工日

② 附注、系数及附注增(减)工日的应用　附注、系数及附注增(减)工日，通常在分册说明或定额表下端予以注明。附注是对本节部分定额项目的工作内容、操作方法、材料和半成品规格等作进一步明确。系数及附注增(减)工日实际上是劳动定额的另一种表现形式，系数在实际使用中针对性更强，因此，在劳动定额使用过程中一定要注意增(减)系数应乘在什么基数上。

【例2.5】　××工程钢筋混凝土独立基础(单个体积≤5 m^3，基坑深4.5 m)，按工程量计算规则已计算出木模板工程量为187 m^2，试计算该分项工程的制作、安装和拆除用工数量。

【解】　查《建设工程劳动定额》中的建筑工程——模板工程(现浇)基础时间定额(见表2.3)，可进行以下的确定与计算。

模板工程(现浇)基础时间定额"注"规定：基础模板安装、拆除，以坑底深≤3 m或自然地面以上高≤1.5 m为准，超过者，其时间定额乘以系数1.18。

因为该混凝土独立基础基坑深4.5 m＞3 m，其基础模板安装、拆除工序的时间定额应乘以系数1.18。

确定定额编号　　AF0029

查找制作工序定额用工量　　0.839 工日/10 m^2

计算制作工序的用工量　　187 m^2×0.839 工日/10 m^2=15.69 工日
查找安装工序定额用工量　　1.14 工日/10 m^2
计算安装工序的用工量　　187 m^2×1.14 工日/10 m^2×1.18=25.16 工日
查找拆除工序定额用工量　　0.365 工日/10 m^2
计算安装工序的用工量　　187 m^2×0.365 工日/10 m^2×1.18=8.05 工日

2.2.3　机械台班消耗定额

2.2.3.1　机械台班消耗定额的概念

机械台班消耗定额又称机械台班使用定额。在建筑施工中，有的施工活动(或工序)是由人工完成的，有的则是由施工机械完成的，还有的是由人工和施工机械共同完成的。由施工机械完成的或由人工和施工机械共同完成的建筑产品，都需要消耗一定的施工机械工作时间。

机械台班消耗定额是指在合理施工组织与合理使用施工机械的正常施工条件下，规定完成质量合格的单位产品所需消耗施工机械台班的数量标准，或规定施工机械在单位台班内应完成质量合格产品的数量标准。一台施工机械工作一个工作班(即 8 h)称为一个台班。

2.2.3.2　机械台班消耗定额的表现形式

机械台班消耗定额按其表示形式的不同，可分为机械时间定额与机械产量定额。

① 机械时间定额

机械时间定额是指在合理施工组织与合理使用机械的正常施工条件下，规定某类施工机械完成质量合格的单位产品所需消耗的机械工作时间。一台施工机械工作一个工作班(即 8 h)称为一个台班，一般是以“台班”或“台时”为计量单位。

② 机械产量定额

机械产量定额是指在合理施工组织与合理使用机械的正常施工条件下，规定某种施工机械在单位台班时间内应完成质量合格的产品数量。一般是以这种产品的计量单位作为计量单位。

从上述概念可以看出，机械时间定额与机械产量定额互为倒数或反比例关系。

即计算公式如下：

$$\text{机械时间定额}=\frac{1}{\text{机械产量定额}}$$

$$\text{机械产量定额}=\frac{1}{\text{机械时间定额}}$$

③ 操作机械或配合机械的人工时间定额

操作机械或配合机械的人工时间定额又称机械人工时间定额，是指规定操作或配合施工机械完成某一质量合格单位产品所必须消耗人工工作时间的数量标准。

即计算公式如下：

$$\text{人工时间定额}=\frac{\text{小组成员工日数总和}}{\text{机械产量定额}}$$

$$\text{机械产量定额}=\frac{\text{小组成员工日数总和}}{\text{人工时间定额}}$$

在机械台班消耗定额中，一般未表明机械时间定额，而表明的是人工时间定额。此定额包括操作或配合施工机械作业全部小组人员的工时消耗量。因此，在实际应用时要特别注意这一点。

【例 2.6】 1 台 6 t 塔式起重机吊装钢筋混凝土板，配合机械作业的小组成员有司机 1 人、起重和安装工 7 人、电焊工 2 人。查定额已知该机械产量定额为 40 块/台班，试计算吊装一块板的机械时间定额和机械人工时间定额。

【解】 $$\text{机械时间定额}=\frac{1}{\text{机械产量定额}}=\frac{1}{40\text{块/台班}}=0.025\text{台班/块}$$

$$\text{人工时间定额}=\frac{\text{小组成员工日数总和}}{\text{机械产量定额}}=\frac{(1+7+2)\text{工日/台班}}{40\text{块/台班}}=0.25\text{工日/块}$$

或

$$(1+7+2)\text{工日/台班}\times 0.025\text{台班/块}=0.25\text{工日/台班}$$

从上式可以看出，机械时间定额与配合机械作业的人工时间定额之间的关系如下：

$$\text{人工时间定额}=\text{配合机械作业的人数}\times\text{机械时间定额}$$

2.2.3.3　机械台班消耗定额的应用

(1) 机械台班消耗定额的直接套用

当设计图纸(含施工组织设计)的内容与机械台班消耗定额的工作内容完全一致时，则可以直接套用定额。现举例如下：

【例 2.7】 ××单层工业厂房型钢吊车梁，质量为 6.75 t/根，现有 48 根型钢吊车梁需要吊装在钢筋混凝土柱上，按施工组织设计规定，采用 1 台履带式起重机吊装，试计算该型钢吊车梁吊装所需的机械台班数。

【解】 确定定额编号　　15—4—68(三)

查找吊装人工时间定额　　1.385 工日/根

根据分册说明 2.2.2.15 条的规定，吊装小组成员为 18 人。

$$\text{机械产量定额}=\frac{\text{小组成员工日数总和}}{\text{人工时间定额}}=\frac{18\text{工日/台班}}{1.385\text{工日/根}}=12.996\text{根/台班}$$

$$\text{所需机械台班数}=\frac{\text{工程量}}{\text{机械产量定额}}=\frac{48\text{根}}{12.996\text{根/台班}}=3.693\text{台班}$$

(2) 附注、系数及附注增(减)工日的应用

附注是对本节部分定额项目的工作内容、操作方法等作进一步针对性的说明，系数、附注增(减)工日实质上是机械台班消耗定额的另一种表现形式，在机械台班消耗定额中它仅与机械台班产量有关。现举例如下：

【例 2.8】 ××工程平基土方量为 1830 m^3(砂质黏土，其含水率经测定为 25%)，施工方案中规定，采用 120 马力(1 马力=735 W)的推土机施工，推土距离为 60 m，试计算完成该平基土方的推土任务所需推土机的台班数。

【解】 确定定额编号　　12—1—13(一)

查找推土机人工时间定额　　0.681 工日/100 m^3

根据分册说明 2.2.5 条的规定，砂质黏土的含水率超过 22%时，其推土机人工时间定额乘以系数 1.11。

在该项目中机械时间定额等同于人工时间定额，故

$$\text{机械时间定额}=0.681\text{台班/100 m}^3\times 1.11=0.756\text{台班/100 m}^3$$

$$\text{机械产量定额}=\frac{1}{\text{机械时间定额}}=\frac{1}{0.756\text{台班/100 m}^3}=132.3\text{ m}^3\text{/台班}$$

计算推土机所需的台班数量

$$\frac{1830\ m^3}{132.3\ m^3/台班}=13.83\ 台班$$

2.2.4　材料消耗定额

2.2.4.1　材料消耗定额的概念

材料是产品生产的物质条件，在完成建筑工程的单位产品中，材料消耗量的多少，是节约还是浪费，对建筑工程造价和工程成本都有着直接影响。因此，采用科学的方法正确地确定材料消耗量，对材料的合理使用和工程成本的降低具有十分重要的意义。

材料消耗定额是指在节约与合理使用材料的条件下，完成质量合格的单位产品所需消耗各种建筑材料（包括各种原材料、燃料、成品、半成品、构配件、周转性材料的摊销等）的数量标准。

2.2.4.2　材料消耗定额量的组成

完成质量合格单位产品所需消耗的材料数量，由材料净用量和材料损耗量两部分组成。即：

$$材料消耗量=材料净用量+材料损耗量$$

材料净用量是指构成产品实体的（即产品本身必须占有的）材料消耗量。材料损耗量是指完成单位产品过程中各种材料的合理损耗量，它包括各种材料从现场仓库（或堆放地）领出到完成质量合格单位产品过程中的施工操作损耗量、场内运输损耗量和加工制作损耗量（半成品加工）。计入材料消耗定额内的材料损耗量，应当是在正常施工条件下，采用合理施工方法时所需而不可避免的合理损耗量。

在建筑产品施工过程中，某种材料损耗量的多少，常用材料损耗率来表示。建筑材料损耗率表见表 2.4。材料损耗率计算公式如下：

$$材料损耗率=\frac{材料损耗量}{材料消耗量}\times 100\%$$

则材料消耗量的计算公式如下：

$$材料消耗量=\frac{材料净用量}{1-材料损耗率}$$

或

$$材料消耗量=材料净用量\times(1+材料损耗率)$$

表 2.4　材料损耗率表（摘录）

材料名称	产品名称	损耗率(%)
（一）砖、瓷砖、砌块类	1. 地面、屋面、空花空斗墙	1
红(青)砖	2. 基础	0.4
	3. 实砌墙	1
	4. 方砖柱	3
	5. 圆砖柱	7
瓷砖		1.5

续表 2.4

材料名称	产品名称	损耗率(%)
加气混凝土块		2
(二) 块类、粉类		
炉渣、矿渣		1.5
碎砖		1.5
水泥		10
(三) 砂浆、混凝土、毛石、方石类	1. 砖砌体	1
	2. 空斗墙	5
	3. 黏土空心砖	10
	4. 泡沫混凝土墙	2
	5. 毛石、方石砌体	1
天然砂		2
抹灰砂浆	1. 抹墙及墙群	2
	2. 抹梁、柱、腰线	2.5
	3. 抹混凝土天棚	16
	4. 抹板条天棚	26
现浇混凝土地面		1

2.2.4.3　材料消耗定额的作用

材料消耗定额作为建筑产品生产过程中材料消耗数量的标准,它具有以下重要作用:

① 材料消耗定额是建筑施工企业计算材料需要量和确定材料储备量的依据;

② 材料消耗定额是建筑施工企业编制材料需要量计划和材料供应量计划的基础资料;

③ 材料消耗定额是项目经理部或施工队向工人班组签发限额领料单和实行材料核算的依据;

④ 材料消耗定额是实行经济责任制,进行经济活动分析,促进材料合理使用的重要资料。

2.2.4.4　材料消耗定额的制定方法

(1) 直接性材料消耗定额的制定方法

直接构成工程实体所需的材料消耗称为直接性材料消耗。建筑施工中直接性材料消耗的损耗量可以分为两类:一类是完成质量合格产品所需各种材料的合理消耗;另一类则是可以避免的材料损失,而材料消耗定额中不应包括可以避免的材料损失。

直接性材料消耗定额的制定方法有理论计算法、观察法、实验法和统计法等。现分述如下:

① 理论计算法　理论计算法是利用理论计算公式计算出某种建筑产品所需的材料净用量,然后根据建筑材料损耗率表查找所用材料的损耗率,从而制定材料消耗定额的一种方法。理论计算法主要用于砌块、板材类等不易产生损耗,容易确定废料的材料消耗定额。如砖、钢材、玻璃、镶贴材料、混凝土块(板)等。

② 观察法 观察法是属于技术测定法的一种方法，是指在施工现场对完成某一建筑产品的材料消耗量进行实际的观察测定，并据此确定该建筑产品的材料消耗量或损耗率。这种方法通过现场观察测定，可以区别出哪些施工环节难以避免材料消耗，哪些施工环节可以避免材料消耗，从而比较准确地确定材料损耗量。

③ 实验法 实验法是指在实验室内通过专门的实验仪器设备测定材料消耗量的一种方法。这种方法主要是对材料的结构、物理性能和化学成分进行科学分析，通过整理计算制定材料消耗定额。这种方法适用于实验测定的混凝土、砂浆、沥青膏、油漆、涂料等的材料消耗定额。

④ 统计法 统计法是指以已完工程实际用料的大量统计资料为依据，包括预付工程材料数量、竣工后工程材料剩余数量和完成建筑产品数量等，通过分析计算从而获得材料消耗的各项数据，然后制定出材料消耗定额。

(2) 利用理论计算法计算材料消耗量

利用理论计算法计算材料消耗量，有以下常见的几种方法：

① 每 1 m^3 砖砌体(砖墙)材料消耗量计算

在砌砖工程中，每 1 m^3 砖砌体的标准砖和砌筑砂浆消耗量，可以用以下公式进行计算(仅用于实砌墙体)。

a. 每 1 m^3 砖砌体标准砖消耗量的计算

每 1 m^3 砖砌体标准砖净用量计算公式如下：

$$每1\,m^3砖砌体标准砖净用量=\frac{2\times墙厚砖数}{墙厚\times(砖长+灰缝)\times(砖厚+灰缝)}\quad(块)$$

上式中墙厚砖数是指用标准砖的长度标明墙体厚度，如半砖墙是指 115 厚墙，3/4 砖墙是指 180 厚墙，1 砖墙是指 240 厚墙等。

每 1 m^3 砖砌体标准砖消耗量计算公式如下：

$$每1\,m^3砖砌体标准砖消耗量=每1\,m^3砖砌体标准砖净用量\times(1+损耗率)\quad(块)$$

b. 每 1 m^3 砖砌体砌筑砂浆消耗率计算

每 1 m^3 砖砌体砌筑砂浆净用量计算公式如下：

$$每1\,m^3砖砌体砌筑砂浆净用量=1\,m^3标准砖砌体-标准砖净用量\times单块标准砖体积\quad(m^3)$$

每 1 m^3 砖砌体砌筑砂浆消耗量计算公式如下：

$$每1\,m^3砖砌体砌筑砂浆消耗量=每1\,m^3砖砌体砌筑砂浆净用量\times(1+损耗率)\quad(m^3)$$

【例 2.9】 试计算 1 砖半厚墙每 1 m^3 砌体中标准砖和砌筑砂浆的净用量及消耗量(损耗率查表 2.2 可知：砖为 1%，砌筑砂浆为 1%)。

【解】 a. 每 1 m^3 砖砌体中标准砖消耗量计算

$$每1\,m^3砖砌体中标准砖净用量=\frac{2\times1.5}{0.365\times(0.24+0.01)\times(0.053+0.01)}=521.8(块)$$

每 1 m^3 砖砌体中标准砖消耗量=521.8 ×(1+0.01)= 527.02(块)

b. 每 1 m^3 砖砌体中砌筑砂浆消耗量计算

每 1 m^3 砖砌体中砌筑砂浆净用量=1−521.8×0.24×0.115×0.053=0.2367(m^3)

每 1 m^3 砖砌体中砌筑砂浆消耗量=0.2367×(1+0.01)= 0.2391(m^3)

② 块料面层消耗量计算

块料面层中的块料是指瓷砖、锦砖、缸砖、大理石板、花岗石板、预制水磨石板等。块料面层定额是以 100 m² 作为计量单位。

a. 100 m² 块料面层中块料消耗量计算

$$100\ \text{m}^2\text{块料面层中块料净用量}=\frac{100}{(\text{块料长}+\text{灰缝})\times(\text{块料宽}+\text{灰缝})}$$

$$100\ \text{m}^2\text{块料面层中块料消耗量}=\text{块料净用量}\times(1+\text{损耗率})$$

b. 100 m² 块料面层中砂浆消耗量计算

$$100\ \text{m}^2\text{块料面层中砂浆净用量}=(100-\text{块料净用量}\times\text{块料长}\times\text{块料宽})\times\text{灰缝厚度}$$

$$100\ \text{m}^2\text{块料面层中砂浆消耗量}=\text{砂浆净用量}\times(1+\text{损耗率})$$

【例 2.10】 ××工程卫生间墙面贴瓷砖，瓷砖规格为 150 mm×150 mm×8 mm，灰缝宽 1 mm，试计算 100 m² 墙面的瓷砖消耗量（损耗率查表 2.2 已知：瓷砖为 1.5%，砂浆为 2%）。

【解】 $$100\ \text{m}^2\text{墙面瓷砖中瓷砖净用量}=\frac{100}{(0.15+0.001)\times(0.15+0.001)}=4385.77(\text{块})$$

$$100\ \text{m}^2\text{墙面瓷砖中瓷砖消耗量}=4385.77\times(1+0.015)=4451.56(\text{块})$$

100 m² 墙面瓷砖中砂浆消耗量计算

$$100\ \text{m}^2\text{墙面瓷砖中砂浆净用量}=(100-4385.77\times0.15\times0.15)\times0.008=0.0106(\text{m}^3)$$

$$100\ \text{m}^2\text{墙面瓷砖中砂浆消耗量}=0.0106\times(1+0.02)=0.011(\text{m}^3)$$

(3) 周转性材料消耗量计算

周转性材料是指在施工过程中多次周转使用而逐渐消耗的工具性材料。如脚手架、挡土板、临时支撑、混凝土工程的模板等。周转性材料在周转使用过程中，不断补充，多次反复地使用。因此，周转性材料消耗量，应按多次使用、分次摊销的方法进行计算。根据现行的工程量清单计价方法，周转性材料的部分消耗支付已列入措施项目清单计价表。

① 现浇混凝土构件模板摊销量计算

a. 一次使用量　一次使用量是指周转性材料在建筑产品第一次制作时（不再重复使用）的材料消耗量计算。计算公式如下：

$$\text{一次使用量}=\frac{10\ \text{m}^3\text{混凝土构件模板接触面积}\times1\ \text{m}^2\text{接触面积模板材料净用量}}{1-\text{制作消耗量}}$$

b. 周转使用量　周转使用量是指周转性材料每完成一次产品生产后所需补充新材料的平均数量。计算公式如下：

$$\text{周转使用量}=\text{一次使用量}\times k_1$$

式中　k_1——周转使用系数，见表 2.5，其计算公式如下：

$$k_1=\frac{1+(\text{周转次数}-1)\times\text{补损率}}{\text{周转次数}}$$

c. 周转使用次数　周转使用次数是指材料多次反复使用的次数，一般可用观测法或统计法来确定。

d. 回收量　回收量是指周转性材料在规定的周转次数下，平均每周转一次可以回收的材料数量。计算公式如下：

$$\text{回收量}=\frac{\text{一次使用量}\times(1-\text{补损率})}{\text{周转次数}}$$

e. 摊销量　摊销量是指周转性材料使用一次应分摊在单位产品上的消耗量。计算公式如下：

$$摊销量=一次使用量\times k_2$$

式中　k_2——摊销系数，见表2.5，其计算公式如下：

$$k_2=k_1-\frac{(1-补损率)\times 回收折价率}{周转次数}$$

表2.5　k_1、k_2 表

模板周转次数	每次补损率(%)	k_1	k_2	模板周转次数	每次补损率(%)	k_1	k_2
4	15	0.3625	0.2726	8	10	0.2125	0.1649
5	10	0.2800	0.2039	8	15	0.2563	0.2114
5	15	0.3200	0.2481	9	15	0.2444	0.2044
6	10	0.2500	0.1866	10	10	0.1900	0.1519
6	15	0.2917	0.2318				

注：表中系数回收折价率按42.3%计算，间接费率按18.2%计算。

【例2.11】　××商住楼现浇钢筋混凝土圈梁，根据选定的模板设计图纸，每10 m^3 混凝土模板接触面积为96 m^2，每10 m^2 接触面积需要木枋板材共计0.705 m^3，损耗率为5%，周转次数为8次，每次周转补损率为10%，试计算模板摊销量。

【解】　$木枋板材一次使用量=\frac{96\ m^2\times 0.705\ m^3}{10\ m^2\times(1+0.05)}=6.446\ m^3$

$木枋板材周转使用量=一次使用量\times k_1$　（查表2.5，$k_1=0.2125$）

$=6.446\ m^3\times 0.2125=1.37\ m^3$

$木枋板材摊销量=一次使用量\times k_2$　（查表2.5，$k_2=0.1649$）

$=6.446\ m^3\times 0.1649=1.06\ m^3$

② 预制混凝土构件模板摊销量计算

预制混凝土构件模板在使用过程中，虽然也是多次周转、反复使用，但由于每次周转损耗量极少，故可以不考虑每次周转的补损（即可忽略不计），直接按多次使用平均分摊的办法计算。计算公式如下：

$$摊销量=\frac{一次使用量}{周转次数}$$

【例2.12】　××住宅预制钢筋混凝土过梁，根据选定的模板设计图纸，每10 m^3 混凝土模板接触面积为85 m^2，每10 m^2 接触面积需要木枋0.14 m^3、板材1.063 m^3，制作损耗率为5%，周转次数为30次，试计算模板摊销量。

【解】　(1) 木枋板材一次使用量计算

$木枋一次使用量=\frac{0.14\ m^3}{10\ m^2\times 85\ m^2\times(1+0.05)}=0.00016\ m^3$

$板材一次使用量=\frac{1.063\ m^3}{10\ m^2\times 85\ m^2\times(1+0.05)}=0.00119\ m^3$

(2) 木枋板材摊销量计算

$$木枋摊销量=\frac{0.00016}{30}=0.0000053\ m^3$$

$$板材摊销量=\frac{0.00119}{30}=0.0000397\ m^3$$

$$该项目模板摊销量=0.0000053\ m^3+0.0000397\ m^3=0.000045\ m^3$$

2.3 企业定额

2.3.1 企业定额概述

2.3.1.1 企业定额的概念

《建筑工程施工发包与承包计价管理办法》(中华人民共和国建设部令第107号)第七条第二款规定:“投标报价应当依据企业定额和市场价格信息,并按照国务院和省、自治区、直辖市人民政府建设行政主管部门发布的工程造价计价办法进行编制”。所谓企业定额,是指建筑安装企业根据企业自身的技术水平和管理水平所确定的完成单位合格产品必需的人工、材料和施工机械台班的消耗量,以及其他生产经营要素消耗的数量标准。

企业定额反映了企业的施工生产与生产消费之间的数量关系,不仅能体现企业个别的劳动生产率和技术装备水平,同时也是衡量企业管理水平的标尺,是企业加强集约经营、精细管理的前提和主要手段。在工程量清单计价模式下,每个企业均应拥有反映自己企业能力的企业定额,企业定额的企业水平与企业的技术和管理水平相适应,企业的技术和管理水平不同,企业定额的定额水平也就不同。从一定意义上讲,企业定额是企业的商业秘密,是企业参与市场竞争的核心竞争能力的具体表现。

2.3.1.2 企业定额的特点

企业定额具有以下特点:

(1) 企业定额的各项平均消耗量指标要比社会平均水平低,以体现企业定额的先进性;

(2) 企业定额可以体现本企业在某些方面的技术优势;

(3) 企业定额可以体现本企业局部或全面管理方面的优势;

(4) 企业定额所有的各项单价都是动态的、变化的,具有市场性;

(5) 企业定额与施工方案能全面接轨。

2.3.1.3 企业定额的作用

(1) 企业定额是施工企业进行建设工程投标报价的重要依据

自2003年7月1日起,我国开始实行《建设工程工程量清单计价规范》。工程量清单计价,是一种与市场经济相适应、通过市场形成建设工程价格的计价模式,它要求各投标企业必须通过能综合反映企业的施工技术、管理水平、机械设备工艺能力、工人操作能力的企业定额来进行投标报价——这样才能真正体现出个别成本间的差距,真正实现市场竞争。因此,实现工程量清单计价的关键及核心就在于企业定额的编制和使用。

企业定额反映的是企业的生产力水平、管理水平和市场竞争力。按照企业定额计算出的工程费用是企业生产和经营所需的实际成本。在投标过程中,企业首先按本企业的企业定额计算出完成拟投标工程的成本，在此基础上考虑预期利润和可能的工程风险费用，制定出建设工程项目的投标报价。由此可见，企业定额是形成企业个别成本的基础，根据企业定额进行的投标报价具有更大的合理性，能有效提升企业投标报价的竞争力。

(2) 企业定额的建立和运用可以提高企业的管理水平和生产力水平

企业要在激烈的市场竞争中占据有利的地位，必须降低成本，加强管理。企业定额能直接对企业的技术、经营管理水平及工期、质量、价格等因素进行准确的测算和控制，进而控制工程成本。而且，企业定额作为企业内部生产管理的标准文件，能够结合企业自身技术力量和科学的管理方法，使企业的管理水平在企业定额制定和使用的实践中不断提高。企业编制企业定额是企业进行科学管理、开展管理创新、促进企业管理水平提高的一个重要环节。

同时，企业定额是企业生产力的综合反映。通过编制企业定额可以摸清企业生产力状况，发挥优势，弥补不足，促进企业生产力水平的提高。企业编制管理性定额是加强企业内部监控、进行成本核算的依据，是有效控制造价的手段。

(3) 企业定额是业内推广先进技术和鼓励创新的工具

企业定额代表企业先进施工技术水平、施工机具和施工方法。因此，企业在建立企业定额后，会促使各个企业主动学习先进企业的技术，这样就达到了推广先进技术的目的。同时，各个企业要想超过其他企业的定额水平，就必须进行管理创新或技术创新。因此，企业定额实际上也就成为企业推动技术和管理创新的一种重要手段。

(4) 企业定额的建立和使用可以规范建筑市场秩序，规范发包承包行为

施工企业的经营活动应通过工程项目的承建，谋求质量、工期、信誉的最优化。唯有如此，企业才能走向良性循环的发展道路，建筑业也才能走向可持续发展的道路。企业定额的应用，促使企业在市场竞争中按实际消耗水平报价。这就避免了施工企业为了在竞标中取胜，无节制地压价、降价，造成企业效率低下、生产亏损、发展滞后现象的发生，也避免了业主在招投标中滋生腐败现象。在我国现阶段建筑业由计划经济向市场经济转变的时期，为规范发包承包行为，为建筑业的可持续发展，企业定额的建立和使用一定会产生深远和重大影响。

企业定额适应我国工程造价管理体制和管理制度的改革，是实现工程造价管理改革最终目标不可或缺的一个重要环节。实现工程造价管理的市场化，由市场形成价格是关键。如果以全国(地区)或行业统一定额为依据来报价，不仅不能体现市场竞争，也不能真正确定其工程成本。而以各自的企业定额为基础作出报价，就能真实地反映企业成本的差异，在施工企业之间形成实力的竞争，从而真正达到市场形成价格的目的。因此，可以说企业定额的编制和运用是我国工程造价领域改革关键而重要的一步。

2.3.2 企业定额的编制

2.3.2.1 企业定额的编制原则

(1) 执行国家、行业的有关规定，适应《建设工程工程量清单计价规范》的原则。各类相关法律、法规、标准等是制定企业内部定额的前提和必备条件，在建立企业定额的过程中，细分工程项目、明确工艺组成、确定定额消耗构成均必须以此为前提。同时，企业定额的建立必须与《建设工程工程量清单计价规范》的具体要求相统一，以保证投标报价的实用性和可操作性。

(2) 真实、平均先进性原则。企业定额应当能够真实地反映企业管理现状，真实地反映企业人工、机械装备、材料储备情况。同时还要依据成熟的以及推广应用的先进技术和先进经验

确定定额水平,它应该是大多数的生产者必须经过努力才能达到或超过的水平,以促使生产者努力提高技术操作水平,珍惜劳动时间,节约物料消耗,起到鼓励先进、勉励中间、鞭策后进的作用。

(3) 简明适用原则。适用要求,是指企业定额必须满足适用于企业内部管理和对外投标报价等多种需要。简明要求,是指企业定额必须做到项目齐全、划分恰当、步距合理,正确选择产品和材料的计量单位,适当确定系数,提供必要的说明和附注,达到便于查阅、计算、携带的目的。简明适用是就企业定额的内容和形式而言,要方便定额的贯彻执行。

(4) 时效性和相对稳定性原则。企业定额是一定时期内技术发展和管理水平的反映,所以在一段时期内表现出稳定的状态。这种稳定性又是相对的,它还有显著的时效性。当企业定额不再适应市场竞争和成本监控的需要时,就要重新编制和修订,否则就会产生负效应。所以,持续改进是企业定额长期发挥作用的关键。同时,及时地将新技术、新结构、新材料、新工艺的应用编入定额中,满足实际施工需要也体现了时效性原则。

(5) 独立自主编制原则。施工企业作为具有独立法人地位的经济实体,应根据企业的具体情况,结合政府的价格政策和产业导向,自行编制企业定额。贯彻这一原则有利于企业自主经营,有利于推行现代化企业财务制度,有利于减少对施工企业过多的行政干预,使企业更好地面对建筑市场的竞争环境。

(6) 以专为主、专群结合的原则。编制施工企业定额的人员结构,应以专家、专业人员为主,并吸收工人和工程技术人员参与。这样既有利于制定出高质量的企业定额,也为定额的施行奠定了良好的群众基础。

2.3.2.2　企业定额的编制依据

(1) 现行劳动定额和施工定额;

(2) 现行设计规范、施工及验收规范、质量评定标准和安全操作规程;

(3) 国家统一的工程量计算规则、分部分项工程项目划分、工程量计算单位;

(4) 新技术、新工艺、新材料和先进的施工方法等;

(5) 有关的科学试验、技术测定和统计、经验资料;

(6) 市场人工、材料、机械价格信息;

(7) 各种费用、税金的确定资料。

2.3.2.3　企业定额的编制内容

企业定额的编制内容包括:编制方案、总说明、工程量计算规则、定额项目划分、定额水平的测定(工、料、机消耗水平和管理成本费的测算和制定)、定额水平的测算(类似工程的对比测算)、定额编制基础资料的整理归类和编写。

按《建设工程工程量清单计价规范》的要求,企业定额编制的内容包括:

(1) 工程实体消耗定额,即构成工程实体的分部(项)工程的工、料、机定额消耗量。实体消耗量就是构成工程实体的人工、材料、机械的消耗量。其中,人工消耗量要根据本企业工人的操作水平确定;材料消耗量不仅包括施工材料的净消耗量,还应包括施工损耗;机械消耗量应考虑机械的摊销率。

(2) 措施性消耗定额,即有助于工程实体形成的临时设施、技术措施等定额消耗量。措施性消耗量是指为保证工程正常施工所采用的措施的消耗,是根据工程当时当地的情况以及施工经验进行的合理配置,应包括模板的选择、配置与周转,脚手架的合理使用与搭拆,各种机械设备的合理配置等措施性项目。

(3) 由计费规则、计价程序、有关规定及相关说明组成的编制规定。各种费用标准，是为施工准备、组织施工生产和管理所需的各项费用，如企业管理人员的工资，各种基金、保险费、办公费、工会经费、财务费用、经常费用等。

企业定额的构成及表现形式应视编制的目的而定，可参照统一定额，也可以采用灵活多变的形式，以满足需要和便于使用为准。例如企业定额的编制目的如果是为了控制工耗和计算工人劳动报酬，应采取劳动定额的形式；如果是为了企业进行工程成本核算，以及为投标报价提供依据，应采取施工定额或定额估价表的形式。

2.3.2.4 企业定额消耗量指标的确定

(1) 人工消耗量的确定

① 搜集资料，整理分析，计算预算定额与企业实际人工消耗水平；

② 用预算定额人工消耗量与企业实际人工消耗量对比，计算工效增长率；

③ 计算施工方法及企业技术装备对人工消耗量的影响；

④ 计算施工技术规范及施工验收标准对人工消耗量的影响；

⑤ 计算新材料、新工艺对人工消耗量的影响；

⑥ 其他因素的影响；

⑦ 对于关键项目和工序的调研；

⑧ 确定企业定额项目水平，编制人工消耗量指标。

(2) 材料消耗量的确定

① 以预算定额为基础，计算企业施工过程中的材料消耗水平；

② 计算使用新型材料与老旧材料的数量，以备编制具体的企业定额子目时进行调整；

③ 对重点项目和工序消耗的材料进行计算和调研；

④ 周转性材料消耗量的计算：周转性材料的消耗量有一部分被综合在具体的定额子目中，有一部分作为措施项目费用的组成部分单独计取；

⑤ 计算企业施工过程中材料消耗水平与定额水平的差异：材料消耗差异率＝(预算材料消耗量/实际材料消耗量)×100 %－1；

⑥ 调整预算定额材料的种类和消耗量，编制施工材料消耗量指标。

(3) 施工机械台班消耗量的确定

① 计算预算定额机械台班消耗量水平和企业实际机械台班消耗的水平；

② 对本企业采用的新型施工机械进行统计分析；

③ 计算设备综合利用指标，分析影响企业机械设备利用率的各种原因；

④ 计算机械台班消耗的实际水平与预算水平的差异：机械使用台班消耗差异率＝(预算机械台班消耗量/实际机械台班消耗量)×100％－1；

⑤ 调整预算定额机械台班使用的种类和消耗量，编制施工机械台班消耗量指标。

(4) 措施性消耗指标的确定

措施费用指标的编制方法一般采用方案测算法，即根据具体的施工方案，进行技术经济分析，将方案分解，对其每一步的施工过程所消耗的人、材、机等资源进行定性和定量分析，最后整理汇总编制。

(5) 费用定额的确定

费用定额的制定方法一般采用方案测算法，其制定过程是选择有代表性的工程，将工程中实际发生的各项管理费用支出金额进行核实,剔除其中不合理的开支项目后汇总,然后与本工程生产工人实际消耗的工日数进行对比,计算每个工日应支付的管理费用。

(6) 利润率的确定

利润率的确定是根据某些有代表性工程的利润水平,通过对比分析,结合建筑市场同类企业的利润水平以及本企业目前工作量的饱满程度进行综合取定。

2.3.2.5 企业定额的编制方法

企业定额编制的方法很多,与其他类型定额的编制方法基本一致。概括起来,主要有技术测定法、统计分析法、比较类推法、经验估计法等,这些方法在前面已作了详细的介绍。

2.3.3 企业定额的管理

建筑施工企业(承包商)不仅要积极地制定企业定额,而且还要加强企业定额的管理工作,这样才能使企业定额的使用更有效。企业定额管理工作的主要内容有:企业定额编制及审批,企业定额的贯彻执行,企业定额的日常管理,企业定额的考核,企业定额的修订等。

(1) 企业定额的审批

企业定额的指标确定后,并不能立即下达实施,还必须经过规定程序的审批。企业定额审批的内容有:定额指标的项目是否齐全,依据是否充足,指标是否先进可行,定额管理制度是否合理并可操作,奖惩力度是否合适等。

(2) 企业定额的贯彻执行

贯彻执行是企业定额管理的实施阶段,只有认真实施,才能发挥企业定额的重要作用。企业定额的贯彻执行,要使企业形成共识、强化意识,要有严格、齐全的制度相配套,要及时地进行奖惩,以更好地促进企业定额的贯彻执行。

(3) 企业定额的日常管理

企业定额的日常管理,是需要全员参与的一项经常性工作,需要企业各层次和各环节的重视,也需要系统管理部门的综合管理,它的工作内容是:了解定额指标执行过程中的可行性和先进性,定额执行后的效益情况,及时发现问题并做调整,协调定额执行主体之间的关系,完善定额指标和管理制度,指导企业定额管理工作。

(4) 企业定额的考核

企业定额的考核,是定额功能发挥的特殊环节。只有严格、公正地考核,才能使定额工作具有推动性。企业定额的考核,要以定额指标和定额管理制度为依据,实行将考核结果与经济利益直接挂钩的方法。

(5) 企业定额的修订

企业定额的修订,是定额工作自我完善的一个环节。随着市场形势的变化和发展,原来的定额指标偏差较大,或执行过程中发现的问题都要求定额修订。定额的修订,应将发现的问题提出,由管理部门确认后,再按原审批程序重新确定定额指标。

需要强调的是,企业定额应该是随着企业管理水平和技术水平提高而不断得到更新的动态定额。现代企业编制企业定额不能再采用传统的方式方法,适度地采用IT技术作为企业定额编制和管理工具已经成为一种必须的选择。企业定额是事关企业发展的一项重要工作。我们期待有更多的企业能够尽快走上实践之路,不断摸索经验,最终建立起符合自己需要的企业定额体系,以帮助企业在未来的市场环境中取得竞争优势。

2.4 预算定额

2.4.1 预算定额概述

2.4.1.1 预算定额的概念

预算定额是指完成一定计量单位质量合格的分项工程或结构构件所需消耗的人工、材料和机械台班的数量标准。

预算定额是由国家主管部门或被授权的省、市有关部门组织编制并颁发的一种法令性指标，也是一项重要的经济法规。预算定额中的各项消耗量指标，反映了国家或地方政府对完成单位建筑产品基本构造要素(即每一单位分项工程或结构构件)所规定的人工、材料和机械台班等消耗的数量限额。

2.4.1.2 预算定额与企业定额的区别

编制预算定额的目的主要是确定建筑工程中每一单位分项工程或结构构件的预算基价(即价格)，而任何产品价格的确定都应按照生产该产品的社会必要劳动量来确定。因此，预算定额中的人工、材料、机械台班的消耗量指标，应是体现社会平均水平的消耗量指标。编制企业定额的目的主要是为了提高建筑施工企业的管理水平，进而推动社会生产力向更高的水平发展。因此。企业定额中的人工、材料、机械台班的消耗量指标，应是平均先进水平的消耗量指标。

预算定额和企业定额虽然都是一种综合性生产定额，但是企业定额比预算定额的项目划分要细一些，而预算定额比企业定额综合的内容要更多一些。预算定额不仅考虑了企业定额中未包含的多种因素，如材料在现场内的超运距、人工幅度差用工等，还包括了为完成该分项工程或结构构件全部工序的内容。

2.4.1.3 预算定额的作用

预算定额是确定单位分项工程或结构构件单价的基价，在按定额计价模式的条件下，它体现国家、建设单位(业主)和建筑施工企业(承包商)之间的一种经济关系。建设单位(业主)按预算定额所确定的工程造价，为拟建工程提供必要的投资资金供应，建筑施工企业(承包商)则在预算定额的范围内，通过建筑施工活动，按质、按量、按期完成工程任务。因此，预算定额在建筑工程施工活动中具有以下重要作用：

(1) 预算定额是编制施工图预算，合理确定工程造价的依据；

(2) 预算定额是在建设工程招标投标中确定标底和标价的主要依据；

(3) 预算定额是建筑施工企业编制人工、材料、机械台班需要量计划，统计完成工程量，考核工程成本，实行经济核算，加强施工管理的基础；

(4) 预算定额是编制计价定额(即单位估价表)的依据；

(5) 预算定额是编制概算定额和概算指标的基础。

2.4.2 预算定额的编制

2.4.2.1 预算定额的编制原则

(1) 社会平均必要劳动量确定定额水平的原则

在社会主义市场经济的条件下，确定预算定额的各种消耗量指标，应遵循价值规律，按照产品生产中所消耗的社会平均必要劳动量(时间)确定其定额水平。即在正常施工的条件下，以平均的劳动强度、平均的劳动熟练程度、平均的技术装备水平，确定完成每一单位分项工程或结构构件所需要的劳动消耗量，并据此作为确定预算定额水平的主要原则。

(2) 简明扼要、适用方便的原则

预算定额的内容与形式，既要体现简明扼要、层次清楚、结构严谨、数据准确，还应满足各方面使用的需要，如编制施工图预算、办理工程结算、编制各种计划和进行成本核算等的需要，使其具有多方面的适用性，且使用方便。

贯彻简明扼要、适用方便的原则，要求预算定额中的各种文字说明应简明扼要、通俗易懂，还应注意定额计量单位的合理选择和工程量计算的简化，如砌砖墙定额中用“m^3”就比用“块”作为定额计量单位要简单和方便一些。

2.4.2.2 预算定额的编制依据

预算定额的编制依据如下：

①《全国统一建筑工程基础定额》和《全国统一建筑装饰装修工程消耗量定额》；

② 现行的设计规范、施工验收规范、质量评定标准和安全操作规程；

③ 通用的标准图集、定型设计图纸和有代表性的设计图纸；

④ 有关科学实验、技术测定和可靠的统计资料；

⑤ 已推广的新技术、新材料、新结构和新工艺等资料；

⑥ 现行的预算定额基础资料、人工工资标准、材料预算价格和机械台班预算价格等。

2.4.2.3 预算定额各项消耗量指标的确定

(1) 定额计量单位与计算精度的确定

① 定额计量单位的确定。定额计量单位应与定额项目内容相适应，要能确切反映各分项工程产品的形态特征、变化规律与实物数量，并便于计算和使用。

当物体的断面形状一定而长度不定时，宜采用延长米“m”为计量单位，如木装饰、落水管安装等；

当物体有一定的厚度而长与宽变化不定时，宜采用“m^2”为计量单位，如楼地面、墙面抹灰、屋面工程等；

当物体的长、宽、高均变化不定时，宜采用“m^3”作为计量单位，如土方、砖石、混凝土和钢筋混凝土工程等；

当物体的长、宽、高均变化不大，但其重量与价格差异却很大时，宜采用“kg”或“t”为计量单位，如金属构件的制作、运输与安装等。

在预算定额项目表中，一般都采用扩大的计量单位，如100 m、100 m^2、10 m^3 等，以便于预算定额的编制和使用。

② 计算精度的确定。预算定额项目中各种消耗量指标的数值单位和计算时小数位数的取定如下：

人工以“工日”为单位，取小数点后2位；

机械以“台班”为单位，取小数点后2位；

木材以“m^3”为单位，取小数点后3位；

钢材以“t”为单位，取小数点后3位；

标准砖以“千块”为单位，取小数点后2位；

砂浆、混凝土、沥青膏等半成品以“m^3”为单位，取小数点后2位。

(2) 人工消耗量指标的确定

预算定额中的人工消耗量指标，包括完成该分项工程所必需的基本用工和其他用工数量。这些人工消耗量是根据多个典型工程综合取定的工程量数据和《全国统一或省、市建筑工程劳动定额》计算求得。

① 基本用工。基本用工是指完成质量合格单位产品所必需消耗的技术工种用工。可按技术工种相应劳动定额的工时定额计算，以不同工种列出定额工日数。

② 其他用工。其他用工包括辅助用工、超运距用工和人工幅度差。

辅助用工，是指技术工种劳动定额内不包括而在预算定额内又必须考虑的用工。如机械土方工程配合、材料加工(包括筛砂子、洗石子、淋石灰膏等)模板整理等用工。

超运距用工，是指预算定额中材料及半成品的场内水平运距超过了劳动定额规定的水平运距部分所需增加的用工。

超运距＝预算定额取定的运距－劳动定额已包括的运距

人工幅度差，是指预算定额与劳动定额由于定额水平不同而产生的水平差，它是劳动定额作业时间之外，预算定额内应考虑的、在正常施工条件下所发生的各种工时损失。其内容包括：

- 工种间的工序搭接、交叉作业及互相配合所发生停歇的用工；
- 现场内施工机械转移及临时水电线路移动所造成的停工；
- 质量检查和隐蔽工程验收工作而影响工人操作的时间；
- 工序交接时对前一工序不可避免的修整用工；
- 班组操作地点转移而影响工人操作的时间；
- 施工中不可避免的其他零星用工。

人工幅度差计算公式如下：

人工幅度差＝(基本用工＋超运距用工＋辅助用工)×人工幅度差系数

人工幅度差系数一般取10％～15％。

(3) 材料消耗量指标的确定

预算定额中的材料消耗量指标由材料净用量和材料损耗量构成。其中材料损耗量包括材料的施工操作损耗、场内运输损耗、加工制作损耗和场内管理损耗。

① 主材净用量的确定。预算定额中主材净用量的确定，应结合分项工程的构造做法，按照综合取定的工程量及有关资料进行计算确定。关于材料净用量的具体计算方法详见本教材2.2.4(2)。

② 主材损耗量的确定。预算定额中主材损耗量的确定，是在计算出主材净用量的基础上乘以损耗率系数就可求得。在已知主材净用量和损耗率的条件下，要计算出主材损耗量就需要找出它们之间的关系系数，这个关系系数称为损耗率系数。其主材损耗量和损耗率系数的计算公式如下：

$$主材损耗量＝主材净用量×损耗率系数$$

$$损耗率系数＝\frac{损耗量}{净用量}＝\frac{损耗率}{1-损耗率}$$

【例 2.13】 现以 1 砖墙为例，已知每 10 m^3 的砖墙砌体中的标准砖净用量为 5143 块、砌筑砂浆为 2.2603 m^3，从材料损耗表中查得，砖墙中的标准砖及砂浆的损耗率均为 1%。试计算每 10 m^3 1 砖厚墙砌体中标准砖和砌筑砂浆的损耗量和消耗量。

【解】 损耗率系数计算

$$损耗率系数=\frac{损耗率}{1-损耗率}=\frac{1\%}{1-1\%}=0.0101$$

每 10 m^3 1 砖厚墙体中标准砖损耗量和消耗量计算

$$标准砖损耗量=5143 块\times0.0101=52 块$$

$$标准砖消耗量=5143 块+52 块=5195 块$$

每 10 m^3 1 砖厚砌体中砌筑砂浆损耗量和消耗量计算

$$砌筑砂浆损耗量=2.2603\ m^3\times0.0101=0.0228\ m^3$$

$$砌筑砂浆消耗量=2.2603\ m^3+0.0228\ m^3=2.2831\ m^3$$

③ 次要材料消耗量的确定。预算定额中对于用量很少、价值又不大的建筑材料，在估算其用量后，合并成“其他材料费”，以“元”为单位列入预算定额表内。

④ 周转性材料摊销量的确定。预算定额中的周转性材料，是按多次使用、分次摊销的方式计入预算定额表内，其具体计算方法见本教材 2.2.4(3)。

2.4.2.4　人工工资标准、材料预算价格和机械台班预算单价的确定

工程造价费用的多少，除取决于预算定额中的人工、材料和机械台班消耗量以外，还取决于人工工资标准、材料预算价格和机械台班预算单价。因此，合理确定人工工资标准、材料预算价格和机械台班预算单价，是正确计算工程造价的重要依据。

(1) 人工工资标准的确定

人工工资标准又称为人工工日单价。它是指一个建筑工人一个工作日应计入预算定额中的全部人工费用。合理确定人工工资标准，是正确计算人工费和工程造价的前提和基础。

① 人工工日单价的构成

人工工日单价的构成内容如下：

● 生产工人基本工资　生产工人基本工资是指发放给建筑安装生产工人的基本工资。现行的生产工人基本工资是执行岗位工资和技能工资制度。根据《全民所有制大中型建筑安装企业的岗位技能工资试行方案》中的规定，其基本工资是按岗位工资、技能工资和年功工资(按职工工作年限确定的工资)计算的。工人岗位工资标准设 8 个档次，技能工资分初级工、中级工、高级工、技师和高级技师 5 类工资标准 33 个档次。计算公式如下：

$$基本工资(G_1)=\frac{生产工人平均月工资}{年平均每月法定工作日}$$

式中，$年平均每月法定工作日=\dfrac{全年日历日数-法定假日数}{12}$

● 生产工人工资性补贴　生产工人工资性补贴是指按规定标准发放的物价补贴，煤、燃气补贴，交通费补贴，住房补贴，流动施工津贴和地区津贴等。计算公式如下：

$$工资性补贴(G_2)=\frac{\sum 年发放标准}{全年日历日-法定假日}+\frac{\sum 月发放标准}{年平均每月法定工作日}+每工作日发放标准$$

式中，法定假日是指双休日和法定节日。

● 生产工人辅助工资　生产工人辅助工资是指生产工人年有效施工天数以外非作业天数

的工资，包括职工学习、培训期间的工资，调动工作、探亲、休假期间的工资，因天气影响的停工工资，女工哺乳时间的工资，病假在 6 个月以内的工资及产、婚、丧假期的工资。计算公式如下：

$$生产工人辅助工资(G_3)=\frac{全年无效工作日\times(G_1+G_2)}{全年日历日-法定假日}$$

● 职工福利费　职工福利费是指按规定计提的职工福利费。计算公式如下：

$$职工福利费(G_4)=(G_1+G_2+G_3)\times 福利费计提比例$$

● 生产工人劳动保护费　生产工人劳动保护费是指按规定标准发放的劳动保护用品的购置费及修理费，徒工服装补贴，防暑降温费，在有碍身体健康的环境中施工的保健费用等。计算公式如下：

$$生产工人劳动保护费(G_5)=\frac{生产工人年平均支出劳动保护费}{全年日历日-法定假日}$$

② 人工工日单价的确定

人工工日单价等于上述各项费用之和。计算公式如下：

$$人工工日单价(G)=G_1+G_2+G_3+G_4+G_5$$

近几年来，国家陆续出台了养老保险、医疗保险、失业保险、住房公积金等社会保障的改革措施，新的人工工资标准会逐步将上述费用纳入人工预算单价中。

③ 影响人工单价的因素

影响建筑安装工人人工单价的因素很多，归纳起来有以下几个方面：

● 社会平均工资水平。建筑安装工人人工工资单价必然和社会平均工资水平趋同。社会平均工资水平取决于经济发展水平。由于我国改革开放以来经济迅速增长，社会平均工资也有大幅增长，从而带动人工工资单价的大幅提高。

● 生活消费指数。生活消费指数的提高会带动人工工资单价的提高，以减少生活水平的下降，或维持原来的生活水平。生活消费指数的变动决定于物价的变动，尤其决定于生活消费品物价的变动。

● 人工工资单价的组成内容。例如，住房消费、养老保险、医疗保险、失业保险等列入人工工资单价，会使人工工资单价提高。

● 劳动力市场供需变化。在劳动力市场如果需求大于供给，人工工资单价就会提高；如果供给大于需求，市场竞争激烈，人工工资单价就会下降。

● 政府推行的社会保障和福利政策也会影响人工工资单价的变动。

(2) 材料预算价格的确定

在建筑工程费用中，材料费大约占工程总造价的 60%，在金属结构工程费用中所占的比重还要大，它是工程造价直接费的主要组成部分。因此，合理确定材料预算价格，正确计算材料费用，有利于工程造价的计算、确定与控制。

① 材料预算价格的概念与组成内容

a. 材料预算价格的概念

材料预算价格是指建筑材料（包括成品、半成品及构配件等）从其来源地（或交货地点、仓库提货地点）运至施工工地仓库（或施工现场材料存放地点）后的出库价格。

b. 材料预算价格的组成内容

从上述概念可知，材料从来源地到材料出库这段时间与空间内，必然会发生材料的运杂费、运输损耗费、采购及保管费等。在计价时，材料费用中还应包括单独列项计算的材料检验试验费。因此，材料预算价格应由以下费用组成：

- 材料原价；
- 材料运杂费；
- 材料运输损耗费；
- 材料采购及保管费；
- 材料检验试验费。

② 材料预算价格的确定

a. 材料原价的确定

材料原价是指材料的出厂价、交货地价、市场批发价、进口材料抵岸价或销售部门的批发价、市场采购价或市场信息价。

在确定材料原价时，凡同一种材料，因来源地、交货地、生产厂家、供货单位不同而有几种原价（价格）时，应根据不同来源地的不同单价、供货数量（或供货比例），采用加权平均的方法确定其综合原价（即加权平均原价）。计算公式如下：

$$C=\frac{K_1C_1+K_2C_2+\cdots+K_nC_n}{K_1+K_2+\cdots+K_n}$$

式中　C——综合原价或加权平均原价；

$K_1,K_2,\cdots,K_n$——材料不同来源地的供货数量或供货比例；

$C_1,C_2,\cdots,C_n$——材料不同来源地的不同单价（或价格）。

b. 材料运杂费的确定

材料运杂费是指材料自来源地（或交货地）运至工地仓库或指定堆放地点所发生的全部费用，并含外埠中转运输过程中所发生的一切费用和过境、过桥费用，包括调车和驳船费、装卸费、运输费及附加工作费等。

同一品种的材料有若干个来源地时，应采用加权平均的方法计算材料运杂费。计算公式如下：

$$T=\frac{K_1T_1+K_2T_2+\cdots+K_nT_n}{K_1+K_2+\cdots+K_n}$$

式中　T——加权平均运杂费；

$K_1,K_2,\cdots,K_n$——材料不同来源地的供货数量；

$T_1,T_2,\cdots,T_n$——材料不同运输距离的运费。

在材料运杂费中需要考虑便于材料运输和保护而实际发生的包装费（但不包括已计入材料原价的包装费，如水泥纸袋等），应计入材料预算价格内。

c. 材料运输损耗费的确定

材料运输损耗费是指材料在装卸、运输过程中不可避免的损耗费用。计算公式如下：

材料运输损耗费＝（材料原价＋材料运杂费）×相应材料运输损耗率

d. 材料采购保管费

材料采购保管费是指各材料供应管理部门在组织采购、供应和保管材料过程中所需的各

项费用,包括材料的采购费、仓储管理费和仓储损耗费。计算公式如下:

材料采购保管费=(材料原价+材料运杂费+材料运输损耗费)×材料采购保管费率

建筑材料的种类、规格繁多,采购保管费不可能按每种材料在采购保管过程中所发生的实际费用计算,只能规定几种综合费率进行计算。目前现行的是由国家主管部门规定的综合费率为2.5%(其中采购费率为1%,保管费率为1.5%),各地区可根据不同的情况确定其费率。如有的地区规定:钢材、木材、水泥为2.5%,水电材料为1.5%,其余材料为3%。由建设单位(业主)供应到现场仓库的材料,建筑施工企业(承包商)不收采购费,只收保管费。

e. 材料检验试验费

材料检验试验费是指建筑材料、构件和建筑安装物进行一般鉴定、检查所发生的费用,包括自设实验室进行试验所耗用的材料和化学药品等的费用。不包括新结构、新材料的试验费和建设单位对具有出厂合格证明的材料进行检验,对构件做破坏性试验及其他特殊要求检验试验的费用。计算公式如下:

材料检验试验费=单位材料量检验试验费×材料消耗量

或

材料检验试验费=材料原价×材料检验试验费率

f. 材料预算价格计算及案例

材料预算价格的计算公式如下:

材料预算价格=(材料原价+材料运杂费+材料运输损耗费)×
(1+材料采购保管费率)+材料原价×材料检验试验费率

【例2.14】 ××教学楼磨石楼地面工程需要白石子材料(采购情况见表2.6),试计算白石子的材料预算价格。

表2.6 白石子材料采购情况表

材料来源地	数 量(t)	出厂价(元/t)	运杂费(元/t)
A	20	160	96
B	30	140	104
C	50	120	112

注:运输损耗率为1.5%,采购保管费率为2.5%,检验试验费率为2%。

【解】 材料原价计算

$$材料原价=\frac{160\times20+140\times30+120\times50}{20+30+50}=\frac{13400}{100}=134.00\ 元/t$$

材料运杂费计算

$$材料运杂费=\frac{96\times20+104\times30+112\times50}{20+30+50}=\frac{10640}{100}=106.40\ 元/t$$

材料运输损耗费计算

材料运输损耗费=(134.00+106.40)×1.5%=3.61元/t

材料采购保管费计算

材料采购保管费=(134.00+106.40+3.61)×2.5%=6.10元/t

材料检验试验费计算

$$材料检验试验费=134.00\times2\%=2.68\ 元/t$$

材料预算价格计算

$$材料预算价格=134.00+106.40+3.61+6.10+2.68=252.79\ 元/t$$

g. 影响材料预算价格变动的因素

● 市场供需变化。材料原价是材料预算价格中最基本的组成，市场供给大于需求价格就会下降；反之，价格就会上升。从而也就会影响材料预算价格的涨落。

● 材料生产成本的变动直接影响材料预算价格的波动。

● 流通环节的多少和材料供应体制也会影响材料预算价格。

● 运输距离和运输方法的改变影响材料运输费用的增减，从而也会影响材料预算价格。

● 国际市场行情会对进口材料价格产生影响。

（3）施工机械台班单价的确定

① 施工机械台班单价的概念

施工机械台班单价是指一台施工机械在正常运转条件下一个工作台班所需支出和分摊的各项费用之总和。施工机械台班费的比重，将随着建筑施工机械化水平的提高而增加，相应人工费也随之逐步减少。因此，正确计算施工机械台班使用费具有重要的意义。

② 施工机械台班单价的组成

施工机械台班单价按其规定由七项费用组成，这些费用按性质不同划分为第一类费用（即需分摊费用）、第二类费用（即需支出费用）和其他费用。

a. 第一类费用（又称不变费用）

第一类费用是指不分施工地点和条件的不同，也不管施工机械是否开动运转都需要支付，并按该机械全年的费用分摊到每一个台班的费用。其内容包括折旧费、大修理费、经常修理费、安拆费及场外运输费。

b. 第二类费用（又称可变费用）

第二类费用是指常因施工地点和条件的不同而有较大变化的费用。其内容包括机上人员工资、动力燃料费、养路费及车船使用税、保险费。

③ 施工机械台班单价的确定

a. 第一类费用的确定

● 台班折旧费　台班折旧费是指施工机械在规定使用期限内收回施工机械原值及贷款利息而分摊到每一台班的费用。计算公式如下：

$$台班折旧费=\frac{施工机械预算价格\times(1+残值率)+贷款利息}{耐用总台班}$$

上式中，施工机械预算价格按照施工机械原值、购置附加费、供销部门手续费和一次运杂费之和计算。

施工机械原值可按施工机械生产厂家或经销商的销售价格计算。

供销部门手续费和一次运杂费可按施工机械原值的 5%计算。

残值率是指施工机械报废时回收的残值占施工机械原值的百分比。残值率按目前有关规定执行：运输机械 2%，掘进机械 5%，特大型机械 3%，中小型机械 4%。

耐用总台班是指施工机械从开始投入使用到报废前使用的总台班数。计算公式如下：

$$耐用总台班=修理间隔台班\times大修理周期$$

● 台班大修理费　台班大修理费是指施工机械按规定的大修理间隔台班必须进行的大修理，以恢复施工机械正常功能所需的费用。计算公式如下：

$$台班大修理费=\frac{一次大修理费\times(大修理周期-1)}{耐用总台班}$$

● 台班经常修理费　台班经常修理费是指施工机械除大修理以外的各级保养和临时故障排除所需的费用。包括为保障施工机械正常运转所需替换设备，随机使用工具，附加的摊销和维护费用；机械运转与日常保养所需润滑与擦拭材料费用；机械停置期间的正常维护和保养费用等。为简化一般可用以下公式计算：

$$台班经常修理费=台班大修理费\times K$$

上式中，K 值为施工机械台班经常维修系数，K 等于台班经常维修费与台班大修理费的比值。如超重汽车 6 以内为 5.61，6 以上为 3.93；自卸汽车 6 以内为 4.44，6 以上为 3.34；塔式起重机为 3.94 等。

● 安拆费及场外运费　安拆费是指施工机械在现场进行安装与拆卸所需的人工、材料、机械和试运转费，以及机械辅助设施的折旧、搭设、拆除等费用；场外运费是指施工机械整体或分体，从停放地点运至施工现场或由一个施工地点运至另一个施工地点，运输距离在 25 km 以内的施工机械进出场及转移费用，包括施工机械的装卸、运输辅助材料及架线等费用。

安拆费及场外运费按施工机械的不同，分为计入台班单价、单独计算和不计算三种类型。

b. 第二类费用的确定

● 机上人员工资（人工费）　机上人员工资是指施工机械操作人员（如司机、司炉等）及其他操作人员的工资、津贴等。

● 动力燃料费　动力燃料费是指施工机械在运转作业中所耗用的固体燃料（煤、木柴）、液体燃料（汽油、柴油）及水、电等费用。计算公式如下：

$$台班动力燃料费=台班动力燃料消耗量\times相应单价$$

● 养路费及车船使用税　养路费及车船使用税是指施工机械按照国家有关规定应缴纳的养路费和车船使用税。计算公式如下：

$$台班养路费=\frac{核定吨位\times每月每吨养路费\times 12\text{ 个月}}{年工作台班}$$

$$台班车船使用税=\frac{每年每吨车船使用税}{年工作台班}$$

● 保险费　保险费是指按照有关规定应缴纳的第三者责任险、车主保险费等。

2.4.3 预算定额的应用

由于预算定额的形式和内容与计价定额（即单位估价表）的形式和内容基本相同，所以将预算定额的应用与单位估价表的应用统称为预算定额的应用。要正确使用预算定额，首先必须熟悉预算定额手册的结构形式和内容组成。

2.4.3.1 预算定额手册的内容组成

预算定额手册由目录、总说明、分部工程说明、工程量计算规则、定额项目表、附注和附录等内容所组成。其具体内容可归纳为文字说明、定额项目表和附录三大主要部分。

(1) 文字说明

① 总说明　在总说明中主要阐述预算定额的用途、编制依据、适用范围、定额中已考虑的

因素和未考虑的因素、使用时应注意的事项和有关问题的说明。

② 分部工程说明　分部工程说明是预算定额手册的重要组成部分,主要阐述本分部工程所包括的定额项目、有关问题的说明、定额使用时的具体规定和处理方法等。

③ 分节说明　分节说明是对本节所包含的工程内容及使用的有关规定。

上述文字说明是预算定额手册正确使用的重要依据和原则,使用前必须仔细阅读,熟悉定额内容和使用规定,否则在套用定额时就会造成错套、漏套及重套定额。

(2) 定额项目表

定额项目表列有每一单位分项工程中人工、材料、机械台班消耗量及相应的各项费用,它是预算定额手册的核心内容。定额项目表的主要内容有分项工程内容,定额计量单位,定额编号,预算单价(基价),人工、材料、机械台班消耗量及相应的人工费、材料费、机械台班使用费等。

(3) 附录

附录一般列在预算定额手册的最后部分,其主要内容有混凝土、砂浆配合比表,施工机械台班定额表,门窗五金用量表及钢筋用量参考表等。这些资料可给定额使用和定额换算提供依据,它是预算定额应用时的重要补充资料。

2.4.3.2　预算定额的直接套用

当设计图纸的内容与定额项目的内容一致时,可直接套用预算定额中的预算单价(基价)及工料消耗量,并据此计算该分项工程的工程直接费及工料需用量。

现以《重庆市建筑工程计价定额》(CQJZDE—2008)为例,说明预算定额手册的具体使用方法(后面各例均采用该《计价定额》)。

【例 2.15】　××招待所工程现浇 C20 毛石混凝土带形基础 80 m^3(自拌碎石混凝土、坍落度 10～30 mm),试计算完成该分项工程所需要的工程直接费及主要材料消耗量。

【解】　确定定额编号　　AC0027

分项工程直接费计算

分项工程直接费＝计价定额单价×工程量

1478.37 元/10 m^3×80 m^3＝11826.96 元

主要材料消耗量计算

主要材料消耗量＝定额耗用量×工程量

混凝土 C20　　8.63 m^3/10 m^3×80 m^3＝69.04 m^3

毛石　　2.72 m^3/10 m^3×80 m^3＝21.76 m^3

查混凝土及砂浆配合比表,定额编号 80020802 乘以混凝土 C20 用量,即可计算组成混凝土的主要材料:

水泥 32.5 级　　311.00 kg/m^3×69.04 m^3＝21471.44 kg

特细砂　　0.552 t/m^3×69.04 m^3＝38.11 t

碎石 5～40　　1.418 t/m^3×69.04 m^3＝97.90 t

2.4.3.3　预算定额的换算

(1) 预算定额换算的原因

当设计图纸的内容要求与定额项目的内容不一致时,为了能计算出设计图纸内容要求项目的工程直接费及工料消耗量,必须对预算定额项目与设计内容要求之间的差异进行调整。

这种使预算定额项目内容适应设计内容要求的差异调整就是产生预算定额换算的原因。

(2) 预算定额换算的依据

预算定额的换算实际上是预算定额应用的进一步扩展和延伸,为了保持预算定额水平,在定额说明中规定了若干条预算定额换算的具体规定,执行这些规定才能避免人为改变定额水平的不合理现象。因此,这些定额换算的具体规定是预算定额换算的主要依据。

(3) 预算定额换算的内容

预算定额换算包括人工费和材料费的换算。人工费换算主要是由用工量的增减而引起的,而材料费换算是由材料消耗量的改变及材料代换所引起的,特别是材料费和材料消耗量的换算占预算定额换算相当大的比重。预算定额换算内容的一般规定如下:

① 当设计图纸要求的砂浆、混凝土强度等级与预算定额不同时,可按附录中半成品(即砂浆、混凝土)的配合比进行换算。

② 预算定额规定抹灰厚度不得调整。如果设计内容要求的砂浆种类或配合比与预算定额不同时可以换算,但预算定额中的人工、机械消耗量不得调整。

③ 木楼地楞定额是按中距 40 cm、断面 5 cm×18 cm、每 100 m^2 木地板的楞木 313.3 m 计算的,如果设计内容要求与预算定额不同时,楞木料可以换算,其他不变。

④ 预算定额中木地板厚度是按 2.5 cm 毛料计算的,如果设计内容要求与预算定额不同时,可按比例进行换算,其他不变。

⑤ 设计内容要求与预算定额规定不同的其他情况,若与定额分部说明中所列的情况相同时,则按预算定额分部说明中的各种系数及工料增减进行换算。

(4) 预算定额换算的类型

① 混凝土的换算;

② 砂浆的换算;

③ 木材材积的换算;

④ 系数换算;

⑤ 其他换算。

(5) 预算定额换算的方法

① 混凝土的换算

混凝土的换算分为混凝土构件和楼地面混凝土的换算。

a. 构件混凝土的换算

构件混凝土的换算主要是混凝土强度和石子品种不同的换算,其特点是当混凝土用量不发生变化,只换算强度或石子品种时,换算公式如下:

换算价格=原定额单价+定额混凝土用量×(换入混凝土单价-换出混凝土单价)

换算步骤如下:

- 选择换算定额编号及单价,确定混凝土品种、粗骨料粒径及水泥标号;
- 根据确定的混凝土品种(即是塑性混凝土还是低流动性混凝土、石子粒径、混凝土强度),从附录中查出换入与换出混凝土的单价;
- 换算价格计算。

确定换入混凝土品种须考虑以下因素:是塑性混凝土还是低流动性混凝土,以及混凝土强度;根据规范要求确定混凝土中石子的最大粒径;按照设计要求确定采用的是砾石混凝土还是碎石混凝土，以及水泥标号。

【例 2.16】 ××商会大厦工程框架薄壁柱，设计要求采用现浇 C35 钢筋混凝土（自拌混凝土，坍落度为 35～50 mm），试计算框架薄壁柱的换算价格及单位材料用量。

【解】 ● 确定换算定额编号　　AF0005

[该项定额规定：采用的是低流动性、特细砂、C30 碎石混凝土（自拌混凝土、坍落度 35～50 mm），其定额单价为 2288.65 元/10 m^3，混凝土用量为 10.15 m^3/10 m^3]

● 确定换入、换出混凝土的单价（低流动性、特细砂、碎石混凝土）

查附录 2 可知：　C35 混凝土单价　　170.28 元/m^3（采用 42.5 水泥）

　　　　　　　　C30 混凝土单价　　163.67 元/m^3（采用 32.5 水泥）

● 价格换算计算

换算单价 = 2288.65 元/10 m^3 + 10.15 m^3/10 m^3 ×(170.28 元/m^3 − 163.67 元/m^3)

　　　　= (2288.65 + 67.09)元/10 m^3 = 2355.74 元/10 m^3

● 换算后材料用量分析

水泥 42.5 级　　447.00 kg/m^3 ×10.15 m^3/10 m^3 = 4537.05 kg/10 m^3

特细砂　　0.41 t/m^3 ×10.15 m^3/10 m^3 = 4.162 t/10 m^3

碎石 5～20　　1.378 t/m^3 ×10.15 m^3/10 m^3 = 13.987 t/10 m^3

b. 楼地面混凝土的换算

当楼地面混凝土面层厚度和强度的设计要求与预算定额规定不同时，应首先按设计要求的厚度确定石子的粒径，然后以整体面层中的某一项定额就增减厚度定额为依据，进行混凝土面层厚度及强度的换算。楼地面混凝土的换算方法及公式与构件混凝土的换算方法及公式相同。

② 砂浆的换算

砂浆换算包括砌筑砂浆的换算和抹灰砂浆的换算。

a. 砌筑砂浆的换算

砌筑砂浆的换算方法及计算公式与构件混凝土的换算方法及计算公式基本相同。

b. 抹灰砂浆的换算

预算定额装饰分部说明第 1 条中规定：本分部定额中规定的抹灰厚度不得调整。如设计图纸规定的砂浆种类或配合比不同时可以换算，但定额中的人工、机械消耗量不变。这里所说的抹灰厚度是指抹灰的总厚度，也就是说当各层的砂浆厚度与定额中相应的砂浆厚度不同时，亦可进行换算。在这种条件下的砂浆换算，可以归纳为以下 3 种情况：

第 1 种情况是设计要求的各层砂浆抹灰厚度与定额相同，只是砂浆品种或配合比与定额不同，这种情况的换算与砌筑砂浆的换算相同；

第 2 种情况是设计要求的各层砂浆抹灰厚度与定额不同，但砂浆品种和配合比与定额相同，这种情况的换算特点是：由于不同品种的砂浆用量发生变化，从而引起材料费的变化；

第 3 种情况是上述两种情况同时出现，其特点是砂浆品种和砂浆用量都需要进行换算。

以上 3 种情况的通用换算公式如下：

$$\text{换算价格} = \text{原定额价格} + \sum(\text{换入砂浆单价} \times \text{换入砂浆用量}) - (\text{换出砂浆单价} \times \text{换出砂浆用量})$$

上式中

$$换入砂浆用量=\frac{定额用量}{定额厚度}\times 设计厚度$$

$$换出砂浆用量=定额规定的砂浆用量$$

【例 2.17】 ××住宅工程砖墙面抹灰，设计要求为一般抹灰，底层采用 1∶1∶4 混合砂浆，面层采用 1∶0.5∶3 混合砂浆。试计算该分项工程的换算价格及单位材料用量。

【解】 ● 确定换算定额编号　　AL0001

该项定额规定

定额单价：654.39 元/100 m^2；

底层、中间层：采用 1∶1∶6 混合砂浆，用量为 1.62 m^3/100 m^2；

面层：采用 1∶0.5∶2.5 混合砂浆，用量为 0.69 m^3/100 m^2。

● 查混凝土和砂浆配合比表可知：

1∶1∶4 混合砂浆单价为 131.11 元/m^3

1∶1∶6 混合砂浆单价为 107.62 元/m^3

1∶0.5∶3 混合砂浆单价为 151.10 元/m^3

1∶0.5∶2.5 混合砂浆单价为 157.60 元/m^3

● 换算价格计算(每 100 m^2 中)

换算单价＝654.39 元＋(131.11 元/m^3－107.62 元/m^3)×1.62 m^3＋(151.10 元/m^3－157.60 元/m^3)×0.69 m^3

＝654.39 元＋38.05 元－4.49 元＝687.95 元　(即 687.95 元/100 m^2)

● 换算后的材料用量分析(每 100 m^2 中)

水泥 32.5 级　　317.00 kg/m^3×1.62 m^3＋423.00 kg/m^3×0.69 m^3＝805.41 kg

石灰膏　　0.264 m^3/m^3×1.62 m^3＋0.171 m^3/m^3×0.69 m^3＝0.546 m^3

特细砂　　1.287 t/m^3×1.62 m^3＋1.287 t/m^3×0.69 m^3＝2.973 t

③ 系数换算

系数换算是按预算定额说明中所规定的系数乘以相应的定额基价(或定额中工、料之一部分)后，得到一个新单价的换算。

【例 2.18】 ××工程平基土石方，施工组织设计规定采用机械开挖，在机械不能施工的死角有湿土 121 m^3 需要人工开挖，试计算完成该分项工程的直接费。

【解】 根据土石方工程分部说明中的人工土石方第 1 条和机械土石方第 9 条规定，人工挖湿土时，按相应定额项目乘以系数 1.18 计算；机械不能施工死角的土方，按相应人工挖土方定额乘以系数 1.5 计算。

● 确定换算定额编号　　1A0001

定额单价　840.84 元/100m^3

● 换算单价计算

840.84 元/100 m^3×1.18×1.5＝1488.29 元/100 m^3

● 完成该分项工程直接费计算

1488.29 元/100 m^3×121 m^3＝1800.83 元

④ 其他换算

其他换算是指上述几种换算类型不能包括的定额换算，如水泥砂浆中加防水粉、混凝土中加掺合剂等。现举例说明其换算过程。

【例 2.19】 ××工程墙基防潮层，设计要求采用 1∶2 水泥砂浆加 8%的防水粉进行施工，试计算该分项工程的换算价格。

【解】 ● 确定换算定额编号　　AJ0040

定额单价　　705.57 元/100 m^2

● 换入与换出防水粉计算

换入用量(查配合比可知)　　570 $kg/m^3 \times 2.04\ m^3 \times 8\% = 93.02\ kg$

换出用量(查定额可知)　　55.00 kg

防水粉单价　　1.29 元/kg

● 换算价格计算(每 100 m^2 中)

换算单价＝705.57 元＋1.29 元/kg×(93.02 kg－55 kg)＝754.62 元

虽然其他换算没有固定的换算公式，但其换算的方法仍然是在原定额价格的基础上，加上换入部分的费用，减去换出的费用。

还有部分费用需单独进行计算，如预应力钢筋的人工失效费，建筑物超高人工、机械降效费，钢筋价差调整等，具体应用时可按照预算定额手册中的有关说明与规定进行计算。

2.5 概算定额与概算指标

2.5.1 概算定额

2.5.1.1 概算定额的概念

概算定额是指规定完成合格的单位扩大分项工程或单位扩大结构构件所需消耗的人工、材料和施工机械台班的数量标准。概算定额又称为扩大结构定额。

概算定额是在预算定额所确定的各种消耗量的基础上制定的，也就是将预算定额中有联系的若干个分项工程项目综合为一个概算定额项目。因此，概算定额是预算定额的合并与扩大。如砌砖基础这个概算定额项目，就是以砌砖基础为主，综合了平整场地、挖地槽(坑)、铺设垫层、砌砖基础、铺设防潮层、回填土及运土等预算定额中的分项工程项目。又如砌砖墙这个概算定额项目，就是以砌砖墙为主，综合了砌砖墙，钢筋混凝土过梁制作、运输、安装，勒脚，内外墙面抹灰，内墙面刷白等预算定额中的分项工程项目。

2.5.1.2 概算定额的作用

从 1957 年我国开始在全国试行统一的《建筑工程扩大结构定额》之后，各省、市、自治区都根据本地区的特点，相继制定了本地区的概算定额。为了适应建筑业的改革与发展，国家发展和改革委员会和建设部规定，概算定额和概算指标由各省、市、自治区在所制定的预算定额基础上组织编制，分别由各地主管部门审批，报国家发展和改革委员会和建设部备案。概算定额的主要作用如下：

(1) 概算定额是初步设计阶段编制设计概算，技术设计阶段编制设计修正概算的依据；

(2) 概算定额是对建设项目设计进行技术经济分析的基础资料之一;

(3) 概算定额是建设项目主要材料需要量计划编制的依据;

(4) 概算定额是编制概算指标的依据。

2.5.1.3 概算定额的编制依据

概算定额的编制依据包括:

(1) 现行的设计规范和建筑工程预算定额;

(2) 具有代表性的标准设计图纸和其他设计资料;

(3)现行的人工工资标准、材料预算价格、机械台班预算价格及概算定额。

2.5.1.4 概算定额的编制步骤

概算定额的编制一般分三阶段进行,即准备阶段、编制初稿阶段和审查定稿阶段。

(1) 准备阶段

该阶段主要是确定编制机构和人员组成,进行调查研究,了解现行概算定额执行情况和存在的问题,明确编制的目的,制定概算定额的编制方案和确定概算定额的项目。

(2) 编制初稿阶段

该阶段是根据已确定的编制方案和概算定额项目,收集和整理各种编制依据,对各种资料进行深入、细致的测算和分析,确定人工、材料和机械台班的消耗量指标,最后编制出概算定额初稿。

(3) 审查定稿阶段

该阶段的主要工作是测算概算定额的水平,即测算新编概算定额与原概算定额及现行预算定额之间的水平差距。测算的方法既要分项进行测算,又要通过编制单位工程概算以单位工程为对象进行综合测算。概算定额水平与预算定额水平之间应有一定的幅度差,幅度差一般在5%以内。

概算定额经测算比较后,即可报送国家授权机关审批。

2.5.1.5 概算定额手册的内容

(1) 文字说明部分

文字说明部分由总说明和分章说明组成。在总说明中,主要阐述概算定额的编制依据、使用范围、包括的内容及作用、应遵守的规则及建筑面积计算规范等。分章说明主要阐述本章包括的综合工作内容及工程量计算规则等。

(2) 定额项目表

① 定额项目的划分

概算定额项目一般按以下两种方法划分:

按工程结构划分,一般是按基础、墙体、梁板柱、门窗、楼地面、屋面、装饰、构筑物等工程结构划分。

按工程部位划分,一般是按基础、墙体、梁柱、楼地面、屋面、其他工程部位等划分。各工程部位又可作具体项目细分,如基础工程可具体划分为砖基础、条石基础、混凝土基础等项目。

② 定额项目表

定额项目表是概算定额手册的主要内容,由若干分节定额组成。各分节定额由工程内容、定额表及附注说明组成。定额表中列有定额编号,计量单位,概算价格,人工、材料、机械台班消耗量指标。概算定额表见表2.7。

表 2.7　基础工程

项目名称			单位	单价	砖基础深 2 m 内		毛石基础 150$^{\#}$ 水泥砂浆		100$^{\#}$ 混凝土带形基础	150$^{\#}$ 钢筋混凝土柱基
					50$^{\#}$ 混合砂浆	50$^{\#}$ 水泥砂浆	深 2 m 内	深 4 m 内		
					2—18	2—19	2—20	2—21	2—24	2—28
概算价格			元		40.13	43.26	31.94	37.15	52.84	101.25
人工机械及主要材料		工资	元		6.64	6.64	5.89	10.94	7.21	7.34
		机械	元		0.34	0.34	0.40	0.57	1.39	1.90
		水泥	kg		68.74	73.36	92.74	92.74	205.00	257.80
		石灰	kg		17.55					
		中砂	m^3		0.02	0.32	0.43	0.43	0.50	0.50
		细砂	m^3		0.31					
		标砖	块		510	510				
		锯材	m^3						0.020	0.011
		钢筋								
		砾石 20～80	m^3						1.01	0.714
		砾石 5～50	m^3							0.36
综合项目	编号	项目名称	单位	单价						
	2—4	基础土方深 4 m 以内	m^3	2.12				4.10		
	2—3	基础土方深 2 m 以内	m^3	1.74	2.50	2.56	2.00		2.00	2.00
	81	50$^{\#}$ 混合砂浆砖基础	m^3	34.44	1					
	82	50$^{\#}$ 水泥砂浆砖基础	m^3	35.67		1				
	180	50$^{\#}$ 水泥砂浆毛石基础	m^3	27.12			1	1		
	127	水泥砂浆防潮层	m^3	1.68	0.8	0.8	0.8	0.8		
	209	100$^{\#}$ 混凝土带形基础	m^3	49.36					1	
	207	150$^{\#}$ 钢筋混凝土带形基础	m^3	97.77						1

2.5.2　概算指标

2.5.2.1　概算指标的概念

概算指标是指以每 100 m^2 建筑物面积或每 1000 m^3 建筑物体积（如是构筑物，则以座为单位）为对象，确定的所需消耗人工、材料和机械台班的数量标准。

从上述概念可以看出，概算定额与概算指标的主要区别如下：

(1) 确定各种消耗量指标的对象不同

概算定额是以单位扩大分项工程或单位扩大结构构件为对象，而概算指标则是以整个建筑物（如 100 m^2 或 1000 m^3 建筑物）和构筑物（如座）为对象。因此，概算指标比概算定额更加综合与扩大。

(2) 确定各种消耗量指标的依据不同

概算定额是以现行预算定额为基础，通过计算之后才综合确定出各种消耗量指标，而概算指标中各种消耗量指标的确定，则主要来自各种预算或结算资料。

2.5.2.2 概算指标的表现形式

(1) 综合概算指标

综合概算指标是指按工业或民用建筑及其结构类型而制定的概算指标。综合概算指标的概括性较大，其准确性、针对性不如单项指标，如表2.8～表2.13均是按某省的预算和结算资料确定的一些综合概算指标。

表2.8 宿舍工程建筑实物量综合指标

序号	项 目	单位	工程量		直接费		
			每 km^2	每万元	元(km^2)	占直接费比率(%)	占造价比率(%)
1	土方工程	m^3	364	32	1009	1.21	0.89
2	基础工程	m^3	131	11.58	9030	10.87	7.96
3	砖砌体工程	m^3	427	37.67	21531	25.94	18.98
4	混凝土工程	m^3	120	10.66	21252	25.61	18.74
	其中:预制构件制作	m^3	96	8.50	(170927)	(15.54)	(11.37)
5	木作工程	m^2			11309	13.63	9.97
	其中:门制作	m^2	278	25	(6264)	(7.55)	(5.52)
	窗制作	m^2	107	9.48	(1735)	(2.09)	(1.53)
6	楼地面工程	m^2	899	79.51	2678	3.28	2.36
7	屋面工程	m^2	216	19.10	1851	2.25	1.63
8	装饰工程	m^2			8095	7.74	7.13
	其中:天棚抹灰	m^2	1078	95.34	(936)	(1.23)	(0.38)
	内墙抹灰	m^2	2898	256	(9793)	(4.57)	(3.34)
	外墙抹灰	m^2	1704	151	(3196)	(3.85)	(2.82)
9	金属工程	t	0.61	0.54	547	0.70	0.48
10	其他(包括调价)	元		503	5694	6.84	5.02
11	直接费	元		7316	82996	100	73.16
12	间接费	元		2864	30438	—	26.84
13	合计	元		10000	113434	—	100.00

表2.9 宿舍工程直接费、间接费占工程总造价的综合指标

费用名称	人工费	材料费	机械费	间接费	合计
占直接费比率(%)	8～10	80～85	5～8	31～36	100
占总造价比率(%)	6～9	60～63	4～5	12～26	100

注:建筑特征:6层,层高3 m,带形基础,木门,木窗,搓砂外抹,混合砂浆内抹,刚性屋面。

表2.10 单层工业建筑实物量综合指标

序号	项 目	单位	工程量		工作量	
			每 km^2	每万元	占造价比率(%)	占直接费比率(%)
1	土方工程	m^3	833	42	2.09	2.84
2	基础工程	m^3	84	4	2.44	3.31
3	砌砖工程	m^3	644	32	14.49	19.64
4	混凝土工程	m^3	200	10	18	24.4
5	门工程	m^2	146	7.3	2.56	3.46

续表 2.10

序号	项　目	单位	工程量		工作量	
			每 km^2	每万元	占造价比率(%)	占直接费比率(%)
6	窗工程	m^2	640	32	11.22	15.13
7	楼地面工程	m^2	957	48	2.29	3.11
8	屋面工程	m^2	1077	54	4.68	6.35
9	装饰工程	m^2	7673	384	6.90	9.36
	其中:抹灰、粉刷	m^2	(6418)	(521)	(5.37)	(7.29)
10	金属工程	t	1.98	0.1	0.89	1.21
11	其他工程	元	16414	821	8.21	11.13
12	直接费	元	147535	7377	73.77	100
13	间接费	元	52465	2623	26.23	
14	合计	元		10000	100.00	

表 2.11　按用途、结构分的房屋建筑单方造价资料

序号	项目名称	本年竣工房屋单方造价(元·m^{-2})	按结构分				
			钢结构	钢筋混凝土结构	混合结构	砖木结构	其他结构
1	高层建筑	266	259	282	205		247
2	住宅	205		225	145		207
3	厂房	247	484	245	213	123	188
4	多层厂房	246	560	241	220	151	239
5	仓库	174	150	198	147	134	126
6	多层仓库	186	254	193	149	83	144
7	商业服务业	199		232	173	143	180
8	住宅	141		165	140	152	144
9	集体宿舍	126		188	123	136	109
10	家属宿舍	144		167	143	156	142
11	办公室	168		218	150	172	125
12	文化教育用房	179	369	208	170	145	273
13	医疗用房	226		284	198	172	183
14	科学实验用房	208	275	288	179	267	286

表 2.12　宿舍工程每 1000 m^2 建筑面积主要材料消耗量综合参考指标

序号	材料名称	单位	每 1000 m^2 数量	序号	材料名称	单位	每 1000 m^2 数量
1	钢材	t	16～19	6	石子	m^3	180～200
2	锯材	m^3	30～40	7	油毡	m^2	560
	其中:木门窗	m^3	15～20	8	玻璃	m^2	210～250
3	水泥	t	130～150	9	油漆	kg	150～200
4	标砖	千块	240～280	10	沥青	t	1.2～1.6
	其中:基础	千块	50～60	11	铁钉	kg	100～150
5	砂	m^3	280～350	12	生石灰	t	25～30

表 2.13 多层现浇框架建筑每 1000 m^2 建筑面积主要材料消耗量综合参考指标

序号	材料名称	单位	数量	序号	材料名称	单位	数量
1	钢材	t	40～45	6	石子	m^3	550～650
2	锯材	m^3	60～70	7	油毡	m^2	600
	其中:木门	m^3	10～15	8	玻璃	m^2	280～310
3	水泥	t	184～200	9	油漆	kg	200～300
4	标砖	千块	146～190	10	沥青	t	1.3～1.7
5	砂	m^3	700～800	11	铁钉	kg	120～160

(2) 单项概算指标

单项概算指标是指为某种建筑物或构筑物而编制的概算指标。单项概算指标的针对性较强,故指标中对工程结构形式要作介绍。只要工程项目的结构形式及工程内容与单项指标中的工程概况相吻合,编制出的设计概算就比较准确。单项工程概算指标形成和组成内容,一般包括工程造价及工程费用组成、分部工程构成比率及主要工程量、工料消耗指标等。

2.5.2.3 概算指标的应用

(1) 概算指标的直接套用

直接套用概算指标时,应注意以下问题:

① 拟建工程的建设地点与概算指标中的工程地点在同一地区;

② 拟建工程的外形特征和结构特征与概算指标中工程的外形特征、结构特征应基本相同;

③ 拟建工程的建筑面积、层数与概算指标中工程的建筑面积、层数相差不大。

(2) 概算指标的调整

用概算指标编制工程概算时,往往不容易选到与概算指标中工程结构特征完全相同的概算指标,实际工程与概算指标的内容存在一定的差异。在这种情况下,需对概算指标进行调整,调整的方法如下:

① 每 100 m^2 造价调整　调整的思路如同定额换算,即从原每 100 m^2 概算造价中,减去每 100 m^2 造价调整指标,再将每 100 m^2 造价调整指标乘以设计对象的建筑面积,即得出拟建工程的概算造价。计算公式为:

每 100 m^2 建筑面积造价调整指标＝所选概算造价－每 100 m^2 换出结构构件的价值＋每 100 m^2 换入结构构件的价值

式中　换出结构构件的价值＝原指标中结构构件工程量×地区概算定额基价

换入结构构件的价值＝拟建工程中结构构件的工程量×地区概算定额基价

【例 2.20】 某拟建工程,建筑面积为 3580 m^2,按图算出一砖外墙为 646.97 m^3,木窗为 613.72 m^2。所选定的概算指标中,每 100 m^2 建筑面积有一砖半外墙 25.71 m^3,钢窗 15.50 m^2,每 100 m^2 概算造价为 29767 元,试求调整后每 100 m^2 概算造价及拟建工程的概算造价。

【解】 概算指标调整详见表 2.14，则

表 2.14 概算指标调整计算表

序号	概算定额编号	构件	单位	数量	单价	复价	备 注
	换入部分						
1	2—78	1 砖外墙	m^3	18.07	88.31	1596	$\frac{646.97}{35.8}=18.07$
2	4—68	木窗	m^2	17.143	39.45	676	$\frac{613.72}{35.8}=17.143$
	小计					2272	
	换出部分						
3	2—78	1.5 砖外墙	m^3	25.71	87.20	2242	
4	4—90	钢窗	m^2	15.5	74.2	1150	
	小计					3392	

建筑面积调整概算造价＝29767＋2272－3392＝28647 元/100 m^2

拟建工程的概算造价为

$$\frac{35.8\times100\times28647}{100}=1025562\text{ 元}$$

② 每 100 m^2 中工料数量的调整

调整的思路是：从所选定指标的工料消耗量中，换出与拟建工程不同的结构构件的工料消耗量，换入所需结构构件的工料消耗量。

关于换出换入的工料数量，是根据换出换入结构构件的工程量乘以相应的概算定额中工料消耗指标而得出的。

根据调整后的工料消耗量和地区材料预算价格、人工工资标准、机械台班预算单价，计算每 100 m^2 的概算基价，然后依据有关取费规定，计算每 100 m^2 的概算造价。

这种方法主要适用于不同地区的同类工程编制概算。

用概算指标编制工程概算，工程量的计算工作量很小，也节省了大量的定额套用和工料分析工作，因此，比用概算定额编制工程概算的速度快，但准确性要差。

2.6 投资估算指标

2.6.1 投资估算指标的作用和编制原则

2.6.1.1 投资估算指标及其作用

工程建设投资估算指标是编制建设项目建议书、可行性研究报告等前期工作中投资估算的依据，也可作为编制固定资产长远规划投资的参考。投资估算指标为完成项目建设的投资估算提供依据和手段，它在固定资产的形成过程中起着投资预测、投资控制、投资效益分析的作用，是合理确定项目投资的基础。估算指标中的主要材料消耗量是一种扩大材料消耗量指标，可以作为计算建设项目主要材料消耗量的基础。估算指标的正确定制对提高投资估算的准确度，对建设项目的合理评估、正确决策具有重要的意义。

2.6.1.2 投资估算指标编制原则

投资估算指标属于项目建设前期进行估算投资的技术经济指标，以投资估算指标为依据编制的投资估算，包含项目建设的全部投资额，它不但要反映实施阶段的静态投资，还必须反映项目建设前期和交付使用期内发生的动态投资。这就要求投资估算指标比其他各种计价定额具有更大的综合性和概括性。因此，投资估算指标的编制工作，除了应遵循一般定额的编制原则外，还必须坚持下述原则：

(1) 投资估算指标项目的确定，应考虑以后几年编制建设项目建议书和可行性研究报告时投资估算的需要。

(2) 投资估算指标的分类、项目划分、项目内容、表现形式等，要结合各专业的特点，并且要与项目建议书、可行性研究报告的编制制度相适应。

(3) 投资估算指标的编制内容，典型工程的选择，必须遵循国家的有关建设方针，符合国家高科技政策和发展方面的原则，使指标的编制既能反映现实的高科技成果和正常建设条件下的造价水平，也能适应今后若干年的科技发展水平。坚持技术上的先进、可行和经济上的合理，力争以较少的投入获得最大的投资效益。

(4) 投资估算指标的编制要反映不同行业、不同项目和不同工程的特点。投资估算指标要适应项目前期工作深度的需要，而且要有更大的综合性。投资估算指标的编制必须密切结合行业特点和项目建设的特定条件。编制内容上既要贯彻指导性、准确性和可调性的原则，又要具有一定的深度和广度。

(5) 投资估算指标的编制要体现国家对固定资产投资实施间接控制作用的特点。要贯彻能分能合、有粗有细、细算粗编的原则。投资估算指标应能满足项目建议书和可行性研究各阶段的要求，既能反映一个建设项目全部投资及其构成（建筑工程费、安装工程费、设备工器具购置费和其他费用），又能反映组成建设项目投资的各个单项工程投资构成（主要生产设施、辅助生产设施、公用设施、生活福利设施等），做到既能综合使用，又能个别分解使用。占投资比重大的建筑工艺设备，要做到有量、有价。建筑物应列出每 100 m^2 的主要工程量和主要材料量，主要设备也要列出规格、型号、数量。同时，要以编制年度为计价基期，并有必要的调整、换算办法等，便于由于设计方案、选厂条件、建设实施阶段的变化而对投资产生影响作相应的调整，也便于对现有企业实行技术改造和改、扩建项目作投资估算，扩大投资估算指标的覆盖率。

(6) 投资估算指标的编制要贯彻动态和静态相结合的原则。一定时期编出的投资估算指标是一静态指标，但实际建设项目由于建设条件、实施时间、建设期限等不同，以及市场经济条件下，人工及材料价格、银行利息、固定资产投资方向调节税等变动，将导致与投资估算指标的量差、价差、利息差、费用差等“动态”因素对投资估算产生影响。因此编制投资估算指标时，要对上述各“动态”因素给出科学合理的调整办法和调整参数，以便编制投资估算时对投资估算指标作适当调整，尽量减小“动态”因素对投资估算准确性的影响，使指标具有较强的实用性和可操作性。

2.6.2 投资估算指标的内容

投资估算指标是确定和控制建设项目全过程各项投资支出的技术经济指标，其范围涉及建设前期、建设实施期和竣工交付使用期等各个阶段的费用支出，内容因行业不同各异，一般可分为建设项目综合指标、单项工程指标和单位工程指标3个层次。

2.6.3 投资估算指标的编制方法

投资估算指标涉及建设项目的产品规模、产品方案、工艺流程、设备选型、工程设计和技术经济等各个方面，编制工作中既要考虑到现阶段技术状况，又要展望近期技术发展趋势和设计动向，从而使编制出的投资估算指标能够指导以后建设项目的实践。投资估算指标的编制应成立专业齐全的编制小组，编制人员应具备较高的专业素质。投资估算指标的编制应当订立一个内容明确、程序合理、责任清楚的编制方案或编制细则，以便于编制工作有章可循。投资估算指标的编制一般分为3个阶段进行。

2.6.3.1 整理资料阶段

收集整理已建成或正在建设的、符合现行技术政策和技术发展方向、有可能重复采用的、有代表性的工程设计施工图、标准设计以及相应的竣工决算或施工图预算等资料，这些资料是编制工作的基础，资料收集得越广泛，反映的问题越多，编制工作就会考虑得越全面，就越有利于提高投资估算指标的实用性。同时，对调查收集到的资料要选择占投资比重大、相互关联的项目进行认真的分析整理，因为已建成或正在建设的工程的设计意图、建设时间及地点、资料的基础等不同，相互之间的差异很大，需要科学地加以整理，才能合理利用。将整理后的数据资料按项目划分栏目加以归类，按照编制年度的现行定额、费用标准和价格调制成编制年度的造价水平及相互比例。

2.6.3.2 平衡调整阶段

由于调查收集的资料来源不同，虽然经过一定的分析整理，但难免会由于设计方案、建设条件和建设时间上的差异带来的某些影响，使数据失准或漏项等。因此，必须对有关资料进行综合平衡调制。

2.6.3.3 测算审查阶段

测算是将新编的指标和选定工程的概预算，在同一价格条件下进行比较，检验其“量差”的偏离程度是否在允许偏差的范围之内，如偏差过大，则要查找原因，进行修正，以保证指标的确切、实用。测算同时也是对表编制质量进行的一次系统检查，应由专人进行，以保持测算口径的统一，在此基础上组织有关专业人员予以全面审查定稿。

由于投资估算的计算工作量非常大，在现阶段计算机已经广泛普及的条件下，应尽可能应用电子计算机进行投资估算指标的编制工作。

小 结

本章主要讲述定额、建筑工程消耗量定额、企业定额、预算定额、概算定额、概算指标、投资估算指标等。现就其基本要点归纳如下：

(1) 定额是指规定的额度或限额，又可称为指标、标准或尺度。建筑工程定额是为满足建筑产品生产需要而制定的一种定额，它是科学管理的产物，是实行科学管理的基础。它具有科学性、权威性、群众性、时效性和相对稳定性等特性，其分类包括按生产要素分类、按编制单位与使用范围分类和按专业分类等。

(2) 建筑工程定额是指规定完成质量合格的单位建筑产品(即分项工程)所需人工、材料和机械台班的消耗量标准。它由劳动定额、机械台班消耗定额和材料消耗定额组成。劳动定额有时间定额和产量定额两种表现形式，机械台班消耗定额也有机械时间定额和机械产量定额两种表现形式，材料消耗定额包括材料净用量和材料损耗量。

(3) 企业定额是指建筑安装企业根据自身的技术水平和管理水平所确定的完成单位合格产品必需的人工、材料和施工机械台班的消耗量，以及其他生产经营要素消耗的数量标准。企业定额是建筑施工企业编制工程造价和投标报价的重要依据。

(4) 预算定额是指完成一定计量单位质量合格的分项工程或结构构件所需消耗的人工、材料和机械台班的数量标准。它是编制施工图预算的主要依据。人工工资标准、材料预算价格和机械台班价格是计算和确定分项工程预算价格的主要依据，预算定额应用包括预算定额的直接套用和预算定额的换算。

(5) 概算定额是规定生产合格的单位扩大分项工程或单位扩大结构构件所需人工、材料、机械台班和基价的数量标准，它是编制建设项目设计概算的依据。概算指标是以每 100 m^2 建筑物面积或每 1000 m^3 建筑物体积或每 1 万元投资额为对象确定所需人工、材料、机械台班和基价的数量指标。在初步设计与概算指标的工程结构特征基本相似的条件下，也是编制建设项目设计概算的依据。

通过本章的学习，要了解定额和建筑工程定额的概念、特性、分类和作用，投资估算指标的概念等；熟悉建筑工程定额、企业定额、预算定额等的内容组成和编制方法，重点掌握上述定额的具体套用及定额的换算。

复习思考题

2.1　什么是定额？什么是建筑工程定额？定额有何特性？

2.2　建筑工程定额是怎样进行分类的？它们各分为哪几种？

2.3　什么是劳动定额？它有哪几种表示方法？相互之间有何关系？

2.4　劳动定额的制定方法有哪几种？各有哪些优缺点？

2.5　什么是机械台班消耗定额？它有哪几种表示方法？相互之间有何关系？

2.6　人工挖 1 m^3 地槽(深 1 m，槽宽 0.8 m，三类土)的时间定额和产量定额各是多少？如果槽深为 3 m，则时间定额和产量定额又各是多少？

2.7　某瓦工班 12 人砌双面清水 1 砖外墙 120 m^3(运输采用机吊)。已知定额规定技工每工日砌 1.8 m^3，运输每工日 2.11 m^3，调制砂浆每工日 12.2 m^3。试计算该班需要几天完成以及技工、普工各需要多少人。

2.8　88.2 kW 推土机平整场地 500 m^3 土方，推土距离为 60 m 以内，三类土，试计算需要多少台班才能完成。

2.9　什么是材料消耗定额？它由哪几部分组成？它们之间有何关系？

2.10　材料消耗定额的编制方法有哪几种？它们各有哪些优缺点？

2.11　什么是周转性材料？编制其材料消耗量时需要考虑哪些因素？

2.12　采用 1∶1 水泥砂浆贴 150 mm×150 mm×5 mm 瓷砖墙面，结合层厚度 10 mm。试计算每 100 m^2 墙面瓷砖和砂浆的总消耗量(灰缝宽 2 mm)。已知瓷砖损耗率为 1.5%，砂浆损耗率为 1%。

2.13　什么是企业定额？它有何特点？有哪些重要作用？

2.14　企业定额的编制包括哪些主要内容？其主要消耗量是如何确定的？

2.15　编制企业定额的方法有哪几种？编制程序是什么？

2.16　什么是预算定额？其作用有哪些？

2.17　预算定额中人工消耗量指标包括哪些用工？主要材料消耗用量是如何确定的？

2.18　周转性材料的消耗量是怎样计算的？

2.19　预算定额中的人工工资标准由哪几部分组成？

2.20　材料预算价格由哪些费用构成？如何正确确定材料的原价？

2.21　什么是机械台班使用费？它由哪些费用构成？

2.22　按照各地区预算定额的规定，试计算120厚水泥砂浆砖基础的预算价值（直接费）、人工费、材料费、机械台班费和主要材料用量。

2.23　某工字柱断面最小处为80 mm，每根混凝土柱体积在2 m^3 以内，设计要求用C 25号碎石混凝土预制。试计算每10 m^3 的换算价格。

2.24　某车间混凝土墙面抹灰工程，设计图纸要求用1∶0.5∶2.5的水泥石灰砂浆20 mm厚，麻刀灰面层2 mm厚。试计算该项工程100 m^2 抹灰面积的换算价格。

2.25　什么叫概算定额？它有哪些作用？

2.26　什么叫概算指标？它有何特点？

2.27　概算定额与概算指标有何异同？

2.28　什么叫投资估算指标？它有何作用？

3 建筑安装工程费用项目组成与计算程序

本章提要

本章主要讲述建筑安装工程费用的组成;建筑安装工程费用计算方法;建筑安装工程费用标准和计算程序等。

通过本章的学习,要了解建筑工程费用项目组成中主要费用的基本概念,熟悉建筑工程造价费用项目组成,掌握建筑工程造价费用的计算方法、计算标准和计算程序。

3.1 建筑安装工程费用项目组成

关于建筑安装工程费用,我国规定,应按照住房和城乡建设部、财政部颁布的建标[2013]44号文《住房和城乡建设部 财政部关于印发〈建筑安装工程费用项目组成〉的通知》的规定进行各相关费用的计算。

3.1.1 关于《建筑安装工程费用项目组成》的调整

为了适应建设工程造价计价改革工作的需要,按照国家有关法律、法规,并参照国际惯例,在总结建标[2003]206号文《关于印发〈建筑安装工程费用项目组成〉的通知》执行情况的基础上,住房和城乡建设部、财政部对《建筑安装工程费用项目组成》进行了修订(以下简称《费用项目组成》,并要求各地区、各部门认真做好通知颁发后的贯彻实施工作。现将《费用项目组成》调整的主要内容和贯彻实施有关事项分述如下。

(1)《费用项目组成》调整的主要内容

① 建筑安装工程费用项目按费用构成要素划分为人工费、材料费、施工机具使用费、企业管理费、利润、规费和税金。

② 为指导工程造价专业人员计算建筑安装工程造价,将建筑安装工程费用按工程造价形成顺序划分为分部分项工程费、措施项目费、其他项目费、规费和税金。

③ 按照国家统计局《关于工资总额组成的规定》,合理调整了人工费构成及内容。

④ 依据国家发展和改革委员会、财政部等9部委发布的《标准施工招标文件》的有关规定,将工程设备费列入材料费;原材料费中的检验试验费列入企业管理费。

⑤ 将仪器仪表使用费列入施工机具使用费;大型机械进出场及安拆费列入措施项目费。

⑥ 按照《社会保险法》的规定,将原企业管理费中劳动保险费中的职工死亡丧葬补助费、抚恤费列入规费中的养老保险费;在企业管理费中的财务费和其他中增加担保费用、投标费、保险费。

⑦ 按照《社会保险法》、《建筑法》的规定,取消原规费中的危险作业意外伤害保险费,增加工伤保险费、生育保险费。

⑧ 按照财政部的有关规定,在税金中增加地方教育附加。

(2)贯彻实施有关事项

① 为指导各部门、各地区按照本通知开展费用标准测算等工作，对原《通知》中建筑安装工程费用参考计算方法、公式和计价程序等进行了相应的修改和完善，统一制订了《建筑安装工程费用参考计算方法》和《建筑安装工程计价程序》。

②《费用项目组成》自 2013 年 7 月 1 日起施行，原建设部、财政部《关于印发〈建筑安装工程费用项目组成〉的通知》(建标〔2003〕206 号)同时废止。

3.1.2 建筑安装工程费用项目组成

3.1.2.1 按费用构成要素划分的费用项目组成

建筑安装工程费按照费用构成要素划分，由人工费、材料费(包含工程设备，下同)、施工机具使用费、企业管理费、利润、规费和税金组成。其中人工费、材料费、施工机具使用费、企业管理费和利润包含在分部分项工程费、措施项目费、其他项目费中。

(1) 人工费

人工费指按工资总额构成规定，支付给从事建筑安装工程施工的生产工人和附属生产单位工人的各项费用。内容包括：

① 计时工资或计件工资。指按计时工资标准和工作时间或对已做工作按计件单价支付给个人的劳动报酬。

② 奖金。指对超额劳动和增收节支支付给个人的劳动报酬。如节约奖、劳动竞赛奖等。

③ 津贴补贴。指为了补偿职工特殊或额外的劳动消耗和因其他特殊原因支付给个人的津贴，以及为了保证职工工资水平不受物价影响支付给个人的物价补贴。如流动施工津贴、特殊地区施工津贴、高温(寒)作业临时津贴、高空津贴等。

④ 加班加点工资。指按规定支付的在法定节假日工作的加班工资和在法定日工作时间外延时工作的加点工资。

⑤ 特殊情况下支付的工资。指根据国家法律、法规和政策规定，因病、工伤、产假、计划生育假、婚丧假、事假、探亲假、定期休假、停工学习、执行国家或社会义务等原因按计时工资标准或计时工资标准的一定比例支付的工资。

(2) 材料费

材料费指施工过程中耗费的原材料、辅助材料、构配件、零件、半成品或成品、工程设备的费用。内容包括：

① 材料原价。指材料、工程设备的出厂价格或商家供应价格。

② 运杂费。指材料、工程设备自来源地运至工地仓库或指定堆放地所发生的全部费用。

③ 运输损耗费。指材料在运输装卸过程中不可避免的损耗所发生的费用。

④ 采购及保管费。指为组织采购、供应和保管材料、工程设备的过程中所需要的各项费用。包括采购费、仓储费、工地保管费、仓储损耗费。

工程设备是指构成或计划构成永久工程一部分的机电设备、金属结构设备、仪器装置及其他类似的设备和装置。

(3) 施工机具使用费

施工机具使用费指施工作业所发生的施工机械、仪器仪表使用费或其租赁费。

① 施工机械使用费。以施工机械台班耗用量乘以施工机械台班单价表示，施工机械台班

单价应由下列七项费用组成：

a. 折旧费。指施工机械在规定的使用年限内，陆续收回其原值的费用。

b. 大修理费。指施工机械按规定的大修理间隔台班进行必要的大修理，以恢复其正常功能所需的费用。

c. 经常修理费。指施工机械除大修理以外的各级保养和临时故障排除所需的费用。包括为保障机械正常运转所需替换设备与随机配备工具附具的摊销和维护费用，机械运转中日常保养所需润滑与擦拭的材料费用及机械停滞期间的维护和保养费用等。

d. 安拆费及场外运费。安拆费指施工机械（大型机械除外）在现场进行安装与拆卸所需的人工、材料、机械和试运转费用以及机械辅助设施的折旧、搭设、拆除等费用；场外运费指施工机械整体或分体自停放地点运至施工现场或由一施工地点运至另一施工地点的运输、装卸、辅助材料及架线等费用。

e. 人工费。指机上司机（司炉）和其他操作人员的人工费。

f. 燃料动力费。指施工机械在运转作业中所消耗的各种燃料及水、电等费用。

g. 税费。指施工机械按照国家规定应缴纳的车船使用税、保险费及年检费等。

② 仪器仪表使用费。指工程施工所需使用的仪器仪表的摊销及维修费用。

(4) 企业管理费

企业管理费指建筑安装企业组织施工生产和经营管理所需的费用。内容包括：

① 管理人员工资。指按规定支付给管理人员的计时工资、奖金、津贴、加班加点工资及特殊情况下支付的工资等。

② 办公费。指企业管理办公用的文具、纸张、账表、印刷、邮电、书报、办公软件、现场监控、会议、水电、烧水和集体取暖降温（包括现场临时宿舍的取暖降温）等费用。

③ 差旅交通费。指职工因公出差、调动工作的差旅费、住勤补助费，市内交通费和误餐补助费，职工探亲路费，劳动力招募费，职工退休、退职一次性路费，工伤人员就医路费，工地转移费以及管理部门使用的交通工具的油料、燃料等费用。

④ 固定资产使用费。指管理和试验部门及附属生产单位使用的属于固定资产的房屋、设备、仪器等的折旧、维修或租赁费。

⑤ 工具用具使用费。指企业施工生产和管理使用的不属于固定资产的工具、器具、家具、交通工具和检验、试验、测绘、消防用具等的购置、维修和摊销费。

⑥ 劳动保险和职工福利费。指由企业支付的职工退职金，按规定支付给离休干部的经费，集体福利费、夏季防暑降温补贴、冬季取暖补贴、上下班交通补贴等。

⑦ 劳动保护费。指企业按规定发放的劳动保护用品的支出。如工作服、手套、防暑降温饮料以及在有碍身体健康的环境中施工的保健费用等。

⑧ 检验试验费。指施工企业按照有关标准规定，对建筑以及材料、构件和建筑安装物进行一般鉴定、检查所发生的费用，包括自设试验室进行试验所耗用的材料等费用。不包括新结构、新材料的试验费，对构件做破坏性试验及其他特殊要求检验试验的费用和建设单位委托检测机构进行检测的费用，对此类检测发生的费用，由建设单位在工程建设其他费用中列支。但对施工企业提供的具有合格证明的材料进行检测不合格的，该检测费用由施工企业支付。

⑨ 工会经费。指企业按《工会法》规定的全部职工工资总额比例计提的工会经费。

⑩ 职工教育经费。指按职工工资总额的规定比例计提，企业为职工进行专业技术和职业

技能培训，专业技术人员继续教育、职工职业技能鉴定、职业资格认定以及根据需要对职工进行各类文化教育所发生的费用。

⑪ 财产保险费。指施工管理用财产、车辆等的保险费用。

⑫ 财务费。指企业为施工生产筹集资金或提供预付款担保、履约担保、职工工资支付担保等所发生的各种费用。

⑬ 税金。指企业按规定缴纳的房产税、车船使用税、土地使用税、印花税等。

⑭ 其他。包括技术转让费、技术开发费、投标费、业务招待费、绿化费、广告费、公证费、法律顾问费、审计费、咨询费、保险费等。

(5) 利润

利润指施工企业完成所承包工程获得的盈利。

(6) 规费

规费指按国家法律、法规规定，由省级政府和省级有关权力部门规定必须缴纳或计取的费用。包括：

① 社会保险费，包括：

a. 养老保险费。指企业按照规定标准为职工缴纳的基本养老保险费。

b. 失业保险费。指企业按照规定标准为职工缴纳的失业保险费。

c. 医疗保险费。指企业按照规定标准为职工缴纳的基本医疗保险费。

d. 生育保险费。指企业按照规定标准为职工缴纳的生育保险费。

e. 工伤保险费。指企业按照规定标准为职工缴纳的工伤保险费。

② 住房公积金。指企业按规定标准为职工缴纳的住房公积金。

③ 工程排污费。指企业按规定缴纳的施工现场工程排污费。

其他应列而未列入的规费，按实际发生计取。

(7) 税金

税金指国家税法规定的应计入建筑安装工程造价内的营业税、城市维护建设税、教育费附加以及地方教育附加。

3.1.2.2 按工程造价形成划分的费用项目组成

建筑安装工程费按照工程造价形成，由分部分项工程费、措施项目费、其他项目费、规费和税金组成，分部分项工程费、措施项目费、其他项目费包含人工费、材料费、施工机具使用费、企业管理费和利润。

(1) 分部分项工程费

分部分项工程费指各专业工程的分部分项工程应予列支的各项费用。

① 专业工程。指按现行国家计量规范划分的房屋建筑与装饰工程、仿古建筑工程、通用安装工程、市政工程、园林绿化工程、矿山工程、构筑物工程、城市轨道交通工程、爆破工程等各类工程。

② 分部分项工程。指按现行国家计量规范对各专业工程划分的项目。如房屋建筑与装饰工程划分的土石方工程、地基处理与桩基工程、砌筑工程、钢筋及钢筋混凝土工程等。

各类专业工程的分部分项工程划分见现行国家或行业计量规范。

(2) 措施项目费

措施项目费指为完成建设工程施工，发生于该工程施工前和施工过程中的技术、生活、安全、环境保护等方面的费用。内容包括：

① 安全文明施工费，包括：

a. 环境保护费。指施工现场为达到环保部门要求所需要的各项费用。

b. 文明施工费。指施工现场文明施工所需要的各项费用。

c. 安全施工费。指施工现场安全施工所需要的各项费用。

d. 临时设施费。指施工企业为进行建设工程施工所必须搭设的生活和生产用的临时建筑物、构筑物和其他临时设施的费用。包括临时设施的搭设、维修、拆除、清理或摊销等费用。

② 夜间施工增加费。指因夜间施工所发生的夜班补助、夜间施工降效、夜间施工照明设备摊销及照明用电等费用。

③ 二次搬运费。指因施工场地条件限制而发生的材料、构配件、半成品等一次运输不能到达堆放地点，必须进行二次或多次搬运所发生的费用。

④ 冬雨季施工增加费。指在冬季或雨季施工需增加的临时设施、防滑、排除雨雪、人工及施工机械效率降低等所发生的费用。

⑤ 已完工程及设备保护费。指竣工验收前，对已完工程及设备采取的必要保护措施所发生的费用。

⑥ 工程定位复测费。指工程施工过程中进行全部施工测量放线和复测工作的费用。

⑦ 特殊地区施工增加费。指工程在沙漠或其边缘地区、高海拔、高寒、原始森林等特殊地区施工所增加的费用。

⑧ 大型机械设备进出场及安拆费。指机械整体或分体自停放场地运至施工现场或由一个施工地点运至另一个施工地点，所发生的机械进出场运输和转移费用及机械在施工现场进行安装、拆卸所需的人工费、材料费、机械费、试运转费和安装所需的辅助设施的费用。

⑨ 脚手架工程费。指施工需要的各种脚手架搭、拆、运输费用以及脚手架购置费的摊销(或租赁)费用。

措施项目及其包含的内容详见各类专业工程的现行国家或行业计量规范。

(3)其他项目费

① 暂列金额。指建设单位在工程量清单中暂定并包括在工程合同价款中的一笔款项。用于施工合同签订时尚未确定或者不可预见的所需材料、工程设备、服务的采购，施工中可能发生的工程变更、合同约定调整因素出现时的工程价款调整以及发生的索赔、现场签证确认等的费用。

② 计日工。指在施工过程中，施工企业完成建设单位提出的施工图纸以外的零星项目或工作所需的费用。

③ 总承包服务费。指总承包人为配合、协调建设单位进行的专业工程发包，对建设单位自行采购的材料、工程设备等进行保管以及施工现场管理、竣工资料汇总整理等服务所需的费用。

(4) 规费

规费指政府和有关权力部门规定必须缴纳的费用。

(5) 税金

建筑安装工程税金是指国家税法规定的应计入建筑安装工程造价内的营业税、城市维护建设税及教育费附加。

3.2 建筑安装工程费用计算方法

按照住房和城乡建设部、财政部颁发的建标[2013]44号文《住房和城乡建设部 财政部关于印发〈建筑安装工程费用项目组成〉的通知》中的规定，建筑安装工程费用计算方法分为按各费用构成要素的费用计算方法和按建筑安装工程计价的费用计算方法，现分述如下。

3.2.1 按各费用构成要素的费用计算方法

(1)人工费

人工费计算分为计算公式1和计算公式2，如下所示。

① 人工费计算公式1

计算公式1主要适用于施工企业投标报价时自主确定人工费，也是工程造价管理机构编制计价定额时确定定额人工单价或发布人工成本信息的参考依据。即：

$$人工费 = \sum(工日消耗量 \times 日工资单价)$$

② 人工费计算公式2

计算公式2适用于工程造价管理机构编制计价定额时确定定额人工费，是施工企业投标报价的参考依据。即：

$$人工费 = \sum(工程工日消耗量 \times 日工资单价)$$

③ 日工资单价计算公式

日工资单价是指施工企业平均技术熟练程度的生产工人在每工作日(国家法定工作时间内)按规定从事施工作业应得的日工资总额。其计算公式如下：

$$日工资单价=\frac{\begin{array}{c}生产工人平均月\\工资(计时、计件)\end{array}+平均月奖金+津贴补贴+\begin{array}{c}特殊情况下\\支付的工资\end{array}}{年平均每月法定工作日}$$

工程造价管理机构确定日工资单价应通过市场调查，根据工程项目的技术要求，参考实物工程人工单价综合分析确定，最低日工资单价不得低于工程所在地人力资源和社会保障部门所发布的最低工资标准的普工1.3倍、一般技工2倍、高级技工3倍。

工程计价定额不可只列一个综合日工资单价，应根据工程项目技术要求和工种差别适当划分多种日工资单价，确保各分部工程人工费的合理构成。

(2) 材料费

① 材料费

材料费的计算公式如下：

$$材料费 = \sum(材料消耗量 \times 材料单价)$$

材料单价的计算公式如下：

$$材料单价 = (材料原价 + 运杂费) \times (1 + 运输损耗率) \times (1 + 采购保管费率)$$

② 工程设备费

工程设备费的计算公式如下：

$$工程设备费 = \sum(工程设备单价 \times 工程设备量)$$

工程设备单价的计算公式如下：

$$工程设备单价 = (设备原价 + 运杂费) \times (1 + 采购保管费率)$$

(3) 施工机具使用费

① 施工机械使用费

a. 施工机械使用费的计算公式

$$施工机械使用费 = \sum(施工机械台班单价 \times 施工机械台班消耗量)$$

b. 施工机械台班单价的计算公式

$$\begin{aligned}施工机械台班单价 = {} & 台班折旧费 + 台班大修费 + 台班经常修理费 + \\ & 台班安拆费及场外运费 + 台班人工费 + 台班燃料动力费 + \\ & 台班车船税费\end{aligned}$$

c. 租赁施工机械使用费的计算公式

$$租赁施工机械使用费 = \sum(施工机械台班租赁单价 \times 施工机械台班消耗量)$$

工程造价管理机构在确定计价定额中的施工机械使用费时，应根据《建设工程施工机械台班费用计算规则》结合市场调查编制施工机械台班单价。施工企业可以参考工程造价管理机构发布的台班单价，自主确定施工机械使用费的报价。

② 仪器仪表使用费

仪器仪表使用费计算公式如下：

$$仪器仪表使用费 = 工程使用的仪器仪表摊销费 + 维修费$$

(4) 企业管理费费率

企业管理费费率，可以分别按以下公式计算：

① 以分部分项工程费为计算基础

$$企业管理费费率(\%) = \frac{生产工人年平均管理费}{年有效施工天数 \times 人工单价} \times 人工费占分部分项工程费比例(\%)$$

② 以人工费和机械费合计为计算基础

$$企业管理费费率(\%) = \frac{生产工人年平均管理费}{年有效施工天数 \times (人工单价 + 每一工日机械使用费)} \times 100\%$$

③ 以人工费为计算基础

$$企业管理费费率(\%) = \frac{生产工人年平均管理费}{年有效施工天数 \times 人工单价} \times 100\%$$

上述企业管理费费率的计算公式，主要适用于施工企业投标报价时自主确定管理费，是工程造价管理机构编制计价定额、确定企业管理费的参考依据。

工程造价管理机构在确定计价定额中的企业管理费时，应以定额人工费(或定额人工费+定额机械费)作为计算基数，其费率根据历年工程造价积累的资料，辅以调查数据确定，列入分部分项工程和措施项目中。

(5) 利润

① 施工企业根据企业自身需求并结合建筑市场实际自主确定，列入报价中。

② 工程造价管理机构在确定计价定额中的利润时，可分别按以下公式计算：

以定额人工费作为计算基数，其计算公式如下：

$$利润 = \sum(定额人工费) \times 利润费率$$

以定额人工费和定额机械费之和作为计算基数，其计算公式如下：

$$利润 = \sum(定额人工费 + 定额机械费) \times 利润费率$$

利润费率由各地工程造价管理机构，根据历年工程造价积累的资料，并结合建筑市场实际确定，以单位(单项)工程测算，利润可按税前建筑安装工程费不低于5%且不高于7%的费率计算。利润应列入分部分项工程和措施项目中。

(6) 规费

① 社会保险费和住房公积金

社会保险费和住房公积金应以定额人工费为计算基础，根据工程所在地省、自治区、直辖市或行业建设主管部门规定的费率计算。

$$社会保险费和住房公积金 = \sum(工程定额人工费 \times 社会保险费和住房公积金费率)$$

式中，社会保险费和住房公积金费率可以每万元发承包价的生产工人人工费和管理人员工资与工程所在地规定的缴纳标准综合分析取定。

② 工程排污费

工程排污费等其他应列而未列入的规费应按工程所在地环境保护等部门规定的标准缴纳，按实计取列入。

(7) 税金

税金的计算公式如下：

$$税金 = 税前造价 \times 综合税率(\%)$$

关于综合税率，纳税地点在市区的企业，其综合税率计算公式如下：

$$综合税率(\%) = \frac{1}{1 - 3\% - (3\% \times 7\%) - (3\% \times 3\%) - (3\% \times 2\%)} - 1$$

纳税地点在县城、镇的企业，其综合税率计算公式如下：

$$综合税率(\%) = \frac{1}{1 - 3\% - (3\% \times 5\%) - (3\% \times 3\%) - (3\% \times 2\%)} - 1$$

纳税地点不在市区、县城、镇的企业，其综合税率计算公式如下：

$$综合税率(\%) = \frac{1}{1 - 3\% - (3\% \times 1\%) - (3\% \times 3\%) - (3\% \times 2\%)} - 1$$

实行营业税改增值税的，按纳税地点现行税率计算。

3.2.2 按建筑安装工程计价的费用计算方法

(1) 分部分项工程费

分部分项工程费的计算公式如下：

$$分部分项工程费 = \sum(分部分项工程量 \times 综合单价)$$

式中，综合单价包括人工费、材料费、施工机具使用费、企业管理费和利润以及一定范围的风险费用(下同)。

(2) 措施项目费

① 国家计量规范规定应予计量的措施项目，其费用计算公式为：

$$措施项目费 = \sum(措施项目工程量 \times 综合单价)$$

② 国家计量规范规定不宜计量的措施项目，其费用计算方法如下：

a. 安全文明施工费计算公式如下：

安全文明施工费 = 计算基数 × 安全文明施工费费率(%)

计算基数应为定额基价(定额分部分项工程费＋定额中可以计量的措施项目费)、定额人工费(或定额人工费＋定额机械费)，其费率由工程造价管理机构根据各专业工程的特点综合确定。

b. 夜间施工增加费的计算公式如下：

夜间施工增加费＝计算基数×夜间施工增加费费率(%)

c. 二次搬运费的计算公式如下：

二次搬运费＝计算基数×二次搬运费费率(%)

d. 冬雨季施工增加费的计算公式如下：

冬雨季施工增加费＝计算基数×冬雨季施工增加费费率(%)

e. 已完工程及设备保护费的计算公式如下：

已完工程及设备保护费＝计算基数×已完工程及设备保护费费率(%)

上述 b～e 项措施项目的计费基数应为定额人工费(或定额人工费＋定额机械费)，其费率由工程造价管理机构根据各专业工程特点和调查资料综合分析后确定。

(3) 其他项目费

① 暂列金额。由建设单位根据工程特点，按有关计价规定估算，施工过程中由建设单位掌握使用，扣除合同价款调整后如有余额，归建设单位所有。

② 计日工。由建设单位和施工企业按施工过程中的签证计价。

③ 总承包服务费。由建设单位在招标控制价中根据总承包服务范围和有关计价规定编制，施工企业投标时自主报价，施工过程中按签约合同价执行。

(4) 规费和税金

建标[2013]44 号文规定，建设单位和施工企业均应按照省、自治区、直辖市或行业建设主管部门发布的标准计算规费和税金，不得作为竞争性费用。

(5) 相关问题的说明

① 各专业工程计价定额的编制及其计价程序，均按建标[2013]44 号文实施。

② 各专业工程计价定额的使用周期原则上为 5 年。

③ 工程造价管理机构在定额使用周期内，应及时发布人工、材料、机械台班价格信息，实行工程造价动态管理，如遇国家法律、法规、规章或相关政策变化以及建筑市场物价波动较大时，应适时调整定额人工费、定额机械费以及定额基价或规费费率，使建筑安装工程费能反映建筑市场实际。

④ 建设单位在编制招标控制价时，应按照各专业工程的计量规范和计价定额以及工程造价信息编制。

⑤ 施工企业在使用计价定额时除不可竞争费用外，其余仅作参考，由施工企业投标时自主报价。

3.2.3 建筑安装工程费用项目组成及费用计算表

(1)按费用构成要素的费用项目组成及计算表

按费用构成要素的费用项目组成及计算表，详见表 3.1 所示。

表 3.1 按费用构成要素的费用项目组成及计算表

费用项目			计算方法
建筑安装工程费用	人工费	1. 计时工资或计件工资； 2. 奖金； 3. 津贴、补贴； 4. 加班加点工资； 5. 特殊情况下支付的工资	公式 1:（主要适用于施工企业投标报价时自主确定人工费） 人工费 $=\sum$（日工资单价 × 工日消耗量） 公式 2:（主要适用于工程造价管理机构编制计价定额时确定定额人工费） 人工费 $=\sum$（日工资单价 × 工程工日消耗量）
	材料费	1. 材料原价； 2. 运杂费； 3. 运输损耗费； 4. 采购及保管费	1. 材料费 $=\sum$（材料单价 × 材料消耗量） 材料单价＝[（材料原价＋运杂费）×（1＋运输损耗率（%））]×[1＋采购保管费费率（%）] 2. 工程设备费 $=\sum$（工程设备单价 × 工程设备量） 工程设备单价＝（设备原价＋运杂费）×[1＋采管费费率（%）]
	施工机具使用费	1. 施工机械使用费 ① 折旧费； ② 大修理费； ③ 经常修理费； ④ 安拆费及场外运费； …… 2. 仪器仪表使用费	1. 施工机械使用费＝$\sum$（机械台班单价 × 施工机械台班消耗量） 施工机械台班单价＝台班折旧费＋台班大修费＋台班经常修理费＋台班安拆费及场外运费＋台班人工费＋台班燃料动力费＋台班车船税费 如采用租赁施工机械：施工机械使用费＝$\sum$（机械台班租赁单价 × 施工机械台班消耗量） 2. 仪器仪表使用费＝工程使用的仪器仪表摊销费＋维修费
	企业管理费	1. 管理人员工资； 2. 办公费； 3. 差旅交通费； 4. 固定资产使用费； 5. 工具用具使用费； 6. 劳动保险和职工福利费； 7. 劳动保护费； …… 14. 其他费用	1. 以分部分项工程费为计算基础 企业管理费费率（%）＝生产工人年平均管理费×人工费占分部分项工程费比例（%）/（年有效施工天数×人工单价） 2. 以人工费＋机械费为计算基础 企业管理费费率（%）＝生产工人年平均管理费×100%/[年有效施工天数×（人工单价＋每一工日机械使用费）] 3. 以人工费为计算基础 企业管理费费率（%）＝生产工人年平均管理费×100%/（年有效施工天数×人工单价）
	利润		按税前建筑安装工程费的 5%～7%的费率计算，并应列入分部分项工程和措施项目中
	规费	1. 社会保险费； ① 养老保险费； ② 失业保险费； ③ 医疗保险费； …… 2. 住房公积金； 3. 工程排污费	1. 社会保险费和住房公积金应以定额人工费为计算基础，并根据工程所在地省、自治区、直辖市或行业建设主管部门规定的费率计算。 社会保险费和住房公积金＝$\sum$（工程定额人工费×社会保险费和住房公积金费率） 2. 工程排污费（未列入规费）应按工程所在地环境保护部门规定的标准缴纳，并按实计取列入规费中
	税金	1. 营业税； 2. 城市维护建设费； 3. 教育费附加； 4. 地方教育附加	1. 税金 ＝ 税前工程造价×综合税率 综合税率：按纳税地点在市区的企业，在县城、镇的企业，不在市区、县城、镇的企业所规定的不同综合税率进行计算 2. 实行营业税改增值税的，按纳税地点现行税率计算

(2) 按工程造价形成的费用项目组成及计算表

按工程造价形成的费用项目组成及计算表，详见表3.2所示。

表3.2　按工程造价形成的费用项目组成及计算表

费用项目			计算方法
建筑安装工程费用	分部分项工程费	1. 房屋建筑和装饰工程 ① 土石方工程； ② 桩基工程； …… 2. 仿古建筑工程； 3. 通用安装工程； 4. 市政工程； 5. 园林绿化工程； ……	1. 分部分项工程费： 分部分项工程费 $= \sum$(综合单价×分部分项工程量) 2. 综合单价： 综合单价包括人工费、材料费、施工机具使用费、企业管理费和利润，以及一定范围的风险费用。即： 综合单价＝人工费＋材料费＋施工机具使用费＋企业管理费＋利润＋风险费用
	措施项目费	1. 安全文明施工费； 2. 夜间施工增加费； 3. 二次搬运费； 4. 冬雨季施工增加费； 5. 已完工程及设备保护费； 6. 工程定位复测费； 7. 特殊地区施工增加费； 8. 大型机械进出场及安拆费； 9. 脚手架工程费； ……	1. 国家计量规范规定应予计量的措施项目，其计算公式如下： 措施项目费 $= \sum$(综合单价×措施项目工程量) 2. 国家计量规范规定不宜计量的措施项目，其计算方法如下： ① 安全文明施工费＝计算基数×安全文明施工费费率(%) ② 夜间施工增加费＝计算基数×夜间施工增加费费率(%) ③ 二次搬运费＝计算基数×二次搬运费费率(%) ④ 冬雨季施工增加费＝计算基数×冬雨季施工增加费费率(%) ⑤ 已完工程及设备保护费＝计算基数×已完工程及设备保护费费率(%) 3. 上述②～⑤项措施项目的计算基数应为定额人工费(或定额人工费＋定额机械费)，其费率由工程造价管理机构根据各专业工程特点和调查资料综合分析后确定
	其他项目费	1. 暂列金额； 2. 计日工； 3. 总承包服务费； ……	1. 暂列金额由建设单位根据工程特点，按有关规定估算，施工过程中由建设单位掌握使用，扣除合同价款调整后如有余额，归建设单位所有。 2. 计日工由建设单位和施工企业按施工过程中的签证计价。 3. 总承包服务费由建设单位在招标控制价中根据总承包服务范围和有关计价规定编制，施工企业投标时自主报价，施工过程中按签约合同价执行
	规费和税金	1. 社会保险费 ① 养老保险费； ② 失业保险费； ③ 医疗保险费； ④ 生育保险费； ⑤ 工伤保险费； 2. 住房公积金； 3. 工程排污费	规费和税金： 建设单位和施工企业均应按照省、自治区、直辖市或行业建设主管部门发布的标准计算规费和税金，不得作为竞争性费用

3.3 建筑安装工程费用标准和计算程序

3.3.1 建筑安装工程费用标准

建筑安装工程费用标准，在住房和城乡建设部、财政部建标[2013]44 号文颁发以后，各地区都依据该文件的规定重新对费用计算标准进行了调整，详见各地区的相关规定。

3.3.2 建筑安装工程计价程序

根据住房和城乡建设部、财政部建标[2013]44 号文的内容规定，建筑安装工程(费用)计价程序分为建设单位工程招标控制价计价程序、施工企业工程投标报价计价程序和竣工结算计价程序，现将上述三种计价程序及计价程序表分述如下。

(1) 建设单位工程招标控制价计价程序

招标控制价计价是以综合单价分别乘以相应的分部分项工程量后得到分部分项工程费，将各分部分项工程费合计汇总后，按计价规定的费率标准分别计算出措施项目费(包括安全文明施工费)，并按计价规定估算其他项目费(包括估算暂列金额、计日工等)，再按计价规定的标准、税率分别计算规费和税金，最后将其相加即是工程招标控制价合计。建设单位工程招标控制价计价程序详见表 3.3 所示。

表 3.3　建设单位工程招标控制价计价程序

工程名称：　　　　　　　　标段：

序号	内　容	计算方法	金额(元)
1	分部分项工程费	按计价规定计算	
1.1			
1.2			
1.3			
1.4			
1.5			
2	措施项目费	按计价规定计算	
2.1	其中：安全文明施工费	按规定标准计算	
3	其他项目费		
3.1	其中：暂列金额	按计价规定估算	
3.2	其中：专业工程暂估价	按计价规定估算	
3.3	其中：计日工	按计价规定估算	
3.4	其中：总承包服务费	按计价规定估算	
4	规费	按规定标准计算	
5	税金(扣除不列入计税范围的工程设备金额)	(1＋2＋3＋4)×规定税率	
	招标控制价合计	1＋2＋3＋4＋5	

(2) 施工企业工程投标报价计价程序

工程投标报价计价是以综合单价分别乘以相应的分部分项工程量后得到分部分项工程费，将各分部分项工程费合计汇总后，按计价规定自主报价计算出措施项目费(包括按规定标准计算安全文明施工费)，并按计价规定自主报价计算其他项目费(包括计日工等费用)，再按计价规定的标准、税率分别计算规费和税金，最后将其相加即是工程投标报价合计。施工企业工程投标报价计价程序详见表 3.4 所示。

表 3.4 施工企业工程投标报价计价程序

工程名称： 标段：

序号	内 容	计 算 方 法	金 额(元)
1	分部分项工程费	自主报价	
1.1			
1.2			
1.3			
1.4			
1.5			
2	措施项目费	自主报价	
2.1	其中：安全文明施工费	按规定标准计算	
3	其他项目费		
3.1	其中：暂列金额	按招标文件提供金额计列	
3.2	其中：专业工程暂估价	按招标文件提供金额计列	
3.3	其中：计日工	自主报价	
3.4	其中：总承包服务费	自主报价	
4	规费	按规定标准计算	
5	税金(扣除不列入计税范围的工程设备金额)	(1＋2＋3＋4)×规定税率	
	投标报价合计	1＋2＋3＋4＋5	

(3) 竣工结算计价程序

竣工结算计价是以综合单价分别乘以相应的分部分项工程量后得到分部分项工程费，将各分部分项工程费合计汇总后，按合同约定计算出措施项目费(包括按规定标准计算安全文明施工费)，并按合同约定和现场签证计算其他项目费(包括专业工程计价、计日工、施工索赔等费用)，再按计价规定的标准、税率分别计算规费和税金，最后将其相加即是工程竣工结算计价合计。竣工结算计价程序详见表 3.5 所示。

表 3.5 竣工结算计价程序

工程名称： 标段：

序号	汇总内容	计算方法	金额(元)
1	分部分项工程费	按合同约定计算	
1.1			
1.2			
1.3			
1.4			
1.5			
2	措施项目	按合同约定计算	
2.1	其中:安全文明施工费	按规定标准计算	
3	其他项目		
3.1	其中:专业工程结算价	按合同约定计算	
3.2	其中:计日工	按计日工签证计算	
3.3	其中:总承包服务费	按合同约定计算	
3.4	索赔与现场签证	按发承包双方确认数额计算	
4	规费	按规定标准计算	
5	税金(扣除不列入计税范围的工程设备金额)	(1+2+3+4)×规定税率	
竣工结算总价合计		1+2+3+4+5	

3.3.3 费用标准和费用计算程序实例

根据国家住房和城乡建设部、财政部颁布的建标[2013]44 号文的规定，各省、市、自治区政府主管部门都制定了相应的费用标准和费用计算程序，现就《××市建设工程费用定额》(CQFYDE—2008)所制定的费用标准和费用计算程序为例，分别介绍如下。

(1) 计费实行“建设工程类别费用核定书”制度

按照《××市建设工程费用定额》的规定，计费标准是按工程类别的不同而划分的，并相应实行“建设工程类别费用核定书”制度。在建设项目报建或招标前，由建设单位(业主)向建设工程造价主管部门申请办理工程类别费用核定书副本，以便核定工程类别。定标后，中标的建筑施工企业(承包商)凭其副本换领建设工程类别费用核定书正本，包括劳动保险费的核定标准。建筑工程类别划分标准、装饰工程类别划分标准、建设工程类别核定书申请表和建设工程类别费用核定书，详见表3.6、表3.7、表3.8和表3.9所示。

表3.6　建筑工程类别划分标准表

项目				一类	二类	三类	四类
工业建筑	单层厂房	跨度	m	＞24	＞18	＞12	≤12
		面积	m^2	＞9000	＞6000	＞3000	≤3000
	多层厂房	层数	层	＞10	＞7	＞4	≤4
		面积	m^2	＞8000	＞5000	＞3000	≤3000
民用建筑	住宅	层数	层	＞25	＞16	＞8	≤8
		面积	m^2	＞15000	＞10000	＞4000	≤4000
		别墅		—	独立别墅	联排别墅 花园洋房	—
	公共建筑	层数	层	＞21	＞15	＞7	≤7
		面积	m^2	＞12000	＞8000	＞3500	≤3500
		特殊建筑		Ⅰ级	Ⅱ级	Ⅲ级	Ⅳ级
构筑物		烟囱	高度(m)	＞110	＞70	＞35	≤35
		水塔	高度(m)	＞50	＞35	＞25	≤25
		筒仓	高度(m)	＞40	＞30	＞20	≤20
		贮池	容量(m^3)	＞2500	＞1500	＞600	≤600
		生化池	容量(m^3)	—	＞1000	＞5001	≤500

表3.7　装饰工程类别划分标准表

工程类别	类别特征
一类	1. 直接费＞1000元/m^2的装饰工程； 2. 建筑面积＞10000 m^2的装饰工程； 3. 外装饰高度＞70 m的工程； 4. 玻璃幕墙高度＞50 m的工程； 5. 三星级以上宾馆大堂的装饰工程
二类	1. 直接费＞600元/m^2的装饰工程； 2. 建筑面积＞5000 m^2的装饰工程； 3. 外装饰高度＞50 m的工程； 4. 玻璃幕墙高度＞30 m的工程； 5. 三星级以下宾馆大堂的装饰工程
三类	1. 直接费≤600元/m^2的装饰工程； 2. 建筑面积≤5000 m^2的装饰工程； 3. 外装饰高度≤50 m的工程； 4. 玻璃幕墙高度≤30 m的工程

表 3.8　建设工程类别核定书申请表(建设单位填写部分)

<table>
<tr><td rowspan="8">建
设
单
位
填
写</td><td>工程名称</td><td colspan="3"></td></tr>
<tr><td>工程地点</td><td colspan="3"></td></tr>
<tr><td>建设单位</td><td colspan="3"></td></tr>
<tr><td>通讯地址</td><td></td><td>邮政编码</td><td></td></tr>
<tr><td>联 系 人</td><td></td><td>联系电话</td><td></td></tr>
<tr><td>设计单位</td><td colspan="3"></td></tr>
<tr><td>图纸编号</td><td></td><td>计划立项批文号</td><td></td></tr>
<tr><td>建筑工程</td><td colspan="3">建筑类型________
高　　度________(m)
跨　　度________(m)
面　　积________(m^2)
层　　数________(层)
容积(量)________(m^3)(t)
其　　他________</td></tr>
</table>

表 3.9　建设工程类别费用核定书

××建价发[　　　]证字　　号

建设单位	
工程名称	
所属企业	
核定工程类别	
施工企业	
核定劳动保险费(%)	

××市建设工程造价管理总站　　年　　月　　日

(2) 费用标准

建筑工程和装饰工程的费用标准(包括组织措施费标准、间接费标准、利润标准及税金标准),详见表 3.10、表 3.11、表 3.12 所示。

表 3.10 建筑工程费用标准

费用名称 \ 工程分类		一类	二类	三类	四类
组织措施费（%）	环境保护费	0.45	0.40	0.35	0.30
	临时设施费	2.20	2.10	1.95	1.70
	夜间施工费	1.46	0.98	0.77	0.67
	冬雨季施工增加费	1.15	0.75	0.60	0.52
	二次搬运费	0.80			
	包干费	1.20			
	已完工程及设备保护费	0.40	0.30	0.20	0.15
	工程定点复测、点交及场地清理费	0.30	0.25	0.18	0.13
	材料检验试验费	0.20	0.18	0.16	0.14
	组织措施费合计	8.16	6.96	6.21	5.61
间接费（%）	企业管理费	16.03	14.95	12.47	9.30
	规费	4.87			
利润（%）		8.73	6.94	4.00	2.80

表 3.11 建筑工程税金标准

工程地点	取费标准（%）
在市、区	3.41
在县城、镇	3.35
不在市区、县城、镇	3.22

注：税金不分建筑工程、市政工程的工程类别和机械、人工土石方，只按工程地点不同分别计算。

表 3.12 装饰工程费用标准

费用名称 \ 工程分类		一类	二类	三类
组织措施费（%）	环境保护费	1.80	1.30	0.80
	临时设施费	9.40	8.80	8.20
	夜间施工费	8.46	7.91	7.39
	冬雨季施工增加费	6.64	6.21	5.80
	二次搬运费	—		
	包干费	3.00		
	已完工程及设备保护费	4.00	3.00	2.00
	工程定点复测、点交及场地清理费	4.00	3.00	2.00
	材料检验试验费	1.50	1.00	0.80
	组织措施费合计	37.30	33.22	29.49

续表 3.13

费用名称 \ 工程分类		一类	二类	三类
间接费(%)	企业管理费	39.80	37.65	33.89
	规费		25.20	
利润(%)		27.50	25.50	21.00

(3)工程造价计算程序

按照《××市建设工程费用定额》的规定,土建工程是以定额直接费作为计取费用的基础,装饰工程(安装工程)是以定额人工费作为计取费用的基础,其工程造价计算程序,详见表 3.13、表 3.14 所示。

表 3.13 土建工程造价计算程序

序号	费用组成	计算式说明
一	直接费	1+2+3
1	直接工程费	1.1+1.2+1.3
1.1	人工费	含按计价定额基价计算的实体项目和技术措施项目费
1.2	材料费	
1.3	机械费	
2	组织措施费	1×组织措施费费率
2.1	其中:临时设施费	1×临时设施费费率
3	允许按实计算费用及价差	3.1 + 3.2 + 3.3 + 3.4
3.1	人工费价差	
3.2	材料费价差	
3.3	按实计算费用	
3.4	其他	
二	间接费	4 + 5
4	企业管理费	1×企业管理费费率
5	规费	1×规费费率
三	利润	1×利润费率
四	安全文明施工专项费	按文件规定计算
五	工程定额测定费	(一+二+三+四)×规定费率
六	税金	(一+二+三+四+五)×规定费率
七	工程造价	一+二+三+四+五+六

表 3.14 装饰(安装)工程造价计算程序

序号	费用组成	计算式说明
一	直接费	1+2+3
1	直接工程费	1.1+1.2+1.3
1.1	人工费	含按计价定额基价计算的实体项目和技术措施项目费
1.2	材料费	
1.3	机械费	
2	组织措施费	1×组织措施费费率
2.1	其中:临时设施费	1×临时设施费费率
3	允许按实计算费用及价差	3.1+3.2+3.3+3.4
3.1	人工费价差	
3.2	材料费价差	
3.3	按实计算费用	
3.4	其他	
二	间接费	4+5
4	企业管理费	1.1×企业管理费费率
5	规费	1.1×规费费率
三	利润	1.1×利润费率
四	安全文明施工专项费	按文件规定计算
五	工程定额测定费	(一+二+三+四)×规定费率
六	税金	(一+二+三+四+五)×规定费率
七	工程造价	一+二+三+四+五+六

关于建筑工程造价(包括按工程量清单计价)的编制原则、编制依据、编制方法及编制步骤,将在后面的章节中再做详细介绍。

小 结

本章主要讲述建筑安装工程费用项目组成、建筑安装工程费用计算方法(参考)、建筑安装工程费用标准与计算程序、建筑安装工程费用标准和费用计算程序实例,现就其基本要点归纳如下:

(1) 按照建标[2013]44 文的规定,建筑安装工程费用项目组成,按费用构成因素和工程造价形成进行划分。现分述如下:

① 按照费用构成要素,由人工费、材料费(包含工程设备费,下同)、施工机具使用费、企业管理费、利润、规费和税金组成。其中人工费、材料费、施工机具使用费、企业管理费和利润包含在分部分项工程费、措施项目费、其他项目费中。详见表 3.1 所示。

② 按照工程造价形成,由分部分项工程费、措施项目费、其他项目费、规费和税金组成。

分部分项工程费、措施项目费、其他项目费包含人工费、材料费、施工机具使用费、企业管理费和利润。详见表3.2所示。

(2) 建筑安装工程费用计算方法(参考),是按费用构成要素参考计算方法和建筑安装工程计价参考计算方法进行划分的,各费用的计算详见教材中所列的具体计算公式。

(3) 建筑安装工程费用计算标准与计算程序,一般是按工程项目所在地区制定的费用计算规定进行计算。本教材按《××市建设工程费用定额》(CQFYDE—2008)中的规定作了详细介绍,读者做练习或具体应用时可作参考。

(3) 通过本章的学习,要了解建筑工程费用项目组成中主要费用的基本概念,熟悉建筑工程造价费用项目组成,掌握建筑工程造价费用的计算方法、计算标准和计算程序。

复习思考题

3.1 按费用构成要素,建筑安装工程费用项目由哪些主要费用组成?

3.2 按工程造价形成,建筑安装工程费用项目由哪些主要费用组成?

3.3 什么是利润?什么是税金?

3.4 在工程造价计算时怎样计算“利润”和“税金”?

3.5 工程类别与费用计算有何关系?

3.6 什么是费用标准?怎样确定费用计算标准?

3.7 简述建筑工程费用(即建筑工程造价)的计算程序?

3.8 简述安装工程费用(即安装工程造价)的计算程序?

4 土建工程量计算

本 章 提 要

本章主要讲述工程量的概念、计算的一般要求、计算方法和计算步骤；建筑面积计算规范(规则)、各主要分部工程量计算规则、计算公式和计算实例。

4.1 工程量概述

工程量是计算工程造价(即工程预算)的原始数据。它是计算工程直接费、确定工程造价(预算造价)的主要依据，是进行工料分析、编制材料需要量计划和半成品加工计划的直接依据，也是编制施工进度计划、检查计划完成情况、进行统计分析的重要数据，还是进行成本核算和财务管理的重要依据。能否及时、正确地计算工程量，直接影响工程造价(预算)编制的质量和速度。因此，必须认真做好工程量的计算工作，这也是本章作为学习重点的原因所在。

4.1.1 工程量的概念

工程量是以物理计量单位或自然计量单位所表示的各分项工程或结构构件的实物数量。物理计量单位是指以分项工程或结构构件的物理属性为单位的计量单位，如长度、面积、体积和质(重)量等；自然计量单位是指以客观存在的自然实体为单位的计量单位，如块、个、套、组、台、座等。

4.1.2 工程量计算的一般要求

(1) 熟悉图纸和定额

施工图纸是工程量计算的首要依据，也就是说，工程量计算必须按照施工图纸所确定的工程范围和内容，根据定额规定的计量单位和要求，才能依次列项进行计算。在计算数据上，不能人为地随意加大或缩小，只能按施工图纸确定的尺寸和数量计算工程量。在分项工程的列项上，既不允许漏项，也不允许重复，只能与定额规定的口径相一致。如楼地面分部工程的卷材防潮层定额项目中，已包括刷冷底子油一遍和附加卷材层工料的消耗，所以在计算该分项工程量时，不能再列刷冷底子油一遍项目。

(2) 必须按工程量计算规则进行计算

工程量计算规则是整个工程量计算的指南，是预算定额编制的重要依据之一，也是预算定额和工程量计算之间联系、沟通与统一的桥梁。只有按工程量计算规则计算出来的工程量，才能从定额中分析出相应的活劳动与物化劳动的消耗量。否则，就不能正确套用定额和进行工料分析。如墙体工程量计算规则中规定：若为钢筋混凝土平屋面时，外墙高度算至钢筋混凝土板顶面；若有钢筋混凝土楼隔层者，内墙高度算至钢筋混凝土板顶面。计算实砌墙身时，应扣除门窗洞口、过人洞、空圈、嵌入墙身的钢筋混凝土柱、梁（包括过梁、圈梁、挑梁）和暖气包壁龛的体积，但不扣除梁头、板头、梁垫、檩木、垫木、木楞头、沿椽木、木砖、门窗走头、砖墙内的加固钢筋、木筋、铁件的体积，突出墙面的窗台虎头砖、压顶线、山墙泛水、烟囱根、门窗套、三皮砖以内的腰线和挑檐等的体积亦不增加。因为标准砖和砂浆的定额消耗量已综合考虑了上述因素，如果工程量计算时再考虑上述因素，就必然会出现重复计算。

(3) 统一格式，以便校核

为了便于检查核对，工程量的计算式，应按一定的格式排列。例如：面积为长×宽；体积为长×宽×高（厚）；计算梁、柱体积时为截面面积×长（高）；计算钢筋、型钢质量时为长度×每1 m质（重）量等。

使用专门的工程量计算表格进行工程量计算，既利于计算，又便于核对，应尽量采用。工程量计算表格样式见表4.1。

表4.1 工程量计算表

工程名称： 第 页 共 页

序号	分部分项工程名称	单位	计 算 式	工程量

(4) 先算基数，后算分项，简化过程，细算粗汇

工程量计算在方法上要力求科学、简明，计算数据要保证准确。为了达到这一目的与要求，可按“统筹法原理”进行计算，以简化计算过程。具体方法是：将一些对工程量计算带有共性的基本数据先算出来，如外墙中心线长、外墙外边线长、内墙净长线长、建筑物底面积和建筑物室内净面积等。尽可能做到一数多用，简化计算过程，避免重复计算。

具体计算时，力求做到简单明了。各分项工程的计算式需做简要的文字注释，如轴线号、剖面号、构件编号等。计算的精确度，一般在小数点后2位。汇总工程量时，可视具体情况而定，如土石方体积取整数，钢筋若以t为单位取小数点后3位小数，若以kg、块、件、套为单位，则取整数等。

4.1.3 工程量的计算方法

一个单位工程的分项工程很多，稍有疏忽，就会有漏项少算或重复多算的现象发生。因此对工程量计算方法的研究是一个十分重要的问题。由于全国各省、市、自治区的定额和工程量计算规则有一定的差异，加之预算人员经历和经验不同，工程对象多样等，因而就全国范围来说，对工程量的计算也没有一个定型的统一计算方法。归纳各地的做法，现简要介绍如下：

(1) 按定额的编排顺序列项计算

这种方法是按定额手册所排列的分部分项顺序依次进行计算。如对土石方、砖石、脚手架、混凝土及钢筋混凝土等分部分项进行计算。

(2) 按施工顺序列项计算

这种方法是按施工的先后顺序安排工程量的计算顺序。如基础工程是按场地平整、挖地槽、地坑、基础垫层、砌砖石基础、现浇混凝土基础、基础防潮层、基础回填土、余土外运等列项计算,这种方法打破了定额按分部分项列项的方法进行计算。

(3) 按顺时针方向列项计算

这种方法是从平面图纸的左上角开始,从左到右按顺时针方向环绕一周,再回到左上角为止。这种方法适用于外墙挖地槽、外墙基础、外墙砌筑、外墙抹灰等,如图 4.1 所示。

(4) 按先横后竖、先上后下、先左后右的顺序列项计算

这种方法是指在同一平面图上有纵横交错的墙体时,可按先横后竖的顺序进行计算。计算横墙时按先上后下,横墙间断时按先左后右。计算竖墙时按先左后右,竖墙间断时按先上后下。如计算内墙基础、内墙砌筑、内墙墙身防潮等均可按上述顺序进行计算,如图 4.2 所示。

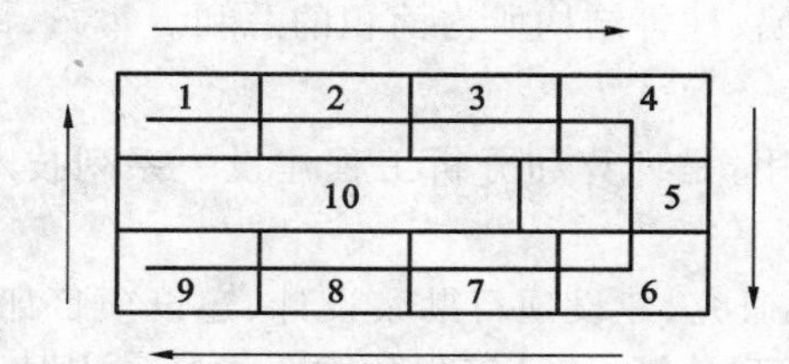

图 4.1　顺时针方向示意图

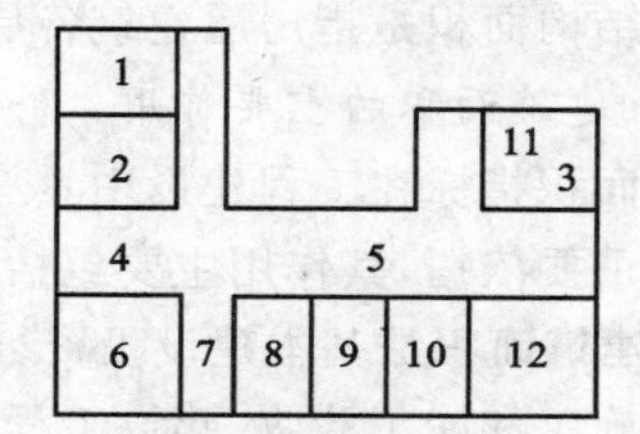

图 4.2　先横后竖示意图

按图 4.2 所示,计算内墙时应按先横后竖的顺序,先计算横线①,在同一横面应先左后右,即先计算②线再计算③线,然后计算④、⑤线。计算竖墙时,应从左到右,在同一竖面上,则应先上后下。如图所示先算⑥线,其次再算⑦、⑧、⑨、⑩、⑪、⑫线。

(5) 按构件的分类和编号顺序计算

这种方法是按照各类不同的构、配件,如空心板、平板、过梁、单梁、门窗等,就其自身的编号(如柱 Z1,Z2,…;梁 L1,L2,…;门 M1,M2,…;等)分别依次列表计算。这种分类编号列表计算的方法,既方便检查核对,又能简化算式。因此,各类构件和门窗均可采用此方法计算工程量。

以上所述的仅是工程量计算的一般方法,在实际工作中,也有采用"统筹法原理"来计算工程量,这应视具体情况灵活运用。不论采用何种计算方法,都应做到项目不重不漏,数据准确可靠,方法科学简便,以不断提高工程造价的编制速度和质量。

4.1.4　工程量计算的总体步骤

在熟悉图纸和掌握定额的基础上,工程量计算的总体步骤一般为:先结构、后建筑;先平面、后立面;先室内、后室外;然后分别根据施工图纸的有关内容,列出分项工程项目名称和计算式,并依次进行计算。

4.2　建筑面积计算

4.2.1　建筑面积的概念和作用

4.2.1.1　建筑面积的概念

建筑面积是建筑物(包括墙体)所形成的楼地面面积。即房屋建筑底层外墙勒脚以上外边

线(或楼层外墙外边线)围成的水平投影面积,以及附属于建筑物的室外阳台、雨篷、檐廊、室外走廊、室外楼梯等的面积。建筑面积是工程建设的一项重要技术经济指标,包括建筑使用面积、建筑辅助面积和建筑结构面积三部分。

(1) 建筑使用面积

建筑使用面积是指房屋建筑各层平面布置中直接为生产或生活使用的面积之和。如住宅建筑中的居室、饭厅和客厅等。

(2) 建筑辅助面积

建筑辅助面积是指房屋建筑各层平面布置中为辅助生产和辅助生活所占净面积之和。如住宅建筑中的楼梯、走道、厕所、厨房等。

使用面积与辅助面积的总和称为有效面积。

(3) 建筑结构面积

建筑结构面积是指房屋建筑各层平面布置中的墙、柱等结构所占面积的总和。

4.2.1.2 建筑面积的重要作用

建筑面积指标在工程建设中具有十分重要的作用,是计算和分析工程建设一系列技术经济指标的重要依据,其作用主要包括以下几个方面:

(1) 建筑面积是基本建设投资、建设项目可行性研究、建设项目勘察设计、建设项目评估、建筑工程施工和竣工验收、建设工程造价管理等一系列计算、统计工作的重要指标和依据;

(2) 建筑面积是计算土地利用系数、使用面积系数、有效面积系数、开工和竣工面积、全优工程率等指标的依据;

(3) 建筑面积是计算工程建设单位面积的造价、人工消耗量、三大主材及主要材料消耗量等指标的依据;

(4) 建筑面积是计算与之相关的工程量,如场地平整、室内回填土、楼地面、综合脚手架等工程量的依据;

(5) 建筑面积是施工计划编制和施工统计工作的重要指标,以及计算相关指标的依据。

综上所述,建筑面积是工程建设一系列技术经济指标的计算依据,对全面控制建设工程造价具有重要意义,它在整个基本建设工作中起着十分重要的作用。

4.2.2 《建筑工程建筑面积计算规范》

4.2.2.1 概述

(1)《建筑面积计算规则》的产生与发展

我国的《建筑面积计算规则》是 20 世纪 70 年代根据我国的实际情况制订的。1982 年原国家经济委员会基本建设办公室印发了《建筑面积计算规则》[(82)经基设字 58 号],对 20 世纪 70 年代制订的《建筑面积计算规则》进行了修订。1995 年原国家建设部颁布了《全国统一建筑工程预算工程量计算规则》(土建工程 GJD—101—95),其中含《建筑面积计算规则》的内容,是 1982 年实施的《建筑面积计算规则》的修订版。2005 年,原国家建设部以国家标准的形式对《建筑面积计算规则》进行了修订,并改称为《建筑工程建筑面积计算规范》(GB/T 50353—2005)。经过 8 年的实施,住房和城乡建设部于 2013 年 12 月 30 日重新颁布了《建筑工程建筑面积计算规范》(GB/T 50353—2013),自 2014 年 7 月 1 日起实施,原《建筑工程建筑面积计算规范》(GB/T 50353—2005)同时废止。

此次修订是在总结《建筑工程建筑面积计算规范》(GB/T 50353—2005)实施情况的基础上进行的。鉴于建筑工业发展中出现的新结构、新材料和新技术,为了解决由于建筑技术的发展而产生的建筑面积计算问题,本着不重算、不漏算的原则,对建筑面积的计算范围和计算方法进行了修改、统一和完善。

(2)《建筑工程建筑面积计算规范》的实施与修订

①《建筑工程建筑面积计算规范》的实施

《建筑工程建筑面积计算规范》在建设工程造价管理中起着非常重要的作用,是计算房屋建筑工程量、计算单位工程每平方米造价的主要依据,是统计部门汇总发布房屋建筑面积完成情况的基础。随着我国建筑市场的发展,建筑工程中的新结构、新材料、新技术和新方法不断涌现。《建筑工程建筑面积计算规范》的实施,为解决上述发展而产生的面积计算问题,使建筑面积计算更加科学合理,完善和统一建筑面积的计算范围和计算方法,以及对建筑市场的完善和发展发挥了极其重要的作用。

②《建筑工程建筑面积计算规范》修订的主要技术内容

根据住房和城乡建设部《关于印发〈2012 年工程建设标准规范制订修订计划〉的通知》(建标[2012]5 号)的要求,规范编制组经广泛调查研究,认真总结经验,在广泛征求意见的基础上,对 2005 年 7 月 1 日实施的《建筑工程建筑面积计算规范》(GB/T 50353—2005)重新进行了修订,并于 2013 年 12 月 30 日颁布了《建筑工程建筑面积计算规范》(GB/T 50353—2013),自 2014 年 7 月 1 日起实施。本规范修订的主要技术内容如下:

a. 增加建筑物架空层的面积计算规定,取消深基础架空层;

b. 取消有永久性顶盖的面积计算规定,增加无围护结构有围护设施的面积计算规定;

c. 修订落地橱窗、门斗、挑廊、走廊、檐廊的面积计算规定;

d. 增加凸(飘)窗的建筑面积计算要求;

e. 修订围护结构不垂直于水平面而超出底板外沿的建筑物的面积计算规定;

f. 删除原室外楼梯强调的有永久性顶盖的面积计算要求;

g. 修订阳台的面积计算规定;

h. 修订外保温层的面积计算规定;

i. 修订设备层、管道层的面积计算规定;

j. 增加门廊的面积计算规定;

k. 增加有顶盖的采光井的面积计算规定。

(3)《建筑工程建筑面积计算规范》的适用范围

为规范工业与民用建筑工程建设全过程的建筑面积计算,统一计算方法,修订后的《建筑工程建筑面积计算规范》的适用范围,主要是新建、扩建、改建的工业与民用建筑工程建设全过程的建筑面积计算,包括工业厂房、仓库、公共建筑、居住建筑、农业生产使用的房屋、粮种仓库、地铁车站等建筑面积的计算。

上述"建设全过程"是指从项目建议书、可行性研究报告至竣工验收、交付使用的过程。

4.2.2.2 新旧《建筑工程建筑面积计算规范》变动要点

根据《住房和城乡建设部关于发布国家标准〈建筑工程建筑面积计算规范〉的公告》,新版《建筑工程建筑面积计算规范》(GB/T 50353—2013)自 2014 年 7 月 1 日起实施。新版规范条文变化较大,对当前很多"偷面积"的行为有了明确规定。

新《建筑工程建筑面积计算规范》的变动要点如下：

① 对于场馆看台下的建筑空间，结构净高在 2.10 m 及以上的部位应计算全面积；结构净高在 1.20 m 及以上至 2.10 m 以下的部位应计算 1/2 面积；结构净高在 1.20 m 以下的部位不应计算建筑面积。室内单独设置的有围护设施的悬挑看台，应按看台结构底板水平投影面积计算建筑面积。有顶盖无围护结构的场馆看台应按其顶盖水平投影面积的 1/2 计算面积。

② 出入口外墙外侧坡道有顶盖的部位，应按其外墙结构外围水平面积的 1/2 计算面积。

“05 规范”中只对“永久性顶盖”进行上述规定。坡道包括自行车坡道、车库坡道等，顶盖包含钢筋混凝土结构、采光板、玻璃顶等。

③ 建筑物架空层及坡地建筑物吊脚架空层应按其顶板水平投影计算建筑面积。结构层高在 2.20 m 及以上的，应计算全面积；结构层高在 2.20 m 以下的，应计算 1/2 面积。

“05 规范”中“不利用”的架空层可不计容。《容积率计算规则》中架空层不高于 3.6 m，且只作为绿化、公用活动时，不计建筑面积（容积率）。

④ 建筑物的门厅、大厅应按一层计算建筑面积，门厅、大厅内设置的走廊应按走廊结构底板水平投影面积计算建筑面积。结构层高在 2.20 m 及以上的，应计算全面积；结构层高在 2.20 m以下的，应计算 1/2 面积。

“05 规范”中的用词是“回廊”，新规范用的是“走廊”。

⑤ 窗台与室内楼地面高差在 0.45 m 以下且结构净高在 2.10 m 及以上的凸（飘）窗，应按其围护结构外围水平面积计算 1/2 面积。

本条与《住宅设计规范》（GB 50096—2011）统一，利用假凸窗赠送面积的行为被进一步限制。

⑥ 有围护设施的室外走廊（挑廊），应按其结构底板水平投影面积计算 1/2 面积；有围护设施（或柱）的檐廊，应按其围护设施（或柱）外围水平面积计算 1/2 面积。

“05 规范”中有围护结构的、高度大于 2.2 m 的计全面积，小于 2.2 m 的才计 1/2 面积；有顶盖无围护结构的计 1/2 面积。

⑦ 有顶盖的采光井应按一层计算面积。

地下室采光井、通风井，以往均不计建筑面积。规划阶段地下室面积应适当考虑此部分面积的比例。

⑧ 在主体结构内的阳台按其结构外围水平面积计算全面积。

这条规定使得将房间改为假阳台从而"偷面积"的办法行不通了。

⑨ 对于建筑物内的设备层、管道层、避难层等有结构层的楼层，结构层高在 2.20 m 及以上的，应计算全面积；结构层高在 2.20 m 以下的，应计算 1/2 面积。

“05 规范”中不计面积。

4.2.2.3　计算建筑面积的规定

(1) 建筑物的建筑面积应按自然层外墙结构外围水平面积之和计算。结构层高在2.20 m 及以上的，应计算全面积；结构层高在 2.20 m 以下的，应计算 1/2 面积。

计算建筑面积时，在主体结构内形成的建筑空间，满足结构层高要求的均应按本条规定计算建筑面积。主体结构外的室外阳台、雨篷、檐廊、室外走廊、室外楼梯等按相应条款计算建筑面积。当外墙结构本身在一个层高范围内不等厚时，以楼地面结构标高处的外围水平面积计算。

(2) 建筑物内设有局部楼层时，对于局部楼层的二层及以上楼层，有围护结构的应按其围护结构外围水平面积计算，无围护结构的应按其结构底板水平面积计算，且结构层高在2.20 m及以上的，应计算全面积，结构层高在 2.20 m 以下的，应计算 1/2 面积。如图 4.3 所示。

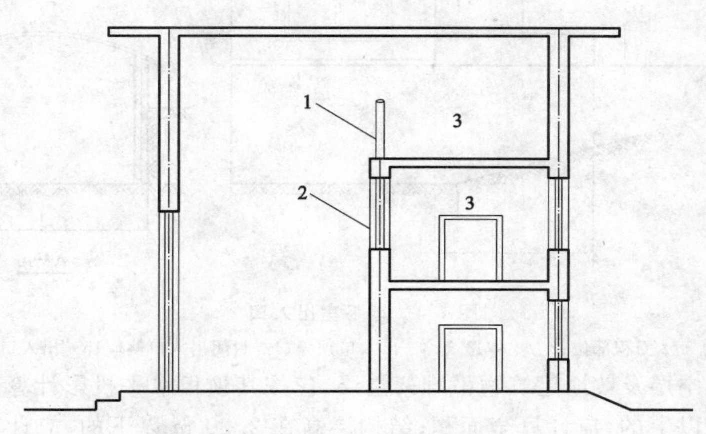

图 4.3　建筑物内的局部楼层

1—围护设施；2—围护结构调整；3—局部楼层

(3) 对于形成建筑空间的坡屋顶，结构净高在 2.10 m 及以上的部位应计算全面积；结构净高在 1.20 m 及以上至 2.10 m 以下的部位应计算 1/2 面积；结构净高在 1.20 m 以下的部位不应计算建筑面积。

(4) 对于场馆看台下的建筑空间，结构净高在 2.10 m 及以上的部位应计算全面积；结构净高在 1.20 m 及以上至 2.10 m 以下的部位应计算 1/2 面积；结构净高在 1.20 m 以下的部位不应计算建筑面积。室内单独设置的有围护设施的悬挑看台，应按看台结构底板水平投影面积计算建筑面积。有顶盖无围护结构的场馆看台应按其顶盖水平投影面积的 1/2 计算面积。

场馆看台下的建筑空间因其上部结构多为斜板，所以采用净高的尺寸划定建筑面积的计算范围和对应规则。室内单独设置的有围护设施的悬挑看台，因其看台上部设有顶盖且可供人使用，所以按看台板的结构底板水平投影计算建筑面积。“有顶盖无围护结构的场馆看台”中所称的“场馆”为专业术语，指各种“场”类建筑，如：体育场、足球场、网球场、带看台的风雨操场等。

(5) 地下室、半地下室应按其结构外围水平面积计算。结构层高在 2.20 m 及以上的，应计算全面积；结构层高在 2.20 m 以下的，应计算 1/2 面积。

地下室作为设备、管道层按本规范第 3.0.26 条执行，地下室的各种竖向井道按本规范第3.0.19 条执行，地下室的围护结构不垂直于水平面的按本规范第 3.0.18 条执行。

(6) 出入口外墙外侧坡道有顶盖的部位，应按其外墙结构外围水平面积的 1/2 计算面积。如图 4.4 所示。

出入口坡道分有顶盖出入口坡道和无顶盖出入口坡道，出入口坡道顶盖的挑出长度，为顶盖结构外边线至外墙结构外边线的长度；顶盖以设计图纸为准，对后增加及建设单位自行增加的顶盖等，不计算建筑面积。顶盖不分材料种类（如钢筋混凝土顶盖、彩钢板顶盖、阳光板顶盖等）。

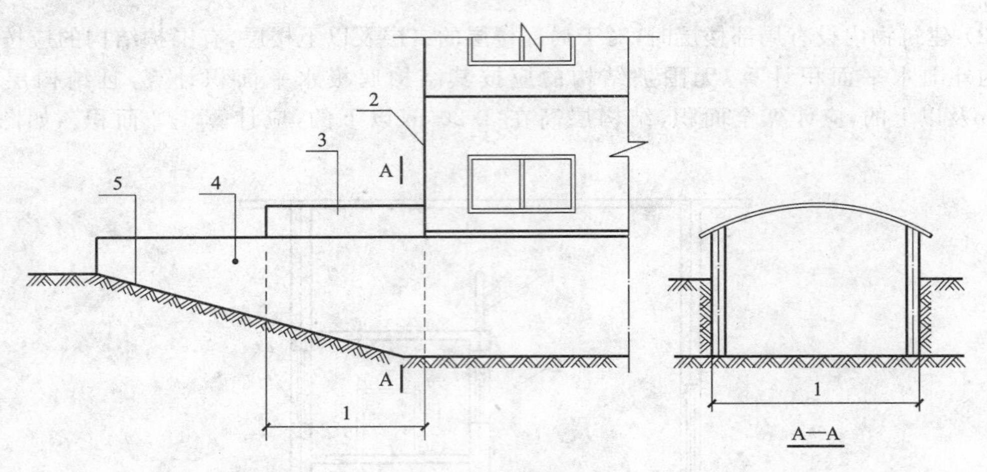

图 4.4　地下室出入口

1—计算 1/2 面积部位；2—主体建筑；3—出入口顶盖；4—封闭出入口侧墙；5—出入口坡道

（7）建筑物架空层及坡地建筑物吊脚架空层，应按其顶板水平投影计算建筑面积。结构层高在 2.20 m 及以上的，应计算全面积；结构层高在 2.20 m 以下的，应计算 1/2 面积。如图 4.5 所示。

本条既适用于建筑物吊脚架空层、深基础架空层建筑面积的计算，也适用于目前部分住宅、学校教学楼等工程在底层架空或在二楼或以上某个甚至多个楼层架空，作为公共活动、停车、绿化等空间的建筑面积的计算。架空层中有围护结构的建筑空间按相关规定计算。

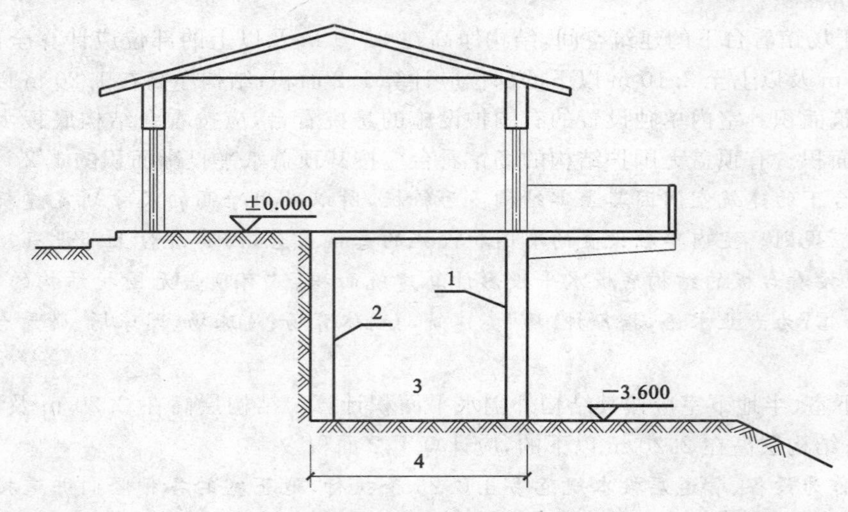

图 4.5　建筑物吊角架空层

1—柱；2—墙；3—吊角架空层；4—计算建筑面积部位

（8）建筑物的门厅、大厅应按一层计算建筑面积，门厅、大厅内设置的走廊应按走廊结构底板水平投影面积计算建筑面积。结构层高在 2.20 m 及以上的，应计算全面积；结构层高在 2.20 m 以下的，应计算 1/2 面积。

（9）对于建筑物间的架空走廊，有顶盖和围护设施的，应按其围护结构外围水平面积计算全面积；无围护结构、有围护设施的，应按其结构底板水平投影面积计算 1/2 面积。如图 4.6、图 4.7 所示。

图 4.6 无围护结构的架空走廊

1—栏杆;2—架空走廊

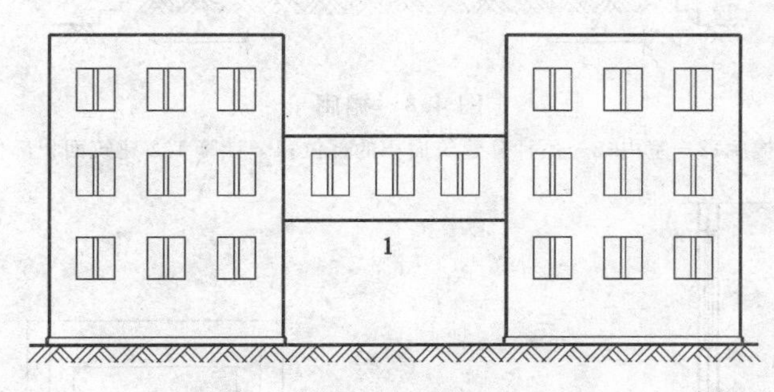

图 4.7 有围护结构的架空走廊

1—架空走廊

(10) 对于立体书库、立体仓库、立体车库,有围护结构的,应按其围护结构外围水平面积计算建筑面积;无围护结构、有围护设施的,应按其结构底板水平投影面积计算建筑面积。无结构层的应按一层计算,有结构层的应按其结构层面积分别计算。结构层高在 2.20 m 及以上的,应计算全面积;结构层高在 2.20 m 以下的,应计算 1/2 面积。

本条主要规定了图书馆的立体书库、仓储中心的立体仓库、大型停车场的立体车库等建筑的建筑面积计算规则。起局部分隔、存储等作用的书架层、货架层或可升降的立体钢结构停车层均不属于结构层,故该部分不计算建筑面积。

(11) 有围护结构的舞台灯光控制室,应按其围护结构外围水平面积计算。结构层高在 2.20 m及以上的,应计算全面积;结构层高在 2.20 m 以下的,应计算 1/2 面积。

(12) 附属在建筑物外墙的落地橱窗,应按其围护结构外围水平面积计算。结构层高在 2.20 m及以上的,应计算全面积;结构层高在 2.20 m 以下的,应计算 1/2 面积。

(13) 窗台与室内楼地面高差在 0.45 m 以下且结构净高在 2.10 m 及以上的凸(飘)窗,应按其围护结构外围水平面积计算 1/2 面积。

(14) 有围护设施的室外走廊(挑廊),应按其结构底板水平投影面积计算 1/2 面积;有围护设施(或柱)的檐廊,应按其围护设施(或柱)外围水平面积计算 1/2 面积。如图 4.8 所示。

(15) 门斗应按其围护结构外围水平面积计算建筑面积,且结构层高在 2.20 m 及以上的,应计算全面积;结构层高在 2.20 m 以下的,应计算 1/2 面积。如图 4.9 所示。

(16) 门廊应按其顶板的水平投影面积的 1/2 计算建筑面积;有柱雨篷应按其结构板水平投影面积的 1/2 计算建筑面积;无柱雨篷的结构外边线至外墙结构外边线的宽度在2.10 m及以上的,应按雨篷结构板的水平投影面积的 1/2 计算建筑面积。

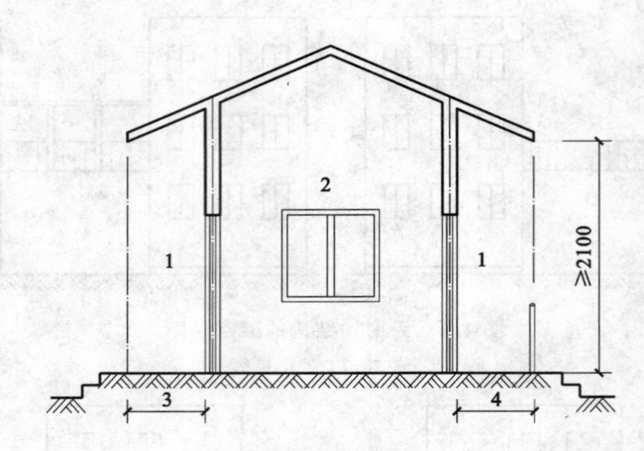

图 4.8 檐廊

1—檐廊；2—室内；3—不计算建筑面积的部位；4—计算 1/2 建筑面积部位

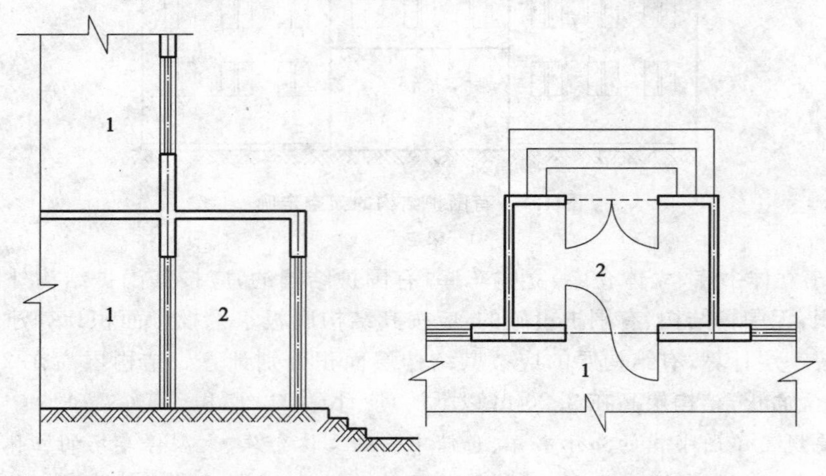

图 4.9 门斗

1,2—室内

雨篷分为有柱雨篷和无柱雨篷。有柱雨篷，没有出挑宽度的限制，也不受跨越层数的限制，均计算建筑面积。无柱雨篷，其结构板不能跨层，并受出挑宽度的限制，设计出挑宽度大于或等于 2.10 m 时才计算建筑面积。出挑宽度是指雨篷结构外边线至外墙结构外边线的宽度，弧形或异形时取最大宽度。

(17) 设在建筑物顶部的、有围护结构的楼梯间、水箱间、电梯机房等，结构层高在2.20 m及以上的应计算全面积；结构层高在 2.20 m 以下的，应计算 1/2 面积。

(18) 围护结构不垂直于水平面的楼层，应按其底板面的外墙外围水平面积计算。结构净高在 2.10 m 及以上的部位，应计算全面积；结构净高在 1.20 m 及以上至 2.10 m 以下的部位，应计算 1/2 面积；结构净高在 1.20 m 以下的部位，不应计算建筑面积。如图 4.10 所示。

《建筑工程建筑面积计算规范》(GB/T 50353—2005)仅对围护结构向外倾斜的情况进行了规定，本次修订后的条文对向内、向外倾斜均适用。在划分高度上，本条文使用的是结构净高，与其他正常平楼层按层高划分不同，但与斜屋面的划分原则一致。由于目前很多建筑设计追求新、奇、特，造型越来越复杂，很多时候根本无法明确区分什么是围护结构、什么是屋顶，因此对于斜围护结构与斜屋顶采用相同的计算规则，即只要外壳倾斜，就按结构净高划段，分别计算建筑面积。

(19) 建筑物的室内楼梯、电梯井、提物井、管道井、通风排气竖井、烟道，应并入建筑物的自然层计算建筑面积。有顶盖的采光井应按一层计算面积，且结构净高在 2.10 m 及以上的，应计算全面积；结构净高在 2.10 m 以下的，应计算 1/2 面积。如图 4.11 所示。

建筑物的楼梯间层数按建筑物的层数计算。有顶盖的采光井包括建筑物中的采光井和地下室采光井。

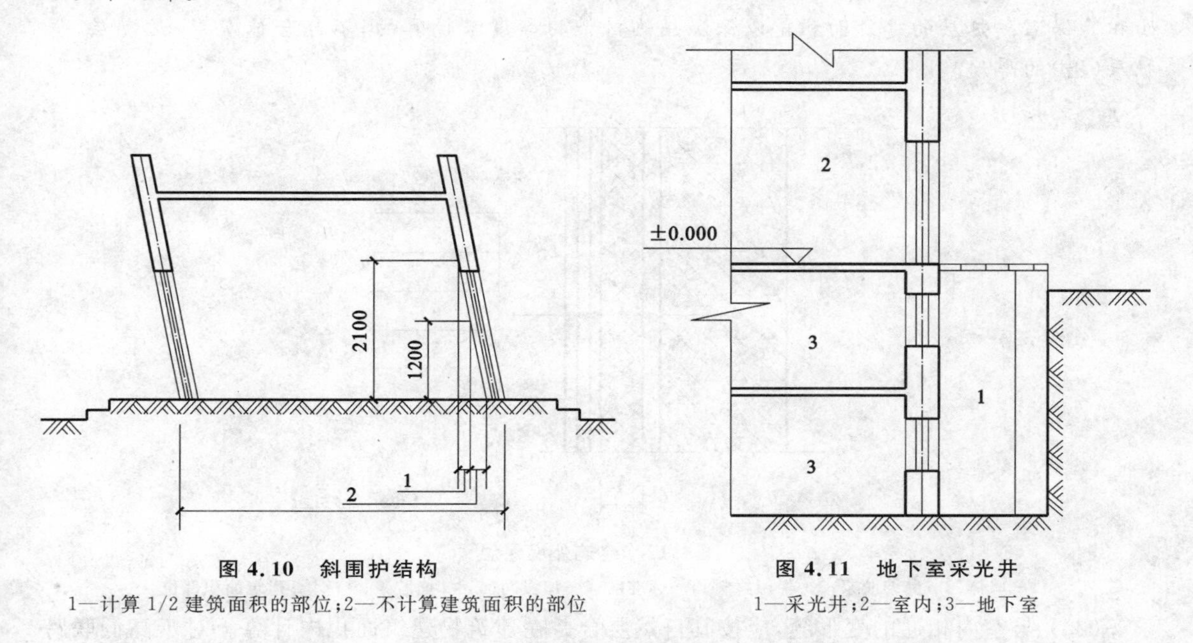

图 4.10　斜围护结构

1—计算 1/2 建筑面积的部位；2—不计算建筑面积的部位

图 4.11　地下室采光井

1—采光井；2—室内；3—地下室

(20) 室外楼梯应并入所依附的建筑物自然层，并应按其水平投影面积的 1/2 计算建筑面积。

室外楼梯作为连接该建筑物层与层之间交通不可缺少的基本部件，无论从其功能还是工程计价的要求来说，均需计算建筑面积。层数为室外楼梯所依附的楼层数，即梯段部分投影到建筑物范围的层数。利用室外楼梯下部的建筑空间不得重复计算建筑面积；利用地势砌筑的为室外踏步，不计算建筑面积。

(21) 在主体结构内的阳台，应按其结构外围水平面积计算全面积；在主体结构外的阳台，应按其结构底板水平投影面积计算 1/2 面积。

(22) 有顶盖无围护结构的车棚、货棚、站台、加油站、收费站等，应按其顶盖水平投影面积的 1/2 计算建筑面积。

(23) 以幕墙作为围护结构的建筑物，应按幕墙外边线计算建筑面积。

幕墙以其在建筑物中所起的作用和功能来区分。直接作为外墙起围护作用的幕墙，按其外边线计算建筑面积；设置在建筑物墙体外起装饰作用的幕墙，不计算建筑面积。

(24) 建筑物的外墙外保温层，应按其保温材料的水平截面积计算，并计入自然层建筑面积。如图 4.12 所示。

为贯彻国家节能要求，鼓励建筑外墙采取保温措施，本规范将保温材料的厚度计入建筑面积,但计算方法较“05规范”有一定变化。建筑物外墙外侧有保温隔热层的,保温隔热层以保温材料的净厚度乘以外墙结构外边线长度按建筑物的自然层计算建筑面积,其外墙外边线长度不扣除门窗和建筑物外已计算建筑面积的构件(如阳台、室外走廊、门斗、落地橱窗等部件)所占长度。当建筑物外已计算建筑面积的构件(如阳台、室外走廊、门斗、落地橱窗等部件)有保温隔热层时,其保温隔热层也不再计算建筑面积。外墙是斜面者按楼面楼板处的外墙外边线长度乘以保温材料的净厚度计算。外墙外保温以沿高度方向满铺为准,某层外墙外保温铺设高度未达到全部高度时(不包括阳台、室外走廊、门斗、落地橱窗、雨篷、飘窗等),不计算建筑面积。保温隔热层的建筑面积是以保温隔热材料的厚度来计算的,不包含抹灰层、防潮层、保护层(墙)的厚度。

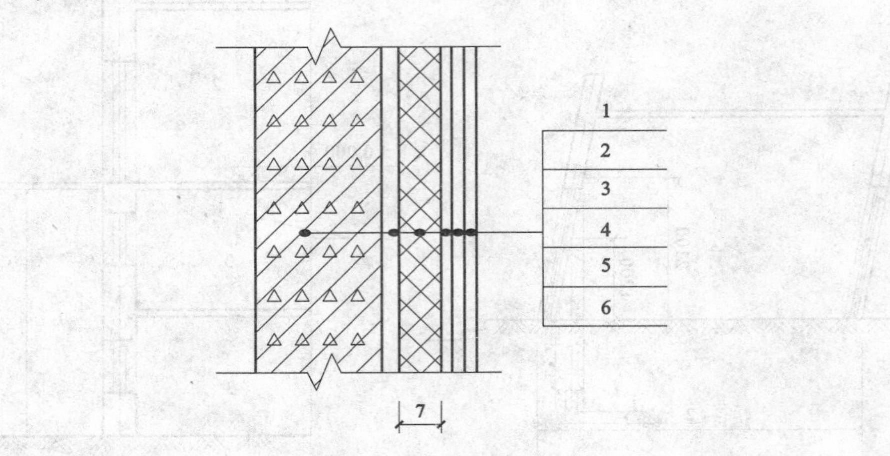

图 4.12 建筑外墙保温

1—墙体;2—黏结胶浆;3—保温材料;4—标准网;5—加强网;6—抹面胶浆;7—计算建筑面积部位

(25) 与室内相通的变形缝,应按其自然层合并在建筑物建筑面积内计算。对于高低联跨的建筑物,当高低跨内部连通时,其变形缝应计算在低跨面积内。

本规范所指的与室内相通的变形缝,是指暴露在建筑物内,在建筑物内可以看得见的变形缝。

(26) 对于建筑物内的设备层、管道层、避难层等有结构层的楼层,结构层高在 2.20 m 及以上的,应计算全面积;结构层高在 2.20 m 以下的,应计算 1/2 面积。

设备层、管道层虽然具体功能与普通楼层不同,但在结构上及施工消耗上并无本质区别,且本规范定义自然层为“按楼地面结构分层的楼层”,因此设备层、管道层归为自然层,其计算规则与普通楼层相同。在吊顶空间内设置管道的,则吊顶空间部分不能被视为设备层、管道层。

(27) 下列项目不应计算建筑面积:

① 与建筑物内不相连通的建筑部件。

本条款指的是依附于建筑物外墙外不与户室开门连通,起装饰作用的敞开式挑台(廊)、平台,以及不与阳台相通的空调室外机搁板(箱)等设备平台部件。

② 骑楼、过街楼底层的开放公共空间和建筑物通道(如图 4.13、图 4.14 所示)。

③ 舞台及后台悬挂幕布和布景的天桥、挑台等。

本条款指的是影剧院的舞台及为舞台服务的可供上人维修、悬挂幕布、布置灯光及布景等搭设的天桥和挑台等构件设施。

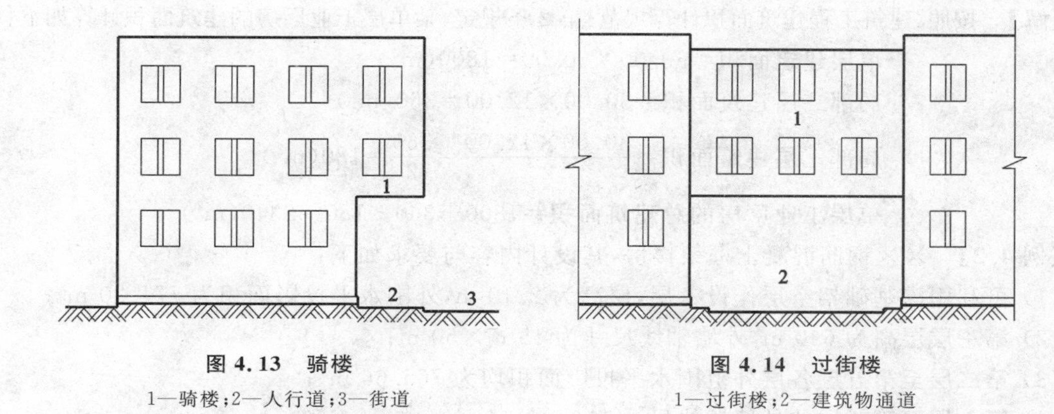

图 4.13 骑楼

1—骑楼；2—人行道；3—街道

图 4.14 过街楼

1—过街楼；2—建筑物通道

④ 露台、露天游泳池、花架、屋顶的水箱及装饰性结构构件。

⑤ 建筑物内的操作平台、上料平台、安装箱和罐体的平台。

建筑物内不构成结构层的操作平台、上料平台（工业厂房、搅拌站和料仓等建筑中的设备操作控制平台、上料平台等），其主要是为室内构筑物或设备服务的独立上人设施，因此不计算建筑面积。

⑥ 勒脚、附墙柱、垛、台阶、墙面抹灰、装饰面、镶贴块料面层、装饰性幕墙，主体结构外的空调室外机搁板（箱）、构件、配件，挑出宽度在 2.10 m 以下的无柱雨篷和顶盖高度达到或超过两个楼层的无柱雨篷。

⑦ 窗台与室内地面高差在 0.45 m 以下且结构净高在 2.10 m 以下的凸（飘）窗，窗台与室内地面高差在 0.45 m 及以上的凸（飘）窗。

⑧ 室外爬梯、室外专用消防钢楼梯。

室外钢楼梯需要区分具体用途，如专用于消防的楼梯，则不计算建筑面积，如果是建筑物唯一通道，兼用于消防，则需要按本规范第 3.0.20 条计算建筑面积。

⑨ 无围护结构的观光电梯。

⑩ 建筑物以外的地下人防通道，独立的烟囱、烟道、地沟、油（水）罐、气柜、水塔、贮油（水）池、贮仓、栈桥等构筑物。

4.2.2.4 建筑面积计算实例

【例 4.1】 某单层工业厂房内部设计有楼层（如图 4.15 所示），用以作为会议室、工具室、休息室和库房等。试计算该单层工业厂房的建筑面积。

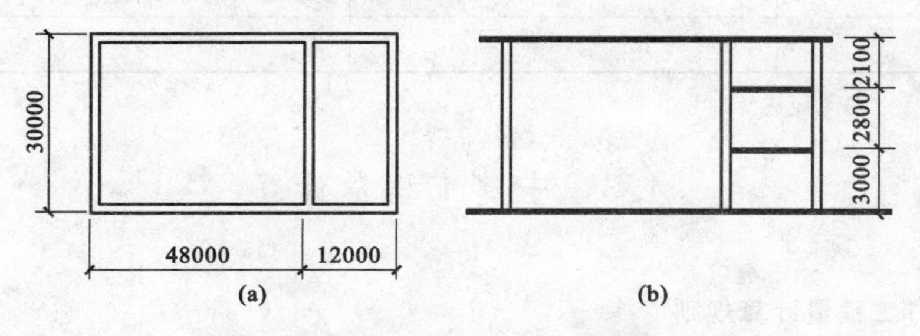

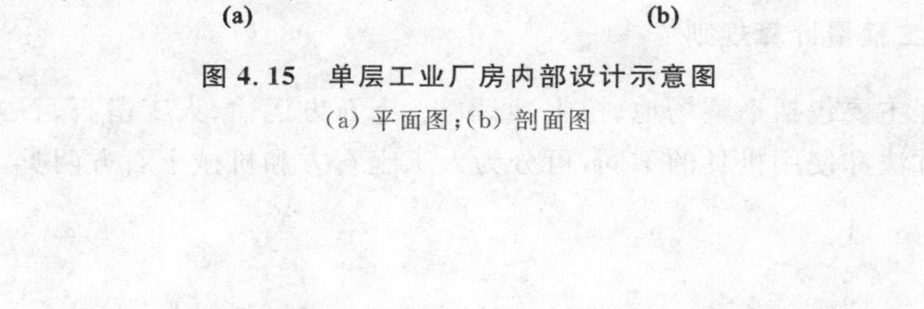

图 4.15 单层工业厂房内部设计示意图

(a) 平面图；(b) 剖面图

【解】 按照《建筑工程建筑面积计算规范》第2条规定，某单层工业厂房的建筑面积计算如下：

$$单层建筑面积=60.00\times 30.00=1800(m^2)$$

$$局部二层建筑面积=30.00\times 12.00=360(m^2)$$

$$局部三层建筑面积=\frac{30.00\times 12.00}{2}=\frac{360}{2}=180(m^2)$$

$$单层工业厂房的总建筑面积=1800+360+180=2340(m^2)$$

【例4.2】 ××钢筋混凝土框架楼房，其设计内容与要求如下：

(1) 可利用深基础架空层作设备层，层高为2.10 m，外围水平投影面积为774.20 m^2；

(2) 第一层层高为6.0 m，外墙轴线尺寸为15 m×50 m；

(3) 第二层至第五层各层外范围水平投影面积均为765.66 m^2；

(4) 第六层至第八层的外墙轴线尺寸为6 m×50 m；

(5) 除第一层以外，其他各层层高均为2.80 m，外墙墙厚均为240 mm；

(6) 第五层至第八层设有永久性顶盖的室外楼梯，室外楼梯每层水平投影面积为15 m^2；

(7) 底层设有前后雨篷，前雨篷挑出外墙距离为2.20 m，雨篷结构板水平投影面积为40.00 m^2，后雨篷挑出外墙距离为1.80 m，雨篷结构板水平投影面积为25 m^2。

试计算××钢筋混凝土框架楼房的建筑面积。

【解】 本题是关于建筑面积计算的综合性试题，为使计算便捷而简明，可采用表格的方式进行计算。详见表4.2。

表4.2 ××钢筋混凝土框架楼房建筑面积计算表

序号	项目名称	计算式	计算说明
1	深基础架空层	$\frac{774.20\ m^2}{2}=387.10\ m^2$	层高不足2.20 m的部位应计算1/2面积
2	第一层	15.24 m×50.24 m=765.66 m^2	层高在2.20 m及以上者应计算全面积；240外墙定位轴线通过外墙墙体中心线
3	第二层至第五层	765.66 m^2×4=3026.64 m^2	各层建筑面积之和
4	第六层至第八层	50.24 m×6.24 m=313.49 m^2	各层建筑面积之和
5	室外楼梯	$\frac{15\ m^2\times 3}{2}=22.50\ m^2$	设有永久性顶盖的室外楼梯，应按建筑物自然层的水平投影面积的1/2计算
6	雨篷	$\frac{40\ m^2}{2}=20.00\ m^2$	雨篷结构的外边线至外墙结构外边线的宽度超过2.10 m者，应按雨篷结构板水平投影面积的1/2计算
7	合计	4535.39 m^2	

4.3 土建工程量计算

4.3.1 土石方工程量计算规则

土石方工程主要包括平整场地、挖土、回填土、土石方运输、人工凿石、石方爆破等项目，按照土石方施工方法和使用机具的不同，可分为人工土石方和机械土石方两类。

4.3.1.1 计算准备工作

在计算土石方工程量之前,应先准备和确定以下资料:

(1) 施工地点的土壤类别与地下水位的标高;

(2) 土石方的挖、填、运和排水的施工方法;

(3) 地槽(坑)的土方施工是采用放坡还是支挡土板;

(4) 确定起点标高等。

4.3.1.2 土石方工程计算规则与计算公式

(1) 土壤、岩石体积,均按挖掘前的天然密度体积(自然方)以 m^3 计算。机械进入施工作业面,上下坡道增加的土石方工程量,并入施工的土石方工程量内一并计算。

(2) 土方天然密实、虚方、夯实后,松填体积折算时,按表 4.3 所列值换算。

表 4.3 土方体积折算表

天然密实体积	虚方体积	夯实后体积	松填体积
0.77	1.00	0.67	0.83
1.00	1.30	0.87	1.08
1.15	1.50	1.00	1.25
0.92	1.20	0.80	1.00

(3) 平整场地工程量按实际平整面积,以 m^2 计算。

(4) 场地原土碾压,按图示尺寸以 m^2 计算。

(5) 平基土石方工程量按图示尺寸加放坡工程量及石方爆破允许超挖量以 m^3 计算;沟槽、基坑土石方工程量按图示尺寸加工作面宽度增加量、放坡量以 m^3 计算;人工挖孔桩土石方工程量以设计桩的截面积(含护壁)乘以桩孔中心线深度以 m^3 计算。

(6) 挖沟槽、基坑的放坡应根据设计或施工组织设计要求的放坡系数计算。如设计或施工组织设计无规定时,按表 4.4 规定的放坡系数计算。

表 4.4 沟槽、基坑放坡系数表

人工开挖	机械开挖土方		放坡起点深度(cm)
土方	在沟槽、坑底	在沟槽、坑边	土方
1∶0.3	1∶0.25	1∶0.67	1.5

注:① 计算土方放坡时,在交接处所产生的重复部分工程量不予扣除;
② 原槽基础垫层,放坡自垫层上表面开始计算。

(7) 外墙基槽长度按图示中心线长度计算,内墙基槽长度按槽底净长线计算,其突出部分的体积并入基槽工程量计算。

(8) 基础、沟槽宽度按设计规定计算,如无设计规定时,无基础垫层的沟槽底宽按其基础底宽加两侧工作面宽度计算;有基础垫层的沟槽底宽按其基础垫层宽度加两侧工作面宽度计算;支撑挡土板的沟槽底宽,除按以上规定计算外,每边各加 0.1 m。沟槽每侧工作面宽度,应按表 4.5 的规定计算。

(9) 地槽、地坑深度按图示槽、坑底面至自然地面(场地平整的按平整后的地坪)高度计算。

表 4.5　沟槽工作面增加宽度表

<table>
<tr><th colspan="2">建 筑 工 程</th><th colspan="2">构 筑 物</th></tr>
<tr><th>基础材料</th><th>每侧工作面宽(m)</th><th>无防潮层(m)</th><th>有防潮层(m)</th></tr>
<tr><td>砖</td><td>0.20</td><td rowspan="4">0.40</td><td rowspan="4">0.60</td></tr>
<tr><td>浆砌条石、块(片)石</td><td>0.15</td></tr>
<tr><td>混凝土垫层或基础支模板</td><td>0.30</td></tr>
<tr><td>垂面做防水防潮层</td><td>0.80</td></tr>
</table>

注:原槽基础垫层,基础的工作面应自垫层上表面开始计算。

(10) 挖地槽、地坑支挡土板,按图示槽、坑底宽尺寸,单面支挡土板加 100 mm,双面支挡土板加 200 mm,乘以槽、坑垂直的支撑面积,以 m^3 计算。如一侧支挡土板时,按一侧的支撑面积计算工程量。支挡土工程量和放坡观察量,不得重复计算。

综合上述规定,挖基槽、沟槽土方的计算公式如下。

① 不放坡和不支挡土板时,计算公式如下:

$$V_{土}=(L_{中}+L_{内})(a+2c)H$$

② 在垫层上表面或下表面放坡时,如图 4.16、图 4.17 所示,计算公式如下。

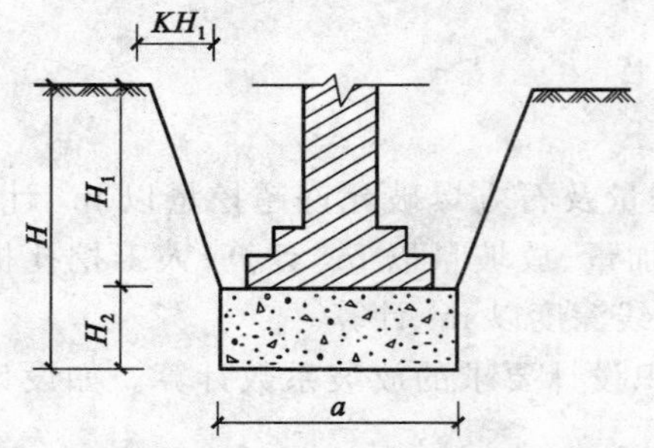

图 4.16　垫层上表面放坡示意图

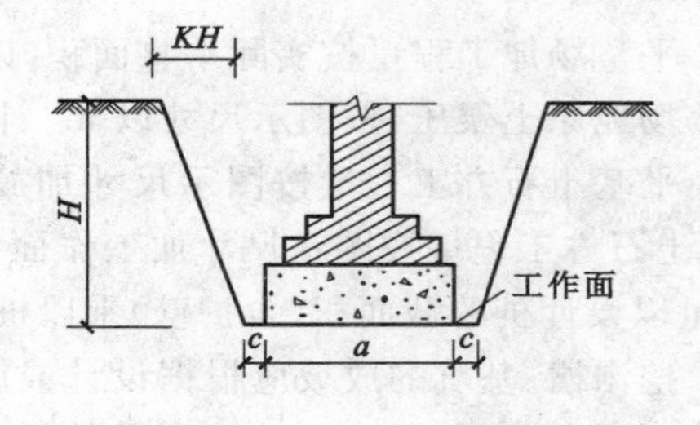

图 4.17　垫层下表面放坡示意图

在垫层上表面放坡时:

$$V_{土}=(L_{中}+L_{内})[(a+KH_1)H_1+aH_2]$$

在垫层下表面放坡时:

$$V_{土}=(L_{中}+L_{内})(a+2c+KH)H$$

式中　$L_{中}$——外墙中心线;

$L_{内}$——内墙槽底净长线;

c——工作面宽度;

a——垫层宽度;

H——挖土深度;

H_1——槽面至垫层上表面深度;

H_2——垫层厚度;

K——坡度系数。

挖地坑　凡坑底面积在 20 m^2 以内(不包括加宽工作面)的挖土,其计算公式如下。

① 不放坡和不支挡土板时，计算公式如下：

矩形　$V_{土}=abH$

圆形　$V_{土}=\pi R^2 H$

② 需要放坡时，计算公式如下：

矩形时（如图 4.18 所示）

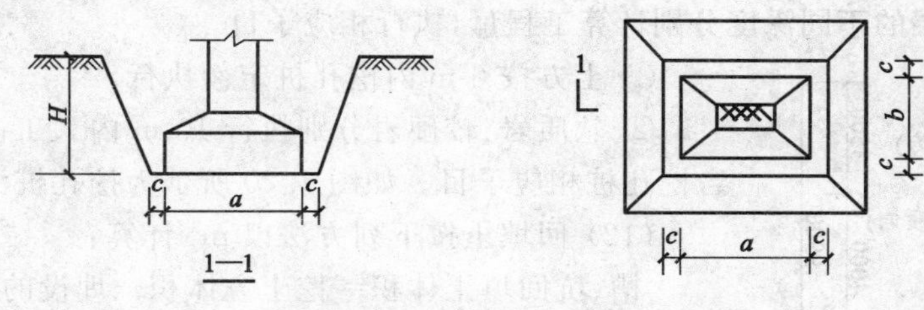

图 4.18　正方形或长方形地坑体积

$$V_{土}=(a+2c+KH)(b+2c+KH)H+\frac{1}{3}K^2H^3$$

或

$$V_{土}=\frac{1}{3}H(S_1+S_2+\sqrt{S_1S_2})$$

圆形时（如图 4.19 所示）

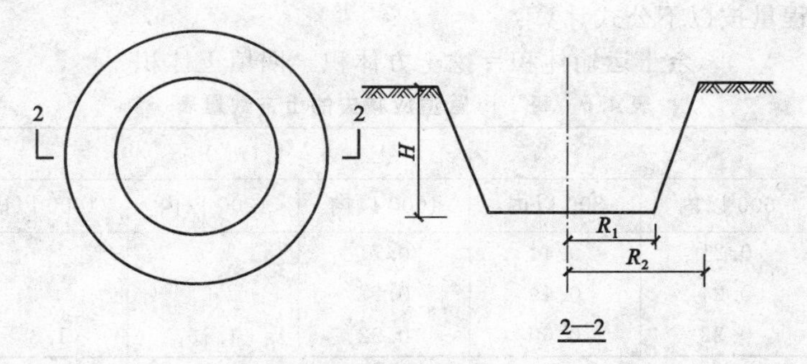

图 4.19　圆形地坑体积

$$V_{土}=\frac{1}{3}\pi H(R_1^2+R_2^2+R_1R_2)$$

或

$$V_{土}=\frac{1}{3}H(S_1+S_2+\sqrt{S_1S_2})$$

式中　a——基础或垫层的宽度；

c——工作面宽度；

b——基础或垫层的长度；

H——挖土深度；

R_1——坑底半径；

R_2——坑上口半径；

S_1——坑底面积；

S_2——坑上口面积。

$$\begin{cases} \text{矩形} & S_1=(a+2c)(b+2c) \\ & S_2=(a+2c+2KH)(b+2c+2KH) \\ \text{圆形} & S_1=\pi(R_1+c)^2 \\ & S_2=\pi(R_1+c+KH)^2 \end{cases}$$

(11) 人工挖孔桩和人工挖沟槽、基坑，如在同一桩孔内或同一沟槽、基坑内，有土有石时，应按其土层与岩石层的不同深度分别计算工程量，执行相应子目。

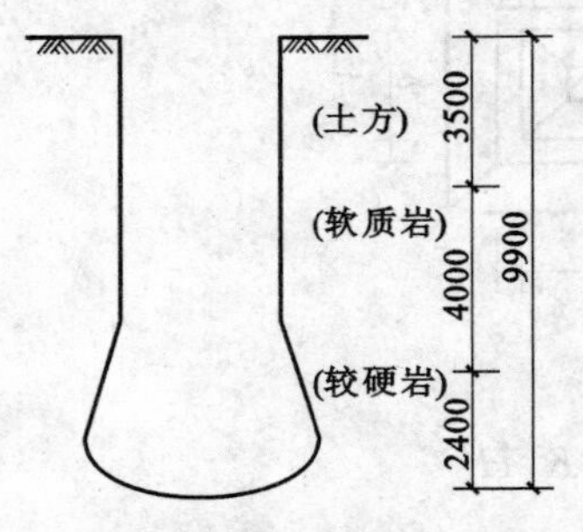

图 4.20　挖孔桩深度示意图

① 土方按 6 m 内挖孔桩定额执行。

② 软质岩、较硬岩分别执行 10 m 内人工凿软质岩、较硬岩挖孔桩相应子目。如图 4.20 所示为挖孔桩深度示意图。

(12) 回填土按下列方法以 m^3 计算：

槽、坑回填土体积＝挖土方体积－埋设的构件体积

室内回填土体积＝墙与墙间的净面积×回填土厚度

管沟回填土体积＝挖土方体积－管径在 500 mm 以上管道体积及埋设的构件体积

计算管道沟槽的回填土工程量时，需减去管道所占体积(500 mm 以下的不减)。每 1 m 管道应减去的土方数量，可按表 4.6 中的规定计算。

(13) 回填土、石渣碾压工程量，按填方区压实后体积以 m^3 计算。

(14) 余土工程量按以下公式计算：

余土运输体积＝挖土方体积－回填土体积

表 4.6　每 1 m 管道应减去的土方数量表

项　目	土　方　量(m^3)					
管道直径(mm)	600 以内	800 以内	1000 以内	1200 以内	1400 以内	1600 以内
钢管	0.21	0.44	0.71			
铸铁管	0.24	0.49	0.77			
混凝土管	0.33	0.60	0.92	1.15	1.35	1.55

(15) 人工摊座和修整边坡工程量，以设计规定需摊座和修整边坡的面积以 m^2 计算。

(16) 石方爆破允许超挖量，按被开挖坡面面积乘以 180 mm 以 m^3 计算。

(17) 石方光面爆破工程量，按光面爆破坡面面积乘以 1000 mm(厚)以 m^3 计算。

(18) 凿岩机钻孔预裂爆破和凿岩机钻减震孔，按钻孔总长，以延长米(m)计算。

(19) 地基强夯按设计图示强夯面积，以夯击能量、每点夯击点及夯击遍数以 m^2 计算。

4.3.1.3　计算实例

【例 4.3】　××房屋基础施工图如图 4.21 和图 4.22 所示。按其规定要求工作面宽度 c＝300 mm，放坡系数为 1∶0.3，室外地坪以下埋入的各种工程量之和为 80 m^3。试计算挖基槽土方、回填土和余土运输工程量。

【解】 (1) 挖基槽土方工程量

外墙基槽中心线长度

$$L_{中}=(20+6)\times 2=52(\text{m})$$

内墙基槽净长线长度

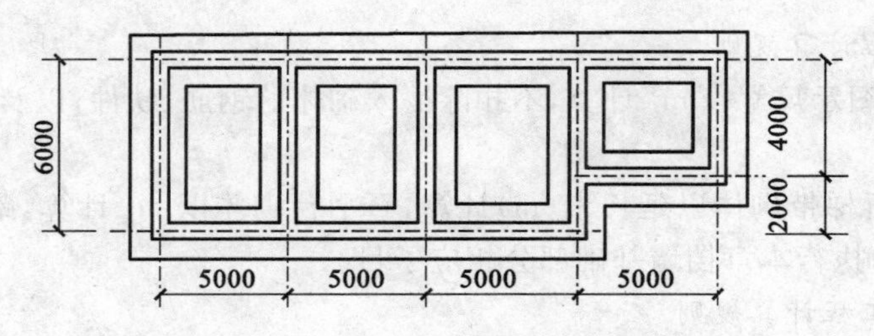

图 4.21　××房屋基础平面图

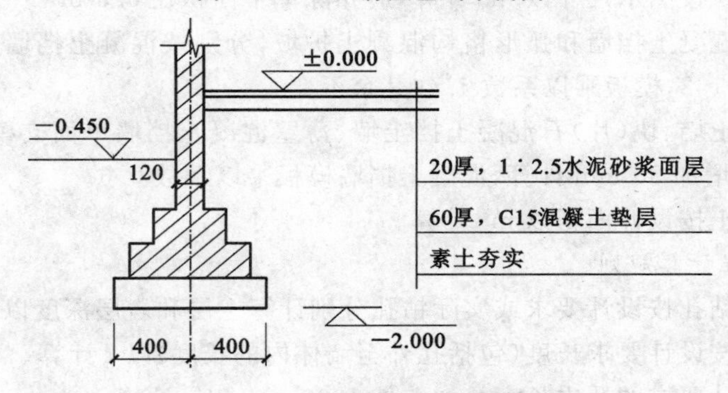

图 4.22　××房屋基础剖面图

$$L_{内}=[6-(0.3+0.4)\times 2]+[4-(0.4+0.3)\times 2]=7.2(\text{m})$$

基槽横断面面积

$$S_{槽}=[0.8+2\times 0.3+0.3\times(2-0.45)]\times(2-0.45)=2.891(\text{m}^2)$$

基槽开挖土方工程量 $V_{槽}$，即基槽体积为：

$$V_{槽}=(52+7.2)\times 2.891=171.15(\text{m}^3)$$

(2) 回填土工程量

$$基础回填工程量=184.44-80=104.44(\text{m}^3)$$

$$室内净面积=(6-0.24)\times(5-0.24)\times 3+(5-0.24)\times(4-0.24)=100.15(\text{m}^2)$$

$$室内回填工程量=100.15\times[0.45-(0.02+0.06)]=37.06(\text{m}^3)$$

$$回填土工程量(V_{填})=104.44+37.06=141.50(\text{m}^3)$$

(3) 余土运输工程量 $V_{运}$

$$V_{运}=184.44-141.50=42.94(\text{m}^3)$$

【例 4.4】　××独立柱基础的设计要求如下：垫层为 4000 mm×3600 mm×200 mm，施工组织设计规定四边需要放坡，其放坡系数为 1∶0.25，每边增加工作面宽度为 300 mm，基坑深度为 2.5 m。试计算该基坑开挖土方工程量。

【解】　该基坑开挖土方工程量 V，即基坑体积为：

$$V=(4+2\times 0.3+0.25\times 2.5)\times(3.6+2\times 0.3+0.25\times 2.5)\times 2.5+0.25^2\times\frac{2.5^3}{3}$$

$$=5.225\times 4.825\times 2.5+0.326=63.35(\text{m}^3)$$

4.3.2　挡墙、护坡工程量计算规则

挡墙、护坡工程包括砖石挡墙、护坡，混凝土挡墙、护坡，以及钢筋混凝土锚杆等工程。

4.3.2.1　砌筑工程计算规则

(1) 砌体均按图示尺寸以 m^3 计算，不扣除嵌入砌体的钢筋、铁件，以及单个面积在0.3 m^2 以内的孔洞体积。

(2) 石踏步、石梯带砌体以延长米(m)计算，石平台砌体以 m^2 计算，踏步、梯带平台的隐蔽部分以 m^3 计算，执行本章挡墙基础部分相应子目。

4.3.2.2　混凝土工程计算规则

(1) 混凝土浇筑按图示尺寸以 m^3 计算，应扣除单个面积在 0.3 m^2 以上的孔洞体积。

(2) 现浇弧形混凝土挡墙和弧形格构混凝土护坡，分别按混凝土挡墙和格构混凝土护坡项目人工乘以系数 1.2，模板乘以系数 1.4，其余不变。

(3) 混凝土挡土墙、块(片)石混凝土挡土墙、薄壁混凝土挡墙单面支模时，其混凝土工程量按设计断面厚度增加 50 mm 计算，混凝土挡墙模板乘以系数 0.6。

(4) 喷射混凝土按设计面积以 m^2 计算。

4.3.2.3　锚杆工程计算规则

(1) 锚杆(索)钻孔按设计要求或实际钻孔分别计算土层和岩层深度以延长米(m)计算。

(2) 锚固钢筋按设计要求长度(包括孔外至墙体内的长度)以 t 计算。

(3) 锚索按设计要求的孔内长度另加孔外 1000 mm 以 t 计算。

(4) 锚孔注浆土层部分按孔径加 20 mm 充盈量计算。

4.3.3　基础工程量计算规则

基础工程包括桩基础、砖石基础、混凝土及钢筋混凝土基础等工程。

4.3.3.1　桩基础计算规则

(1) 机械钻孔灌注混凝土桩工程量按设计桩长以延长米(m)计算。若同一钻孔内有土层和岩层时，应分别计算。

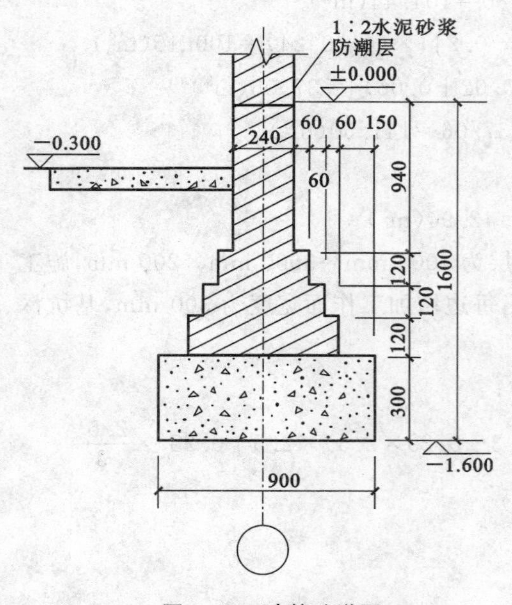

图 4.23　砖基础详图

(2) 混凝土护壁工程量按设计断面周边增加 20 mm以 m^3 计算。

(3) 砖砌挖孔桩护壁按实际体积以 m^3 计算。

(4) 人工挖孔灌注桩桩芯混凝土：无护壁的工程量按单根设计桩长另加 250 mm 乘设计断面积(周边增加 20 mm)以 m^3 计算；有护壁的工程量按单根设计桩长另加 250 mm 乘设计断面积以 m^3 计算。凿桩不另行计算。

(5) 钻孔灌注混凝土桩的泥浆运输工程量按实际体积以 m^3 计算。

4.3.3.2　砖石基础计算规则

(1) 基础与墙、柱的划分

① 砖基础与墙、柱以防潮层为界，无防潮层者以室内地坪为界，如图 4.23 所示。

② 毛条石、块(片)石基础与墙身的划分：内墙以设计室内地坪为界；外墙以设计室外地坪为界。

③ 毛条石、块(片)石基础、勒脚、墙身的划分:毛条石、块(片)石基础与勒脚以设计室外地坪为界;勒脚与墙身以设计室内地坪为界。

④ 围墙基础与墙身的划分:石围墙内、外地坪标高不同时,以其较低标高为界,标高以下为基础,内、外标高之差为挡土墙,挡土墙以上为墙身。

(2) 砖石基础按图示尺寸以 m^3 计算。嵌入砖石基础的钢筋、铁件、管子、基础防潮层、单个面积在 0.3 m^2 以内的孔洞,以及砖基础大放脚的 T 形接头重复部分均不扣除。附墙垛基础突出部分体积并入基础工程量计算。砖石基础长度:外墙墙基按外墙中心线长度计算;内墙墙基:砖砌基础按内墙净长线长度计算,石砌基础按内墙基净长线长度计算,当为台阶式断面时,其基础断面的平均宽度可按以下公式计算:

$$B=A/H$$

式中 B——基础断面平均宽度(m);

A——基础断面面积(m^2);

H——基础深度(m)。

① 带形砖基础工程量,以 m^3 计算。其计算公式如下:

$$\text{带形砖基础工程量}=L_{\text{中}}\times\text{砖基础断面面积}+L_{\text{内}}\times\text{砖基础断面面积}$$

$$\text{砖基础断面面积}=\text{基顶宽度}\times\text{设计高度}+\text{增加的大放脚断面面积}$$

$$=\text{基顶宽度}\times(\text{设计高度}+\text{折加高度})$$

$$\text{折加高度}=\frac{\text{增加断面面积}}{\text{基顶宽度}}$$

标准砖等高、不等高砖墙基础大放脚折加高度和增加断面面积见表 4.7。

表 4.7 标准砖大放脚折加高度和增加断面面积

放脚层数	折加高度(m)												增加断面面积(m^2)	
	$\frac{1}{2}$砖		1砖		$1\frac{1}{2}$砖		2砖		$2\frac{1}{2}$砖		3砖			
	等高	不等高	等高	不等高	等高	不等高	等高	不等高	等高	不等高	等高	不等高	等高	不等高
1	0.137	0.137	0.066	0.066	0.043	0.043	0.032	0.032	0.026	0.026	0.021	0.021	0.01575	0.01575
2	0.411	0.342	0.197	0.164	0.129	0.108	0.096	0.080	0.077	0.064	0.064	0.053	0.04725	0.03938
3			0.394	0.328	0.259	0.216	0.193	0.161	0.154	0.128	0.128	0.106	0.0945	0.07875
4			0.656	0.525	0.432	0.345	0.321	0.253	0.256	0.205	0.213	0.170	0.1575	0.126
5			0.984	0.788	0.647	0.518	0.482	0.380	0.384	0.307	0.319	0.255	0.2363	0.189
6			1.378	1.083	0.906	0.712	0.672	0.580	0.538	0.419	0.447	0.351	0.3308	0.2599
7			1.838	1.444	1.208	0.949	0.900	0.707	0.717	0.563	0.596	0.468	0.441	0.3465
8			2.363	1.838	1.553	1.208	1.157	0.900	0.922	0.717	0.766	0.596	0.567	0.4411
9			2.953	2.297	1.942	1.510	1.447	1.125	1.153	0.896	0.956	0.745	0.7088	0.5513
10			3.610	2.789	2.372	1.834	1.768	1.366	1.409	1.088	1.171	0.905	0.8663	0.6694

注:① 本表按双面放脚,等高度为 126 mm,砌出 62.5 mm,灰缝 10 mm 计算;

② 本表不等高大放脚最上一层高度为 126 mm,第二层高度为 63 mm,砌出 62.5 mm,灰缝 10 mm 计算;

③ 增加断面面积 $=n(n+1)\times0.0625\times0.126=0.007875n(n+1)$,式中 n 为放脚层数。

② 砖柱基础工程量,以 m^3 计算。其计算公式如下:

$$\text{砖柱基础工程量}=\text{砖柱断面面积}\times(\text{柱基高}+\text{折加高度})$$

$$\text{折加高度}=\frac{\text{柱四周大放脚体积}}{\text{砖柱断面面积}}$$

柱四周大放脚体积＝0.007875$n(n+1)$[$(a+b)$＋0.04165$(2n+1)$]

式中 a——基顶断面的长；

b——基顶断面的宽；

n——大放脚层数。

标准砖等高式砖柱基大放脚折加高度见表4.8；标准砖不等高式(间隔式)砖柱基大放脚折加高度见表4.9。

表4.8 标准砖等高式砖柱基大放脚折加高度表

砖柱断面(m²)	断面积(m²)	等高式大放脚层数								
		1层	2层	3层	4层	5层	6层	7层	8层	9层
		每个柱基的折加高度(m)								
0.24×0.24	0.0576	0.168	0.564	1.271	2.344	3.502	5.858	8.458	11.70	15.655
0.24×0.365	0.0876	0.126	0.444	0.969	1.767	2.863	4.325	6.195	8.501	11.298
0.24×0.49	0.1176	0.112	0.378	0.821	1.477	2.389	3.381	5.079	6.936	9.172
0.24×0.615	0.1476	0.104	0.337	0.733	1.312	2.1	3.133	4.423	6.011	7.904
0.365×0.365	0.1332	0.099	0.333	0.724	1.306	2.107	3.158	4.482	6.124	8.101
0.365×0.49	0.1789	0.087	0.279	0.606	1.089	1.734	2.581	3.646	4.955	6.534
0.365×0.615	0.2246	0.079	0.251	0.535	0.932	1.513	2.242	3.154	4.266	5.592
0.365×0.74	0.2701	0.070	0.229	0.488	0.862	1.369	2.017	2.824	3.805	4.979
0.49×0.49	0.2401	0.074	0.234	0.501	0.889	1.415	2.096	2.95	3.986	5.23
0.49×0.615	0.3014	0.063	0.206	0.488	0.773	1.225	1.805	2.532	3.411	4.46
0.49×0.74	0.3626	0.059	0.186	0.397	0.698	1.099	1.616	2.256	3.02	3.951
0.49×0.865	0.4239	0.057	0.175	0.368	0.642	1.009	1.48	2.06	2.759	3.589
0.615×0.615	0.3782	0.056	0.170	0.38	0.668	1.055	1.549	2.14	2.881	3.762
0.615×0.74	0.4551	0.052	0.163	0.343	0.599	0.941	1.377	1.92	2.572	3.343
0.615×0.865	0.532	0.047	0.150	0.316	0.515	0.861	1.257	2.746	2.332	3.025

表4.9 标准砖不等高式砖柱基大放脚折加高度表

砖柱断面(m²)	断面积(m²)	不等高式大放脚层数							
		1层	2层	3层	4层	5层	6层	7层	8层
		每个柱基的折加高度(m)							
0.24×0.24	0.0576	0.165	0.396	1.097	1.602	3.113	4.220	6.814	8.434
0.24×0.365	0.0876	0.131	0.287	0.814	1.240	2.316	3.112	4.975	6.130
0.356×0.356	0.1332	0.101	0.218	0.609	0.899	1.701	2.268	3.596	4.415
0.356×0.49	0.1789	0.087	0.185	0.509	0.747	1.399	1.854	2.921	3.575
0.49×0.49	0.2401	0.072	0.154	0.420	0.614	1.140	1.504	2.357	2.876
0.49×0.615	0.3014	0.064	0.136	0.367	0.535	0.987	1.296	2.021	2.462
0.615×0.615	0.3782	0.056	0.118	0.319	0.462	0.849	1.111	1.725	2.097
0.615×0.74	0.4551	0.051	0.107	0.287	0.415	0.757	0.988	1.529	1.855
0.74×0.74	0.5476	0.046	0.096	0.256	0.370	0.673	0.875	1.349	1.635
0.74×0.865	0.6401	0.043	0.089	0.234	0.338	0.612	0.795	1.222	1.479
0.865×0.865	0.7482	0.039	0.081	0.214	0.307	0.555	0.719	1.104	1.334
0.865×0.990	0.8564	0.037	0.075	0.198	0.285	0.513	0.663	1.015	1.230
0.990×0.990	0.9801	0.034	0.070	0.183	0.263	0.472	0.610	0.931	1.123
0.990×1.115	1.1039	0.032	0.066	0.171	0.246	0.431	0.568	0.866	1.043
1.115×1.115	1.2432	0.030	0.061	0.160	0.229	0.410	0.425	0.803	0.967

4.3.3.3　混凝土基础计算规则

(1) 梁式满堂基础，其倒转的柱头(帽)并入基础计算；肋形满堂基础的梁、板合并计算。

(2) 箱式基础，应分别按满堂(底板)、柱、墙、梁、板(顶板)相应项目计算。

(3) 框架式设备基础，应分别按基础、柱、梁、板相应项目计算。

(4) 混凝土杯形基础的杯颈部分的高度大于其长边的3倍者，按高杯基础项目计算。

(5) 有肋带形基础，肋高与肋宽之比在5∶1以上时，其肋部分按墙项目计算。

(6) 计算混凝土承台工程量时，不扣除浇入承台的桩头体积。

4.3.4　脚手架工程量计算规则

脚手架定额分为综合脚手架和单项脚手架两类。综合脚手架工程量是按建筑物的建筑面积计算而确定的，凡建筑物所搭设的脚手架，均按综合脚手架计算。单项脚手架是作为不能计算建筑面积而又必须搭设脚手架的项目。

脚手架的种类和搭设方法很多，费用相差悬殊。为了使脚手架摊销费相对合理，简化计算方法，规定凡能按《建筑面积计算规则》计算建筑面积的工程项目，均按综合脚手架定额计算脚手架摊销费。综合脚手架定额中已综合包括了砌筑、吊装、装饰等所需搭设的脚手架，但不包括满堂基础、设备基础等所需搭设的脚手架。

4.3.4.1　综合脚手架计算规则

(1) 综合脚手架应分单层、多层和不同檐高，按《建筑面积计算规则》计算其工程量。

(2) 满堂基础脚手架工程量按其底板面积计算。满堂基础按满堂脚手架基本层子目的50％计算脚手架摊销费，人工不变。

(3) 高度在3.6 m以上的天棚装饰，按满堂脚手架项目乘以系数0.3计算脚手架摊销费，人工不变。

(4) 满堂式钢管支架工程量按支撑现浇项目的水平投影面积乘以支撑高度以m^3计算，不扣除垛、柱所占的体积。

4.3.4.2　单项脚手架计算规则

(1) 外脚手架、单排脚手架、高层提升外架均按垂直投影面积计算，不扣除门窗洞口和空圈等所占的面积。

(2) 砌筑工程(砌砖或混凝土块)高度在1.35～3.6 m之间者，按里脚手架计算；高度在3.6 m以上者，按外脚手架计算。独立砖柱高度在3.6 m以内者，按柱外围周长乘实砌高度以里脚手架计算；高度在3.6 m以上者，按柱外围周长加3.6 m乘实砌高度以单排脚手架计算。

(3) 砌石工程(包括砌块)高度超过1 m时，均按外脚手架计算。独立石柱高度在3.6 m以内者，按柱外围周长乘实砌高度计算；高度在3.6 m以上者，按柱外围周长加3.6 m乘实砌高度计算。

(4) 围墙高度按从自然地坪至围墙顶计算，长度按围墙中心线计算，不扣除门所占的面积，但门柱和独立门柱的砌筑脚手架亦不增加。

(5) 满堂脚手架按搭设的水平投影面积计算，不扣除垛、柱所占的面积。满堂脚手架高度以设计层高计算，高度在3.6～5.2 m时，按满堂脚手架基本层计算。高度在5.2 m以上时，每增加1.2 m，按增加一层计算；增加的高度在0.6 m以内时舍去不计；增加的高度在0.6～1.2 m时，按增加一层计算。例如：设计层高为9.2 m时，其增加层数为(9.2－5.2)/1.2＝

3(层)，余 0.4 m 舍去不计。

(6) 挑脚手架按搭设长度和搭设层数，以延长米(m)计算。

(7) 悬空脚手架按搭设的水平投影面积计算。

(8) 水平防护架按脚手板实铺的水平投影面积计算。

(9) 垂直防护架以高度(以自然地坪算至最上层横杆)乘两边立杆之间距离，以 m^2 计算。

(10) 建筑物垂直封闭工程量按封闭面的垂直投影面积计算。

(11) 烟囱、水塔脚手架按不同直径、高度以座计算。水塔脚手架按相应烟囱脚手架人工乘以系数 1.11，其他不变。

4.3.4.3　计算实例

【例 4.5】 ××商住楼共 5 层，建筑面积为 2400 m^2，檐口高度为 16 m，试计算该项目的脚手架直接费。

【解】 (1) 该项目按"综合脚手架"计算；

(2) 查"多层建筑综合脚手架"中"檐口高度 18 m 以内"的规定可知：

子目：1C0007

基价：420.47 元/100 m^2

(3) 脚手架直接费$=420.47\times\dfrac{2400}{100}=10091.28$(元)。

【例 4.6】 ××工程设计有 490 mm×490 mm 砖柱 10 根，每根柱高度为 3.4 m，试计算其脚手架费用。若柱高度改为 3.8 m，其脚手架费用又该是多少？

【解】 (1) 当柱高度为 3.4 m 时，应按里脚手架计算

查"里脚手架"的规定可知：

子目：1C0017

基价：95.58 元/100 m^2

脚手架工程量$=0.49\times4\times3.4\times10=66.64(m^2)$

脚手架费用$=66.64\times\dfrac{95.58}{100}=63.69$(元)

(2) 当柱高度为 3.8 m 时，应按单排脚手架计算

按计算说明中"单排脚手架应按外脚手架乘以系数 0.7"的规定计算。因此，本例从查"外脚手架"高度在 12 m 以内的规定可知：

子目：1C0012

基价：566.09 元/100 m^2

脚手架工程量$=(0.49\times4+3.6)\times3.8\times10=211.28(m^2)$

脚手架费用$=211.28\times0.7\times\dfrac{566.09}{100}=837.2$(元)

4.3.5　砌筑工程量计算规则

砌筑工程包括砌砖、砌块工程，其他砌体及砖砌烟囱工程等。

4.3.5.1　一般规则

标准砖砌体厚度，按表 4.10 的规定计算。

表 4.10 标准砖砌体厚度表

设计厚度(mm)	60	100	120	180	200	240	370
计算厚度(mm)	53	95	115	180	200	240	365

4.3.5.2 砌砖、砌块计算规则

(1) 外墙长度按外墙中心线长度($L_{中}$)计算,内墙长度按内墙净长线长度($L_{内}$)计算。

(2) 墙身高度按下列规定计算。

① 外墙墙身高度:按图示尺寸计算,如设计图纸无规定时,有屋架的斜屋面,且室内外均有天棚者,算至屋架下弦底再加 200 mm;无天棚者算至屋架下弦底再加 300 mm(如出檐宽度超过 600 m,应按实砌高度计算);平屋面算至钢筋混凝土板顶面。

② 内墙墙身高度:位于屋架下弦者,其高度算至屋架底,无屋架者算至天棚底再加 100 mm,有钢筋混凝土楼隔层者算至钢筋混凝土楼板顶面。60 mm 和 120 mm 砖厚内墙墙身高度按实砌高度计算(如同一墙上板高不同时,可按平均高度计算)。

③ 山墙按图示尺寸计算。

(3) 不同厚度的砖墙、页岩空心砖、轻质砌块、混凝土砌块、空心砖块均以 m^3 计算。应扣除过人洞、空圈、门窗洞口和每个面积在 0.3 m^2 以上的孔洞所占的体积,以及嵌入墙内的钢筋混凝土柱、梁(包括圈梁、过梁、挑梁)的体积,不扣除梁头、板头、梁垫、檩木、垫木、木楞头、沿椽木、木砖、门窗走头,以及砖墙内的加固钢筋、木筋、铁件的体积。突出墙面的窗台虎头砖、压顶线、山墙泛水、烟囱根、门窗套、三皮砖以内的腰线和挑檐等体积亦不增加。

根据上述砖墙身工程量计算规则的规定,其内、外实砌墙体工程量计算公式如下:

内墙体积=[($L_{内}$×高+内山尖面积)-内门窗及 0.3 m^2 以上孔洞面积]×
墙厚-嵌入内墙钢筋混凝土柱、梁的体积+砖垛、附墙烟囱等体积

外墙体积=[($L_{中}$×高+外山尖面积)-外门窗及 0.3 m^2 以上孔洞面积]×
墙厚-嵌入外墙钢筋混凝土柱、梁的体积+砖垛、女儿墙、附墙烟囱等体积

(4) 砖垛、三皮砖以上的挑檐和腰线的体积,并入墙体积内计算。

(5) 女儿墙高度,自屋面板上表面算至图示高度,按砖墙项目以 m^3 计算。

(6) 围墙砖垛的工程量,并入围墙体积内计算。

(7) 砖柱以 m^3 计算,应扣除混凝土或钢筋混凝土梁垫,但不扣除伸入柱内的梁头、板头所占的体积。

(8) 空花墙按空花部分的外形尺寸,不扣除空洞部分以 m^3 计算。

4.3.5.3 其他砌体计算规则

(1) 通风井、管道井按其外形体积计算,并入所依附的墙体工程量内,不扣除每一孔洞横断面积在 0.1 m^2 以内的体积,但孔洞的抹灰工料也不增加;如每一孔洞横断面积超过 0.1 m^2 时,应扣除孔洞所占的体积,孔洞内的抹灰应另列项目计算。

(2) 砖砌沟道不分墙基与墙身,其工程量合并计算。

(3) 砖砌台阶(不包括梯带)按水平投影面积计算。

(4) 零星砌体按图示尺寸,以 m^3 计算。

(5) 墙面加浆勾缝按墙面垂直投影面积以 m^2 计算,应扣除墙裙的抹灰面积,不扣除门窗洞口面积、抹灰腰线、门窗套所占面积,但附墙垛和门窗洞口侧壁的勾缝面积亦不增加。

其计算公式如下：

$$外墙面勾缝=L_{中}\times墙高-外墙裙抹灰面积$$

$$内墙面勾缝=2\times L_{内}\times墙高-内墙裙抹灰面积$$

$$砖柱面勾缝=柱周长\times柱高\times根数$$

(6) 成品烟道按图示尺寸以延长米(m)计算，风口、风帽的工程量不另计算。

(7) 轻质隔墙板安装按图示尺寸，以 m^2 计算。

4.3.5.4　砖烟囱计算规则

(1) 砖砌圆形、方形烟囱均按图示筒壁平均中心线周长乘以厚度与高度，并扣除筒身上单个面积在 0.3 m^2 以上的孔洞、钢筋混凝土圈梁、过梁等所占体积，以 m^3 计算。其筒壁周长不同时，可按以下公式分段计算：

$$V=\sum H\times C\times\pi\times D$$

式中　V——筒身体积；

H——每段筒身垂直高度；

C——每段筒壁厚度；

D——每段筒壁中心线平均直径。

(2) 烟道、烟囱内衬按不同内衬材料并扣除单个面积在 0.3 m^2 以上孔洞后，以图示实体积计算。

(3) 烟囱内壁表面隔热层，按筒身内壁扣除单个面积在 0.3 m^2 以上孔洞后的表面积以 m^2 计算。填充料按烟囱内衬与筒身之间的中心线平均周长乘以图示宽度和筒高，并扣除单个面积在 0.3 m^2 以上孔洞所占的体积(但不扣除连接横砖及防沉带的体积)后，以 m^3 计算。

(4) 烟道砌砖：烟道与炉体的划分以第一道闸门为界，炉体内的烟道部分列入炉体工程量计算。

4.3.5.5　计算实例

【例 4.7】　××房屋，平面图见【例 4.3】的图 4.21，其剖面图如图 4.24 所示。设计内容与要求如下：室内地坪标高为 0.00 m，屋面板面标高为 3.90 m，女儿墙顶标高为 4.80 m，屋面板厚度为 120 mm，女儿墙厚度为 120 mm。在房屋的正面外墙上有 4 樘 0920 进户门，后面外墙上有 4 樘 1515 平开窗，门洞上的钢筋混凝土过梁尺寸为 1400 mm×240 mm×180 mm，窗洞上的钢筋混凝土过梁尺寸为 2000 mm×240 mm×180 mm。试计算该房屋砌砖墙工程量。

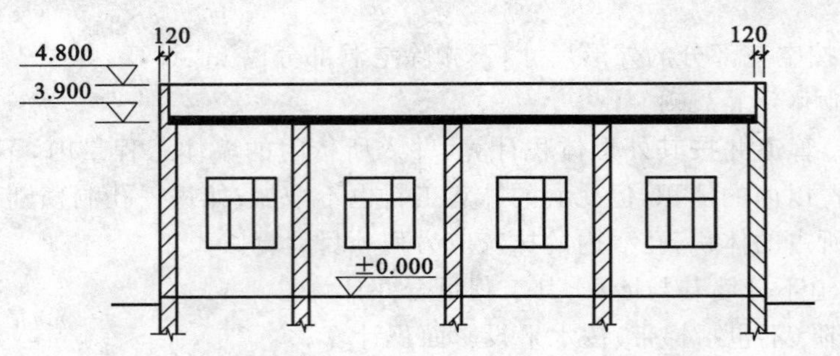

图 4.24　××房屋剖面图

【解】　(1) 砖砌外墙工程量计算

外墙中心线长度=(20+6)×2=52 m

外墙高度＝3.9 m（因墙基未设防潮层，其高度是从室内地坪算至屋面板顶面）

外墙厚度＝0.24 m

门洞口面积＝0.9×2.0×4＝7.2 m^2

窗洞口面积＝1.5×1.5×4＝9.0 m^2

门过梁体积＝1.4×0.24×0.18＝0.06 m^3

窗过梁体积＝2.0×0.24×0.18＝0.086 m^3

砖砌外墙工程量＝[(52×3.9)－(7.2＋9.0)]×0.24－(0.06＋0.086)

＝44.784－0.146＝44.638 m^3

(2) 砖砌内墙工程量计算

内墙净长线长度＝(6－0.24)×2＋(4－0.24)＝15.28 m

内墙高度＝3.9－0.12＝3.78 m

内墙厚度＝0.24 m

砖砌内墙工程量＝15.28×3.78×0.24＝13.862 m^3

(3) 砖砌女儿墙工程量计算

女儿墙长度＝[(20＋0.06×2)＋(6＋0.06×2)]×2＝52.48 m

女儿墙高度＝4.8－3.9＝0.9 m

女儿墙厚度＝0.115(120 mm 厚度的砖墙，计算厚度应取 115 mm)

砖砌女儿墙工程量＝52.48×0.9×0.115＝5.432 m^3

【例 4.8】 ××圆形砖烟囱，如图 4.25 所示，已知砖烟囱的下口中心直径为 2.00 m。试计算该砖烟囱的筒身工程量。

【解】 (1) 砖烟囱各段中心线直径计算

下段：

$$\frac{2.00+1.65}{2}=1.825\ \text{m}$$

中段：

$$\frac{1.70+1.40}{2}=1.550\ \text{m}$$

上段：

$$\frac{1.45+1.10}{2}=1.275\ \text{m}$$

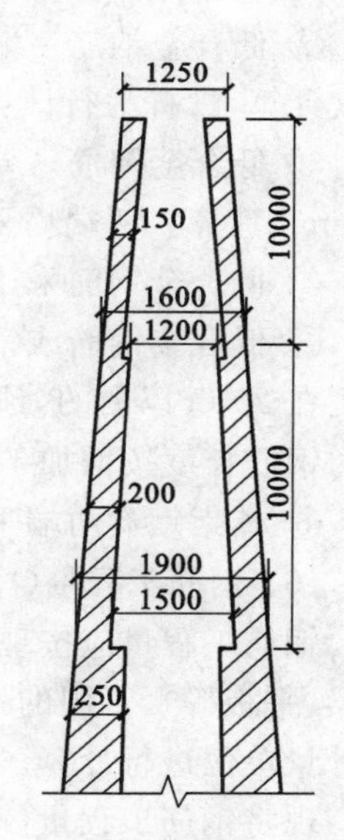

图 4.25　砖烟囱示意图

(2) 砖烟囱各段体积计算

下段：

$$V_1=3.1416\times1.825\times10\times0.25=14.33\ \text{m}^3$$

中段：

$$V_2=3.1416\times1.550\times10\times0.20=9.74\ \text{m}^3$$

上段：

$$V_3=3.1416\times1.275\times10\times0.15=6.01\ \text{m}^3$$

(3) 砖烟囱筒身工程量计算

$$V=V_1+V_2+V_3=14.33+9.74+6.01=30.08\ \text{m}^3$$

4.3.6　混凝土及钢筋混凝土工程量计算规则

混凝土及钢筋混凝土构件，按其材料组成的不同可分为：素混凝土、钢筋混凝土和预应力钢筋混凝土；按其施工方法的不同可分为：现场搗制混凝土、现场预制混凝土和工厂预制混凝土。现将其工程量计算规则和计算实例分述如下。

4.3.6.1　钢筋计算规则

(1) 钢筋、铁件工程量按设计图纸及理论重量以 t 计算，项目中已综合考虑了钢筋、铁件的施工消耗，不另计算。

(2) 计算钢筋工程量时，设计图有规定钢筋搭接长度的，按设计图规定钢筋搭接长度计算；设计未规定钢筋搭接长度的，水平钢筋Φ25 以内的钢筋每 8 m 计算一个接头，Φ25 以上的钢筋每 6 m 计算一个接头，竖向接头按自然层计算接头个数，接头长度按设计或规范计算。箍筋弯钩长度(含平直段 10d)按 27.8d 计算，设计平直段长度不同时允许调整。

(3) 钢筋机械连接不分接头形式按个计算，钢筋电渣压力焊接头以个计算。该部分钢筋不再计算其搭接用量。

(4) 预制构件吊钩、现浇构件中固定钢筋位置的支撑钢筋、双(多)层钢筋用的铁马(垫铁)，并入相应钢筋工程量。

(5) 先张法预应力钢筋，按构件外形尺寸长度计算。后张法预应力钢筋，按设计图规定的构件外形尺寸长度计算。预应力钢筋预留孔道长度，并区别不同的锚具类型，分别按下列规定计算：

① 低合金钢筋两端采用螺杆锚具时，预应力钢筋长度按预留孔道长度减 350 mm 计算，螺杆另行计算。

② 低合金钢筋一端采用墩头插片，另一端采用螺杆锚具时，预应力钢筋长度按预留孔道长度计算，螺杆另行计算。

③ 低合金钢筋一端采用墩头插片，另一端采用帮条锚具时，预应力钢筋长度按增加 150 mm计算。两端均采用帮条锚具时，预应力钢筋长度按增加 300 mm 计算。

④ 低合金钢筋采用后张法混凝土自锚，预应力钢筋长度按增加 350 mm 计算。

⑤ 低合金钢筋或钢绞线采用 JM、XM、QM 型锚具和碳素钢丝采用锥形锚具时，预留孔道长度在 20 m 以内的，预应力钢筋长度按增加 1000 mm 计算；预留孔道长度在 20 m 以上的，预应力钢筋长度按增加 1800 mm 计算。

⑥ 碳素钢丝两端采用墩粗头时，预应力钢丝长度按增加 350 mm 计算。

(6) 钢筋工程量(净用量)的计算

钢筋工程量应按现浇构件、预制构件和预应力构件，区别不同的构件形式(如基础、单梁、过梁、平板等)、不同的钢筋级别(如Ⅰ、Ⅱ、Ⅲ级等)、不同的规格(指直径大小)，分别以 t 或 kg 为计量单位进行计算。

现将钢筋工程量(净用量)计算的有关规定和计算方法分述如下：

① 钢筋计算的一般规定

钢筋类别的规定：建筑工程常用钢筋类别见表 4.11。

钢筋保护层的规定：为了使混凝土中的钢筋不致锈蚀，在受力钢筋的外边缘至构件的外表面间，需要一定厚度的混凝土来保护钢筋，此层混凝土称为钢筋保护层。根据设计规范要求，保护层的厚度应遵照表 4.12 中的规定。

表 4.11 钢筋类别表

级 别	钢筋名称	代 号	符 号	直径范围(mm)	外 形
Ⅰ	3 号钢筋	A_3	Φ	6～40	光 圆
Ⅱ	16 锰钢筋 20 锰硅钢筋	16Mn 20MnSi	Φ	6～60 6～40	人字纹
Ⅲ	25 锰硅钢筋 25 硅钛钢筋	25MnSi 25SiTi	Φ	6～40 6～40	人字纹
Ⅳ	44 锰二硅钢筋 45 硅二钛钢筋 45 锰硅钒钢筋	$44Mn_2Si$ $45Si_2Ti$ 45MnSiV	Φ	6～28 6～28 6～28	螺旋纹
	5 号钢筋	A_5	Φ	10～40	人字纹

表 4.12 钢筋保护层最小厚度表

项次	构件名称			墙和板保护层厚度(mm)
1	受力钢筋	墙和板	截面厚度 $h\leqslant100$mm 截面厚度 $h>100$mm	10 15
2		梁和柱		25
3		基础	有垫层 无垫层	35 70
4	箍筋与构造钢筋		梁和柱	15
5	分布钢筋		墙和板	10
6	钢筋端头		预制钢筋混凝土受弯构件	10

② 钢筋工程量的计算公式

钢筋工程量是按 t 或 kg 计算的。如果将不同直径钢筋的单位质(重)量(kg/m)先计算出来并列成表,即钢筋单位理论质(重)量表,见表 4.13,那么在计算钢筋工程量时,只需按照施工图纸和有关规定先计算出钢筋的长度,据此长度乘以表中相应规格钢筋的单位质(重)量,所得结果就是所要计算的钢筋工程量。计算公式如下:

钢筋工程量＝钢筋单位质(重)量×按照施工图纸和有关规定计算出的钢筋长度

直钢筋长度＝构件长度－构件两端混凝土保护层厚度

钢筋单位质(重)量＝$\dfrac{D^2}{4}\pi\times7850$

式中 D——钢筋直径,m;

7850——钢材容重,即 7850 kg/m^3。

表 4.13 钢筋理论质量表

直径(mm)	2.5	3	4	5	6	6.5	8	10	12	14
单位量($kg\cdot m^{-1}$)	0.039	0.055	0.099	0.154	0.222	0.260	0.395	0.617	0.888	1.208
直径(mm)	16	18	20	22	25	28	30	32	36	40
单位量($kg\cdot m^{-1}$)	1.578	1.998	2.466	2.984	3.850	4.834	5.549	6.313	7.990	9.865

③ 钢筋工程量计算方法与步骤

计算钢筋工程量主要是计算不同规格的钢筋长度。其计算方法与步骤是:首先根据构件

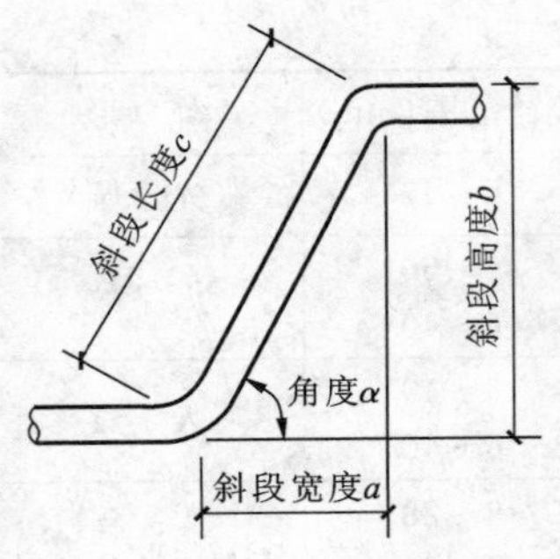

图 4.26 钢筋斜段关系图

配筋图逐个抽出计算其钢筋长度，然后综合计算出各种不同规格钢筋的总长度，再乘以相应的钢筋单位长度质(重)量，汇总后就是该构件的钢筋净用量。各种不同构件钢筋净用量之和，即为该单位工程的钢筋净用量。

在计算钢筋长度时，应根据构件配筋图掌握所算钢筋的类别和混凝土保护层的厚度，为简化计算过程可利用表格形式进行计算。

(7) 弯起钢筋的计算

弯起钢筋的增加长度与钢筋弯起坡度有关，一般为45°，当梁较高时为60°，当梁较低时为30°，如图 4.26 所示。利用这个关系，可预先算出有关数据，见表 4.14。

表 4.14 弯起钢筋增加长度系数表

弯起角度	$\alpha=30°$	$\alpha=45°$	$\alpha=60°$
斜段长度 c	$2b$	$1.414b$	$1.155b$
斜段宽度 a	$1.732b$	b	$0.577b$
增加长度 $c-a$	$0.268b$	$0.414b$	$0.578b$

注：b 为弯起高度，如图 4.36 所示应为弯起筋外皮之间的高度。

只要知道钢筋弯起坡度和梁高，就能很快算出弯起钢筋的增加长度。计算公式如下：

弯起钢筋的计算长度＝构件长度－保护层厚度＋弯起钢筋的增加长度

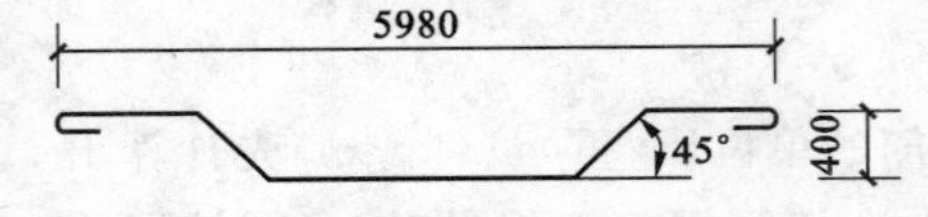

图 4.27 ②号钢筋计算简图

如图 4.27 所示，②号钢筋是一根弯起钢筋。查表 4.12可知，钢筋两端混凝土保护层为 10 mm，受拉、压区混凝土保护层各为 25 mm。

②号钢筋的计算简图，如图 4.37 所示。

(8) 箍筋的计算

构件中的箍筋计算公式如下：

单根箍筋长度＝箍筋的内周长＋长度调整值

$$箍筋数量=\frac{构件长度-混凝土保护层}{箍筋间距}+1$$

箍筋长度调整值可按表 4.15 中的规定进行计算。

表 4.15 箍筋长度调整值表

箍筋直径(mm)	4	5	6	8	10	12
长度调整值(mm)	70	80	100	130	160	200

(9) 钢筋消耗量的计算

钢筋消耗量是指为制作某种钢筋混凝土构件而需消耗的钢筋总量，包括构件中的钢筋净用量、钢筋制作损耗量和钢筋搭接需用量(含钢筋搭接需做的弯钩)。

钢筋消耗量的计算应按构件制作方式(如现浇、预制、预应力等)和预应力钢筋的不同分别计算。其计算公式如下：

① 现浇构件钢筋消耗量＝按构件配筋图计算的钢筋净用量×(1＋8%)

② 预制构件钢筋消耗量＝按构件配筋图计算的钢筋净用量×(1＋7％)×(1＋构件损耗率)

③ 采用标准图的预制构件钢筋消耗量＝按构件配筋图计算的钢筋净用量×(1＋2％)×(1＋构件损耗率)

④ 先张法预应力构件钢筋消耗量＝按构件配筋图计算的钢筋净用量×(1＋6％)×(1＋构件损耗率)

⑤ 后张法预应力构件钢筋消耗量＝按构件配筋图计算的钢筋净用量×(1＋10％)×(1＋构件损耗率)

⑥ 吊车梁预应力钢筋消耗量＝按构件配筋图计算的钢筋净用量×(1＋13％)

⑦ 预应力钢丝(Φ5 以内的高强钢丝)和钢丝束消耗量＝按构件配筋图计算的钢丝净用量×(1＋9％)

4.3.6.2 现浇钢筋混凝土构件计算规则

混凝土工程量按设计图示尺寸以 m^3 计算，不扣除混凝土构件内的钢筋、预埋铁件和面积在 0.3 m^2 以内的孔洞所占的体积。

(1) 柱

柱按设计断面尺寸乘以柱高以 m^3 计算。

① 柱高的计算规定：

- 有梁楼板的柱高，应以柱基上表面(或楼板上表面)至上一层楼板上表面高度计算。
- 无梁楼板的柱高，应以柱基上表面(或楼板上表面)至柱帽下表面高度计算。
- 有楼隔层的柱高，应以柱基上表面至梁上表面高度计算。
- 无楼隔层的柱高，应以柱基上表面至柱顶高度计算。

② 附属于柱的牛腿，应并入柱身体积内计算。

③ 构造柱(抗震柱)应包括“马牙槎”的体积在内，以 m^3 计算。

(2) 梁

梁按设计断面尺寸乘以梁长以 m^3 计算。

① 梁与柱(墙)连接时，梁长算至柱侧面。

② 次梁与主梁连接时，次梁长算至主梁侧面。

③ 伸入墙内的梁头、梁垫体积并入梁体积内计算。

④ 梁的高度算至梁顶，不扣除板的厚度。

(3) 板

板按设计面积乘以板厚以 m^3 计算。

① 有梁板是指梁(包括主梁、次梁，圈梁除外)、板构成整体，其梁、板体积合并计算。

② 无梁板是指不带梁(圈梁除外)直接用柱支承的板，其柱头(帽)的体积并入楼板内计算。

③ 平板是指无梁(圈梁除外)直接由墙支承的板。

④ 伸入墙内的板头并入板体积内计算。

⑤ 现浇挑檐天沟与板(包括屋面板、楼板)连接时，以外墙外边线为分界线；与圈梁(包括其他梁)连接时，以梁外边线为分界线，边线以外为挑檐天沟。

⑥ 现浇框架梁和现浇板连接在一起时按有梁板计算。

(4) 墙

混凝土墙按设计中心线长度乘以墙高并扣除单个孔洞面积大于 0.3 m^2 以上的体积，以 m^3 计算。

① 与混凝土墙同厚的暗柱(梁)并入混凝土墙体积计算。

② 墙垛与突出部分并入墙体工程量内计算。

(5) 其他

① 整体楼梯(包括休息平台、平台梁、斜梁及楼梯的连接梁)按水平投影面积计算，不扣除宽度小于 500 mm 的楼梯井，伸入墙内部分亦不增加。当整体楼梯与现浇楼层无梯梁连接时，以楼梯的最后一个踏步边缘加 300 mm 为界。

② 弧形楼梯(包括休息平台、平台梁、斜梁及楼梯的连接梁)以水平投影面积计算。

③ 台阶混凝土按实体体积以 m^3 计算，模板按接触面积以 m^2 计算。

④ 栏杆、栏板工程量以 m^3 计算，伸入墙内部分合并计算。

⑤ 雨篷(悬挑板)按伸出外墙的水平投影面积计算，伸出外墙的牛腿不另计算，雨篷的反边按其高度乘长度，并入雨篷水平投影面积计算。

4.3.6.3　预制钢筋混凝土构件计算规则

(1) 空心板、空心楼梯段应扣除空洞部分体积，以 m^3 计算。

(2) 混凝土与钢构件组合的构件，混凝土按实体体积以 m^3 计算，钢构件按金属工程章节中相应项目计算。

(3) 预制镂空花格以折算体积计算：每 10 m^2 镂空花格折算为 0.5 m^3 混凝土。

4.3.6.4　钢筋混凝土构筑物计算规则

(1) 混凝土池，不分平底、锥底、坡底均按池底相应项目计算。锥形池底算至壁基梁底，无壁基梁时，算至锥形坡底的上口。池壁下部的八字靴脚，并入池底计算。

(2) 壁基梁、池壁不分圆形壁和矩形壁，均按池壁项目计算。

(3) 无梁池盖的柱高从池底表面算至池盖的下表面，柱帽、柱座应计算在柱体积内。肋形池盖包括主、次梁的体积。球形盖从池壁顶面开始计算，边侧梁应并入球形盖体积内计算。

(4) 贮仓立壁和漏斗的分界线，以相互交点的水平线为界，壁上圈梁并入漏斗工程量内计算。

(5) 水塔筒式塔身以筒座上表面或基础底板上表面为界；柱式(框架式)塔身以柱脚与基础底板或梁顶为界。与基础底板相连接的梁并入基础内计算。

(6) 水塔塔身与水箱底，以水箱底相连接的圈梁下口为界，圈梁底以上为箱底，圈梁底以下为塔身。

(7) 混凝土水塔塔身应扣除门洞口所占的体积，依附于塔身的过梁、雨篷、挑檐等应并入塔身工程量内计算；柱式塔身不分柱、梁合并计算。

(8) 依附于水箱壁的柱、梁等并入水箱壁体积内计算。

4.3.6.5　构件运输与安装计算规则

(1) 预制混凝土构件制作、运输及安装损耗率，按下列规定计算后并入构件工程量内：制作废品率 0.2%；运输堆放损耗率 0.8%；安装损耗率 0.5%。其中预制混凝土屋架、桁架、托架及长度在 9 m 以上的梁、板、柱不计算损耗率。

(2) 预制混凝土工字形柱、矩形柱、空腹柱、双肢柱、空心柱、管道支架，均按柱安装计算。

(3) 组合屋架安装以混凝土部分实体体积分别计算安装工程量。

(4) 定额中就位预制构件起吊运输距离，按机械起吊中心回转半径 15 m 以内考虑，超出 15 m 时，按实计算。

(5) 构件采用特种机械吊装时，增加费按以下规定计算：本定额中预制构件安装机械是按现有的施工机械进行综合考虑的，除定额允许调整者外不得变动。经批准的施工组织设计必须采用特种机械吊装构件时，除按规定编制预算外，采用特种机械吊装的混凝土构件综合按 10 m^3 另增加特种机械使用费 0.34 台班，列入定额基价。凡因施工平衡使用特种机械和已计算超高人工、机械降效费的工程，不得计算特种机械使用费。

4.3.6.6　计算实例

(1) 混凝土工程量计算实例

【例 4.9】　××车间设计为钢筋混凝土杯形基础，如图 4.28 所示。试计算该车间钢筋混凝土杯形基础工程量和细石混凝土二次灌浆工程量。

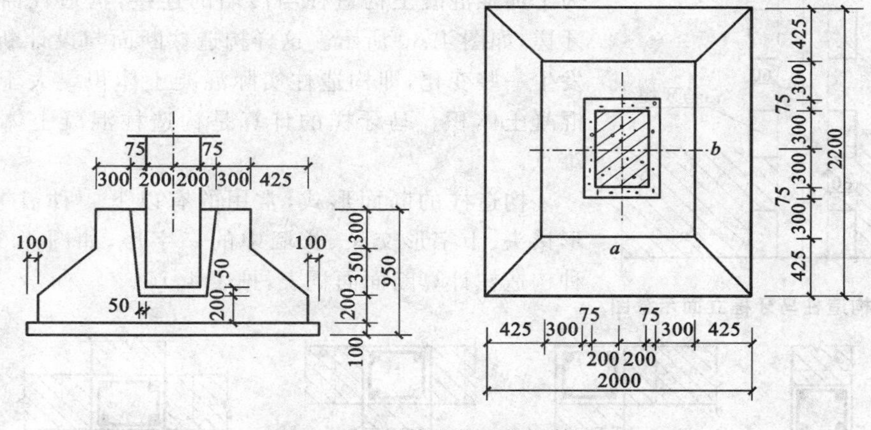

图 4.28　钢筋混凝土杯形基础

【解】　(1) 钢筋混凝土杯形基础工程量计算

钢筋混凝土杯形基础工程量计算公式如下：

$$V_{基}=ABH_1+\frac{1}{3}H_2(AB+\sqrt{ABab}+ab)+abH_3-\text{杯孔体积}$$

则　$V_{基}=2\times2.2\times0.2+\frac{1}{3}\times0.35\times(2\times2.2+\sqrt{2\times2.2\times1.15\times1.35}+1.15\times1.35)+$

$$1.15\times1.35\times0.3-\frac{1}{3}\times0.65\times(0.5\times0.7+\sqrt{0.5\times0.7\times0.55\times0.75}+0.55\times0.75)$$

$=0.467+0.880+1.000-0.248$

$=2.099\ m^3$

(2) 二次灌浆工程量计算

$$V_{灌}=\text{杯孔体积}-\text{柱脚体积}=0.248-0.4\times0.6\times0.6=0.104\ m^3$$

【例 4.10】　在【例 4.3】中，如图 4.21 所示。设计规定沿所有内外墙体均敷设断面尺寸为 240 mm×180 mm 的 C20 钢筋混凝土，试计算该工程圈梁混凝土工程量。

【解】　圈梁混凝土工程量应按以下公式计算：

圈梁体积＝圈梁长度×圈梁横断面积

圈梁长度:外墙圈梁长度按外墙中心线长度计算;内墙圈梁长度按内墙净长线长度计算。

圈梁长度=52+15.28=67.28 m

圈梁横断面积=0.24×0.18=0.0432 m^2

圈梁混凝土工程量=67.28×0.0432=2.91 m^3

【例 4.11】 在【例 4.3】中,设计规定所有墙体交接处均设置了断面为 240 mm×240 mm 的钢筋混凝土构造柱,如图 4.29 所示。柱高为 3.90 m。试计算该工程混凝土构造柱工程量。

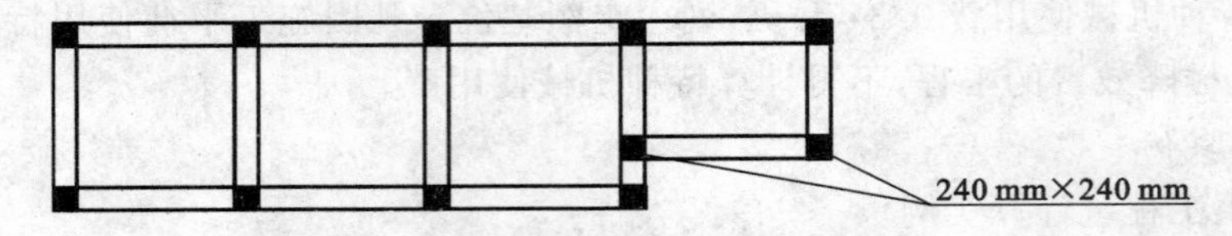

图 4.29 ××房屋钢筋混凝土构造柱平面布置示意图

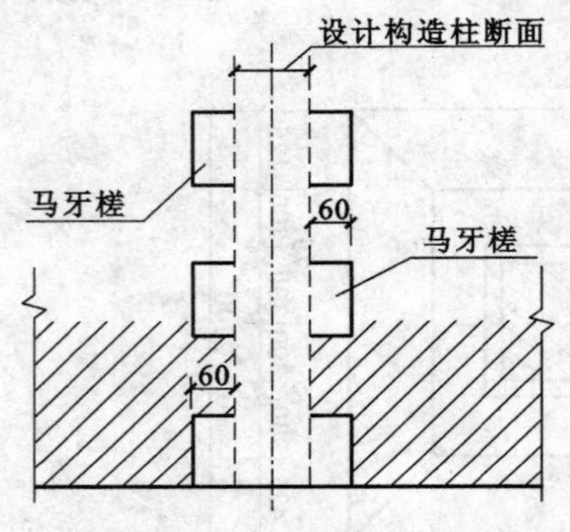

图 4.30 构造柱马牙槎立面示意图

钢筋混凝土构造柱是砖混结构中重要的混凝土构件。为了加强混凝土构造柱与砖墙的连接,构造柱需留设成马牙槎,如图 4.30 所示。这样构造柱断面与设计断面相比将发生一些变化,即构造柱实际混凝土体积要大于设计断面混凝土体积。马牙槎的计算是构造柱混凝土体积计算的难点。

构造柱的断面形式,常用的有以下 4 种:L 形拐角、T 形接头、十字形交叉、长墙中的一字形,如图 4.31所示。4 种构造柱计算断面面积表,见表 4.16。

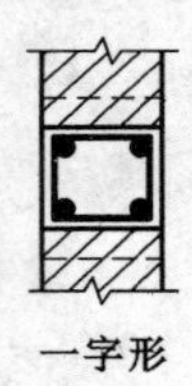

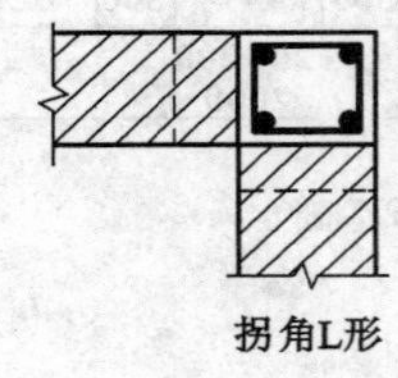

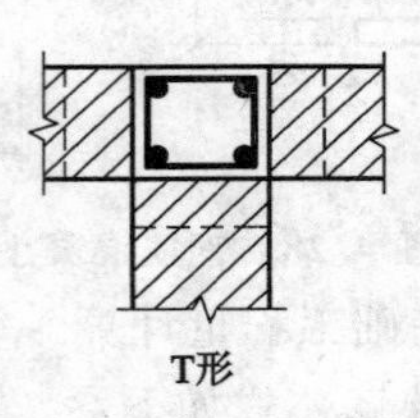

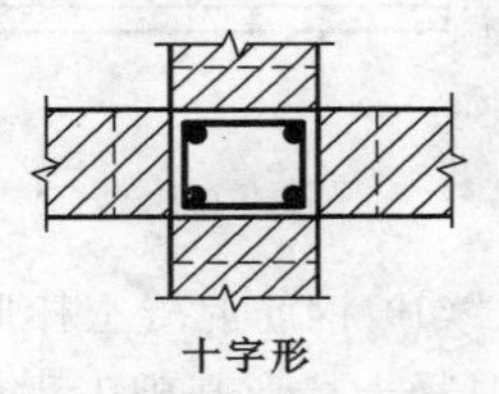

图 4.31 构造柱 4 种断面示意图

表 4.16 构造柱计算断面面积表

构造柱形式	构造柱设计断面形式	计算断面面积(m^2)
一字形	240×240	0.072
L 形		0.072
T 形		0.0792
十字形		0.0864

【解】 根据图 4.29 所知,本房屋共有 L 形断面构造柱 5 根,T 形断面构造柱 6 根。

L 形断面构造柱体积=0.072×3.9×5=1.404 m^3

T 形断面构造柱体积=0.0792×3.9×6=1.853 m^3

钢筋混凝土构造柱工程量=1.404+1.853=3.26 m^3

【例 4.12】 ××砖混结构住宅工程,设计采用预应力钢筋混凝土空心板作为楼(屋)面板。其中:YKB3306-4,675 块,0.139 m^3/块;YKB3006,500 块,1.126 m^3/块;YKB3005-4,420 块,0.104 m^3/块。试计算预应力钢筋混凝土空心板制作、运输与安装(包括灌浆)工程量。

【解】 空心板总体积计算(三种合计):

$$V=0.139\times675+0.126\times500+0.104\times420=200.505\ m^3$$

空心板各项工程量计算:

空心板制作工程量=200.505×(1+0.015)=203.51 m^3

空心板运输工程量=200.505×(1+0.013)=203.11 m^3

空心板安装及接头灌浆工程量=200.505×(1+0.005)=201.51 m^3

(2) 钢筋工程量计算实例

【例 4.13】 ××工程设有 10 根预制钢筋混凝土矩形梁(YL-1),其配筋示意图如图 4.32 所示。试计算该矩形梁中的钢筋工程量。

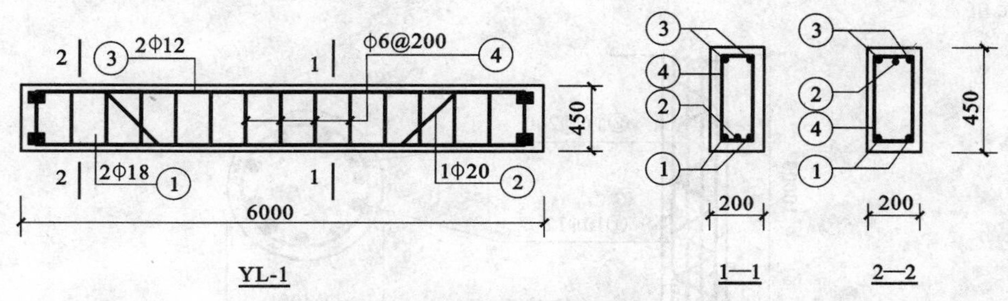

图 4.32　YL-1 梁配钢筋图(10 根)

矩形梁(YL-1)由 4 种编号的钢筋组成,按其形状分为直筋、弯起钢筋和箍筋 3 种,钢号类别均为 3 号钢(A_3),属于Ⅰ级钢筋。混凝土保护层:主、箍筋均为 10 mm。

【解】 从矩形梁配筋示意图可知,①号钢筋是 2 根Φ18 的受拉钢筋;②号钢筋是 1 根Φ20 的弯起钢筋;③号钢筋是 2 根Φ12 的构造钢筋;④号钢筋是Φ6 的箍筋,间距为 200 mm。

(1) 矩形梁钢筋长度计算(10 根)

①号钢筋长度=(6000−10×2+18×6.25×2)×2×10=124100 mm=124.10 m

②号钢筋长度=(6000−10×2+400×0.414×2+20×6.25×2)×10=65.62 m

③号钢筋长度=(6000−10×2+12×6.25×2)×2×10=122600 mm=122.60 m

④号钢筋数量=6000−(20/200)+1=31 根

④号钢筋长度=[(150+400)×2+100]×31×10=372000 mm=372.00 m

(2) 矩形梁钢筋质(重)量计算(10 根)

①号钢筋质(重)量=1.998 kg/m×124.10 m=247.95 kg

②号钢筋质(重)量=2.466 kg/m×65.62 m=161.82 kg

③号钢筋质(重)量=0.888 kg/m×122.60 m=108.87 kg

④号钢筋质(重)量=0.222 kg/m×372.00 m=82.58 kg

合计=247.95+161.82+108.87+82.58=601.22 kg

(3) 钢筋工程量(净用量)计算表

在实际工作中,计算钢筋工程量一般是用钢筋工程量(净用量)计算表逐一列项并进行计算,详见表 4.17。

表 4.17　钢筋工程量(净用量)计算表

构件名称	筋号	简　图	钢号	直径(mm)	单根长度(mm)	单件数量(根)	总长度(m)	质量(kg)
预制YL-1矩形单梁(共10根)	①	5980	Φ	18	5980+18×6.25×2	2	124.10	247.95
	②	6312	Φ	20	6312+20×6.25×2	1	65.62	161.82
	③	5980	Φ	12	5980+12×6.25×2	2	122.60	108.87
	④	400 150	Φ	6	1200	31	372.00	82.58
		小　计						601.22

【例 4.14】　××工程基础设计采用钻孔灌注混凝土桩，如图 4.33 所示。试计算该桩的钢筋工程量。

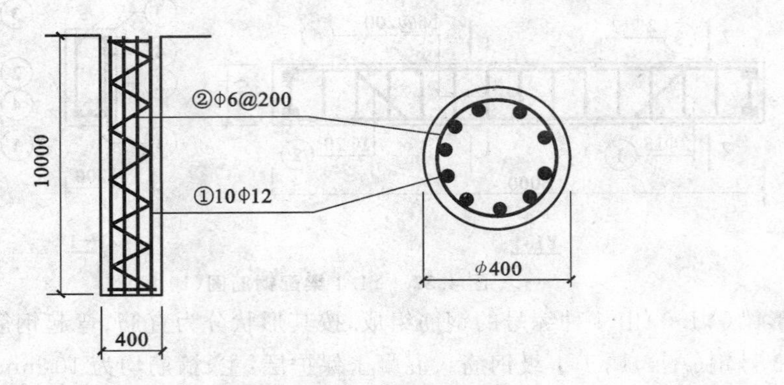

图 4.33　钻孔灌注混凝土桩设计示意图

【解】　由钻孔灌注混凝土桩设计示意图可知，主钢筋为 10 根Φ12 的Ⅱ级钢筋，箍钢筋为Φ6、螺距 200 mm 的Ⅰ级钢筋，混凝土保护层按 35 mm 计取，钢筋接长采用单面搭接焊。

(1) 钻孔灌注混凝土桩钢筋长度计算

①号钢筋长度=(10+0.012×10)×10=101.20 m(单面搭接焊接头长度按 10d 计算)

②号钢筋是一根螺旋箍筋且连续不断，按规定螺旋箍筋的起、终应有不少于 1 圈半的水平钢筋段，其钢筋长度可按以下公式计算：

$$L=\frac{H}{b}\times\sqrt{b^2+(D-2a-d)2\times\pi^2}+1.5\times2\times(D-2a-d)\times\pi$$

式中　H——需配置螺旋箍筋的构件长或高(m)；

D——需配置螺旋箍筋的构件断面直径(m)；

a——混凝土保护层厚度(m)；

b——螺旋箍筋螺距(m)；

d——螺旋箍筋直径(m)。

②号钢筋长度 $L=\frac{10}{0.2}\times\sqrt{0.2^2+(0.4-0.035\times2-0.006)^2\times3.14^2}+1.5\times2\times$

$(0.4-0.035\times2-0.006)\times3.14$

$=51.84+3.05=54.89$ m

(2) 钻孔灌注混凝土桩钢筋质(重)量计算

①号钢筋质(重)量＝0.888×101.20＝89.87 kg

②号钢筋质(重)量＝0.222×54.89＝12.19 kg

(3) 该钻孔灌注混凝土桩钢筋工程量＝89.87＋12.19＝102.06 kg

【例 4.15】 ××商住楼工程,其楼层设计为钢筋混凝土双向板(四周支承在砖墙上),如图 4.34 所示。试计算该双向板的钢筋工程量。

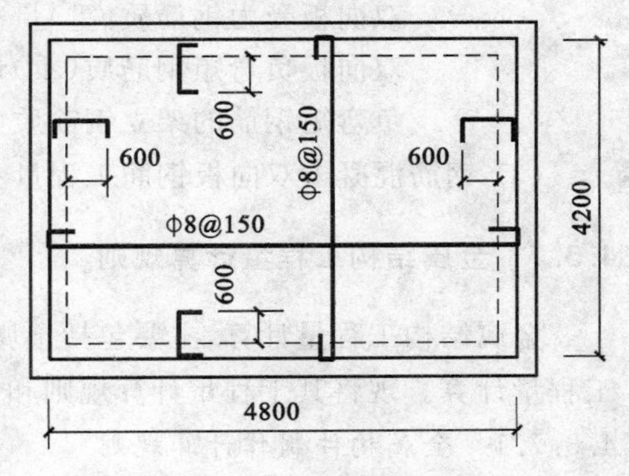

图 4.34　双向板配筋示意图

【解】 该双向板底配置的受力钢筋为ϕ 8@150,并形成双向交叉,故板底不再配置分布钢筋;板四周上部配置负弯矩钢筋为ϕ 6@200,水平段从墙边伸入板内 600 mm(即板净跨的 1/7)。负弯矩钢筋应按构造要求配置为ϕ 6@250 的架立钢筋(一般不画在配筋图上)。由于是平板,钢筋在板四周都应扣减混凝土保护层(按 15 mm 计取)。

(1) 钢筋混凝土双向板钢筋长度计算

① 双向板受力钢筋长度计算

横向受力钢筋为:ϕ 8@150(轴线长度方向)

单根长度＝4.8＋0.24－0.015×2＋6.25×0.008×2＝5.11 m

$$根数=\frac{4.2+0.24-0.015\times2}{0.15}+1=31\ 根$$

总长＝5.11×31＝158.4 m

纵向受力钢筋为:ϕ 8@150(轴线宽度方向)

单根长度＝4.2＋0.24－0.015×2＋6.25×0.008×2＝4.51 m

$$根数=\frac{4.8+0.24-0.015\times2}{0.15}+1=35\ 根$$

总长＝4.51×35＝157.9 m

受力钢筋合计长度＝158.4＋157.9＝316.3 m

② 双向板负弯矩钢筋长度计算

双向板负弯矩钢筋为:ϕ 6@200

单根长度＝0.24－0.015＋0.6＋(0.12－0.015×2)×2＝1.005 m

$$根数=\left[\frac{4.2+0.24-0.015\times2}{0.2}+1+\frac{4.8+0.24-0.015\times2}{0.2}+1\right]\times2$$

$$=(23.05+26.05)\times2=98\ 根$$

总长＝1.005×98＝98.49 m

③ 负弯矩钢筋的架立钢筋长度计算

由于双向板的四周负弯矩钢筋已形成双向交叉,故架立钢筋只需与之搭接 30d 即可。

负弯矩钢筋的架立钢筋为:ϕ 6@250

单根长度(横向)＝4.8－0.24－0.6×2＋30×0.006×2＝3.72 m

(纵向)＝4.2－0.24－0.6×2＋30×0.006×2＝3.12 m

$$根数=\frac{0.24-0.015+0.6}{0.25}+1=4\ 根$$

$$总长=(3.72+3.12)\times 4\times 2=54.72\ m$$

(2) 钢筋混凝土双向板钢筋质(重)量计算

双向板受力钢筋质(重)量=0.395×316.3=124.94(kg)=0.125 t

双向板负弯矩钢筋质(重)量=0.222×98.48=21.8(kg)=0.022 t

负弯矩钢筋的架立钢筋质(重)量=0.222×54.72=12.1(kg)=0.012 t

(3) 钢筋混凝土双向板钢筋工程量=0.125+0.022+0.012=0.159 t

4.3.7 金属结构工程量计算规则

金属结构工程量计算，主要包括金属结构工程的制作、运输、安装和铝合金制品(门窗)等工程量计算。现将其工程量计算规则和计算实例分述如下。

4.3.7.1 金属构件制作计算规则

(1) 金属结构制作工程量，按理论质(重)量以 t 计算。型钢按设计图纸的规格尺寸计算[不扣除孔眼、切肢、切边等的质(重)量]。钢板按几何图形的外接矩形计算[不扣除孔眼的质(重)量]。

(2) 计算钢柱制作工程量时，依附于柱上的牛腿及悬臂梁的主材重量，应并入柱身主材重量内。

(3) 计算钢墙架制作工程量时，应包括墙架柱、墙架梁及连系拉杆主材重量。

(4) 实腹柱、吊车梁、H 型钢的腹板及翼板宽度按图示尺寸每边增加 25 计算。计算钢漏斗制作工程量时，依附漏斗的型钢并入漏斗工程量内。

(5) 喷砂除锈按金属结构的制作工程量以 t 计算，抛丸除锈按金属结构的面积以 m^2 计算。工程量按表 4.18 中的规定进行换算。

表 4.18　金属面工程量系数表

项目名称	系数	工程量计算方法
钢屋架、天窗架、挡风架、屋架梁、支撑、檩条	38.00	重量(t)
墙架(空腹式)	19.00	
墙架(格板式)	31.16	
钢柱、吊车梁、花式梁、柱、空花构件	23.94	
操作台、走台、制动梁、钢梁车挡	26.98	
钢栅栏门、栏杆、窗栅	63.98	
钢爬梯	44.84	
轻型屋架	53.96	
踏步式钢扶梯	39.90	
零星铁件	50.16	

(6) 钢屋架、托架制作平台摊销工程量按钢屋架、托架工程量计算。

4.3.7.2　金属构件运输、安装计算规则

金属构件运输、安装工程量等于金属构件制作工程量以 t 计算，不增加焊条或螺栓重量。

在说明中规定金属结构构件运输工程量，应按下表 4.19 中的规定进行分类计算。

表 4.19　金属构件运输分类表

类　别	构　件　名　称
Ⅰ	钢柱、屋架、托架梁、防风桁架
Ⅱ	吊车梁、制动梁、型钢檩条、钢支撑、上下档、钢拉杆、栏杆、盖板、垃圾出灰门、倒灰门、篦子、爬梯、零星构件、平台、操作台、走道休息台、扶梯、钢吊车梯台、烟囱紧固箍
Ⅲ	墙架、挡风架、天窗架、组合檩条、轻型屋架、滚动支架、悬挂支架、管道支架

4.3.7.3　铝合金制品(门窗)工程量计算规则

铝合金门窗、间壁、幕墙的制作和安装工程量，按框外围面积以 m^2 计算。间壁带门、幕墙带窗时，应扣除门窗框外围面积。

铝合金天棚、地板制作和安装工程量按实铺面积以 m^2 计算。

铝合金栏杆、扶手、栏板的制作和安装工程量按延长米(m)计算。

金属卷闸门安装工程量，按两边槽外皮间的距离乘以框下皮至边槽顶端的长度再加 500 mm计算。

4.3.7.4　计算实例

【例 4.16】　××单层工业厂房柱间支撑，如图 4.35 所示。试计算该柱间支撑工程量。

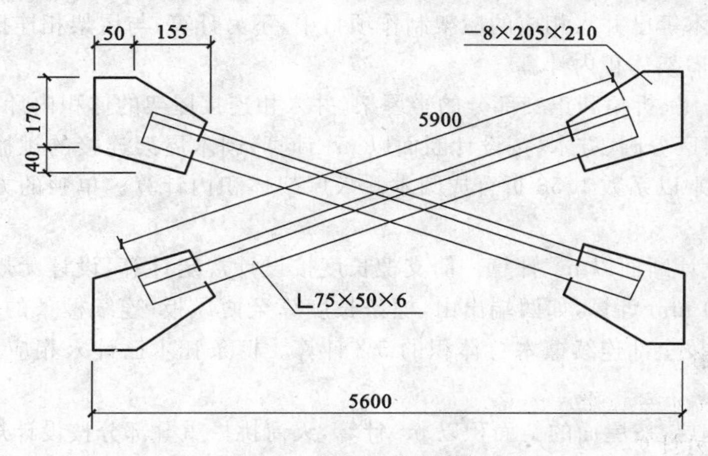

图 4.35　柱间支撑示意图

【解】　从柱间支撑示意图及查型钢重量表可知，角钢∟75×50×6 每米理论重量为 5.68 kg/m，钢板理论重量为 7850 kg/m^3。柱间支撑工程量计算如下：

角钢重量＝5.9×2×5.68＝67.02 kg　(角钢长度乘理论重量)

钢板面积＝(0.05＋0.155)×(0.17＋0.04)×4＝0.1722 m^2　(外接四边形)

角钢重量＝0.1722×0.008×7850＝10.81 kg　(钢板体积×理论重量)

柱间支撑工程量＝67.02＋10.81＝77.83 kg

4.3.8　门窗、木结构工程量计算规则

木结构工程主要包括木门窗制作及安装、木装修、木间壁墙、木天棚、木楼地楞及木地板、木屋架等工程。现将其工程量计算规则和计算实例分述如下。

4.3.8.1　木门窗计算规则

(1) 各种木、钢门窗制作安装、成品门窗安装工程量均按门窗洞口面积以 m^2 计算。

(2) 单独制作安装木门窗框按门窗洞口面积以 m^2 计算，单独制作安装木门窗扇按扇外围面积以 m^2 计算。

(3) 有框的厂库房大门和特种门按洞口尺寸以 m^2 计算，无框的厂库房大门和特种门按门扇外围面积以 m^2 计算。

(4) 普通窗上带有半圆窗的工程量应分别按半圆窗和普通窗计算，其分界线以普通窗和半圆窗之间的横框上的裁口线为分界线。

(5) 门窗贴脸板按图示尺寸以延长米(m)计算。

(6) 木窗上安装窗栅、钢筋御棍按窗洞口面积以 m^2 计算。

(7) 成品门窗塞缝按门窗洞口尺寸以延长米(m)计算。

(8) 门锁安装按把计算。

(9) 木门窗运输按门窗洞口面积以 m^2 计算。

4.3.8.2　木结构计算规则

(1) 木屋架制作安装均按设计断面以 m^3 计算，其后备长度及配制损耗不另计算。附属于屋架的木夹板、垫木等已并入相应的屋架制作项目中，不另计算；与屋架相连接的挑沿木、支撑等，其工程量并入屋架体积内计算。

(2) 屋架的马尾、折角和正交部分的半屋架，并入相连接屋架的体积内计算。

(3) 钢木屋架区分圆、方木，按设计断面以 m^3 计算，圆木屋架连接的挑檐木、支撑等为方木时，其方木部分乘以系数 1.58 折合成圆木并入屋架体积内计算。单独的方木挑檐，按矩形檩木计算。

(4) 檩木按设计断面以 m^3 计算。简支檩长度按设计规定计算，设计无规定者，按屋架或山墙中距增加 200 mm 计算，如两端出山，檩条长度算至博风板；连续檩条的长度按设计长度计算，其接头长度按全部连续檩木总体积的 5%计算。檩条托木已计入相应的檩木制作安装项目中，不另计算。

(5) 屋面木基层，按屋面的斜面积以 m^2 计算，天窗挑檐重叠部分按设计规定计算，屋面烟囱及斜沟部分所占面积不扣除。

(6) 封檐板按图示檐口外围长度计算，搏风板按斜长计算，有大刀头者按每个大刀头增加长度 500 mm 计算。

(7) 木楼梯按水平投影面积计算，不扣除宽度小于 300 mm 的楼梯井，其踢脚板、平台及伸入墙内部分不另计算。

计算木屋架工程量时，应根据屋架的不同类型、跨度，分别确定出各杆件的长度，然后按公式计算所需材积。屋架跨度是指屋架上下弦中心线交点之间的长度，以 L 表示。

各类型木屋架示意图如图 4.36 所示。各类型木屋架杆件计算长度见表 4.20。

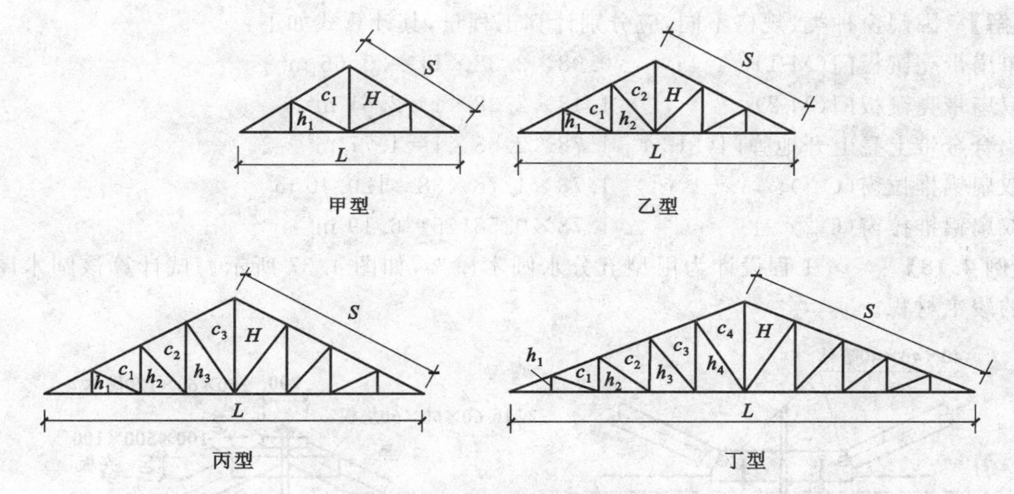

图 4.36 各类型木屋架示意图

表 4.20 木屋架杆件长度系数表

杆件号	甲型		乙型		丙型		丁型	
	26°34′	30°00′	26°34′	30°00′	26°34′	30°00′	26°34′	30°00′
S	0.559	0.577	0.559	0.577	0.559	0.577	0.559	0.577
H	0.250	0.289	0.250	0.289	0.250	0.289	0.250	0.289
h_1	0.125	0.114	0.083	0.096	0.063	0.072	0.050	0.058
h_2			0.167	0.192	0.125	0.144	0.100	0.116
h_3					0.188	0.216	0.150	0.173
h_4							0.200	0.231
c_1	0.280	0.289	0.186	0.192	0.139	0.144	0.112	0.116
c_2			0.236	0.254	0.177	0.191	1.141	0.153
c_3					0.226	0.250	0.180	0.200
c_4							0.224	0.252

注:杆件长度=L×系数。

4.3.8.3 计算实例

【例 4.17】 ××2 号宿舍工程设计的门窗统计表,见表 4.21。经核对无误,试计算该工程门窗工程量。

表 4.21 ××2 号宿舍工程门窗统计表

名称	编号	洞口尺寸(mm)		门窗尺寸(mm)		数量	备注
		宽	高	宽	高		
门	M-1	1000	2400	980	2380	11	单扇带亮镶板门
	M-2	1200	2400	1180	2380	1	双扇带亮镶板门
	M-3	1800	2700	1780	2680	1	铝合金带上亮上开地弹门
窗	C-1	1800	1800	1780	1780	38	双扇铝推拉窗
	C-2	1800	600	1780	580	6	双扇铝推拉窗

【解】 因门窗种类、规格不同,应分别计算工程量,其计算式如下:

单扇带亮镶板门(M-1) $0.98\times2.38\times11=25.66\ m^2$

双扇带亮镶板门(M-2) $1.18\times2.38\times1=2.81\ m^2$

铝合金带上亮上开地弹门(M-3) $1.78\times2.68\times1=4.77\ m^2$

双扇铝推拉窗(C-1) $1.78\times1.78\times38=120.40\ m^2$

双扇铝推拉窗(C-2) $1.78\times0.58\times6=6.19\ m^2$

【例 4.18】 ××工程设计为甲型五分水圆木屋架,如图 4.37 所示。试计算该圆木屋架所需的竣工材积。

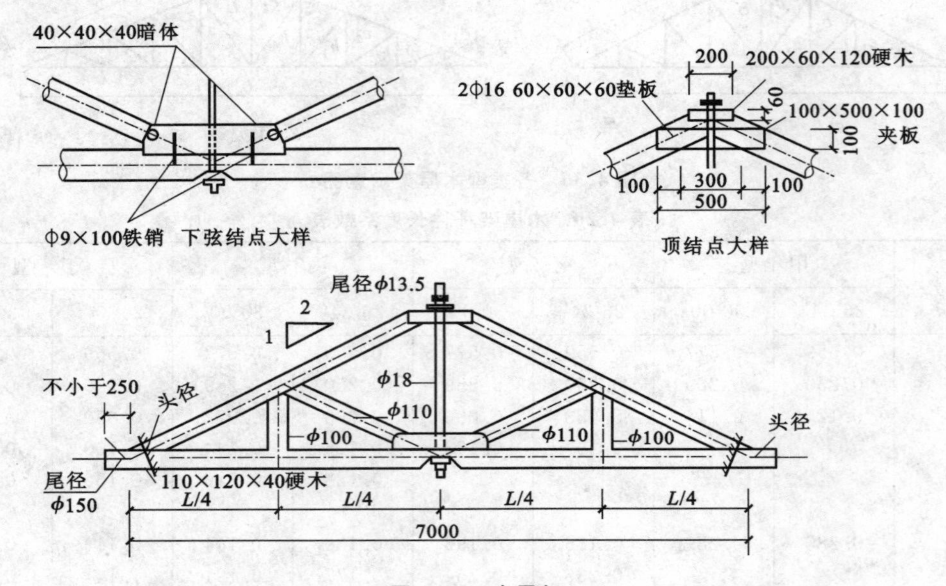

图 4.37 木屋架

【解】 (1) 屋架原木材积计算见表 4.22。

表 4.22 原木计算表

名称	尾径(cm)	长度(m)	单根体积(m^3)	数量(根)	材积(m^3)
下弦	ϕ15	7+0.5=7.5	0.241	1	0.241
上弦	ϕ13.5	3.5×1.118=3.913	0.082	2	0.164
竖杆	ϕ10	3.5×0.25=0.875	0.008	2	0.016
斜杆	ϕ11	3.5×0.56=1.96	0.025	2	0.050
托木	ϕ12	1.7	0.022	2	0.044
合计					0.515

注:① 杉原木材积按 LY104—60 杉原木材积表计算;

② 径级以 20 mm 为增进单位,不足 20 mm 时,凡满 10 mm 的进位,不足 10 mm 的舍去;

③ 长度按 0.2 m 进位。

计算公式如下:

$$V=0.0001\times\frac{\pi}{4}\times L\times[(0.025L+1)\times D^2+0.37\times D+10\times10\times(L-3)]$$

式中 V——材积,m^3;

L——材长,m;

D——原木小头直径,mm。

(2) 枋料材积计算

顶点夹板：　0.50×0.10×0.10×2=0.01 m^3

顶点硬木：　0.20×0.12×0.06=0.0014 m^3

下弦：　0.15×0.20×0.12=0.0036 m^3

小计：　0.015 m^3

枋料折成原木：　0.015×1.563=0.023 m^3

(3) 甲型木屋架竣工原木材积计算

$$0.515+0.023=0.538\ m^3$$

4.3.9　楼地面工程量计算规则

楼地面工程量计算主要包括垫层、找平层、整体面层、块料面层、楼梯面层、台阶、散水、明沟等工程量的计算。现分述如下。

4.3.9.1　垫层、找平层、面层计算规则

垫层的作用是把荷载传递至地基上。

(1) 地面垫层工程量是按室内主墙间净空面积(扣除只作地面面层的沟道所占的面积)乘以垫层厚度以 m^3 计算;找平层、整体面层工程量按主墙间净空面积以 m^2 计算。均应扣除凸出地面的构筑物、设备基础、室内铁道、地沟等所占的体积(面积),但不扣除柱、垛、间壁墙、附墙烟囱及面积在 0.3 m^2 以内孔洞所占的体积(面积),而门洞、空圈、暖气包槽、壁龛的开口部分的体积(面积)亦不增加。

(2) 块料面层,按图示尺寸实铺面积以 m^2 计算,门洞、空圈、暖气包槽、壁龛等的开口部分的工程量并入相应的面层内计算。

(3) 楼梯面层(包括踏步、休息平台、锁口梁)按水平投影面积计算。整体面层楼梯井宽度在 500 mm 以内者,块料面层楼梯井宽度在 200 mm 以内者不予扣除。其中单跑楼梯面层按水平投影面积计算,如图 4.38所示。

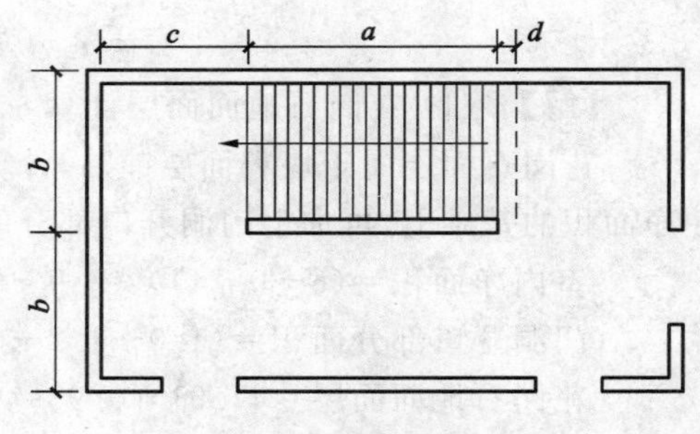

图 4.38　楼梯间平面图

① 计算公式如下：

$$S=(a+d)\times b+2bc$$

② 当 $c>b$ 时,c 按 b 计算;当 $c\leqslant b$ 时,c 按设计尺寸计算。

③ 有锁口梁时,d 为锁口梁宽度;无锁口梁时,$d=300$ mm。

(4) 踢脚线按主墙间净长以延长米(m)计算,门洞及空圈长度不予扣除,但洞口、空圈、垛、附墙烟囱等的侧壁长度亦不增加。

(5) 防滑条按楼梯踏步两端距离减 300 mm 以延长米(m)计算。

(6) 台阶按水平投影面积计算,包括最上层踏步沿 300 mm。

4.3.9.2　其他工程计算规则

(1) 散水、防滑坡道面层按水平投影面积计算。其计算公式如下：

$$S_{散}=[L_{外}-(台阶+坡道+花台等)]\times 散水宽+4\times 散水宽\times 散水宽$$

(2) 明沟及排水沟安装成品篦子按图示尺寸以延长米(m)计算。明沟的计算公式如下：

$$L_{沟}=L_{外}+8\times(檐宽+0.5沟宽)=L_{外}+8\times檐宽+4\times沟宽$$

(3) 栏杆、扶手包括弯头长度按延长米(m)计算。

(4) 弯头按个计算。

4.3.9.3 计算实例

【例 4.19】 ××住宅建筑平面如图 4.39 所示。设有外门 M1 宽 1000 mm，M2 宽 1200 mm；内门 M3 宽 900 mm，M4 宽 1000 mm。墙体厚度均为 240 mm。其地面(包括踢脚板)设计采用水泥砂浆铺贴花岗石板面层。试计算其相应项目工程量。

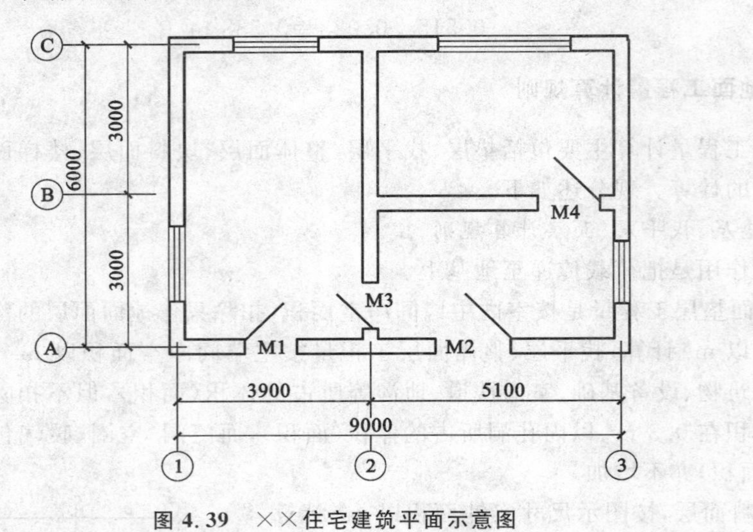

图 4.39 ××住宅建筑平面示意图

【解】 (1) 花岗石地面面层计算

花岗石面层属于块料面层铺贴，计算规则规定其工程量应按实铺面积计算，即在计算室内净面积的基础上，再加上门洞开口部分的面积。

室内净面积＝(6－0.24)×(3.9－0.24)＋(5.1－0.24)×(3.0－0.24)×2＝47.91 m^2

门洞开口部分面积＝(1.0＋1.2＋0.9＋1.0)×0.24＝0.98 m^2

花岗石地面面层＝47.91＋0.98＝48.89 m^2

(2) 花岗石踢脚板计算

花岗石踢脚板计算按延长米(m)计算，门洞、空圈开口部分长度不予扣除，但洞口、空圈、柱、垛、附墙烟囱等的侧壁长度亦不增加。

花岗石踢脚板＝(6.0－0.24＋3.9－0.24)×2＋(5.1－0.24＋3.0－0.24)×2×2
＝49.32 m

【例 4.20】 ××住宅建筑平面如图 4.39 所示。其室外绕外墙设有宽度为 800 的散水，有一条紧靠散水的砖砌明沟(断面为 190×260)。试计算该住宅的散水和明沟工程量。

【解】 (1) 散水工程量计算

外墙外边线长度 $L_{外}$＝(9.0＋0.24＋6.0＋0.24)×2＝30.96 m

散水工程量＝30.96×0.8＋4×0.8×0.8＝27.33 m^2 (0.8×0.8 为 4 角散水工程量)

(2) 明沟工程量计算

明沟工程量是按明沟中心线延长米(m)长度计算。

明沟工程量＝[(9.0＋0.24＋0.8×2＋0.26)＋(6.0＋0.24＋0.8×2＋0.26)]×2
＝38.40 m

4.3.10　屋面工程量计算规则

屋面工程量计算主要包括瓦屋面、彩钢板及压型板屋面、卷材屋面、涂膜及刚性屋面、墙和地面防水(防潮)、变形缝、屋面排水等的工程量计算。现分述如下。

4.3.10.1　瓦屋面、彩钢板及压型板屋面计算规则

瓦屋面、彩钢板及压型板屋面均按设计图示尺寸以斜面积计算,亦可按屋面水平投影面积乘以屋面坡度延尺系数以 m^2 计算(如图 4.40 所示)。不扣除房上烟囱、风帽底座、风道、屋面小气窗和斜沟等所占面积,但屋面小气窗的出檐部分的面积亦不增加。其计算公式如下:

$S_{瓦}=(S_{屋}+L_{外}\times$檐宽$+4\times$檐宽$\times$檐宽$)\times$坡度延尺系数

式中　$S_{屋}$——屋面水平投影面积。

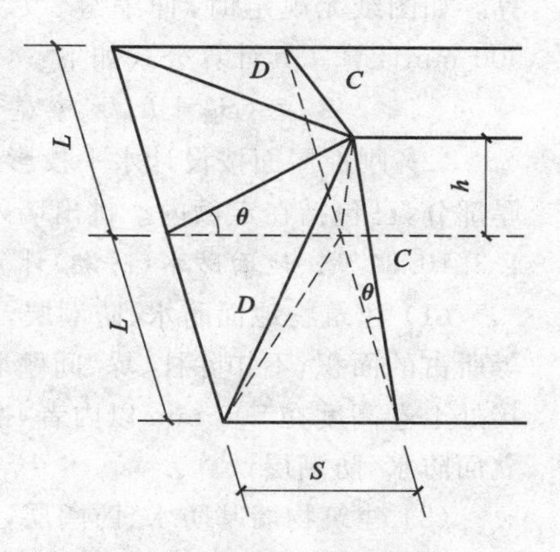

图 4.40　延尺系数 C 和隅延尺系数 D 示意图

屋面坡度延尺和隅延尺系数表,见表 4.23。

表 4.23　屋面坡度延尺和隅延尺系数表

坡　度			延尺系数 $C(A=1)$	隅延尺系数 $D(A=1)$
$B(A=1)$	$B/2A$	角度(θ)		
1	1/2	45°	1.4142	1.7321
0.75		36°52′	1.2500	1.6008
0.70		35°	1.2207	1.5779
0.666	1/3	33°40′	1.2015	1.5620
0.65		33°01′	1.1926	1.5564
0.60		30°58′	1.1662	1.5362
0.577		30°	1.1547	1.5270
0.55		28°49′	1.1413	1.5170
0.50	1/4	26°34′	1.1180	1.5000
0.45		24°14′	1.0966	1.4839
0.40	1/5	21°48′	1.0770	1.4697
0.35		19°17′	1.0594	1.4569
0.30		16°42′	1.0440	1.4457
0.25		14°02′	1.0308	1.4362
0.20	1/10	11°19′	1.0198	1.4283
0.15		8°32′	1.0112	1.4221
0.125		7°8′	1.0078	1.4191
0.10	1/20	5°42′	1.0050	1.4177
0.083		4°45′	1.0035	1.4166
0.066	1/30	3°49′	1.0022	1.4157

注:① 两坡排水屋面面积为屋面水平投影面积乘以延尺系数 C;
② 四坡排水屋面斜脊长度$=4\times D$　(当 $S=A$ 时);
③ 沿山墙泛水长度$=A\times C$。

4.3.10.2 卷材屋面、涂膜及刚性屋面计算规则

(1) 卷材、涂膜屋面按设计面积以 m^2 计算，不扣除房上烟囱、风帽底座、风道、斜沟、变形缝等所占面积，但屋面的女儿墙、伸缩缝、天窗等处的弯起，按图示尺寸并入屋面工程量内计算。如图纸无规定时，伸缩缝、女儿墙的弯起部分可按 250 mm 计算，天窗弯起部分可按 500 mm计算。其计算公式如下：

$$S_{卷}=(S_{屋}+L_{外}\times 檐宽+4\times 檐宽\times 檐宽)\times 延尺系数+弯起部分面积$$

(2) 刚性屋面按设计水平投影面积以 m^2 计算。泛水和刚性屋面变形缝等弯起部分或加厚部分，已包括在定额内。挑出墙外的出檐和屋面天沟，另按相应项目计算。

4.3.10.3 墙、地面防水(防潮)计算规则

(1) 建筑物地面防水、防潮层，按主墙间净空面积计算，扣除凸出地面的构筑物、设备基础等所占的面积，不扣除柱、垛、间壁墙、烟囱及单个在 0.3 m^2 以内孔洞所占的面积。与墙面连接处上卷高度在 500 mm 以内者，按展开面积并入平面防水、防潮层计算，超过 500 mm 时，按立面防水、防潮层计算。

(2) 建筑物墙基防水、防潮层，外墙长度按中心线，内墙长度按净长线，乘墙宽以 m^2 计算。

(3) 构筑物及建筑物地下室防潮层，按设计展开面积以 m^2 计算，但不扣除单个面积在 0.3 m^2以内的孔洞所占面积。

4.3.10.4 变形缝计算规则

变形缝按延长米(m)计算。

4.3.10.5 屋面排水计算规则

(1) 铸铁、塑料水落管按图示尺寸以延长米(m)计算，如设计未标注尺寸，以檐口至设计室外散水上表面垂直距离计算。铸铁管中的雨水口、水斗、弯头等管件所占长度不予扣除，管件按个计算。

(2) 铁皮排水按图示尺寸以展开面积计算。如图纸没有注明尺寸时，可按"铁皮排水单体零件折算表"中的规定计算，见表 4.24。

表 4.24 铁皮排水单体零件工程面积折算表

项目名称	天沟 (m^2/m)	斜沟、天窗窗台、泛水 (m^2/m)	天窗侧面泛水 (m^2/m)	烟囱泛水 (m^2/m)	通气管泛水 (m^2/m)	滴水檐头泛水 (m^2/m)	滴水 (m^2/m)
折算面积	1.30	0.50	0.70	0.80	0.22	0.24	0.11

(3) 阳台、空调连通水落管按套计算。

4.3.10.6 计算实例

【例 4.21】 ××房屋建筑设计为四坡水瓦屋面，如图 4.41 所示。已知该建筑屋面坡度的高跨比为 1/4(即 $\theta=26°34'$)。试计算该建筑的屋面工程量。

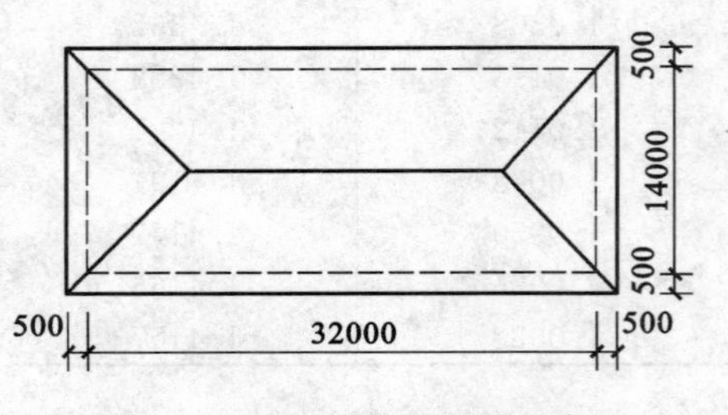

图 4.41 四坡水瓦屋面示意图

【解】 检查表 4.23 可知，屋面坡度延尺系数 $C=1.1180$。屋面工程量计算如下：

$$S_{瓦}=(32+0.5\times 2)\times(14+0.5\times 2)\times 1.118$$
$$=553.41\ m^2$$

【例 4.22】××房屋建筑设计为平屋面(坡度为3%),如图4.42所示,屋面采用卷材防水,女儿墙、楼梯间伸出屋面墙泛水处,卷材弯起高度取250 mm。试计算房顶卷材防水屋面工程量。

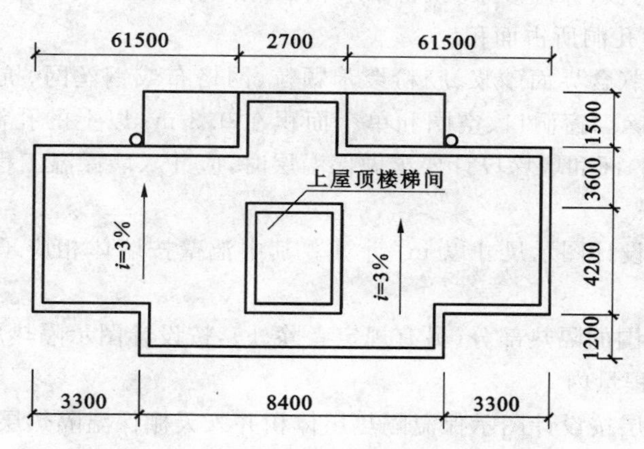

图 4.42　屋顶平面示意图

【解】(1) 水平投影面积计算(S_1)

$$
\begin{aligned}
S_1 &= (3.3\times2+8.4-0.24)\times(4.2+3.6-0.24)+\\
&\quad (8.4-0.24)\times1.2+(2.7-0.24)\times1.5\\
&=14.76\times7.56+8.16\times1.2+2.46\times1.5=125.07\ \text{m}^2
\end{aligned}
$$

(2) 弯起部分面积计算(S_2)

$$
\begin{aligned}
S_2 &= [(14.76+7.56)\times2+1.2\times2+1.5\times2]\times0.25+(4.2+0.24+2.7+0.24)\times\\
&\quad 2\times0.25+(4.2-0.24+2.7-0.24)\times2\times0.25\\
&=12.51+3.69+3.21=19.41\ \text{m}^2
\end{aligned}
$$

(3) 卷材防水屋面工程量计算($S_{卷}$)

$$S_{卷}=S_1+S_2=125.07+19.41=144.48\ \text{m}^2$$

4.3.11　防腐、隔热、保温工程量计算规则

4.3.11.1　防腐工程量计算规则

(1) 防腐工程量应分不同防腐材料种类及其厚度,按设计图示尺寸以m^2或m^3计算。

(2) 踢脚板按设计图示尺寸(长度乘以高度)以m^2计算,应扣除门洞所占面积,并相应增加门洞侧壁的面积。

(3) 平面砌筑双层耐酸块料时,按单层面积乘以系数2计算。

(4) 防腐卷材接缝、附加层、收头等的工料,已包括在定额项目内,不另计算。

4.3.11.2　保温、隔热工程量计算规则

(1) 保温隔热层应分不同保温隔热材料(另有规定者除外),按设计图示尺寸以m^3计算。

(2) 保温隔热层的厚度按隔热材料(不包括胶结材料)以净厚度计算。

(3) 地面隔热层(另有规定者除外)按围护结构墙体间净面积乘以设计厚度以m^3计算,不扣除柱、垛所占的体积。

(4) 墙体隔热层,外墙按隔热层中心线、内墙按隔热层净长线乘以图示尺寸的高度及厚度以m^3计算,应扣除冷藏门洞和管道穿墙洞口所占的体积。

(5) 柱包隔热层(另有规定者除外)按设计图示柱的隔热层中心的展开长度乘设计图示尺寸高度及厚度以 m^3 计算。

(6) 屋面聚苯保温板、保温砂浆(胶粉聚苯颗粒)按设计图示尺寸以 m^2 计算,不扣除单个面积在 0.3 m^2 以内的孔洞所占面积。

(7) 外墙面保温层(含界面砂浆、胶粉聚苯颗粒、网格布或钢丝网、抗裂砂浆)按设计图示尺寸以 m^2 计算,应扣除门窗洞口、空圈和单个面积在 0.3 m^2 以上的孔洞所占面积。门窗洞口、空圈的侧壁、顶(底)面和墙垛设计要求做保温层时,应并入墙保温工程量内。

(8) 其他保温隔热

a. 池槽隔热层按设计图示尺寸以 m^3 计算。其中池壁按墙体相应子目计算,池底按地面相应子目计算。

b. 门洞口侧壁周围的隔热部分(另有规定者除外),按设计图示隔热层尺寸以 m^3 计算,并入墙面的保温隔热工程量内。

c. 柱帽保温隔热层按设计图示保温隔热层体积并入天棚保温隔热层工程量内计算。

4.3.11.3　计算实例

【例 4.23】　××房屋建筑设计为平屋面(坡度为 3%),如图 4.42 所示,该屋面采用珍珠岩作保温层(包括屋面找坡),试计算该屋面珍珠岩保温层工程量。

【解】　(1) 屋面保温层平均厚度计算

$$h=\frac{0.1+7.8\times3\%+0.1}{2}=0.217\ \text{m}$$

(2) 屋面珍珠岩保温层工程量计算

屋面水平投影面积取【例 4.22】中的水平投影面积,即 125.07 m^2

$$V=125.07\times0.217=27.14\ \text{m}^3$$

4.3.12　装饰工程量计算规则

装饰工程分为墙、柱面装饰,外墙面砖、天棚抹灰和油漆、涂料、裱糊 3 个主要部分。

4.3.12.1　一般规则

抹灰工程量均按设计图示尺寸(有保温、隔热、防潮层者按其外表面尺寸)以 m^2 计算。镶贴块料面层和各种装饰材料面层的工程量按设计图示尺寸以 m^2 计算(不扣除勾缝面积)。

4.3.12.2　墙、柱面装饰计算规则

(1) 内墙面(内墙裙)抹灰面积,应扣除门窗洞口和空圈所占面积,不扣除踢脚板、挂镜线、单个面积在 0.3 m^2 以内的孔洞和墙与梁头交接处的面积,但门窗洞口、空圈侧壁和顶面(底面)亦不增加。墙垛(含附墙烟囱)侧壁面积与内墙抹灰工程量合并计算。

(2) 内墙面抹灰的长度,以墙与墙间的图示净长计算(1/2 墙所占面积不扣除),其高度按下列规定计算:

① 无墙裙的,其高度以室内地面或楼面至天棚底面之间距离计算;

② 有墙裙的,其高度按墙裙顶至天棚底面之间距离计算;

③ 吊顶天棚的内墙抹灰,其高度按室内地面或楼面至天棚底面另加 100 mm 计算(有设计要求的除外)。

其计算公式如下:

$S_{内抹}=L'_{内}$×抹灰高度－(门窗洞口＋空圈面积＋0.3 m² 以上的孔洞面积)＋
垛侧面抹灰面积－内墙裙面积

式中 $L'_{内}$——墙与墙间的净长度。

(3) 外墙面(外墙裙)面积,应扣除门窗洞口、空圈和单个面积在 0.3 m² 以上的孔洞所占面积。门窗洞口及空圈的侧壁、顶面(底面)和墙垛(含附墙烟囱)侧壁的面积与外墙面(外墙裙)抹灰工程量合并计算。

(4) 抹灰、水刷石、块料面层的"零星项目"按展开面积以 m² 计算,抹灰中的"装饰线条"按延长米(m)计算。

(5) 单独的外窗台抹灰长度,如设计图纸无规定时,按窗洞口宽两边共加 200 mm 计算。

(6) 墙(墙裙)、柱(梁)面中装饰龙骨、基层、面层的工程量按设计饰面尺寸展开面积以 m² 计算。

(7) 木骨架玻璃隔断、塑钢隔断等按设计图示尺寸以 m² 计算,应扣除门窗洞口、空圈及单个面积在 0.3 m² 以上的孔洞所占面积;门窗另行计算。

(8) 其他饰面项目中"装饰线条"按设计图示以延长米(m)计算。

4.3.12.3 外墙面砖计算规则

外墙面砖项目中,灰缝宽是按 5 mm 编制的,如设计规定缝宽不同时,其块料及灰缝材料用量可以调整,其余不变。调整公式如下(面砖损耗:墙面为 3.5%,柱(梁)面为 7%,零星项目为 15%,砂浆损耗为 2%):

$$100\ \text{m}^2\ 块料用量=\frac{100\ \text{m}^2\times(1+损耗率)}{(块料长+灰缝宽)\times(块料宽+灰缝宽)}$$

$$100\ \text{m}^2\ 灰缝用量=(100\ \text{m}^2-块料长\times块料宽\times100\ \text{m}^2\ 相应灰缝的块料净用量)\times 灰缝深\times(1+损耗率)$$

4.3.12.4 天棚抹灰计算规则

(1) 天棚抹灰工程量是按墙与墙间的净面积以 m² 计算,不扣除柱、附墙烟囱、垛、管道孔、检查口、单个面积在 0.3 m² 以内的孔洞及窗帘盒所占的面积。有梁板(含密肋梁板、井字梁板、槽形板等)底的抹灰工程量按展开面积以 m² 计算,并入天棚抹灰工程量内。

(2) 天棚龙骨按主墙间净空面积以 m² 计算,不扣除窗帘盒、检查口、柱、附墙烟囱、垛和管道所占面积;天棚基层、面层按设计图示尺寸展开面积以 m² 计算,不扣除附墙烟囱、垛、检查口、管道、灯孔所占面积,但应扣除单个面积在 0.3 m² 以内的孔洞、独立柱、灯槽及天棚相连的窗帘盒所占的面积。

(3) 檐口天棚、凸出墙面宽度在 500 mm 以上的挑檐板抹灰应并入相应的天棚抹灰工程量内计算。

(4) 阳台底面抹灰按水平投影面积以 m² 计算,并入相应天棚抹灰工程量内。阳台带悬臂梁者,其工程量乘以系数 1.30。

(5) 雨篷底面或顶面抹灰分别按水平投影面积(拱形雨篷按展开面积)以 m² 计算,并入相应天棚抹灰工程量内。雨篷顶面带反沿或反梁者,其顶面工程量乘以系数 1.20;底面带悬臂梁者,其底面工程量乘以系数 1.20。

(6) 楼梯底面的抹灰工程量(包括楼梯休息平台)按水平投影面积计算,有斜平顶的工程量乘以系数 1.3;有锯齿形顶的工程量乘以系数 1.5,并入相应天棚抹灰工程量内。

4.3.12.5　油漆、涂料、裱糊计算规则

(1) 刮腻子、刷油漆及涂料、裱糊用于天棚面、墙、柱、梁面时,其工程量按相应的抹灰工程量计算规则计算。

(2) 龙骨、基层板刷防火涂料(防火漆)的工程量按相应的龙骨、基层板工程量计算规则计算。

(3) 木材面、金属面油漆工程量按下表工程量计算方法计算,并乘以相应系数。

① 木材面油漆

木材面油漆包括木门、木窗、木扶手和其他木材面油漆。其计算方法与系数详见表 4.25～表 4.28。

表 4.25　单层木门油漆工程量系数表

项　目　名　称	系数	工程量计算方法
单层木门	1.00	按木门洞口面积计算
双层木门(一玻一纱)	1.36	
双层木门(单裁口)	2.00	
单层全玻木门	0.83	
木百页门	1.25	
厂库大门	1.10	

表 4.26　木窗油漆工程量系数表

项　目　名　称	系数	工程量计算方法
单层玻璃木窗	1.00	按木窗洞口面积计算
双层木窗(一玻一纱)	1.36	
双层木窗(单裁口)	2.00	
三层木窗(二玻一纱)	2.60	
单层组合木窗	0.83	
双层组合木窗	1.13	
木百页窗	1.50	

表 4.27　木扶手油漆工程量系数表

项　目　名　称	系数	工程量计算方法
木扶手(不带托板)	1.00	按延长米(m)计算
木扶手(带托板)	2.60	
窗帘盒	2.04	
封檐板、顺水板	1.74	
挂衣板、木线条 100 mm 以外	0.52	
挂镜线、窗帘棍、木线条 100 mm 以内	0.35	

表 4.28　其他木材面油漆工程量系数表

项目名称	系数	工程量计算方法
木板、木夹板、胶合板天棚、门窗套	1.00	按长×宽计算
清水板条天棚、檐口	1.07	
木格栅吊顶天棚	1.20	
墙面、墙裙、天棚面、吸声板	1.00	
鱼鳞板墙	2.48	
窗台板、筒子板、盖板	1.00	
木间壁、木隔断	1.90	按单面外围面积计算
玻璃间壁露明墙筋	1.65	
木栅栏、木栏杆(带扶手)	1.82	
木屋架	1.79	跨度(长)×中高×$\frac{1}{2}$
梁柱面、衣柜、壁柜、零星木装修	1.00	按实刷展开面积计算

② 金属面油漆

金属面油漆包括钢门窗油漆和其他金属面油漆。其计算方法和系数详见表 4.29、表 4.30。

表 4.29　钢门窗油漆工程量系数表

项目名称	系数	工程量计算方法
单层钢门窗	1.00	按门窗洞口面积计算
双层钢门窗(一玻一纱)	1.48	
百页钢门	2.74	
半截百页钢门	2.22	
满钢门或包铁皮门	1.63	
钢折叠门	2.30	
射线防护门	2.96	按框(扇)外围面积计算
厂库房平开、推拉门	1.70	
铁丝网大门	0.81	
间壁	1.85	按长×宽计算
平板屋面(单面)	0.74	按斜长×宽计算
瓦垄板屋面(单面)	0.89	
排水、伸缩缝盖板	0.78	按展开面积计算

表 4.30 其他金属面油漆工程量系数表

项目名称	系数	工程量计算方法
钢屋架、天窗架、挡风架、屋架梁、支撑、檩条	1.00	按质(重)量以 kg 或 t 计算
墙架(空腹式)	0.50	
墙架(格板式)	0.82	
钢柱、吊车梁、花式梁、柱、空花构件	0.63	
操作台、走台、制动梁、钢梁车挡	0.71	
钢栅栏门、栏杆、窗栅	1.71	
钢爬梯	1.18	
轻型屋架	1.42	
踏步式钢扶梯	1.05	
零星铁件	1.32	

4.3.13 其他工程工程量计算规则

4.3.13.1 垂直运输及超高人工、机械降效工程量计算规则

(1) 建筑物垂直运输，超高人工、机械降效按脚手架章节综合脚手架计算规定计算面积。同一建筑物檐高不同时，不分结构(除单层工业厂房外)、用途分别按不同檐高项目计算。

(2) 构筑物垂直运输按座计算。

4.3.13.2 起重机基础工程量计算规则

(1) 起重机固定式基础按座计算。

(2) 起重机轨道式基础(双轨)按延长米(m)计算。

4.3.13.3 特、大型机械安拆及场外运输计算规则

特、大型机械安拆及场外运输按台次计算。

4.4 运用统筹法计算工程量

每一单位工程的施工图预算都要列出几十项，甚至百余项的分项工程项目。无论是按照预算定额顺序计算工程量，还是按照施工顺序计算工程量，都难以充分利用项目之间数据的内在联系，及时地编出预算，而且还容易出现漏项、重算和错算。为了及时准确地编出预算，运用统筹法原理，统筹安排工程量计算程序，可以提高预算质量，加快预算编制速度。

4.4.1 运用统筹法计算工程量的原理和基本要点

4.4.1.1 统筹法计算工程量的原理

统筹法是一种用来研究、分析事物内部固有规律及相互间依赖关系，从全局的角度，合理安排工作顺序，明确工作重心，以提高工作质量和效率的科学管理方法。

根据统筹法原理，对工程量计算全过程进行分析，可以看出各分项工程量之间具有各自的特点，也存在着内在的联系。如地槽挖土、墙基垫层、基础砌筑、墙基防潮、地圈梁、墙体的砌筑

等分项工程，都要计算长度和断面面积。而所有这些长度都与外墙中心线的长度($L_{中}$)以及内墙净长线的长度($L_{内}$)有关。又如平整场地、楼地面垫层、找平层、防潮层、面层，以及天棚和屋面等分项工程都和底层建筑面积(S)有关。再如外墙抹灰、勾缝、勒脚、明沟、散水以及封檐板分项工程，都和外墙外边线($L_{外}$)有关。从以上所列举的分项可以看出，各分项工程量的计算都各有特点，但都离不开墙体的长度(线)和底层建筑面积(面)。“线”和“面”是计算许多分项工程量的基数，在单位工程施工图预算工程量的计算中，要反复多次地进行应用。因此，根据预算定额和工程量计算规则，找出项目之间的内在联系，运用统筹法原理，统筹安排计算程序，从而把繁琐的工程量计算加以简化，总结出工程量计算统筹图。实践证明，运用统筹法计算工程量，可使工作达到简便、迅速、准确的要求。

4.4.1.2　统筹法计算工程量的基本要点

运用统筹法计算工程量的基本要点是：统筹程序，合理安排；利用基数，连续计算；一次算出，多次使用；结合实际，灵活机动。

(1) 统筹程序，合理安排

工程量计算程序的安排是否合理，关系到预算工作效率的高低快慢。过去预算工程量的计算，大多数是按施工顺序或定额顺序逐项进行计算，预制构件则按图纸顺序一张一张地计算。按统筹法计算，突破了这种习惯的计算方法。例如，卷材防水屋面工程量计算，共有屋面保温层、找平层、防水层三个分项工程。

按施工顺序和定额顺序计算，工程量计算次序是：

①—屋面保温层(m^3)／长×宽×平均厚→②—屋面找平层(m^2)／长×宽→③—屋面防水层(m^2)／长×宽→④

按统筹法计算工程量的程序是：

①—屋面防水层(m^2)／长×宽→②—屋面保温层(m^3)／长×宽×平均厚→④
②→③—屋面找平层(m^2)／长×宽

从上面的计算次序可以看出，运用统筹法计算工程量，可以避免重复计算，加快速度。

(2) 利用基数，连续计算

基数就是计算分项工程量时重复利用的数据，这些数据在工程量计算中起到依据作用。运用统筹法计算工程量的基数是“三线”和“一面”。

“三线”即为外墙中心线($L_{中}$)、内墙净长线($L_{内}$)和外墙外边线($L_{外}$)。

“一面”即为底层建筑面积(S)。

利用基数连续计算，就是根据设计图纸尺寸先计算出“三条线”的长度和“一个面”的面积作为基数，然后利用这些基数分别计算有关分项工程的工程量。利用基数把有关的计算项目集中起来计算，使前面项目的计算结果能应用于后面的计算中，从而减少重复劳动。

基数常常是若干个，如果基础断面、墙身厚度、墙身高度或砂浆标号不同，则外墙中心线和内墙净长线按图纸情况划分为若干个。如果外墙抹灰的材料部位、墙高等不同，则外墙外边线也应该划分为若干个。楼层建筑面积不同，则底层建筑面积也必须划分为若干个。

(3) 一次算出，多次使用

就是把在工程量计算中，凡是不能用“线”、“面”基数进行连续计算的项目，如常用的一些标准预制构件和标准配件的分项工程量，以及经常用到的系数，如砖基础的折加高度、人工挖地槽的断面面积、屋面坡度系数等等，预先集中一次算出，汇编成计算土建工程量手册，供计算工程量时使用，根据设计图纸中有关项目的数据，乘上手册中的有关数量或系数，得出所需要的分项工程量。

表 4.22 是手册中 G 133 基础梁编制的手册资料。下面举例说明手册的使用方法。

表 4.31　钢筋混凝土基础梁　　单位：根

序号	构件编号	200# 混凝土体积(m^3)	模板面积(m^2)	二次灌浆面积(m^2)	构件质量(t)	钢筋用量(kg)									
						Φ6	Φ8	Φ10	Φ16	Φ18	Φ20	Φ22	Φ25	$\underline{\Phi}$	总计
1	JL-1	0.94	7.50	0.008	2.35	0.40	9.80	7.40			29.30			$\frac{17.60}{29.30}$	46.90
2	JL-2	0.67	6.80	0.006	1.68	5.60	4.70		18.80					$\frac{10.30}{18.80}$	29.10
3	JL-3	0.67	6.80	0.006	1.68	5.60	4.70			21.3				$\frac{10.30}{21.30}$	31.60
4	JL-4	0.94	7.50	0.008	2.35	0.40	9.80	7.40				35.40		$\frac{17.60}{35.40}$	53.00
5	JL-5	0.67	6.80	0.006	1.63	0.30	9.60	7.40			29.30			$\frac{17.30}{29.20}$	46.50
6	JL-6	0.94	7.50	0.008	2.35	0.40	9.80	7.40					45.60	$\frac{17.60}{45.60}$	63.20
7	JL-7	0.94	7.50	0.008	2.35	0.40	14.40	11.10				53.0		$\frac{25.90}{53.00}$	78.90
8	JL-8	0.67	7.50	0.008	1.68	0.30	9.60	7.40				35.40		$\frac{17.30}{35.40}$	52.70
9	JL-9	0.84	7.50	0.008	2.10	0.40	8.80	6.70			26.80			$\frac{15.90}{26.80}$	42.70
10	JL-10	0.84	6.80	0.006	2.10	0.40	8.80	6.70				32.40		$\frac{9.90}{32.40}$	48.30
11	JL-11	0.60	6.90	0.008	1.50	5.10	4.30		17.20					$\frac{32.40}{17.20}$	26.60

【例 4.23】 某工程需 48 根 JL-1 基础梁，试计算混凝土的体积和钢筋的用量。

【解】 ① 混凝土体积 $=48\times0.94=45.12m^3$

② 钢筋用量 $=48\times46.90=2251.20kg$

其中　Φ6：$48\times0.40=19.20kg$

Φ8：$48\times9.80=470.4kg$

Φ10：$48\times7.40=355.2kg$

Φ20：$48\times29.30=1406.4kg$

(4) 结合实际，灵活机动

由于建筑工程结构造型、各楼房的面积大小以及各部位的装饰标准不尽相同，所以在计算工程量时要结合设计图纸情况，采用分段、分层、分块、补加补减和平衡近似法灵活机动进行计算。

① 分段法　如果基础断面不同，则地槽土方、基础垫层、基础应分段计算；内外墙有几种不同的墙厚，应分段计算；由于层数不同，墙的高度不同，则墙体的工程量应分段计算。

如某砖基础，外墙有①、②两个断面，内墙有③、④、⑤三个断面，则外墙长度应按①、②两个断面的长度分成两段，即 $L_{中-1}$、$L_{中-2}$，内墙按③、④、⑤三个断面的长度分成三段，即 $L_{内-3}$、$L_{内-4}$、$L_{内-5}$。

这样地槽工程量计算式"$L_{中}$×断面面积＋$L_{内}$×断面面积"就应该理解为"$L_{中-1}$×①断面＋$L_{中-2}$×②断面＋$L_{内-3}$×③断面＋$L_{内-4}$×④断面＋$L_{内-5}$×⑤断面"。

② 分层法　多层建筑或高层建筑各层楼的面积不等时，或墙厚和砂浆标号不同时，应分层计算。

③ 分块法　楼地面、天棚、墙面抹灰有多种材料时，应分块计算。先算小块，最后用总面积（即室内净面积）减去这些分块面积，即得较大的一种的面积。复杂工程常遇到这种情况。

④ 补加补减法　若建筑物每层的墙体总体积都相同，仅底层多（少）一隔墙，则可先按每层都没有（有）这一隔墙的相同情况计算，然后补加（减）这一隔墙的体积。

⑤ 平衡法和近似法　当工程量不大，或图纸复杂难以正确计算时，可采用平衡抵消或近似计算法计算。

运用统筹法计算工程量，单位工程全部分项工程项目都集中反映在一张统筹图上，既能看到整个工程量计算的全貌及重点，又能看到每个具体项目的计算式和前后项目之间的关系。使用统筹法可以减少看图时间和不必要的重复计算，加快工程量计算速度，提高工作效率。既有利于审核工程量计算是否正确，也有利于初学预算的人员掌握计算方法。但运用统筹法计算工程量，与定额顺序不合，从而增加了整理工程量的工作量。

4.4.2　册、线、面工程量计算统筹图的编制

为了运用统筹法计算工程量，首先应该根据统筹法原理、预算定额和工程量计算规则，编制工程量计算统筹图。通过图示的箭杆和节点展示出工程量计算的顺序，以及各分项工程量之间的共性和个性关系，依次连续地进行计算。

统筹图应根据各地区现行的预算定额和工程量计算规则进行编制。图 4.43 和表 4.32 是按国家编《建筑工程预算定额》（修改稿）编制的册、线、面工程量计算统筹图和计算顺序表。

编制统筹图时，首先把直接用册、线、面计算的项目，按册、线、面三条线进行分类排队，用粗横线连接，这些线叫主导线，这些项目叫连算项目，然后通过连算项目就可带算出其他项目，用斜线表示，这些项目叫带算项目。与连算项目或带算项目数量完全相同的项目，用竖线表示，称照抄项目（如图 4.43 所示）。经过统筹安排，使连算项目可以直接使用册、线、面进行计算，而带算项目和照抄项目使用册、线、面的数据，减少了重复计算。这时绝大多数项目已纳入册、线、面三条线中。

对于那些不能用册、线、面计算的项目，分别纳入册、线、面三条线内。如非标准的或不定型的构件都列入"册"这条线内。在"线"这条线中又将柱基、柱基垫层、柱身、轻质隔墙、台阶抹面以及柱、梁抹灰等项目纳入"三线"中，减少重复看图，也为后面计算提供方便。在"面"这条线中，在计算屋面工程量的同时，也列入木檩条、封檐板、屋面排水等项目。最后把册、线、面没有列入的零星项目，都列入统筹图的"其他"这条线内。

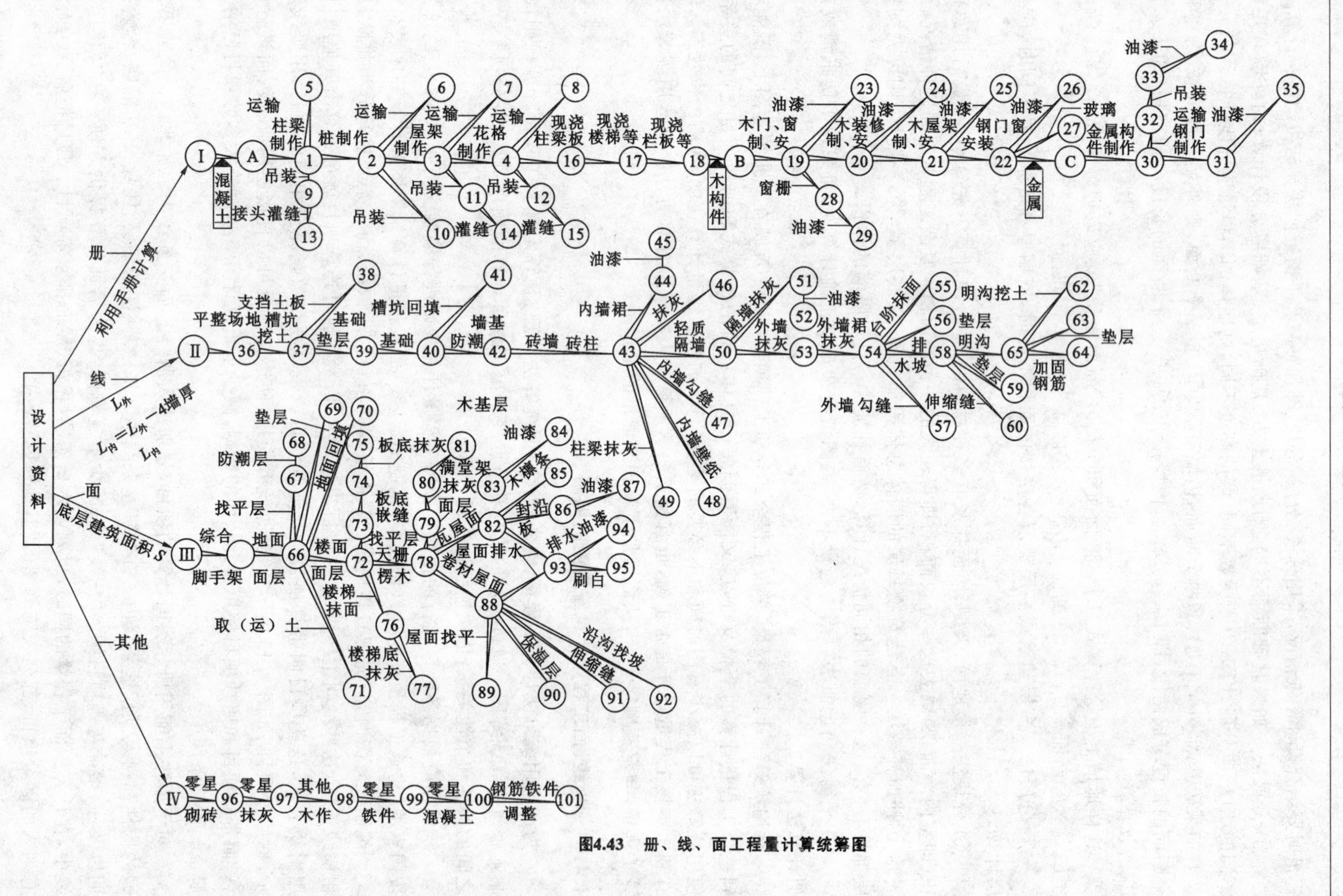

图4.43 册、线、面工程量计算统筹图

表 4.32 册、线、面工程量计算统筹图顺序表

统筹号	基数名称	项目名称	单位	计算式	备 注
	Ⅰ.利用手册计算				
	A.钢筋混凝土构件				
1		预制柱、梁制作	m^3	单件体积×件数	不包括围墙柱、过梁
2		预制桩制作	m^3	(设计长度×断面)×1.02	
3		预制屋架、刚架、板、檩条、天沟、小型构件、楼梯段、过梁、围墙柱等制作	m^3	单件体积×件数×1.015	
4		预制花格、门框、窗框制作	m^2	(单件面积×件数)×1.015	
5		柱、梁运输	m^3	同①	
6		桩运输	m^3	②括号×1.019	
7、8		其他所有构件运输	m^3	同⑧括号×1.013 花格运输工程量=序④括号×厚	不扣除空花体积
9		柱、梁安装	m^3	同①	
10		打预制桩	m^3	(设计长×断面)×1.015	
11、12		屋架、刚架、板等所有构件安装	m^3	(单件体积×件数)×1.005	
13～15		所有构件接头灌缝	m^3	单件体积×件数	
16		现浇基础、设备基础、柱、梁、墙、板门框、台阶、挑檐、压顶、池槽等	m^3	按实浇体积计算	
17		现浇楼梯、阳台、雨篷	m^2	按水平投影面积计算	
18		现浇栏板、栏杆	m	按延长米计算	
	B.木构件				
19		木门窗制作、安装	m^2 m^2	有框:门(窗)框外围面积×樘数 无框:门(窗)扇外围面积×扇数	
20		木装修制作、安装	m^2 m m m m^2 m m m	窗台板:(框宽度+0.1)×宽×樘数 挂镜线:按延长米计算 窗帘盒(框宽度+0.3)×樘数 门窗贴脸:门窗外围长度×樘数 筒子板:框外围长度×墙厚×樘数 披水条:窗框宽度×樘数 盖口条:门窗扇高 木扶手:全部水平投影长度×1.15	宽度可按凸出墙面 5cm 计算
21		木屋架制作、安装	m^3	竣工木料计算(包括木夹板、垫木、风撑、挑檐木)	

续表 4.32

统筹号	基数名称	项目名称	单位	计算式	备　注
22		钢门(窗)安装	m^2	框外围面积×樘数	成品钢门窗包括贴脸盖口披水条
23		木门、窗油漆	m^2	框(扇)外围面积×樘数×工程量系数	
24		木装修油漆	m m^2	只计算木扶手、窗帘盒、挂镜线 筒子板、窗台板	
25		木屋架油漆	m^2	跨长×中高×1/2×1.77	
26		钢门(窗)油漆	m^2	框外围面积×樘数×工程量系数	木窗窗栅
27		钢门(窗)安玻璃	m^2	按安玻璃部分的框外围×樘数	
28		铁窗栅制作、安装	m^2	框外围面积×樘数	
29		铁窗栅油漆	t	理论质量计算	
	C.金属构件				
30		钢柱、梁、屋架、檩条、栏杆、全板钢门、变压器门等制作	t	理论质量计算	
31		射线防护钢门、铁丝网门制作	m^2	扇框外围面积×樘数	
32		金属构件运输		同㉚	
33		金属构件安装		同㉚	
34		钢柱、梁、屋架、檩条等油漆 钢门油漆		㉚×工程量系数 ㉛×工程量系数	
35	Ⅱ. 利用 $L_{中}$、$L_{内}$、$L_{外}$				
36	计算	人工、机械平整场地	m^2	$S+L_{外}\times2+16$	
37		人工挖地槽、地坑	m^3	地槽:$L_{中}$×断面+$L_{内}$×断面+垛等体积,地坑:[(长+2×工作面+放坡宽)×(宽+2×工作面+放坡宽)×深+角体积]×坑数	$L_{内}$ 为槽底净长
38		地槽、地坑支挡土板	m^2	按施工组织设计垂直支撑面积计算	
39		基础垫层	m^3	墙:$L_{中}$×断面+$L_{内}$×断面+垛等体积,柱:(长×宽×深)×个数	$L_{内}$ 为内墙垫层净长
40		砖、石基础	m^3	墙基:$L_{中}$×断面+$L_{内}$×断面	
41		地坑回填夯实	m^3	(㊲一室外地坪以下基础、构筑物等)	
42		墙基防潮层	m^2	墙基:$L_{中}$×宽+$L_{内}$×宽+垛长×宽,柱基:长×宽×个数	
43		墙体、柱	m^3	砖外墙:[($L_{中}$×高+外山尖)一外门窗]×厚一嵌入外墙圈、过、柱+女儿墙、垛等 砖内墙:[($L_{内}$×高+内山尖)一内门窗]×厚一嵌入内墙圈、过、柱+垛、附墙烟囱	

续表 4.32

统筹号	基数名称	项目名称	单位	计算式	备 注
				砖柱基:[(长×宽×深)+放脚体积]×个数 砖柱:柱断面×高×根数	
44		内墙裙	m^2	长×高−门窗面积+垛侧壁面积 木墙裙:净长×净高−门窗面积	(抹灰墙裙)
45		内墙裙油漆	m^2	抹灰面㊹ 木材面㊹×0.9	
46		内墙面抹灰	m^2	($L_中$×高−外门窗面积+外山尖+$L_内$×高−内门窗面积+内山尖×2)−墙裙	有天棚时则山尖面积不计。规则为展开面积加垛侧壁
47		内墙、柱原浆(加浆)勾缝	m^2	[$L_中$×高+($L_内$×高)×2]−㊹、㊻+柱周长×高×根数	
48		内墙面贴壁纸	m^2	实铺面积	
49		独立柱梁抹灰	m^2	展开面积	
50		轻质隔墙、间壁、隔断	m^2	隔墙、间壁:长×高−门窗 面积隔断:长×高	包括门扇面积
51		轻质隔墙、间壁、隔断抹灰	m^2	同㊿	
52		轻质隔墙、间壁、隔断油漆	m^2	㊻×工程量系数	套木门窗定额
53		外墙面抹灰	m^2	全部:$L_外$×高+外山尖−门窗+门窗、垛侧;局部:按实计算	
54		外墙裙(勒脚)抹灰	m^2	($L_外$−台阶长)×高	
55		台阶、坡道抹面	m^2	水平投影面积	
56		台阶、坡道垫层	m^3	长×宽×厚	
57		外墙原浆(加浆)勾缝	m^2	$L_外$×高−53−54+柱周长×高×根数	
58		排水坡	m^2	($L_外$−台阶长+4坡宽)×坡宽	
59		排水坡垫层	m^2	58×厚	
60		地面伸缩缝	m	按图示长度计算	
61		明沟	m	有檐:$L_外$+8檐宽 无檐:$L_外$+8×(坡宽+$\frac{1}{2}$沟宽)	
62		明沟挖土	m^3	61×断面	
63		明沟垫层	m^3	61×断面	高为平均高度
64		砌体内加固钢筋	t	钢筋砖带:($L_中$+内墙实长×接头系数×根数×每米重量)墙、柱、板拉结筋:(图示长度+弯钩长×根数×每米重量) 其他加固筋:按实计算	

续表 4.32

统筹号	基数名称	项目名称	单位	计算式	备　注
	Ⅲ.利用底层面积计算				
65		综合脚手架	m^2	建筑面积	
66		地面面层	m^2	水泥砂浆、混凝土面[$S-(L_{中}$×墙厚＋$L_{内}$×墙厚)]－构筑物设备基础等;水磨石、块料按图示尺寸计算	S_0 为净面积
67		地面找平层	m^2	同⑥⑥	包括 50cm 以内立面面积
68		地面防潮层	m^2	同⑥⑥	
69		地面垫层	m^3	⑥⑥×厚	
70		地面回填夯实	m^3	⑥⑥×厚	
71		人力取(运)土	m^3	运土＝总挖土量－总回填量 取土＝总回填量－总挖土量	1.按原土计算挖土工程量 2.场地狭小按实际情况计算
72		楼面面层	m^2	(S_0 为一层楼梯水平投影面积)×楼层数	楼层数＝层数－1
73		楼面找平层	m^2	同⑦②	
74		楼板底勾缝	m^2	同⑦②	
75		楼板底抹灰	m^2	同⑦②	钢筋混凝土梁两侧并入计算
76		楼梯抹面	m^2	一层楼梯水平投影面积×(楼层数－1)	
77		楼梯底抹灰	m^2	有斜平顶⑦⑥×1.1 无斜平顶⑦⑥×1.5	
78		天棚楞木	m^2	四坡水:$S_0+L_{外}$×檐宽＋4×檐宽×檐宽 二坡水:S_0＋2×(纵墙长＋檐宽)×檐宽 天棚斜楞:2×(山墙边长＋2×檐宽)×檐宽×斜面系数	
79		天棚面层	m^2	同⑦⑧	
80		天棚抹灰	m^2	同⑦⑧	
81		天棚满堂脚手架	m^2	水平投影面积	超过 3.6m 抹灰天棚板、天棚
82		瓦屋面、铁皮屋面	m^2	($S+L_{外}$×檐宽＋4×檐宽×檐宽)×斜面系数	
83		屋面木基层	m^2	同⑧②	
84		屋面板、檩条、油漆	m^2	⑧②×1.1	

续表 4.32

统筹号	基数名称	项目名称	单位	计算式	备 注
85		木檩条	m^3	简支檩:(屋架或山墙中距＋0.2)×断面×根数 连续檩:总长度×断面×1.05 四坡水:$L_{外}$＋8×檐宽	包括无屋架的单独挑檐木
86		封檐板	m^2	二坡水:2×[(纵墙长＋2×檐宽)＋(山墙长＋2×檐宽)×斜面系数＋0.5×2]	
87		封檐板油漆	m^2	(86)×1.70	
88		卷材屋面	m^2	($S_{屋}$＋$L_{外}$×檐宽＋4×檐宽×檐宽)×斜面系数＋弯起部分	
89		屋面找平层	m^2	同(88)	
90		屋面保温层	m^3	((88)－弯起部分)×平均厚	
91		屋面伸缩缝	m	按实计算	
92		天沟找坡	m^3	长×宽×平均厚	
			m^2	铁皮排水按展开面积计算	
			m	石棉水泥排水:水落管、檐沟按延长米计算	
93		屋面排水	个	石棉水泥排水:水斗按个计算	
			m	铸铁水落管按延长米计算	
			个	铸铁落水口、水斗、弯头按个计算	
94		铁皮排水油漆	m^2	按展开面积计算	
95		刷(喷)白	m^2	按实刷面积计算	
	Ⅳ.零星项目				
96		零星砖砌体	m^3	厕所、蹲台、小便槽、水槽腿、垃圾箱、台阶、花台、花池、房上烟囱、毛石墙窗台立边、虎头砖以 m^3 计算	
		炉灶、灶台	m^3	外形体积	
		暖气沟、地沟	m^3	按实体积计算	
		墙面伸缩缝	m	按图计算	
97		零星抹灰	m^2	挑檐、天沟、腰线、栏杆、扶手、门窗套、窗台线、压顶线、按展开面积计算 阳台、雨篷按水平投影面积计算 栏板、遮阳板按展开面积计算	定额包括底面、上面、侧面、牛腿全部抹灰
98		零星木作	m^2	木盖板:长×宽×块数 木地格子:长×宽×块数	
99		零星铁件	t	暖气罩:垂直投影面积×个数	
100		零星混凝土	m^3	按图计算	
101		钢筋、铁件调整	t	按图计算	

经过这样一番设计安排后，再在箭杆上面标明分项工程名称、计量单位，也可以标明定额编号，在箭杆上标明按计算规则列出计算式和有关规定的附注。这样，一张工程量计算统筹图就编制完成了。

4.4.3 统筹图的应用

在运用统筹图计算工程量时，总的顺序按册、线、面（Ⅰ、Ⅱ、Ⅲ）进行，其他（Ⅳ）可灵活穿插在前“三线”中。每一个具体项目，原则上按顺序号，但个别的也可按实际情况前后调整。如油漆项目可在其他项目都算完并整理后再一次计算。基数的计算，可在Ⅰ线以前，也可以在Ⅰ线之后。

在工程项目计算上，施工图中有项目的就算，没有项目的就跳过不计算，如在施工图中有的项目，而在统筹图中没有，就应补充计算（这是极少数情况）。计算时，还要注意以下问题：

(1) 基数一定要准确，要善于选择和确定基数，否则，影响面较大。如选择不恰当，将引起计算上的混乱，导致重复计算。如常见的高低跨之间的墙，一般按外墙（$L_{中}$）计算。又如外走廊的墙，一般根据设计要求，清水墙列入 $L_{中}$ 计算，混水墙列入 $L_{内}$ 计算。

(2) 基数常常是若干个，不能理解只有三线一面 4 个基数。由于基数增多，相应的算式也增多。

(3) 在主导线上斜竖线发射较多处的连算项目，也要注意准确性，因为其影响面也较大。

在工程量计算过程中，还需要结合施工图纸，灵活正确地计算工程量。

小　　结

本章主要讲述工程量的概念、计算的一般要求、计算方法和计算步骤；建筑面积计算规范、各主要分部工程量计算规则、计算公式和计算实例；运用统筹法原理计算工程量等。现就其基本要点归纳如下：

(1) 工程量是指以物理计量单位或自然计量单位所表示的各分项工程或结构构件的实物数量。建筑工程量是计算和确定建筑工程造价、加强企业经营管理、进行经济核算的重要依据。在建筑工程造价的编制中，建筑工程量计算所占的工作量最大，所需要的时间最长。因此，工程量计算的准确和及时与否，直接影响工程造价编制的质量和速度。

(2) 工程量计算规则是整个工程量计算的法规和指南，它是正确计算工程量和编制工程造价的重要依据。土建工程量计算规则，包括建筑面积计算规范和土石方工程、砌筑工程、混凝土与钢筋混凝土工程等 13 个分部工程量计算规则。为统一一计算口径，国家规定任何单位与个人在编制工程造价时，都必须严格按照计算规则计算工程量，这样才能正确地计算出工程数量及选用定额，才能正确地计算工程造价及工料的消耗数量。

(3) 统筹法是提高工作效率和质量的一种科学管理方法，要提高工程造价的编制效率，缩短工程量计算的时间是关键，而运用统筹法原理计算工程量，统筹安排计算程序，就可以加快工程造价编制速度，提高造价编制质量。其基本要点是：统筹程序，合理安排；利用基数，连续计算；一次算出，多次使用；结合实际，灵活机动。实践已经证明，统筹计算工程量，可使工程造价编制工作达到简便、迅速、准确的要求。

通过本章的学习，要了解工程量的概念、计算方法和计算步骤，熟悉和掌握建筑面积计算规范、各分部工程量计算规则及计算公式。上述学习要求不仅是本章的学习要点，也是本章的学习难点。

复习思考题

4.1 什么是工程量？它有哪些重要作用？

4.2 计算工程量时应注意哪些事项？

4.3 工程量的计算程序是怎样的？

4.4 房屋哪些部位应该计算建筑面积？哪些部位不应该计算建筑面积？

4.5 土方工程量计算前应掌握和熟悉哪些计算资料？

4.6 什么是平整场地、地槽、地坑和挖土方？

4.7 某工程，地槽长 153 m，深 2.3 m，槽底宽 1.8 m，三类土，试计算该工程挖土工程量(考虑放坡，并画出基槽断面示意图)。

4.8 某基坑混凝土垫层尺寸为 1270 mm×1395 mm×200 mm，挖土深度为 1.8 m。试计算该基坑的土方开挖工程量(考虑工作面，土壤为三类土)。

4.9 在什么情况下套用综合脚手架定额？在什么情况下套用单项脚手架定额？

4.10 实砌砖墙体工程量计算中哪些应扣除？哪些不应扣除？为什么？山尖、砖垛、附墙烟囱、垃圾道、女儿墙该如何计算？

4.11 试计算砖柱基断面为 490 mm×615 mm，柱基高度为 1.8 m，大放脚为等高 5 层的 3 个砖柱基工程量。

4.12 钢筋混凝土基础、柱、梁、板、墙的工程量如何计算？

4.13 现浇钢筋混凝土楼梯、阳台、雨篷、栏板、扶手的工程量如何计算？

4.14 预制钢筋混凝土构件工程量一般要列哪几项？为什么？

4.15 计算下列预应力钢筋混凝土空心板的制作、运输、安装工程量。

YKB—2753　　50 块　　0.0738 m^3/块

YKB—3363　　20 块　　0.1098 m^3/块

4.16 什么叫钢筋的量差和价差？为什么会发生钢筋量差和价差的调整？钢筋量差和价差的调整如何计算？

4.17 什么叫钢筋接头系数？在什么情况下使用？

4.18 钢筋混凝土构件钢筋(铁件)的总消耗量如何计算？在什么情况下要计算构件综合损耗率？构件综合损耗率的含义是什么？

4.19 钢筋混凝土预制构件的制作工程量、运输工程量、安装工程量之间有什么关系？

4.20 金属构件工程量如何计算？

4.21 金属构件的制作工程量、运输工程量、安装工程量之间有什么关系？

4.22 坡屋面的工程量如何计算？屋面坡度系数的含义是什么？

4.23 内墙面、外墙面、天棚抹灰的工程量如何计算？

4.24 运用运筹法原理计算工程量的基本要点是什么？怎样理解其含义？

4.25 运用运筹法原理计算工程量的步骤有哪些？

5 建筑工程施工图预算

本章提要

本章主要讲述施工图预算的内容与作用;建筑工程施工图预算的编制原则、编制依据与编制步骤;建筑工程施工图预算编制实例。

建筑工程造价的编制,在前面的章节中已经作了比较详细的介绍,按照国家的现行规定,有"定额计价"和"工程量清单计价"两种计价报价模式。"定额计价"主要是根据施工图纸、预算定额、计费标准、施工组织设计等进行计算与编制的,并据此作为建筑工程项目计价与报价的依据;"工程量清单计价"主要是根据业主(建设单位)提供的招标文件(含施工图纸)、工程量清单、施工方案、材料价格市场信息等进行计算与编制的,也据此作为建筑工程项目计价与报价的依据。现就施工图预算及其编制实例(即定额计价编制实例)分别介绍如下。

5.1 施工图预算及其编制

5.1.1 施工图预算的内容与作用

5.1.1.1 施工图预算的内容

施工图预算是施工图设计预算的简称。施工图预算是业主(建设单位)或承包商(建筑施工企业)在施工图设计完成后,根据设计图纸、现行预算定额(或计价定额)、费用定额、施工组织设计,以及地区人工、材料、施工机械台班等的预算价格而编制和确定的建筑安装工程造价的经济技术文件。

施工图预算是在完成工程量计算的基础上,按照设计图纸的要求和预算定额规定的分项工程内容,正确套用和换算预算单价,计算工程直接费,并根据各项取费标准,计算间接费、利润、税金和其他费用,最后汇总计算出单位工程预算造价。一份完整的单位工程施工图预算书应由下列内容组成:

(1) 封面

封面主要是反映工程概况。其内容一般有建设单位名称、工程名称、结构类型、结构层数、建筑面积、预算造价、单方造价、编制单位名称、编制人员、编制日期、审核人员、审核日期及预算书编号等。

(2) 编制说明

编制说明主要是说明所编预算在预算表中无法表达,而又需要使审核单位(或人员)必须了解的相关内容。其内容一般包括:编制依据,预算所包括的工程范围,施工现场(如土质、标高)与施工图纸说明不符的情况，对业主(建设单位)提供的材料与半成品预算价格的处理，施工图纸的重大修改，对施工图纸说明不明确之处的处理，深基础的特殊处理，特殊项目及特殊材料补充单价的编制依据与计算说明，经业主与承包商双方同意编入预算的项目说明，未定事项及其他应予以说明的问题等。

(3) 费用汇总表

该表是指组成单位工程预算造价各项费用计算的汇总表。其内容包括：基价直接费、综合费(包括其他直接费、临时设施费、现场管理费、企业管理费、财务费用等)、利润、材料价差调整、各项税金和其他费用。

(4) 分部分项工程预算表

分部分项工程预算表是指各分部分项工程直接费的计算表(有的含工料分析表)，它是施工图预算书的主要组成部分，其内容包括：定额编号、分部分项工程名称、计量单位、工程数量、预算单价及合价等。有些地区还将人工费、材料费和机械费在本表中同时列出，以便汇总后计算其他各项费用。

(5) 工料分析表

该表是指分部分项工程所需人工、材料和机械台班消耗量的分析计算表。此表一般与分部分项工程表结合在一起，其内容除与分部分项工程预算表的内容相同外，还应列出各分项工程的预算定额工料消耗量指标和计算出相应的工料消耗数量。

(6) 材料汇总表

该表是指单位工程所需的材料汇总表。其内容包括材料名称、规格、单位、数量等。

5.1.1.2　*施工图预算的作用*

施工图预算在整个工程建设中具有十分重要的作用，现归纳如下：

(1) 施工图预算是计算和确定单位工程造价的依据；

(2) 施工图预算是控制单位工程造价和控制施工图设计不突破设计概算的重要依据；

(3) 在建设工程招投标中，施工图预算是业主(建设单位)编制工程标底的依据，也是承包商(建筑施工企业)投标报价的基础；

(4) 施工图预算是编制或调整固定资产投资计划的依据，也是业主(建设单位)办理工程决算的基础。

施工图预算中的工程量，是依据施工图纸和现场的实际情况计算出来的，工程建设中所需活劳动与物化劳动的消耗量是按照预算定额用量分析计算的，它反映了一定生产力水平下的社会平均消耗量。因此，计算出的工程量和活劳动及物化劳动消耗量，可作为建筑施工编制劳动力计划、材料需用量计划、施工备料、施工统计、工程结算的依据。施工图预算中的直接费、综合费是建筑施工企业生产消耗的费用标准，这些标准又是建筑施工企业进行经济核算和“两算”对比的基础。

5.1.2　施工图预算的编制

5.1.2.1　*施工图预算的编制原则*

施工图预算是承包商(建筑施工企业)与业主(建设单位)结算工程价款的主要依据，是一项工作量大，政策性、技术性和时效性很强而又十分复杂细致的工作。编制预算时必须遵循以下原则：

(1) 必须认真贯彻国家现行有关预算编制的各项政策及具体规定；

(2) 必须认真负责、实事求是地计算工程造价,做到既不高估多算重算,又不漏项少算;

(3) 必须深入了解、掌握施工现场情况,做到工程量计算准确,定额套用合理。

5.1.2.2 施工图预算的编制依据

施工图预算应按照以下的依据进行编制:

(1) 施工图纸、说明书和有关标准图

施工图纸是计算工程量和进行预算列项的主要依据。预算部门与人员,必须具备经业主(建设单位)、设计单位和承包商(建筑施工企业)共同会审的全套施工图纸、设计说明书和上级更改通知单,以及经三方签章的图纸会审记录和有关标准图。

(2) 施工组织设计或施工方案

编制预算时,需要了解和掌握影响工程造价的各种因素,如土壤类别、地下水位标高、是否需要排水措施、土方开挖是采用人工还是机械施工,是否需要留工作面,是否需要放坡或支挡土板,余土或缺土的处置,地基是否需要处理,预制构件是采取工厂预制还是现场预制,预制构件的运输方式和运输距离,构件吊装的施工方法,采用何种吊装机械等。上述问题在施工组织设计或施工方案中一般都有明确的规定与要求,因此,经批准的施工组织设计或施工方案,是编制预算必不可少的依据。

(3) 预算定额及地区材料预算价格

预算定额是编制施工图预算时确定各分项工程单价,计算工程直接费,确定人工、材料和机械台班等消耗量的主要依据。预算定额中所规定的工程量计算规则、计量单位、分项工程内容及有关说明,都是编制施工图预算时计算工程量的依据,地区材料预算价格(包括材料市场价格信息)是计算材料费用、进行定额换算与补充不可缺少的依据。

(4) 建设工程费用定额和材料价差调整规定

国家或地方颁发的建设工程费用定额是编制预算时计算综合费、利润、税金及其他费用等的依据。材料价差调整的有关规定是编制预算时计算材料实际价格与预算价格差额的依据。具体的调整办法按各地区的规定执行。

(5) 其他工具性资料与计算手册

工程量计算和补充定额的编制,要用到一些系数、数据、计算公式和其他有关资料,如钢筋及型钢的单位理论质(重)量、原木材积、屋架杆件长度系数、砖基础大放脚折加高度、各种形体计算公式、各种材料的容重等。这些资料和计算手册,都是编制预算时不可缺少的计算依据。

5.1.2.3 施工图预算的编制步骤

施工图预算的编制步骤如下:

(1) 熟悉图纸资料,了解现场情况

在编制预算前,首先要熟悉施工图纸设计说明和各张图纸之间的关系,以了解工程全貌和设计意图。对图纸中的疑点、矛盾、差错等问题,要随时做好记录,以便图纸会审时提出,求得妥善解决。同时还要深入施工现场,了解现场实际情况与施工组织设计所规定的措施及方法,上述都是正确确定分项工程项目和预算单价的重要依据。

(2) 计算工程量

工程量计算是施工图预算编制的一项基础工作,也是预算编制诸环节中最重要的环节。在整个预算编制过程中,计算工程量的工作量最大,花费的时间也最长。工程量计算应根据施工图纸、施工组织设计、工程量计算规则、预算定额项目的工作内容等,采用“工程量计算表”逐项进行计算。工程量计算的快慢和正确与否,直接关系到预算编制的及时性和正确性。因此,必须认真、仔细地做好这项工作。

(3) 套用定额

当工程量计算完毕之后，应按照预算定额的分部分项顺序，逐项地填写在工程预算表中，然后套用相应定额的单价及工料消耗指标，并计算出各分项工程直接费和工料消耗数量。

分项工程直接费＝分项工程单价×分项工程量

(4) 计算工程综合费

工程综合费包括其他直接费、临时设施费、现场管理费、企业管理费和财务费用。将上述工程预算表中所有分项工程的合价累加起来，即得出单位工程直接费，然后按照各地区统一规定的费率及计算方法，计算该项工程综合费。

工程综合费＝定额直接费×地区规定的综合费费率

(5) 计算劳动保险费

劳动保险费＝定额直接费×地区规定的劳动保险费费率

(6) 计算利润

利润＝定额直接费×地区规定的利润费率

(7) 计算其他费用

其他费用是指应列入工程造价中的各项费用，如定额管理费、允许按实计算的费用、材料价差调整及税金等。

(8) 计算单位工程总造价

将上述计算出来的各项费用相加，即得到该项目的工程总造价。

(9) 计算技术经济指标

技术经济指标主要包括单位平方米造价，单位平方米钢材、木材、水泥消耗量等。

5.2 建筑工程施工图预算编制实例

5.2.1 ××住宅楼设计图纸及说明

5.2.1.1 工程概况

××住宅楼工程概况如下：

(1) 住宅楼工程为7层砖混结构，横墙承重，共设置3道圈梁，建筑面积为1583 m^2。

(2) 基础为M5水泥砂浆条石基础，地基做C15混凝土垫层，并设置一道C15钢筋混凝土现浇地圈梁。

(3) 墙体采用黏土砖砌筑，设计标高12.00 m以下用M7.5水泥砂浆砌筑，12.00 m以上用M5混合砂浆砌筑。

(4) 屋面为双层上人屋面，刚性防水，建筑找坡，并设有架空屋面隔热板。

(5) 楼地面均为1∶2.5水泥豆石浆面层。

(6) 装饰除外墙局部贴玻璃马赛克外，其余均为一般抹灰，具体做法详见施工图纸。

(7) 现浇钢筋混凝土构件为C30混凝土，预制钢筋混凝土构件为C30混凝土，预应力钢筋混凝土空心板为C30混凝土。

(8) ××住宅楼工程的具体做法与要求详见设计说明和图5.1～图5.11。

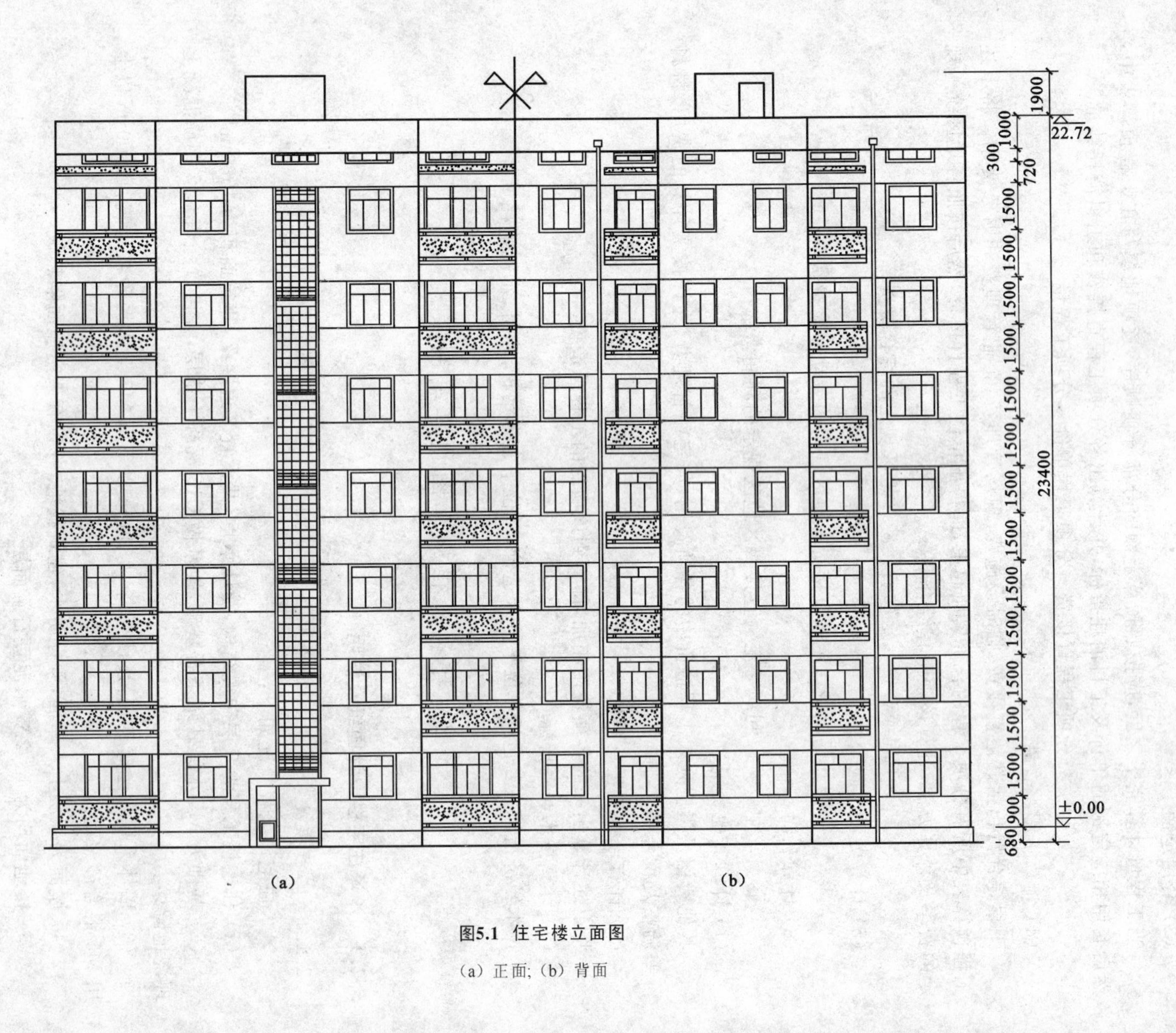

图5.1 住宅楼立面图

(a) 正面; (b) 背面

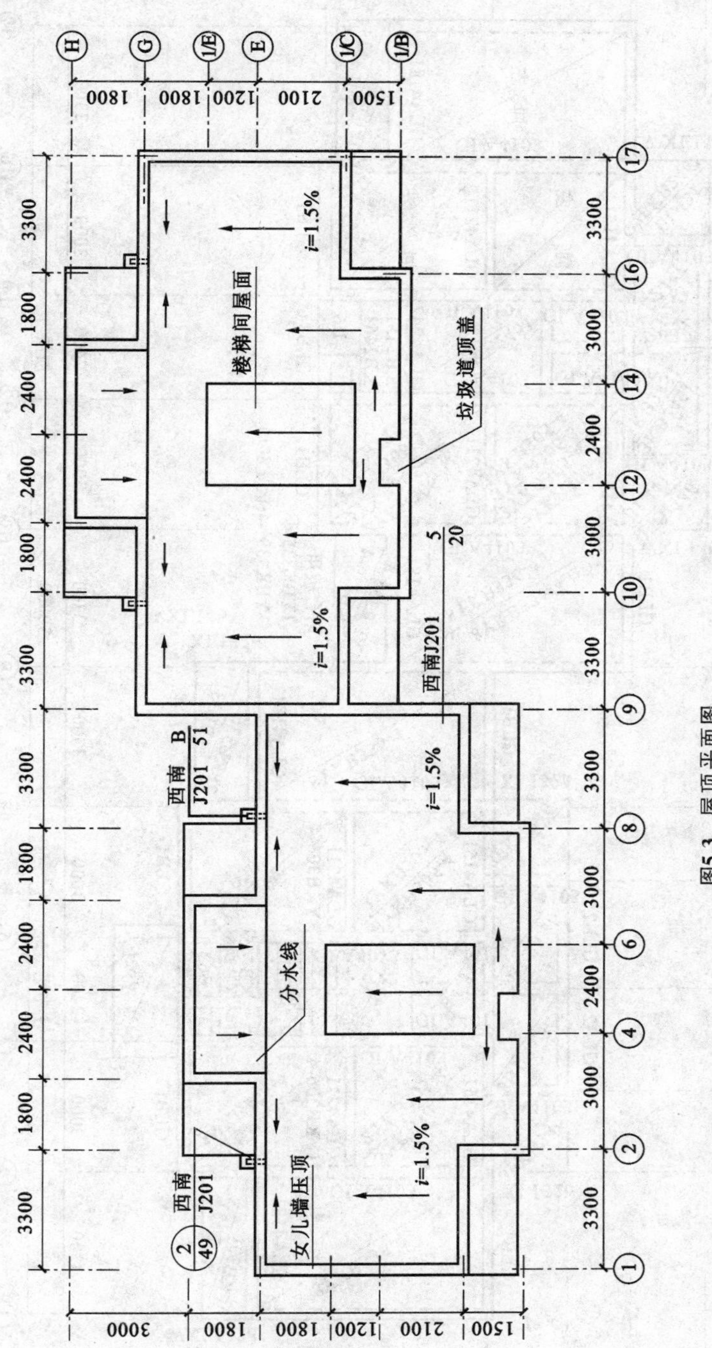

图5.3 屋顶平面图

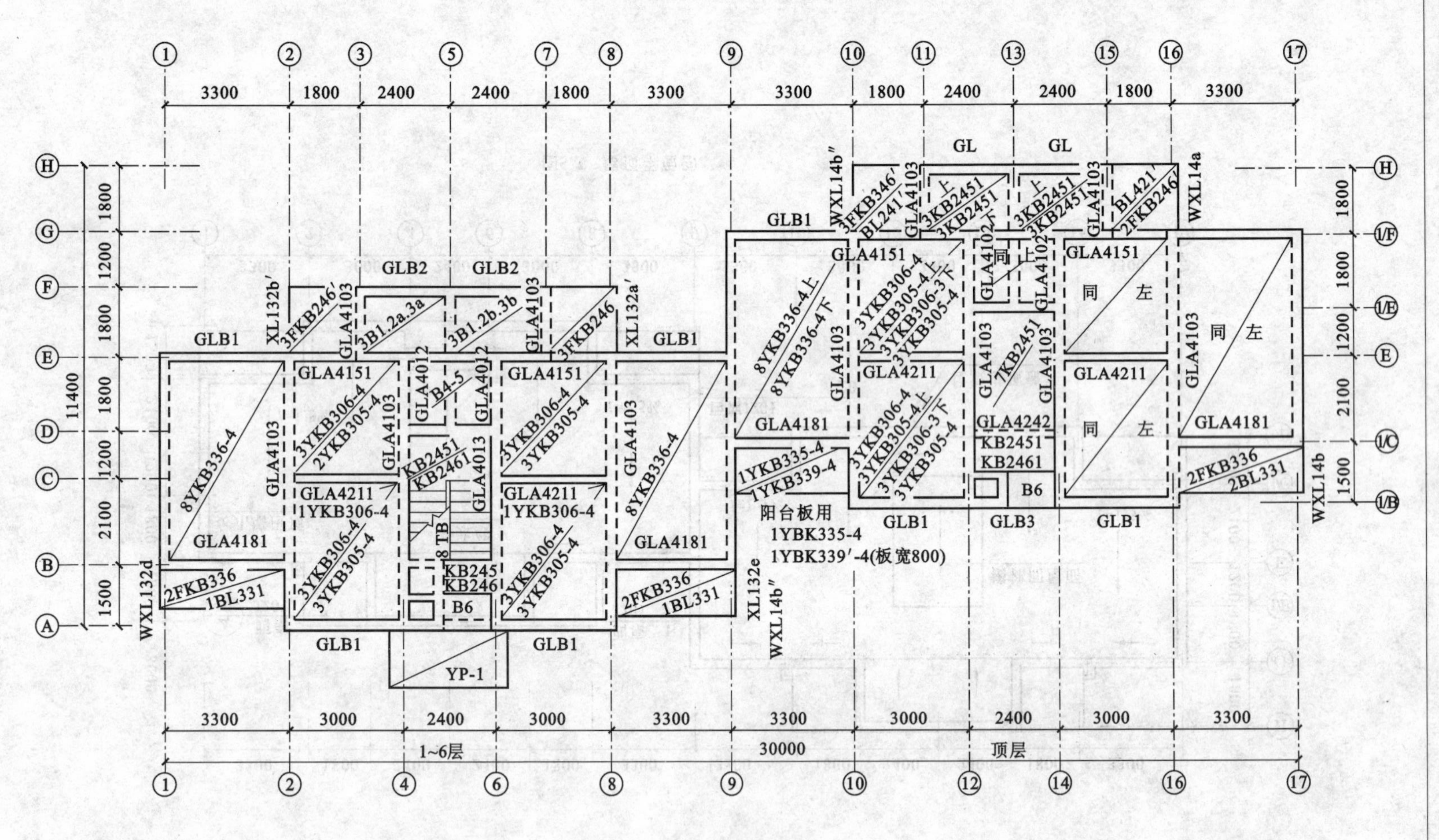

图5.4　楼层结构平面布置图

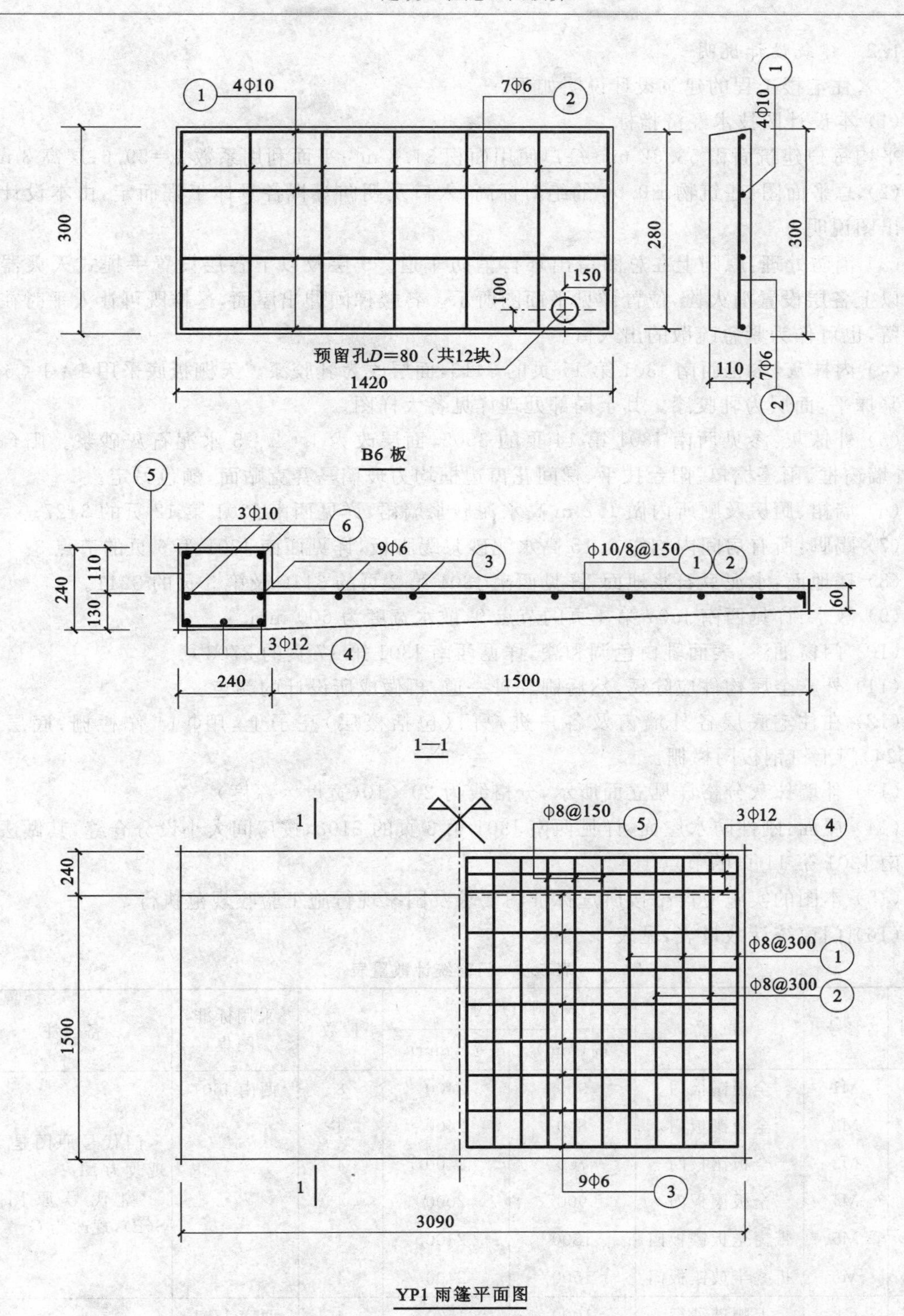

图5.11 雨篷、B6板配筋图

5.2.1.2 建筑设计说明

××住宅楼工程的建筑设计说明如下。

(1) 本设计图技术经济指标

平均每户建筑面积 53.32 m²；每户使用面积 31.8 m²；平面利用系数 k=59.6；层高 3 m。

(2) 总平面图：建筑物±0.00 的绝对标高、入口及朝向等视各具体工程而定，由本设计单位另出图说明。

(3) 消防处理：原则上在总图留出环行消防车道。5 层及以下各层设置手提式灭火器，6 层及以上各层设置消火栓，位置详见平面图所示。各楼梯间伸出屋面，这样既可让人平时在屋面逗留，也可作为紧急疏散的出入口。

(4) 内抹灰：参见西南 J301 第 11 页的 3413，面层改为乳胶漆。天棚板底采用 1∶1∶6 混合砂浆抹平，面层为乳胶漆。其余局部处理详见各大样图。

(5) 外抹灰：参见西南 J301 第 14 页的 3505，面层改为 1∶2∶5 水泥石灰砂浆。阳台栏板、外墙窗框、雨篷檐口、阳台扶手、梯间花窗边框均为玻璃马赛克贴面，颜色另定。

(6) 墙裙、厨房及厕所内做 1.2 m 高水泥砂浆墙裙，详见西南 J301 第 12 页的 3427。

(7) 踢脚：所有房间内均作 0.15 高水泥砂浆踢脚板，详见西南 J301 第 6 页的节点 3。

(8) 楼地面：水泥豆石浆地面，详见西南 J301 第 2 页的 3110 及第 3 页的 3211。

(9) 散水：详见西南 J801 第 4 页的节点 9，散水宽度为 600 mm。

(10) 门窗油漆：表面乳白色调和漆，详见西南 J301 第 17 页的 3703。

(11) 外露金属构件应除锈，然后刷红丹一道，再做成所设计的颜色。

(12) 在住宅底层各外墙窗及各户进户门(包括楼层)亮子上，用Φ 14 作栏栅；底层 M(X1524)门上钉钢板网栏栅。

(13) 外墙抹灰分格详见立面所示，分格线为 20×10(宽度×深度)。

(14) 屋面：刚性防水屋面，详见西南 J301 第 3 页的 2103，按房间大小设分仓缝，其做法详见西南 J201 第 11 页的节点 1 d。

(15) 本图的实施应严格按所选标准图要求及国家现行施工验收规范执行。

(16) 门窗统计数量表，见表 5.1。

表 5.1 门窗统计数量表

类别	编号	名称	洞口尺寸		樘数	采用标准图集	备注
			高(mm)	宽(mm)			
门	M1	全板镶板门	900	2400	8	西南 J601	门代号原图是 X，现改为 M；窗代号原图是 S(B)，现改为 C
	M2	全板镶板门	800	2400	4		
	M3	全板镶板门	700	2400	4		
	M4	全板镶板门	900	2000	4		
	M5	带窗全板镶板门	1800	2400	4		
	M6	折叠半玻镶板门	1500	2400	4		
窗	C1	上腰玻纱窗	1000	1500	4	西南 J701	
	C2	上腰玻纱窗	1500	1500	8		
	C3	玻璃窗	600	1000	4		

5.2.1.3 结构设计说明

××住宅楼工程的结构设计说明如下：

(1) 本图尺寸除标高以 m 为单位表示外，其余均以 mm 为单位。

(2) 墙身材料。采用黏土砖，相对标高在 12.0 以下用 M10 混合砂浆砌筑，12.0 以上用 M5 混合砂浆砌筑。

(3) 混凝土预制构件。凡采用标准图的构件应按相应图册的要求制作，其余构件均采用 C20 混凝土。圈梁及雨篷采用 C20 混凝土现浇，若改为预制时，混凝土强度应为 C20，圈梁的分段长度由施工单位自定，接头搭接长度不小于 $30d$(d 为主筋直径)。

(4) 钢筋。Φ为Ⅰ级钢，Φ为Ⅱ级钢，钢筋净保护层板为 15 厚，梁为 25 厚。

(5) 凡构件尺寸长度与标准图不符时，应按统计表备注栏说明制作。

(6) 预制构件数量，在制作前应自行复核统计表 5.2 中的数量，以避免遗漏和浪费。

表 5.2 钢筋混凝土预制构件统计表

构件名称	型号	规格(mm)	数量	采用图纸名称	图纸所在页数	备注
雨篷挑梁	WXL14a	4200×240×180	1	渝建 7904	28	
	WXL14b	4200×240×180	1	渝建 7904	2	
	WXL14a′	4200×240×180	2	渝建 7904	28	
	WXL14b′	4200×240×180	1.2	渝建 7904	2	
阳台板、雨篷板	FKB336	3140×589×180	42	渝建 7904	30	总长加 100
	BL331	3140×100×180	4	渝建 7904	29	总长加 100
	FKB246	1640×589×180	84	渝建 7904	30	总长加 500
	BL241	1640×100×180	4	渝建 7904	29	总长加 500
门窗过梁	GLA4181	2300×240×180	20	全国 G322	12、26	总长减 300
	GLA4102	1200×240×180	16	全国 G322	24	总长增 150
	GLA4211	2750×240×180	28	全国 G322	26	
	GLA4151	2000×240×120	20	全国 G322	36	
	GLA4103	1500×240×120	48	全国 G322	24	
	GLA4121	1700×240×120	6	全国 G322	24	
	GLA4242	2640×240×180	1	全国 G322	26	
	GLB1	2000×240×120	40	本图	结-图 5.9	
	GLB2	1500×240×120	20	本图	结-图 5.9	
	GLB3	1700×240×120	2	本图	结-图 5.9	
阳台挑梁	XL132b	3300×240×180	6	渝建 7904	26	
	XL132e′	3300×240×180	12	渝建 7904	26	
	XL132a′	3300×240×180	12	本图	结-图 5.9	
	XL132b′	3300×240×180	12	本图	结-图 5.9	

续表 5.2

构件名称	型　号	规格(mm)	数量	采用图纸名称	图纸所在页数	备　注
预应力空心板	YKB336-4	3280×590×120	225	西南 G211	3、5、8	
	YKB336-3	3280×590×120	32	西南 G211	3、5、8	
	YKB306-4	2980×590×120	196	西南 G211	3、5、8	
	YKB306-3	2980×590×120	24	西南 G211	3、5、8	
	YKB305-4	2980×490×120	140	西南 G211	3、5、7	板宽减 100
	YKB305-3	2980×490×120	20	西南 G211	3、5、7	
	YKB339-4	3280×790×110	1	西南 G211	3、5、9	
	KB2451	3280×590×110	46	渝建 7905	12	
	KB2461	3280×590×110	28	渝建 7905	12	
楼梯踏板	TB1	1290×300×160	232	本图	结-图 5.9	
雨篷	YP1	见图	2	本图	结-图 5.9	
平板	B1	2380×590×110	72	本图	结-图 5.7	
	B2a、B2b	2380×590×110	12、12	本图	结-图 5.7	
	B3	2380×590×110	24	本图	结-图 5.7	
	B4、B5a	2380×590×110	24、12	本图	结-图 5.7	
	B5b	2380×590×110	12	本图	结-图 5.7	
	B6	1240×590×110	14＋6	本图	结-图 5.7	
预应力空心板	YKB336-4	3280×790×120	6	西南 G211	3、5、9	板宽减 100

(7) 楼梯间布置及楼梯板安装详见建筑图。

(8) 厨房、厕所的楼板预留孔洞，应按图中尺寸施工，安装要准确无误，不得事后打洞。

(9) 各层楼板安装时，应按西南 G211 图集第 13 页安装示意图进行，拉结筋采用φ6，板底要求平直。

(10) 基础结构材料及说明详见结施-1。

(11) 凡未设置圈梁的楼层均在过梁以上两块砖处埋设 3φ6 钢筋砖网，并沿外墙四周连通，钢筋搭接长度不小于 300。

(12) 凡窗洞小于 600 时，均设置 3φ6 钢筋砖过梁，原浆埋设。

(13) 本设计应与建施、水施、电施等图纸密切配合施工。

5.2.2 ××住宅楼工程量计算书

工程量计算书主要包括门窗面积计算、混凝土及钢筋混凝土构件体积计算、“三线一面”基数计算和各分部分项工程量计算等内容。现分述如下：

(1) 门窗面积计算，见表 5.3。

表 5.3 门窗面积工程量计算表

类别	编号	名 称	门窗尺寸		樘数	面积(m^2)	备 注
			高(mm)	宽(mm)			
门	M1	全板镶板门	880	2390	56	117.78	西南 J601；门代号原图是 X，现改为 M；窗代号原图是 S(B)，现改为 C
	M2	全板镶板门	780	2390	28	52.20	
	M3	全板镶板门	680	2390	28	45.51	
	M4	全板镶板门	800	1990	28	49.03	
	M5	带窗全板镶板门	1780	2390	28	119.12	
	M6	折叠半玻镶板门	1480	2390	28	99.04	
	合计					482.68	
窗	C1	上腰玻纱窗	980	1480	28	40.61	西南 J701
	C2	上腰玻纱窗	1480	1480	56	122.66	
	C3	玻璃窗	580	980	28	15.92	
	合计					179.19	
混凝土花格窗		厕所花格窗	600	600	28	10.08	本图
		楼梯间花格窗(1)	1200	2400	12	34.56	
		楼梯间花格窗(2)	1200	600	2	1.44	
	合计					46.06	

(2) 混凝土及钢筋混凝土构件体积计算，见表 5.4。

表 5.4 混凝土及钢筋混凝土构件体积计算表

序号	工程项目及名称	数量	单位量	合计量	所在图纸
1	现浇钢筋混凝土构件				
1.1	阳台立柱扶手				
	C20 钢筋混凝土立柱	49	1.0 m/件	49.0 m	渝建 7904
	33FS	28	3.3 m/件	92.40 m	渝建 7904
	13FS	21	1.3 m/件	27.3 m	渝建 7904
	18FS	56	1.8 m/件	100.8 m	渝建 7904
	合计			269.5 m	
	0.15 m×0.15 m×269.5 m=6.06 m^3			6.06 m^3	
1.2	C20 钢筋混凝土雨篷	2	4.64 m^2/件	9.28 m^2	本图
1.3	C20 钢筋混凝土圈梁				
	QL1、2、3	3	5.55 m^3/件	16.65 m^3	本图
	QLD	1	9.88 m^3/件	9.88 m^3	本图
	合计			26.53 m^3	

续表 5.4

序号	工程项目及名称	数量	单位量	合计量	所在图纸
2	预应力钢筋混凝土构件				
	C30 预应力钢筋混凝土空心板				
	YKB3364	224	0.139 m^3/块	31.14 m^3	西南 G211
	YKB3363	32	0.139 m^3/块	4.45 m^3	西南 G211
	YKB3354	7	0.115 m^3/块	0.81 m^3	西南 G211
	YKB3394	1	0.213 m^3/块	0.21 m^3	西南 G211
	YKB3394	6	0.189 m^3/块	1.13 m^3	西南 G211
	YKB3064	196	0.126 m^3/块	24.70 m^3	西南 G211
	YKB3063	24	0.126 m^3/块	3.02 m^3	西南 G211
	YKB3054	140	0.104 m^3/块	14.56 m^3	西南 G211
	YKB3053	20	0.104 m^3/块	2.08 m^3	西南 G211
	合计			82.10 m^3	
3	预制钢筋混凝土构件				
3.1	C20 钢筋混凝土过梁				
	GLA4103	48	0.043 m^3/根	2.064 m^3	国标 G322
	GLA4121	8	0.112 m^3/根	0.896 m^3	国标 G322
	GLA4242	2	0.125 m^3/根	0.250 m^3	国标 G322
	GLA4151	20	0.058 m^3/根	1.160 m^3	国标 G322
	GLA4211	28	0.112 m^3/根	3.136 m^3	国标 G322
	GLA4181	20	0.099 m^3/根	1.980 m^3	国标 G322
	GLA4102	16	0.043 m^3/根	0.688 m^3	国标 G322
	GLB1	40	0.063 m^3/根	2.537 m^3	本图
	GLB2	20	0.047 m^3/根	0.944 m^3	本图
	GLB3	2	0.049 m^3/根	0.098 m^3	本图
	合计			13.75 m^3	
	BL331	24	0.054 m^3/根	1.30 m^3	渝建 7904
	BL241	4	0.028 m^3/根	0.11 m^3	渝建 7904
	合计			1.41 m^3	
3.2	C20 钢筋混凝土挑梁				
	XL132d	6	0.18 m^3/根	1.08 m^3	渝建 7904
	XL132e	12	0.18 m^3/根	2.16 m^3	渝建 7904

续表 5.4

序号	工程项目及名称	数量	单位量	合计量	所在图纸
	XL132b′	12	0.155 m^3/根	1.86 m^3	本图
	XL132a′	12	0.155 m^3/根	1.86 m^3	本图
	WXL14a	1	0.22 m^3/根	0.22 m^3	渝建 7904
	WXL14b	2	0.22 m^3/根	0.44 m^3	渝建 7904
	WXL14a′	2	0.284 m^3/根	0.57 m^3	渝建 7904
	WXL14b′	2	0.284 m^3/根	0.57 m^3	渝建 7904
	合计			8.76 m^3	
3.3	C20 钢筋混凝土空心板				
	FKB336	42	0.188 m^3/块	7.90 m^3	渝建 7904
	FKB246	84	0.100 m^3/块	8.40 m^3	渝建 7904
	KB2451	84	0.097 m^3/块	7.76 m^3	渝建 7905
	KB2461	30	0.120 m^3/块	3.60 m^3	渝建 7905
	合计			27.66 m^3	
3.4	C20 钢筋混凝土踏步板				
	TB1	224	0.028 m^3/块	6.27 m^3	本图
3.5	C20 钢筋混凝土平板				
	B1	24	0.095 m^3/块	2.28 m^3	本图
	B2aB2b	24	0.095 m^3/块	2.28 m^3	本图
	B3	24	0.095 m^3/块	2.28 m^3	本图
	B4	48	0.095 m^3/块	4.56 m^3	本图
	B5	24	0.095 m^3/块	2.28 m^3	本图
	B6	16	0.095 m^3/块	1.50 m^3	本图
	合计			15.18 m^3	
3.6	C20 钢筋混凝土栏板				
	33ALB	28	0.08 m^3/块	2.24 m^3	渝建 7904
	33ALB1	21	0.024 m^3/块	0.50 m^3	渝建 7904
	18ALB	28	0.033 m^3/块	0.92 m^3	渝建 7904
	18ALB1	28	0.033 m^3/块	0.92 m^3	渝建 7904
	合计			4.58 m^3	
4	预制混凝土零星构件				
4.1	垃圾道盖板	2	0.039 m^3/块	0.08 m^3	本图

续表 5.4

序号	工程项目及名称	数量	单位量	合计量	所在图纸
4.2	垃圾箱盖板	2	0.0144 m^3/块	0.03 m^3	本图
4.3	窨井盖板	2	0.045 m^3/块	0.09 m^3	本图
4.4	灶台板	28	0.0288 m^3/块	0.81 m^3	本图
4.5	钢筋混凝土水池	28	0.027 m^3/件	0.76 m^3	本图
4.6	顶层踏步平板	8	0.0125 m^3/块	0.10 m^3	本图
4.7	厨房碗柜	28	0.072 m^3/件	2.02 m^3	本图
4.8	厨房窗下柜	28	0.054 m^3/件	1.51 m^3	本图
	合计			5.40 m^3	

(3)"三线一面"基数计算,见表 5.5。

表 5.5 "三线一面"基数计算表

序号	基数名称	单位	数量	计 算 式
1	外墙中心线 $L_{中}$	m	89.40	(15.00×2+8.40×2−2.1)×2
1.1	L_1	m	22.20	5.1×2+1.5×4+3.0×2
1.2	L_2	m	67.20	89.40−22.20
2	外墙外边线 $L_{外}$	m	90.36	89.40+4×0.24
3	内墙净长线 $L_{内}$	m	77.46	(5.1−0.24)×4+(6.6−0.24)×4+(3.0−0.24)×4+(2.4−0.24)×4+(2.4−0.24)×2+(2.1−0.24)+(3.6−0.24)×2
3.1	$L_{内1\text{-}1}$	m	46.74	(5.1−0.24)×4+(6.6−0.24)×4+(2.1−0.24)
3.2	$L_{内2\text{-}2}$	m	30.72	77.46−46.74
4	建筑面积	m^2	1583.1	(206.27+3.98+0.5×25.83)×7+20.96
4.1	一层楼面积	m^2	206.27	[15.24×8.64−(1.5×3.3×2+1.8×5.1×2)]×2−2.34×0.24
4.2	一层楼挑阳台面积	m^2	25.83	1.3×3.3×3+1.8×1.8×4
4.3	一层楼凹阳台面积	m^2	3.98	(3.3−0.24)×1.3
4.4	楼梯间伸出屋面部分面积	m^2	20.96	2.64×3.97×2
4.5	楼梯间净面积	m^2	134.40	[(4.8−0.24)×(2.4−0.24)−0.3×0.84]×2×7 =(19.7−0.5)×7
4.6	底层净面积 $S_{底净}$	m^2	195.92	206.27+3.98+25.83−(89.88+77.46)×0.24
4.7	标准层净面积 $S_{楼净}$	m^2	176.22	195.72−19.7

(4) 分部分项工程量计算,见表 5.6。

表 5.6　分部分项工程量计算表

序号	分项工程名称	单位	数量	计　算　式
	1. 土石方工程			
1	场地平整	m^2	402.99	206.27＋90.36×2＋16
2	人工挖槽土方	m^3	267.96	149.00＋118.96
2.1	外墙地槽	m^3	149.00	22.20×1.52×1.50＋67.20×1.22×1.2
2.2	内墙地槽	m^3	118.96	[46.74－1/2(1.2－0.24)×16]×1.52×1.5＋[30.72－1/2(1.5－0.24)×12－1/2(1.2－0.24)×14]×1.22×1.2＋0.96×1.52×2×2
3	人工回填土	m^3	211.28	99.61＋111.67
3.1	基础回填土	m^3	99.61	267.96－21.07－[182.32－(89.40＋77.46)×(0.54×0.3＋0.08×0.6)]
3.2	室内回填土	m^3	111.67	195.92×(0.68－0.11)
4	余土外运	m^3	69.80	249.10－179.30
	2. 脚手架工程			
1	综合脚手架	m^2	1583.10	同建筑面积
	3. 砌筑工程			
1	M5 水泥砂浆砌条石基础	m^3	182.32	(22.2＋46.74)×(0.3×0.3＋0.6×0.9＋0.9×0.3＋1.2×0.3)＋(67.20＋30.72)×(0.3×0.3＋0.6×0.9＋0.9×0.3)＋0.96×1.8×2.0×2
2	M10 水泥砂浆砌砖墙(12 m 以下)	m^3	382.08	[(89.40＋77.46)×12.06－(232.90＋167.68)]×0.24－5.55×2－6.26－1/2×4.64＋[(0.9＋0.96－0.24)×11.4－2.52]×0.24×2
3	M7.5 混合砂浆砌砖墙(12 m 以上)	m^3	350.26	327.47＋22.79
3.1	M7.5 混合砂浆砌内外砖墙	m^3	327.47	[(89.40＋77.46)×9.72－(187.28＋125.76)]×0.24－5.55×1－(13.75－6.26)－1/2(8.76－4.64)＋(0.9＋0.96－0.24)×9.72－1.26×0.24×2＋[(2.40＋3.97×2)×3.0×0.24＋2.40×3.0×0.12]×2
3.2	M7.5 混合砂浆砌女儿墙	m^3	22.79	[89.40＋(2.1－0.24)]×1.0×0.24＋[(0.9＋0.96－0.24)×1.0×0.24]
4	M7.5 混合砂浆砖砌底层台阶	m^3	2.30	1.08×0.26×4×2
5	M7.5 混合砂浆零星砌体	m^3	7.46	1.38＋0.21＋0.27＋5.6
5.1	砖砌垃圾箱	m^3	1.38	2×[(1.56＋0.6－0.12)×1.2×0.24＋(0.96－0.24)×1.2×0.12]
5.2	楼梯每跑每步下砌砖	m^3	0.21	1.05×0.12×0.06×14×2
5.3	楼梯顶层砖砌体	m^3	0.27	2×[1.05×0.12×0.06×4＋(1.0＋0.75＋0.5＋0.25)×0.167×0.24]

续表 5.6

序号	分项工程名称	单位	数量	计　算　式
5.4	厨房砖砌体	m^3	5.60	0.2(估)×28
				4. 混凝土及钢筋混凝土工程
1	现浇 C30 钢筋混凝土圈梁	m^3	26.53	5.55×3+9.88×1
2	现浇 C30 钢筋混凝土雨篷	m^2	9.28	4.64×2
3	现浇 C30 钢筋混凝土阳台立柱与扶手	m	269.5	
4	现浇 C30 钢筋混凝土女儿墙压顶	m^3	4.13	(89.88+1.86)×0.3×0.15
5	预制 C30 钢筋混凝土过梁、挑梁	m^3	24.35	(15.16+8.36)×1.015
5.1	预制 C30 钢筋混凝土过梁	m^3	15.16	详见表 5.4
5.2	预制 C30 钢筋混凝土挑梁	m^3	8.76	详见表 5.4
6	预制 C30 钢筋混凝土空心板	m^3	28.08	27.66×1.015
7	预制 C30 钢筋混凝土预应力空心板	m^3	83.33	82.10×1.015
8	预制 C30 钢筋混凝土平板	m^3	15.41	15.18×1.015
9	预制 C30 钢筋混凝土阳台板	m^3	4.65	4.58×1.015
10	预制 C30 钢筋混凝土楼梯踏步	m^3	6.44	6.34×1.015
11	预制 C30 钢筋混凝土零星构件	m^3	5.48	5.40×1.015
12	预制 C30 钢筋混凝土花格	m^2	151.90	
13	现浇构件钢筋制作与安装	t	3.14	(300.9+12.4+9.70+15.1+283+471.8+2072.2)×1/1000
14	先张法预应力构件钢筋制作与安装	t	2.81	2.6155×1.06×1.015
15	预制构件钢筋制作与安装	t	8.70	[0.115+1.787+(1.264+1.929+0.543+0.521)×1.015]×1.02+(1.083+0.507+0.575)×1.015 ×1.07
16	Ⅱ类混凝土构件运输	m^2	72.27	(13.75+27.66+15.18+4.58+1.41+8.76)×1.013
17	Ⅲ类混凝土构件运输	m^2	11.89	(6.34+5.40)×1.013
18	预制混凝土梁安装(无焊接)	m^3	24.04	(15.16+8.76)×1.005

续表 5.6

序号	分项工程名称	单位	数量	计算式
19	预制混凝土板安装(有焊接)	m^3	4.60	4.58×1.005
20	预制混凝土板安装(无焊接)	m^3	125.57	(27.66+15.18+82.10)×1.005
21	小型混凝土构件安装	m^3	11.80	(6.37+5.40)×1.005
22	混凝土花格安砌	m^3	151.90	
23	C20 混凝土灌平板缝	m^3	15.18	
24	C20 混凝土灌空心板接头缝	m^3	109.76	27.66+82.10
25	C20 混凝土灌踏步板接头缝	m^3	6.34	
	5. 金属结构工程			
1	楼梯金属栏杆制作	t	0.70	
2	金属窗栅制作	t	0.20	
3	金属栏杆与窗栅运输(Ⅲ类)	t	0.91	(0.70+0.21)×1.015
4	金属栏杆与窗栅安装	t	0.91	
5	垃圾箱铁门制安	个	2	
6	垃圾道铁门制安	个	12	
	6. 木结构工程			
1	一玻一纱木窗制作	m^2	163.30	详见门窗面积工程量计算表
2	单层玻璃木窗制作	m^2	42.80	
3	一玻一纱木窗安装	m^2	163.30	
4	单层玻璃木窗安装	m^2	42.80	
5	木镶板门制作	m^2	225.30	
6	木镶板门带窗制作	m^2	96.40	
7	木镶板门安装	m^2	225.30	
8	木镶板门带窗安装	m^2	96.40	
9	木折叠门制作	m^2	99.30	
10	木折叠门安装	m^2	99.30	
11	纱门扇制作	m^2	42.60	1.90×0.8×28
12	纱门扇安装	m^2	42.60	
13	木门窗汽车运输	m^2	669.70	163.30+42.80+225.30+96.40+99.30+42.60
14	楼梯木扶手制安	m	66.80	(2.0×14+1.05)×2×1.15

续表 5.6

序号	分项工程名称	单位	数量	计算式
				7. 楼地面工程
1	C10 混凝土基础垫层	m^3	21.07	14.45＋6.62
1.1	外墙基础垫层		14.45	22.20×1.5×0.1＋67.20×1.2×0.1
1.2	内墙基础垫层		6.62	[46.74－1/2×(1.2－0.24)×16]×1.50×0.1＋[30.72－1/2×(1.5－0.24)×12－1/2×(1.2－0.24)×14]×1.20×0.1＋0.96×2.0×0.1×2
2	M5 水泥砂浆灌地面碎石垫层	m^3	15.67	195.92×0.08
3	1：2 水泥豆石浆地面(30 厚)	m^2	195.92	同基数计算的底层净面积
4	1：2 水泥豆石浆楼面(25 厚)	m^2	1057.3	176.22×6
5	1：2 水泥豆石浆梯面(25 厚)	m^2	134.40	同楼梯间净面积
6	C15 混凝土散水(80 厚)	m^2	55.94	(90.36＋4×0.6)×0.6
7	散水变形缝(灌沥青)	m	107.6	90.36＋0.6×28
				8. 屋面工程
1	屋面刚性防水层钢筋制安	t	0.193	0.115/100×167.4
2	屋面刚性防水面层	m^2	167.4	206.07－1/2×25.83－3.98－(89.40＋1.86)×0.24
3	C10 炉渣混凝土找坡层	m^3	8.71	167.4×(0.02＋6.6×1.5%)×1/2
4	防水砂浆做雨篷防水层	m^2	41.43	1.4×3.3×4＋1.9×1.8×4＋1.5×3.09×2
5	铸铁水落管 ϕ150	m	89.60	(21.72＋0.68)×4
6	铸铁落水口 ϕ150	个	4	
				9. 装饰工程
1	外墙勒脚抹灰	m^2	61.77	90.36×0.68
2	外墙面抹灰	m^2	1802	90.36×22.72－(232.9＋187.28)＋(2.4×2＋3.79×2)×3.0×2.0
3	内墙裙抹灰	m^2	332.0	{[(2.4＋1.8)×2－0.24×4＋(1.2＋1.8)×2－0.24×4]×1.2－0.8×1.2－0.7×1.2×2－(1.0＋0.6)×0.3}×28
4	内墙面抹灰	m^2	3672.6	89.4×(21.0－0.12×7)－(232.9＋187.28)＋[77.46×(21.0－0.12×7)－(167.68＋125.76)]×2－302.0＋(4.8×2＋2.4)×0.72×2＋(2.4×2)＋3.79×2×(2.5－0.11)×2
5	天棚板底抹灰	m^2	1454.8	195.92＋176.22×6＋134.4×1.5
6	水泥砂浆零星抹灰	m^2	607.0	93.60＋64.2＋19.8＋66.2＋110.3＋112.0＋2.4＋131.0＋7.8

续表 5.6

序号	分项工程名称	单位	数量	计 算 式
6.1	女儿墙内侧抹灰	m^2	93.60	[89.40+(2.1−0.24)×2]×1.0
6.2	女儿墙压顶抹灰	m^2	64.2	(89.88+1.86)×0.7
6.3	楼梯间伸出屋面墙内侧抹灰	m^2	19.80	(2.4+3.79)×2×0.8×2
6.4	阳台扶手抹灰	m^2	66.20	(3.3×28+1.3×21+1.8×56)×0.3
6.5	阳台内侧抹灰	m^2	110.30	220.5×0.5
6.6	厨房零星抹灰	m^2	112.0	4.0×28
6.7	垃圾箱顶面抹灰	m^2	2.40	1.1×1.1×2
6.8	垃圾道内侧抹灰	m^2	131.0	2×(0.72+0.68)×2×(22.72+0.68)
6.9	窨井内侧抹灰	m^2	7.80	(1.15+0.57)×2×1.13×2
7	1∶2水泥砂浆抹踢脚线	m^2	228.8	{89.40+77.46×2−[(4.8+2.4)×2−0.24×4]×2}×0.5×7
8	灶台板及上部墙面贴瓷砖	m^2	54.0	1.44×(0.5+0.04+0.8)×28
9	贴马赛克面层	m^2	203.50	154.70+5.70+43.10
9.1	阳台贴马赛克	m^2	154.70	(1.3×21+3.3×28+1.8×56)×0.7
9.2	雨篷贴马赛克	m^2	5.70	[3.09×0.06+1.5×(0.06+0.13)]×2+[(1.3+3.3)×3+3.3+(1.8×2×4)]×0.15
9.3	窗台及花格窗框贴马赛克	m^2	43.10	[1.56×3×56+(1.56×2+1.06)×28+(1.56+2.4+1.86)×28+(1.86+0.36)×2×4+(1.56+0.36)×2×8+(1.06+0.36)×2×4+(21.0−1.5)×4+1.20×16×2]×0.06
10	单层木门调和漆(2遍)	m^2	463.60	详见门窗面积工程量计算表
11	单层木窗调和漆(2遍)	m^2	264.90	详见门窗面积工程量计算表
12	木扶手调和漆(2遍)	m	66.80	详见木结构工程量计算表
13	金属栏杆及窗栅调和漆	t	0.90	详见金属工程量计算表
14	天棚及内墙涂乳胶漆	m^2	5127.4	1454.80+3672.60

5.2.3 ××住宅楼施工图预算书

××住宅楼工程施工图预算书由以下内容组成：

(1) 施工图预算书封面，见表5.7；

(2) 编制说明，见表5.8；

(3) 工程费用计算程序表，见表5.9；

(4) 三材汇总表，见表5.10；

(5) 建设工程预(结)算表，见表5.11；

(6) 材料汇总表，见表5.12。

表 5.7 施工图预算书封面

编 号＿＿＿＿＿＿

施工图预算书

建设单位：×××　　单位工程名称：××住宅楼工程　　建设地点：××市中心

施工单位：×××　　施工单位取费等级：二级　　工程类别：四类

工程规模：1583.10 m^2　　工程造价：690633 元　　单位造价：436.25 元/m^2

建设(监理)单位：×××　　施工(编制)单位：×××

技术负责人：×××　　技术负责人：×××

审 核 人
资格证章：×××　　编 制 人
资格证章：×××

年 月 日　　年 月 日

表 5.8 编制说明

编制依据	施工图名称	××住宅楼工程施工图
	合同	××住宅楼工程施工合同
	使用定额	××市建筑工程计价定额(CQJZDE—2008)；××市建设工程费用定额(CQFYDE—2008)
	材料价格	××市材料价格基价表(20××年)；××市市场价格信息
	其他	

说 明：

1. 施工组织及施工方法说明

① 基础垫层为原槽封闭式垫层。

② 土方运输采用双轮车，运距 100 m。

③ 混凝土花格及阳台花格片采用现场预制。其余混凝土预制构件，以及金属构件和木门窗在工厂加工；运输采用汽车，运距 5 km。

④ 现浇混凝土构件钢筋在现场加工。

2. 设计补充说明

① 零星抹灰均采用 1∶2.5 水泥砂浆。

② 零星砌体用 M5 混合砂浆砌筑。

③ 在基础断面尺寸中 $n=3$。

3. 本预算未包括场地平整、材料价差调整、工资区工资单价调整、混凝土构件的预埋铁件、室外工程(除散水外)

4. 工程量计算及定额使用说明

① 工程量计算中注明“估”者，是指估算的工程量。

② 本预算中窗框断面为 52 cm^2，门框断面为 62 cm^2，折叠门是半玻胶合板门，框断面为 72 cm^2。

③ 外粉刷：勒脚抹 1∶2.5 水泥砂浆，墙面抹混合砂浆。

④ 内粉刷：墙面抹水泥石膏砂浆。

续表 5.8

5. 砌体说明

① 本预算系按核定的土建四类工程费用标准计取各项费用。

② 费用项目只考虑常见费用项目。

③ 劳动保险费已计入本预算内。

6. 设计图纸修改与要求

① 为与现行《建筑工程计价定额》中的规定一致，本工程中现浇混凝土构件和预制混凝土构件的等级均改为C30。

② 因本工程建设地点位于市内，为适应城市建设环保的规定与要求，本工程的现浇混凝土构件均采用商品混凝土。

③ 本工程室内喷刷涂料，改为室内天棚、墙面刮腻子2遍、喷刷乳胶漆2遍。

表 5.9　工程费用计算程序表

序号	费用名称	计算公式	规定费率(%)	金额(元)
一	直接费	1+2+3		571217
1	直接工程费	1.1+1.2+1.3		526671
1.1	人工费	含按计价定额基价计算的实体项目和技术措施项目费		165372
1.2	材料费			318820
1.3	机械费			42479
2	组织措施费	1×组织措施费费率(四类)	5.61	29546
2.1	其中:临时设施费	1×临时设施费费率(四类)	1.70	8953
3	允许按实计算费用及价差	3.1+3.2+3.3+3.4		15000
3.1	人工费价差			—
3.2	材料费价差			—
3.3	按实计算费用			—
3.4	其他(不可预见费用)			15000
二	间接费	4+5		74629
4	企业管理费	1×企业管理费费率(四类)	9.30	48980
5	规费	1×规费费率(四类)	4.87	25649
三	利润	1×利润费率(四类)	2.80	14747
四	安全文明施工专项费	按文件规定计算(按4.00元/m^2×1583.10 m^2计算)		6332
五	工程定额测定费	(一+二+三+四)×规定费率	0.14	934
六	税金	(一+二+三+四+五)×规定费率	3.41	22774
七	工程造价	一+二+三+四+五+六		690633

表 5.10　三材汇总表

序号	项目＼材料	金额(万元)	钢材(t)	原木(m^3)	水泥(t)	标准砖(千块)
	临时设施	0.8953	0.121	0.242	0.436	2.229
			0.108	0.217	0.390	1.996

表 5.11 建设工程预(结)算表

工程名称：××住宅楼　　　　第1页　共18页

定额编号	工程项目名称	单位	工程量	单价(元)	合价(元)	人工费	材料费	机械费	脚手架	竹脚手板	安全网	钢丝绳(ф8)	防锈漆
						单价(合价)	单价(合价)	单价(合价)	钢材(kg)	m^2	m^2	kg	kg
	一、AA 土石方工程												
AA 0004	人工挖地槽土方	100 m^3	2.491	1724.80	4297	1724.80							
						4297							
AA 0021	人工夯填回填土	100 m^3	1.793	1035.23	1856	872.96	3.10	159.17					
						1565	6	285					
AA 0080 +0081	双轮运输车余土外运(运距100 m)	100 m^3	0.698	1046.98	731	1046.80							
						731							
	小　计				6884	6593	6	285					
	二、AD 脚手架工程												
AD 0008	综合脚手架(檐口高24 m内)	100 m^2	15.83	744.33	11783	218.50	478.06	47.77	85.62	4.16	6.54	0.27	6.21
						3459	7568	756	1355	66	104	4	98
	小　计				11783	3459	7568	756	1355	66	104	4	98
	本页小计												

续表 5.11

第 2 页　共 18 页

定额编号	工程项目名称	单位	工程量	单价（元）	合价（元）	人工费	材料费	机械费	混合砂浆	混合砂浆	标准砖	钢筋	毛条石	水泥砂浆
						单价（合价）	单价（合价）	单价（合价）	M5 (m^3)	M5 (m^3)	千块	t	m^3	M5 (m^3)
	三、AE 砌筑工程													
AE 0001 换	M10 混合砂浆砌砖墙	10 m^3	38.21	1667.96	63733	396.75	1248.79	22.42	2.32		5.32			
						15160	47716	857	88.65		203.277			
AE 0001	M5 混合砂浆砌砖墙	10 m^3	35.03	1606.71	56283	396.75	1187.54	22.42		2.32	5.32			
						13898	41600	785		81.27	186.360			
AE 0033	M5 混合砂浆砖砌台阶	10 m^3	0.23	395.70	91	121.50	269.03	5.17		0.55	1.192			
						28	62	1		0.13	0.274			
AE 0038	M5 混合砂浆砌零星砌体	10 m^3	0.75	1797.04	1347	575.00	1201.92	20.12		2.11	5.514			
						431	901	15		0.56	4.136			
AE 0040	砖砌体内钢筋加固	t	1.60	3205.90	5129	522.50	2683.40					1.03/1.649		
						836	4293							
AC 0026	M5 水泥砂浆砌条石基础	10 m^3	18.23	1104.91	20142	427.50	664.19	13.22					10.40/189.60	1.39/25.34
						7793	12108	241						
	本页小计				146725	38146	106680	1899	88.65	81.96	394.047	1.649	189.60	25.34

注：AE0001 换：1187.54 元＋(124.60 元×2.32)－(98.20 元×2.32)＝1187.54 元＋61.25 元＝1248.79 元。

续表 5.11

第 3 页　共 18 页

定额编号	工程项目名称	单位	工程量	单价（元）	合价（元）	人工费	材料费	机械费	商品混凝土	混凝土搅拌站	混凝土搅拌输送车	混凝土输送泵
						单价（合价）	单价（合价）	单价（合价）	C30 (m^3)	50 m^3/h（台班）	6 m^3（台班）	60 m^3/h（台班）
	四、AF 混凝土及钢筋混凝土工程											
	1. 现浇及预制混凝土工程											
AF 0010	现浇 C20 钢筋混凝土圈梁	10 m^3	2.653	2039.46	5411	385.50 1023	1653.96 4388		10.20 27.06			
AF 0034	现浇 C20 钢筋混凝土雨篷	10 m^2	0.928	186.70	173	9.00 8	177.70 165		1.08 1.00			
AF 0048	现浇 C20 钢筋混凝土立柱扶手	10 m^3	0.606	2210.02	1339	519.50 315	1690.52 1024		10.2 6.18			
AF 0046	现浇 C20 钢筋混凝土压顶	10 m^3	0.413	2065.00	853	395.00 163	1670.00 690		10.2 4.12			
AF 0051	商品混凝土搅拌站制作(50 m^3/h)	100 m^3	0.384	680.21	261	50.00 19	100.00 38	530.21 204		0.42 0.16		
AF 0053	商品混凝土搅拌输送车运输(运距：5 km)	100 m^3	0.384	2194.73	843	100.00 38	— —	2094.73 805			1.74 0.67	
AF 0055	商品混凝土泵输送(60 m^3/h)	100 m^3	0.384	514.74	198	— —	— —	514.74 198				0.48 0.18
	本页小计				9078	1566	6305	1207	38.36	0.16	0.67	0.18

续表 5.11

第 4 页　共 18 页

定额编号	工程项目名称	单位	工程量	单价（元）	合价（元）	人工费 单价（合价）	材料费 单价（合价）	机械费 单价（合价）	商品混凝土 C30（m³）	预制混凝土 C30（塑、特、碎 3～31.5、塌 10～30）	预制混凝土 C30（塑、特、碎 5～10、塌 10～30）	预制混凝土 C30（塑、特、碎 5～20、塌 10～30）
AF 0183	预制 C30 钢筋混凝土梁（过梁）	10 m³	2.143	2146.61	4600	338.00	1625.78	182.83		10.15		
						724	3484	392		21.75		
AF 0193	预制 C30 钢筋混凝土平板	10 m³	1.541	2250.94	3469	380.00	1685.41	185.53			10.15	
						586	2597	286			15.64	
AF 0194	预制 C30 钢筋混凝土空心板	10 m³	2.808	2289.06	6428	383.25	1720.28	185.53			10.15	
						1076	4831	521			28.50	
AF 0193	预制 C30 钢筋混凝土栏板	10 m³	0.465	2250.94	1047	380.00	1685.41	185.53			10.15	
						177	784	86			4.72	
AF 0210	预制 C30 钢筋混凝土楼梯踏步	10 m³	0.644	2298.26	1480	423.50	1689.23	185.53				10.15
						273	1088	119				6.54
AF 0211	预制 C30 钢筋混凝土小型构件	10 m³	0.548	2456.59	1346	561.25	1709.81	185.53			10.15	
						308	937	101			5.56	
AF 0194	预制 C30 预应力空心板	10 m²	8.333	2289.06	19075	383.25	1720.28	185.53			10.15	
						3194	14335	1546			84.58	
	本页小计				37445	6338	28056	3051		21.75	139.00	6.54

续表 5.11

第 5 页　共 18 页

定额编号	工程项目名称	单位	工程量	单价（元）	合价（元）	人工费	材料费	机械费	锯材	组合钢模板	复合木模板	支撑钢管及扣件	混凝土地模	定型钢模板
						单价（合价）	单价（合价）	单价（合价）	m^3	kg	m^3	kg	m^3	kg
	2. 混凝土模板、钢筋制安、构件运输													
AF 0067	现浇钢筋混凝土圈梁模板	10 m^3	2.653	1946.67	5165	544.55	1402.12		1.079	20.132	0.872			
						1445	3720		2.863	53.41	2.31			
AF 0075	现浇钢筋混凝土雨篷模板	10 m^3	0.928	1405.07	1303	618.93	667.17	118.92	0.42	40.901	0.606	35.72		
						574	619	110	0.390	37.96	0.56	33.15		
AF 0085	现浇钢筋混凝土立柱扶手模板	10 m^3	6.06	2457.74	14894	1368.00	1071.60	18.14	0.33	143.97	72.31	74.10		
						8290	6494	110	2.000	872.46	438.20	449.05		
AF 0085	现浇钢筋混凝土压顶模板	10 m^3	0.413	2457.74	1015	1368.00	1071.60	18.14	0.33	143.97	72.31	74.10		
						565	443	7	0.136	59.46	29.86	30.60		
AF 0219	预制钢筋混凝土梁模板（过梁）	10 m^3	2.143	1031.63	2211	458.75	570.19	2.69	0.44				1.60	
						983	1222	6	0.943				3.43	
AF 0232	预制钢筋混凝土平板模板	10 m^3	1.541	391.60	603	153.75	148.67	89.18					1.28	3.92
						237	229	137					1.97	6.04
AF 0231	预制钢筋混凝土空心板模板	10 m^3	2.808	683.68	1920	429.50	226.70	27.48					1.41	18.92 钢拉模
						1206	637	77					3.96	53.13
AF 0244	预制钢筋混凝土栏板模板	10 m^3	0.465	772.71	359	289.25	480.23	3.23	0.32				1.63	
						135	223	1	0.149				0.76	
	本页小计				27470	13435	13587	448	6.481	1023.29	470.93	512.80	10.12	6.04

续表 5.11

第 6 页　共 18 页

定额编号	工程项目名称	单位	工程量	单价（元）	合价（元）	人工费	材料费	机械费	锯材	现浇钢筋	预制钢筋	电焊条	混凝土地模	定型钢模板	钢丝绳
						单价（合价）	单价（合价）	单价（合价）	m^3	t	t	kg	m^3	kg	kg
AF 0253	预制钢筋混凝土楼梯踏步模板	10 m^3	0.644	1414.47	911	1018.50	388.97	7.00	0.32				0.22	3.50	
						656	251	4	0.206				0.14	2.25	
AF 0249	预制钢筋混凝土小型构件模板	10 m^3	0.548	2203.87	1208	871.75	1318.66	13.46	0.80				4.88	16.02	
						478	723	7	0.438				2.67	8.78	
AF 0231	预制预应力空心板模板	10 m^3	8.333	683.68	5697	429.50	226.70	27.48					1.41	18.92	
						3579	1889	229					11.75	157.66	
AF 0280	现浇构件钢筋制安	t	3.14	3035.19	9531	223.75	2748.84	62.60		1.03		7.66			
						703	8631	197		3.23		24.05			
AF 0281	预制构件钢筋制安	t	8.70	3040.72	26454	248.50	2722.99	69.23			1.02	8.50			
						2162	23690	602			8.87	73.95			
AF 0281	预应力构件钢筋制安(选择法)	t	2.81	3040.72	8544	248.50	2722.99	69.23			1.02	8.50			
						698	7652	194			2.87	23.89			
AF0276+4×0277	Ⅱ类混凝土构件汽车运输 5 km	10 m^3	7.214	660.46	4765	74.00	28.94	557.52	0.01						0.32
						534	209	4022	0.072						2.31
AF0278+4×0279	Ⅲ类混凝土构件汽车运输 5 km	10 m^3	1.189	1276.30	1518	112.00	40.11	1124.19	0.02						0.25
						133	48	1337	0.024						0.30
	本页小计				58628	8943	43093	6592	0.74	3.23	11.74	121.89	14.56	168.69	2.61

注：AF0276＋4×AF0277＝548.50 元＋4×27.99 元＝660.46 元；AF0278＋4×AF0279＝983.46 元＋4×73.21 元＝1276.30 元。

续表 5.11

第 7 页　共 18 页

定额编号	工程项目名称	单位	工程量	单价（元）	合价（元）	人工费	材料费	机械费	锯材	灌浆混凝土 C30（塑、特、碎 5～40、塌 35～50）	灌浆混凝土 C30（塑、特、碎 5～10、塌 35～50）	1∶2 水泥砂浆	垫铁	混凝土垫块	电焊条
						单价（合价）	单价（合价）	单价（合价）	m^3			m^3	kg	m^3	kg
	3. 预制构件安装、接头灌浆														
AF 0260	预制梁安装灌浆塌 35～50；5～40	10 m^3	2.399	720.68	1729	197.00	227.29	296.39	0.043	0.16		0.35	9.55		7.73
						473	545	711	0.103	0.38		0.84	22.91		18.54
AF 0270	预制空心板安装灌浆塌 35～50;5～10	10 m^3	11.141	584.80	6515	307.50	261.84	15.46	0.045		0.54	0.32		0.23	0.20
						3426	2917	172	0.501		6.02	3.57		2.56	2.23
AF 0271	预制平板安装灌浆	10 m^3	1.541	1177.21	1814	512.00	592.88	72.33	0.207		0.62	0.67	19.53		6.01
						789	914	111	0.492		0.96	1.03	30.13		9.26
AF 0273	预制小型构件安装	10 m^3	0.548	747.86	409	301.75	400.07	46.04	0.082		0.92	0.23	7.93		4.59
						165	219	25	0.045		0.50	0.13	4.35		2.52
AF 0272	预制楼梯踏步砌安灌浆塌 35～50;5～10	10 m^3	0.644	612.96	394	294.00	143.36	175.60	0.015		0.16	0.12	13.61		4.19
						189	92	113	0.01		0.10	0.08	8.76		2.70
	本页小计				10861	5042	4687	1132	1.151	0.38	7.58	5.65	66.15	2.56	35.25

续表 5.11

第 8 页 共 18 页

定额编号	工程项目名称	单位	工程量	单价（元）	合价（元）	人工费	材料费	机械费	钢材	锯材	电焊条	防锈漆	汽油	铁件
						单价（合价）	单价（合价）	单价（合价）	t	m^3	kg	kg	90 号（kg）	kg
	五、AG 金属结构工程													
AG 0057	楼梯金属栏杆及窗栅制作	t	0.91	4939.89	4495	897	3105.05	937.84	1.06		24.99	11.60	3.00	
						816	2826	853	0.965		22.74	10.56	2.73	
AG 0058	楼梯金属栏杆及窗栅安装	t	0.91	557.81	508	487.25	55.52	15.04		0.024	2.40			5.00
						443	51	14		0.022	2.18			4.55
AG0076＋4×0077	Ⅱ梁金属构件汽车运输 5 km	t	0.91	359.46	327	33.00	44.25	282.21		0.036				
						30	40	257		0.033				
估价	垃圾箱铁门制安	个	2.00	80.00	160	10.00	60.00	10.00						
						20	120	20						
估价	垃圾道铁门制安	个	12.00	60.00	720	10.00	40.00	10.00						
						120	480	120						
	本页小计				6210	1429	3517	1264	0.965	0.055	24.92	10.56	2.73	4.55

续表 5.11

第 9 页　共 18 页

定额编号	工程项目名称	单位	工程量	单价（元）	合价（元）	人工费	材料费	机械费	一等锯材	玻璃（3 mm）	塑料纱
						单价（合价）	单价（合价）	单价（合价）	m^3	m^2	m^2
	六、AH 门窗、木结构工程										
AH 0001	镶板门制作	100 m^2	2.253	5851.20	13183	880.25	4640.91	330.04	5.359		
						1983	10456	744	12.074		
AH 0009	镶板门带窗制作	100 m^2	0.964	5327.14	5135	849	4205.27	272.87	4.849		
						818	4054	263	4.674		
AH 0014	纱门扇制作	100 m^2	0.426	2458.01	1047	362.50	1912.81	182.70	2.167		
						154	815	78	0.923		
AH 0007	折叠门制作（半玻、镶板）	100 m^2	0.993	4717.82	4685	665.75	3789.30	262.77	4.358		
						661	3763	261	4.327		
AH 0018	镶板门安装	100 m^2	2.253	1817.68	4095	692.50	1123.94	1.24	0.43	4.68	
						1560	2532	3	0.969	10.54	
AH 0023	镶板门带窗安装	100 m^2	0.964	2398.33	2312	745.75	1651.51	1.07	0.307	31.98	
						719	1592	1	0.296	30.83	
AH 0026	纱门扇安装	100 m^2	0.426	908.06	387	408.50	498.81	0.75			89.00
						174	212	1			37.91
AH 0022	折叠门安装（半玻、镶板）	100 m^2	0.993	2312.49	2296	717.00	1594.31	1.18	0.393	46.31	
						712	1583	1	0.390	45.99	
	本页小计				33140	6781	25007	1352	23.653	87.36	37.91

续表 5.11

第 10 页 共 18 页

定额编号	工程项目名称	单位	工程量	单价（元）	合价（元）	人工费	材料费	机械费	一等锯材	玻璃（3 mm）	塑料纱	弹子锁
						单价（合价）	单价（合价）	单价（合价）	m^3	m^2	m^2	把
AH 0031	单层玻璃窗制作	100 m^2	2.061	5130.65	10574	699.00	4142.55	289.10	4.782			
						1440	8538	596	9.856			
AH 0039	纱窗扇制作	100 m^2	1.633	2122.10	3465	337.5	1617.49	167.11	1.838			
						551	2641	273	3.002			
AH 0040	单层玻璃窗安装	100 m^2	2.061	3468.78	7149	1035.00	2432.58	1.20	0.329	73.43		
						2133	5014	2	0.678	151.34		
AH 0048	纱窗扇安装	100 m^2	1.633	1749.62	2857	737.50	1011.69	0.43			99.34	
						1204	1652	1			162.22	
AH 0079	木门弹子锁安装	10 把	2.80	100.30	281	19.50	80.80					10.10
						55	226					29
AH0091+4×0092	木门窗汽车运输 5 km	100 m^2	6.697	238.62	1598	21.00	217.62					
						141	1457					
	本页小计				25924	5524	19528	872	13.536	151.34	162.22	29

注：AH0091＋4×AH0092＝132.46 元＋4×26.54 元＝238.62 元。

续表 5.11

第 11 页　共 18 页

定额编号	工程项目名称	单位	工程量	单价（元）	合价（元）	人工费	材料费	机械费	水泥砂浆	碎石	商品混凝土	水泥砂浆	水泥豆石浆	水泥浆	沥青砂浆
						单价（合价）	单价（合价）	单价（合价）	M2.5 (m^3)	5～40 (t)	C15 (m^3)	1∶1 (m^3)	1∶2.5 (m^3)	m^3	1∶2∶7 (m^3)
	七、AI 楼地面工程														
AI 0007	M2.5 水泥砂浆碎石灌浆地面垫层	10 m^3	1.567	909.22	1425	203.75	672.61	32.86	2.84	16.68					
						319	1054	52	4.45	26.14					
AI 0011	C15 混凝土基础垫层	10 m^2	2.107	1790.83	3773	142.50	1648.33				10.20				
						300	3473				21.49				
AI 0035	1∶2.5 水泥豆石浆楼地面	100 m^2	12.532	1463.98	18347	678.50	746.39	39.09					3.05	0.10	
						8503	9354	490					38.22	1.25	
AI 0040	1∶2.5 水泥豆石浆楼梯面	100 m^2	1.344	2689.17	3614	1761.75	884.30	43.12					4.18	0.14	
						2368	1188	58					5.62	0.19	
AI0116＋2×0117	C15 混凝土散水（8 cm 厚）	100 m^2	0.5594	2335.48	1306	404.50	1930.98				9.588	0.51			0.14
						226	1080				5.36	0.29			0.08
	本页小计				28465	11716	16149	600	4.45	26.14	26.85	0.29	43.84	1.44	0.08

注：AI0116＋2×AI0117＝1950.46 元＋2×192.51 元＝2335.48 元。

续表 5.11

第12页 共18页

定额编号	工程项目名称	单位	工程量	单价（元）	合价（元）	人工费	材料费	机械费	商品混凝土	建筑油膏	防水粉	水泥砂浆	铸铁管	铸铁三通	铁件	雨水口	炉渣混凝土
						单价（合价）	单价（合价）	单价（合价）	C30细石混凝土（m^3）	kg	kg	1∶2（m^3）	DN150（m）	150×50（个）	（kg）	套	75号（m^3）
	八、AJ屋面工程																
AJ 0030	C30细石混凝土屋面防水层(40)	100 m^2	1.674	1859.84	3113	338.00	1521.27	0.57	4.80	81.17							
						566	2546	1	8.04	135.88							
AJ 0032	雨篷防水砂浆防水层	100 m^2	0.414	965.97	400	286.75	655.07	24.15		18.50	69.70	2.53					
						119	271	10		7.66	28.86	1.05					
AJ 0072	铸铁落水管 ϕ150	10 m	8.96	518.05	4642	78.00	440.05						10.1	3.61	7.78		
						699	3943						90.50	33	69.71		
AJ 0074	铸铁落水口 ϕ150	10个	0.40	325.52	130	84.00	241.52									10.1	
						34	96									4.00	
AJ 0013	炉渣混凝土屋面找坡层	10 m^3	0.871	1207.18	1051	227.00	884.38	95.80									10.20
						198	770	83									8.88
AF 0280	刚性防水层钢筋制安	t	0.193	3035.19	586	223.75	2748.84	62.60		1.03 钢筋		7.66 焊条					
						43	531	12		0.199 t		1.48 kg					
	本页小计				9922	1659	8157	106	8.04	143.54	28.86	1.05	90.50	33	69.71	4.00	8.88

续表 5.11

第13页 共18页

定额编号	工程项目名称	单位	工程量	单价（元）	合价（元）	人工费	材料费	机械费	水泥砂浆	石膏粉砂浆	建筑胶石膏粉浆	锯材	水泥砂浆	混合砂浆	混合砂浆
						单价（合价）	单价（合价）	单价（合价）	1∶2.5（m^3）	1∶3（m^3）	0.15∶1∶4（m^3）	m^3	1∶3（m^3）	1∶1∶6（m^3）	1∶0.5∶2.5（m^3）
	九、AL 装饰工程														
AL 0023	内墙面抹石膏砂浆	100 m^2	36.726	463.21	17012	403.50	48.79	10.92	0.01	0.90	0.22	0.005			
						14819	1792	401	0.37	33.05	8.08	0.184			
AL 0001	勒脚抹1∶2.5水泥砂浆	100 m^2	0.6177	718.03	444	362.25	333.36	22.42	0.69			0.005	1.62		
						224	206	14	0.426			0.003	1.00		
AL 0001	内墙裙抹1∶2.5水泥砂浆	100 m^2	3.32	718.03	2384	362.25	333.36	22.42	0.69			0.005	1.62		
						1203	1107	74	2.29			0.017	5.38		
AL 0001	踢脚抹1∶2.5水泥砂浆	100 m^2	2.288	718.03	1643	362.25	333.36	22.42	0.69			0.005	1.62		
						829	763	51	1.579			0.011	3.71		
AL 0006	水泥砂浆零星抹灰	100 m^2	6.07	1169.40	7098	831.50	316.63	21.27	0.67				1.55		
						5047	1922	129	4.067				9.41		
AL 0012	外墙面抹混合砂浆	100 m^2	18.02	654.39	11792	343.25	288.72	22.42				0.005		1.62	0.69
						6185	5203	404				0.090		29.19	12.43
	本页小计				40373	28307	10993	1073	8.732	33.05	8.08	0.305	19.50	29.19	12.43

续表 5.11

第 14 页　共 18 页

定额编号	工程项目名称	单位	工程量	单价（元）	合价（元）	人工费	材料费	机械费	水泥砂浆	水泥砂浆	白水泥	马赛克	建筑胶	面砖	调和漆	腻子胶	滑石粉	乳胶漆
						单价（合价）	单价（合价）	单价（合价）	1∶1.5 (m^3)	1∶3 (m^3)	kg	m^2	kg	m^2	kg	kg	kg	kg
AL 0065	阳台墙面贴马赛克	100 m^2	2.035	3628.90	7385	1578.00	2027.33	23.57	0.82	1.55	25.00	103.00	20.56					
						3211	4126	48	1.669	3.15	50.88	209.61	41.84					
AL 0071	灶台板及上部墙面贴瓷砖	100 m^2	0.54	3781.52	2042	1295.75	2466.22	19.55	0.89	1.11	15.50		2.21	103.50				
						700	1332	10	0.481	0.60	8.37		1.19	55.89				
AL 0175	单层木门调和漆（2 遍）	100 m^2	4.636	1284.25	5954	494.50	789.75								50.93			
						2293	3661								236.11			
AL 0176	单层木窗调和漆（2 遍）	100 m^2	2.649	1153.36	3055	494.50	658.86								42.44			
						1310	1745								112.42			
AL 0217	金属栏杆及窗栅调和漆	t	0.90	135.44	122	51.75	83.69								6.32			
						47	75								5.69			
AL 0239	天棚及内墙面刮腻子	100 m^2	51.274	155.21	7958	101.25	53.96				30.00					10.00	36.50	
						5191	2767				1538					513	1872	
AL 0247	天棚及内墙面刷白色乳胶漆	100 m^2	51.274	366.01	18767	136.25	229.76											28.35
						6986	11781											1454
	本页小计				45283	19738	25487	58	2.15	3.75	1597	209.61	43.03	55.89	354.22	513	1872	1454

续表 5.11

第15页　共18页

定额编号	工程项目名称	单位	工程量	单价（元）	合价（元）	人工费	材料费	机械费	直升式塔式起重机	单笼施工电梯
						单价（合价）	单价（合价）	单价（合价）	400 kN·m（台班）	75 m（台班）
	十、AM 垂直运输及超高人、机降效									
AM 0006	建筑物垂直运输(7层、高 23.32 m)	100 m^2	15.83	1392.63	22045	48.25		1344.38	3.504	0.40
						764		21281	55.47	6.33
AN 0032	建筑物超高降效(檐口高 23.32 m)	100 m^2	15.83	406.52	6435	374.75		31.77		
						5932		503		
	本页小计				28480	6696		21784	55.47	6.33

续表 5.11

第16页 共18页

定额编号	工程项目名称	单位	工程量	单价（元）	合价（元）	人工费	材料费	机械费	水泥	特细砂	石灰膏
						单价（合价）	单价（合价）	单价（合价）	32.5（kg）	t	m^3
8101 0204	混合砂浆 M10(砌筑)	m^3	88.63	124.60					348.00	1.24	0.080
									30843	109.90	7.09
8101 0202	混合砂浆 M5(砌筑)	m^3	81.96	98.20					220.00	1.212	0.170
									18031	99.34	13.93
8102 0208	混合砂浆 1∶1∶6(抹灰)	m^3	29.19	107.62					232.00	1.399	0.192
									6772	40.84	5.61
8102 0214	混合砂浆 1∶0.5∶2.5(抹灰)	m^3	12.43	157.60					463.00	1.161	0.166
									5755	14.43	2.06
8101 0102	水泥砂浆 M5(砌筑)	m^3	25.34	102.58					279.00	1.277	
									7070	32.36	
8101 0101	水泥砂浆 M2.5(砌筑)	m^3	4.45	89.30					207.00	1.462	
									921	6.51	
8102 0101	水泥砂浆 1∶1	m^3	0.29	244.13					878.00	0.957	
									255	0.28	
8102 0102	水泥砂浆 1∶1.5	m^3	2.15	203.97					699.00	1.142	
									1503	2.46	
8102 0103	水泥砂浆 1∶2	m^3	5.65	174.27					570.00	1.243	
									3221	7.02	
	小　计								74371	313.14	28.69

续表 5.11

第 17 页 共 18 页

定额编号	工程项目名称	单位	工程量	单价（元）	合价（元）	人工费	材料费	机械费	水泥	特细砂	碎石	砾石	石膏粉	建筑胶
						单价（合价）	单价（合价）	单价（合价）	32.5（kg）	t	5～10（t）	5～10（t）	kg	kg
8102 0104	水泥砂浆 1∶2.5	m^3	8.732	153.08					479.00	1.305				
									4183	11.40				
8102 0105	水泥砂浆 1∶3	m^3	23.25	137.09					411.00	1.344				
									9556	31.25				
8002 1204	灌浆混凝土 C30 塌 35～50;5～40	m^3	0.38	154.10					417.00	0.469	1.513			
									159	0.18	0.57			
8002 0904	灌浆混凝土 C30 塌 35～50;5～10	m^3	7.58	165.89					472.00	0.416	1.486			
									3578	3.15	11.26			
8104 2501	普通素水泥浆	m^3	1.44	385.79					1539.00					
									2216					
8104 0402	水泥豆石浆 1∶2.5	m^3	43.84	188.43					587.00			1.643		
									25734			72.03		
8104 2102	石膏粉砂浆 1∶3	m^3	33.05	29.48						1.132			0.244	
										37.41			8.06	
8104 2201	建筑胶石膏砂浆 0.15∶1∶4	m^3	8.08	69.38									0.188	37.00
													1.52	299
	小　计								45426	83.39	11.83	72.03	9.58	299

续表 5.11

第 18 页　共 18 页

定额编号	工程项目名称	单位	工程量	单价（元）	合价（元）	人工费	材料费	机械费	水泥	生石灰	炉渣	特细砂	碎石	碎石	碎石
						单价（合价）	单价（合价）	单价（合价）	32.5（kg）	kg	t	t	5～10（t）	5～20（t）	5～31.5（t）
8016 0103	炉渣混凝土 75 号	m^3	8.88	85.92					218.00	145.00	1.088				
									1936	1288	9.66				
8002 0504	商品混凝土 C30 细石混凝土塌 10～30;5～10	m^3	8.04	163.67					477.00			0.396	1.364		
									3835			3.18	10.97		
8002 0601	商品混凝土 C15 塌 10～30;5～20	m^3	26.85	117.45					270.00			0.591		1.391	
									7250			15.87		37.35	
8002 0604	商品混凝土 C30 塌 10～30;5～20	m^3	93.99	159.35					455.00			0.417		1.391	
									42766			39.19		130.74	
8001 0504	预制混凝土 C30 塌 0～10;5～10	m^3	139.00	159.40					455.00			0.432	1.378		
									63245			60.05	191.54		
8001 0604	预制混凝土 C30 塌 0～10;5～20	m^3	6.54	154.83					432.00			0.453		1.405	
									2825			2.96		9.19	
8001 0704	预制混凝土 C30 塌 0～10;5～31.5	m^3	21.75	152.42					420.00			0.464			1.418
									9135			10.09			30.84
	小　计								130992	1288	9.66	131.34	202.51	177.28	30.84

表 5.12　材料汇总表

第 1 页　共 2 页

建设单位	××高校				送料地点	
工程名称	住宅 84-1				收料人	
序号	材料名称	规格	单位	数量	用途	备注
1	水泥	32.5	kg	250789		
2	特细砂		t	527.87		
3	石灰膏		m^3	28.69		
4	碎石	5～10	t	214.34		
5	碎石	5～20	t	177.28		
6	碎石	5～31.5	t	30.84		
7	碎石	5～40	t	26.14		
8	砾石	(豆石)5～10	t	72.03		
9	石膏粉		kg	9.58		
10	建筑胶		kg	299.00		
11	生石灰		kg	1288.00		
12	炉渣		t	9.66		
13	钢材		t	1.355	脚手架用材	
14	钢丝绳		kg	6.61		
15	脚手板	竹制	m^2	66.00		
16	安全网		m^2	104.00		
17	防锈漆		kg	108.56		
18	标准砖		千块	394.05		
19	钢筋		t	1.648	砌体内加固用	
20	钢筋		t	3.23	现浇构件用	
21	钢筋		t	11.74	预制构件用	
22	毛条石		m^3	189.00		
23	锯材		m^3	8.732		
24	一等锯材		m^3	37.189	木门窗制作用	
25	组合钢模板		kg	1023.29		
26	复合木模板		m^2	470.93		
27	支撑钢管及扣件		kg	512.80		
28	混凝土地模		m^2	24.68		
29	定型钢模板		kg	174.73		

续表 5.12

第 2 页 共 2 页

建设单位	××高校				送料地点	
工程名称	住宅 84-1				收料人	
序号	材料名称	规格	单位	数量	用途	备注
30	钢拉模		kg	53.13		
31	电焊条		kg	182.06		
32	垫铁		kg	66.15		
33	混凝土垫块		m^3	2.56		
34	型钢		t	0.965	金属栏杆用	
35	汽油	90 号	kg	2.73		
36	铁件		kg	74.26		
37	玻璃	3 mm 厚	m^2	238.70		
38	塑料窗纱		m^2	200.13		
39	弹子锁		把	29.00		
40	建筑油膏		kg	143.54		
41	防水粉		kg	28.86		
42	铸铁管	DN150	m	90.50		
43	铸铁三通	150×50	个	33.00		
44	雨水口		套	4.00		
45	白水泥		kg	1597.00		
46	马赛克	浅蓝色	m^2	209.61		
47	建筑胶		kg	43.03		
48	面砖	白色	m^2	55.89		
49	调和漆	灰色	kg	354.22		
50	腻子胶		kg	513.00		
51	滑石粉		kg	1872.00		
52	乳胶漆	白色	kg	1454.00		

小　结

本章主要讲述施工图预算的内容及作用，建筑工程施工图预算的编制原则、编制依据和编制步骤，以及建筑工程施工图预算编制实例等。现就其基本要点归纳如下：

(1) 建筑工程施工图预算书的内容，主要包括封面、编制说明、费用计算汇总表、分部分项工程预算表、工料分析表、主要材料汇总表等。其主要作用是确定单位工程预算造价，为建筑施工企业投标报价和工程价款结算提供依据。

(2) 建筑工程施工图预算编制工作的重点是建筑工程各分部分项工程量的计算,根据预算定额计算的定额直接费,以及按照“费用定额”的规定计算的各项工程费用。因此,在做好预算编制各项准备工作的基础上,必须认真做好上述三方面工作,才能正确地计算出工程造价。

通过本章的学习,要了解施工图预算的主要内容及作用,以及建筑工程施工图预算的编制原则与编制依据,重点掌握建筑工程施工图预算的编制方法与步骤。

复习思考题

5.1 什么是施工图预算?它的编制对象是什么?

5.2 施工图预算(书)包括哪些内容?其作用是什么?

5.3 建筑工程施工图预算的编制原则与编制依据有哪些?

5.4 建筑工程施工图预算编制有哪些主要步骤?

5.5 分部分项工程预算表怎样进行填写与编制?又怎样进行工料分析?

5.6 编制建筑工程施工图预算书时应注意的事项有哪些?

6 工程量清单及计价

本章提要

本章主要讲述工程量清单的概念、工程造价计价模式、两种计价模式的区别；工程量清单的项目划分，工程量清单的编制内容与编制格式，分部分项工程量清单表、措施项目清单表、其他项目清单表、规费项目清单表和税金项目清单表的编制；工程量清单计价表的编制内容和工程量清单计价实例等。

6.1 工程量清单概述

6.1.1 工程量清单及其产生

(1) 工程量清单的定义

工程量清单是指载明建设工程分部分项工程项目、措施项目、其他项目的名称和相应数量以及规费、税金项目等内容的明细清单。包括分部分项工程项目清单、措施项目清单、其他项目清单、规费和税金项目清单。

工程量清单是招标人对拟建工程预估数量，是体现“量价分离”原则，由招标人负责提供的建设工程数量。在建设工程发承包及实施过程的不同阶段，又可分别称为“招标工程量清单”、“已标价工程量清单”。

招标工程量清单是招标人依据国家标准、招标文件、设计文件以及施工现场实际情况编制的，随招标文件发布供投标人投标报价的工程量清单，包括对其的说明和表格。

已标价工程量清单是构成合同文件组成部分的投标文件中已标明价格，经算术性错误修正(如有)且承包人已确认的工程量清单，包括对其的说明和表格。

(2) 工程量清单的产生

工程量清单(BQ)产生于19世纪30年代，当时西方一些国家将计算工程量、编制工程量清单专业化作为业主估价师的职责。所有的投标人均要以业主提供的工程量清单为基础进行投标报价，这样可使得最终投标结果具有可比性。我国如今已加入WTO，必须与国际惯例接轨，2001年10月25日原建设部召开的第四十九次常务会议审议通过，自2001年12月1日起施行的《建筑工程施工发包与承包计价管理办法》标志着工程量清单报价的开始。国家标准《建设工程工程量清单计价规范》(GB 50500—2003)(以下简称“03计价规范”)，又于2003年2月17日经原建设部第119号公告批准颁布，从2003年7月1日起正式实施。到目前为止，我国已经对计价规范进行了“08计价规范”和“13计价规范”两次修订。

6.1.2 工程量清单的作用

(1) 工程量清单可作为编制招标控制价(标底)和投标报价的依据;

(2) 工程量清单作为信息的载体,为潜在的投标者提供必要的信息,可作为计价、询价、评标的基础;

(3) 工程量清单可作为支付工程进度款和办理工程结算的依据;

(4) 工程量清单可作为调整工程量以及工程索赔的依据。

6.2 工程量清单计价概述

6.2.1 工程量清单计价的定义

工程量清单计价是招标人根据国家统一的计价规范以及计量规范的工程量计算规则提供招标工程量清单和技术说明,由投标人依据企业自身的条件和市场价格对招标工程量清单自主报价的工程造价计价方式。

工程量清单计价方式体现"量价分离"、"风险分摊"的特点,能促进投标人有效竞争,有利于降低投资成本,提高投资效益,是国际上工程计价的主要方式,也成为了我国工程计价的主要方式。

6.2.2 工程量清单计价的适用范围

使用国有资金投资的建设工程发承包,必须采用工程量清单计价;非国有资金投资的建设工程,宜采用工程量清单计价。

国有资金投资的项目包括全部使用国有资金(含国家融资资金)投资或国有资金投资为主的工程建设项目。

(1) 国有资金投资的工程建设项目包括:

① 使用各级财政预算资金的项目;

② 使用纳入财政管理的各项政府性专项建设资金的项目;

③ 使用国有企事业单位自有资金,并且国有资产投资者实际拥有控制权的项目。

(2) 国家融资资金投资的工程建设项目包括:

① 使用国家发行债券所筹资金的项目;

② 使用国家对外借款或者担保所筹资金的项目;

③ 使用国家政策性贷款的项目;

④ 国家授权投资主体融资的项目;

⑤ 国家特许的融资项目。

(3) 国有资金(含国家融资资金)为主的工程建设项目是指国有资金占投资总额的50%以上,或虽不足50%但国有投资者实质上拥有控股权的工程建设项目。

6.2.3 工程量清单计价的特点

(1) 规范管理,四个统一

国家颁布了国家标准《建设工程工程量清单计价规范》(GB 505000—2013)以及9个专业

工程的工程量计算规范，适用全国范围，克服了定额计价方式下，各地区采用本地区计价定额，定额编码、项目划分、计量单位、计算规则可能不同的现象，实现了项目编码统一、项目名称统一、计量单位统一、工程量计算规则统一。

这“四个统一”是相对统一，计量规范统一了项目编码的前 9 位，后 3 位由招标人（或其委托的工程造价咨询人）自行设置，不得重复；计量规范明确了项目名称，招标人（或其委托的工程造价咨询人）可以根据工程实际情况拟定；计量规范明确了计量单位，有些项目列出了多个单位，可由招标人（或其委托的工程造价咨询人）选择；计量规范明确了工程量计算规则，部分项目由各省、自治区、直辖市或行业建设主管部门具体规定，如土方工程量是否考虑工作面和放坡增加的工程量。

（2）两个分离，风险分摊

“两个分离”是指量价分离，招标人提供清单工程量，并对其准确性和完整性负责；投标人报价，并对其合理性负责。这样招标人和投标人共同分摊风险。

（3）市场竞争，三个自主

工程量清单报价充分体现了市场竞争，除了计价规范强制性规定不予竞争的安全文明施工费、规费和税金等，投标人在报价时能够自主确定工、料、机消耗量，自主确定工、料、机单价，自主确定可以竞争的各项费用的费率。

6.2.4 工程量清单计价的作用

（1）提供一个平等的竞争条件

采用施工图预算（定额计价方式）来投标报价，由于设计图纸的缺陷，不同施工企业的人员理解不一，计算出的工程量可能不同，报价可能相差甚远，容易产生纠纷。而工程量清单报价就为投标人提供了一个平等竞争的条件，相同的工程量，由企业根据自身的实力自主报价，充分体现企业的优势，可在一定程度上规范建筑市场秩序，确保工程质量。

（2）满足市场经济条件下竞争的需要

招投标过程就是竞争的过程，招标人提供招标工程量清单，投标人根据自身情况确定综合单价，单价与工程量逐项计算得出每个项目的合价，层层汇总，计算出投标总价。单价成了决定性的因素，定高了不能中标，定低了又要承担过大的风险。单价的高低直接取决于企业管理水平和技术水平的高低，这种局面促成了企业整体实力的竞争，有利于我国建设市场的快速发展。

（3）有力提高了工程计价效率，能真正实现快速报价

采用工程量清单计价方式，避免了传统计价方式下招标人与投标人在工程量上的重复工作，各投标人以招标人提供的招标工程量清单为统一平台，结合自身的管理水平和施工方案报价，促进了各投标人企业定额的完善和工程造价信息的积累和整理，体现了现在工程建设中快速报价的要求。

（4）有利于工程款的拨付和最终结算

中标后，业主与中标单位签订施工合同，中标价就是确认合同价的基础，已标价清单上的单价就成为了拨付工程款的依据。业主根据施工企业完成的应予计量的工程量，可以很容易地确定进度款的拨付额。工程竣工后，根据设计变更、工程量增减等，业主也很容易确定工程的最终造价，可在某种程度上减少业主与施工单位之间的纠纷。

(5) 有利于业主对投资的控制

采用定额计价方式,业主对因设计变更、工程量增减所引起的工程造价变化不敏感,可能等到竣工结算时才知道这些变更对项目投资的影响额度,不利于造价控制。而采用工程量清单计价的方式则可以对投资变化一目了然,进行设计变更时,能及时知道变更对工程造价的影响,业主就可以根据投资情况来决定是否变更或进行方案比较,选择最恰当的方案。

6.3 工程量清单计价与计量规范

6.3.1 "03 计价规范"

《建设工程工程量清单计价规范》(GB 50500—2003),为推行工程量清单计价、建立市场形成工程造价的机制奠定了基础。但是"03 计价规范"主要侧重于工程招标投标中的工程量清单计价,对于合同签订、工程计量与价款支付、合同价款调整、索赔和竣工结算等方面缺乏相应的规定。

6.3.2 "08 计价规范"

《建设工程工程量清单计价规范》(GB 50500—2008),不仅规范了工程招标投标中的工程量清单计价行为,也对工程实施阶段的计价行为进行了规范,对合同签订、工程计量与价款支付、合同价款调整、索赔和竣工结算方面作出了相应的规定,但没有对其附录进行修订。

6.3.3 "13 计价规范"及计量规范

"13 计价规范"及计量规范,由 1 个计价规范和 9 个专业工程计量规范组成。

(1) 计价规范

《建设工程工程量清单计价规范》(GB 50500—2013)是对"08 计价规范"按照依法原则、权责对等原则、公平交易原则、可操作性原则、从约原则进行的全面修订。其内容包括:总则;术语;一般规定;工程量清单编制;招标控制价;投标报价;合同价款约定;工程计量;合同价款调整;合同价款期中支付;竣工结算与支付;合同解除的价款结算与支付;合同价款争议的解决;工程造价鉴定;工程计价资料与档案;工程计价表格;附录;本规范用词说明、条文说明等。

(2) 计量规范

工程量计算规范(以下简称"计量规范"),主要是按专业划分的,包括:房屋建筑与装饰工程工程量计算规范(GB 50854—2013),仿古建筑工程工程量计算规范(GB 50855—2013),通用安装工程工程量计算规范(GB 50856—2013),市政工程工程量计算规范(GB 50857—2013),园林绿化工程工程量计算规范(GB 50858—2013),矿山工程工程量计算规范(GB 50859—2013),构筑物工程工程量计算规范(GB 50860—2013),城市轨道交通工程工程量计算规范(GB 50861—2013),爆破工程工程量计算规范(GB 50862—2013)。

各专业工程计量规范的内容包括:总则、术语、工程计量、工程量清单编制、附录。附录载明了清单项目名称、项目编码、项目特征、计量单位、计算规则、工程内容及说明。计量规范是划分清单项目和计算清单工程量的主要依据。

本书重点介绍《房屋建筑与装饰工程工程量计算规范》(GB 50854—2013),其附录的主要内容包括：土石方工程（附录 A），地基处理与边坡支护工程（附录 B），桩基工程（附录 C），砌筑工程（附录 D），混凝土及钢筋混凝土工程（附录 E），金属结构工程（附录 F），木结构工程（附录 G），门窗工程（附录 H），屋面及防水工程（附录 J），保温、隔热、防腐工程（附录 K），楼地面装饰工程（附录 L），墙、柱面装饰与隔断、幕墙工程（附录 M），天棚工程（附录 N），油漆、涂料、裱糊工程（P），其他装饰工程（附录 Q），拆除工程（附录 R），措施项目（附录 S）。

计量规范不仅修订增补了建筑市场新技术、新工艺、新材料的项目，删去了淘汰的项目，而且对土石分类重新进行了定义，实现了与现行国家标准的衔接。

“13 计价规范”及计量规范扩大了适用范围，不仅适用于清单计价方式，而且适用于定额计价方式，即定额计价方式除了不执行工程量清单计价的专用条款外，需要执行其他条款。

6.4 工程量清单编制

工程量清单在招标投标过程中细化为招标工程量清单和已标价工程量清单，招标工程量清单是招标文件的组成内容，并随招标文件一并发布；投标人在招标工程量清单中填入价格信息，随投标文件报出，招标工程量清单就变成了已标价工程量清单。在此重点介绍招标工程量清单的编制。

6.4.1 招标工程量清单编制的一般规定

（1）编制人

招标工程量清单应由具有编制能力的招标人或受其委托具有相应资质的工程造价咨询人编制。

（2）编制质量要求

招标工程量清单必须作为招标文件的组成部分，其准确性和完整性应由招标人负责。即使是招标人委托工程造价咨询人编制，其责任仍应由招标人承担，而工程造价咨询人的责任由招标人与工程造价咨询人通过合同约定处理或协商解决。

6.4.2 编制依据

（1）“13 计价规范”和相关的国家计量规范；

（2）国家或省级、行业建设主管部门颁发的计价定额和办法；

（3）建设工程设计文件及相关资料；

（4）与建设工程有关的标准、规范、技术资料；

（5）拟定的招标文件；

（6）施工现场情况、地勘水文资料、工程特点及常规施工方案；

（7）其他相关资料。

6.4.3 招标工程量清单编制的表格格式

（1）表格格式的主要特点

“13 计价规范”规范了工程量清单的表格格式，其主要特点如下：

① 记载有工程量的工程量清单表与工程量清单计价表两表合一，如“分部分项工程和单

价措施项目清单与计价表”,该表中项目编码、项目名称、项目特征描述、计量单位、工程量属于清单表部分;综合单价、合价、暂估价属于计价表部分。两表合一大大减少了投标人因为两表分设而可能出错的概率。该表不仅适用于招标工程量清单的编制,也适用于招标控制价、投标报价、竣工结算等的编制。

② 将投标和结算结合起来,动态反映造价信息,便于造价管理和控制,如“总价措施项目清单与计价表”,既有报价时的“金额”栏,又有结算时的“调整后金额”栏。

(2) 表格的编制内容及表格一览表

招标工程量清单表格的编制内容,包括封面、扉页、填表须知、总说明、分部分项工程量清单、措施项目清单、其他项目清单、规费项目清单和税金项目清单等表格的填写与编制,其编制表格见表6.1。关于各种表格的填制方法,在工程量清单编制方法中一并介绍。

表6.1　工程量清单使用表格一览表

序号	表格编号	表格名称	备注
1	封-1	招标工程量清单封面	
2	扉-1	招标工程量清单扉页	
3	表-01	总说明	
4	表-08	分部分项工程和单价措施项目清单与计价表	
5	表-11	总价措施项目清单与计价表	
6	表-12	其他项目清单与计价汇总表	
6.1	表-12-1	暂列金额明细表	
6.2	表-12-2	材料(工程设备)暂估单价及调整表	
6.3	表-12-3	专业工程暂估价及结算价表	
6.4	表-12-4	计日工表	
6.5	表-12-5	总承包服务费计价表	
7	表-13	规费、税金项目计价表	
8	表-20	发包人提供材料和工程设备一览表	
9	表-21或表-22	承包人提供主要材料和工程设备一览表(适用于造价信息差额调整法) 承包人提供主要材料和工程设备一览表(适用于造价指数差额调整法)	两者选一,由发承包双方在合同中约定

6.4.4　招标工程量清单的编制步骤和方法

招标工程量清单编制的主要步骤包括:准备工作;分部分项工程量清单的编制;措施项目工程量清单的编制;其他项目清单的编制;规费和税金项目清单的编制;填制附表;复核整理、装订成册。现分述如下:

(1) 准备工作

① 收集相关资料

包括“编制依据”中需要的资料以及各种材料手册、常用计算公式和数据等各种资料。

② 初步研究

对各种资料进行认真研究，为工程量清单的编制做准备。主要包括：

a. 熟悉《建设工程工程量清单计价规范》(GB 50500—2013)和各专业工程计量规范、当地计价规定及相关文件；熟悉设计文件，掌握工程全貌，便于清单项目列项的完整、工程量的准确计算及清单项目的准确描述，对设计文件中出现的问题应及时提出。

b. 熟悉招标文件、招标图纸，确定工程量编审的范围及需要设定的暂估价；收集相关市场价格信息，为暂估价的确定提供依据。

c. 对计量规范缺项的新材料、新技术、新工艺，收集足够的基础资料，为补充项目的制定提供依据。

③ 现场踏勘

为了选择合理的施工组织设计和施工技术方案，需进行现场踏勘，以及充分了解施工现场情况及工程特点，主要包括自然地理条件和施工条件两个方面。

a. 自然地理条件主要包括：地理位置、地形、地貌、用地范围；气象、气温、湿度、降雨量、地质情况以及地震、洪水和其他自然灾害情况等。

b. 施工条件主要包括：施工现场周围的道路、进入场地条件、交通限制等情况；工程现场临时设施、大型施工机具、材料堆放场地安排情况；与邻近建筑物的间距、基础埋深、市政给排水管线位置、污水处理方式、供电方式、电压等情况；现场通信线路的连接和铺设情况；当地政府对施工现场管理的一般要求、特殊要求及规定等。

④ 拟定常规的施工组织设计或方案

施工组织设计是指导拟建工程项目的施工准备和施工的技术经济文件。根据项目的具体情况编制施工组织设计，拟定工程的施工方案、施工顺序、施工方法等，便于工程量清单的编制及准确计算，特别是工程量清单中的措施项目。施工组织设计编制的主要依据包括招标文件中的相关要求，设计文件中的图纸及相关说明，现场踏勘资料，有关定额，现行有关技术标准、施工规范或规则等。不同的施工单位制定的施工组织设计不尽相同，作为招标人，仅需要制订常规的施工组织设计即可。

(2) 分部分项工程量清单的编制

分部分项工程量清单是反映拟建工程分项实体工程项目名称和相应数量的明细清单，必须载明项目编码、项目名称、项目特征、计量单位和工程量，必须根据相关工程现行国家计量规范规定的项目编码、项目名称、项目特征、计量单位和工程量计算规则进行编制，是工程量清单编制的重点和难点，其编制步骤一般如下：

① 分部分项工程量清单项目的划分(俗称"列项")

根据《房屋建筑与装饰工程工程量计算规范》附录 A～附录 R，分别进行项目划分和列项、并确定项目名称、项目编码、特征描述、计量单位。

a. 项目名称

在规范中有的项目包含范围很小，适合直接使用，如"010102002 挖沟槽土方"；有的项目包含范围较大，适合把规范的名称具体化，如"011201001 墙面一般抹灰"，一般抹灰有石灰砂浆、水泥砂浆、混合砂浆等，内外墙也可能抹不同的砂浆，可以按照"外墙面水泥砂浆抹灰"、"内墙面混合砂浆抹灰"等方式命名更为直观。

b. 项目编码

分部分项工程量清单的项目编码，应按计量规范附录的项目名称结合拟建工程的实际确定。项目编码是分部分项工程和措施项目清单名称的阿拉伯数字标识。规范规定采用十二位阿拉伯数字表示，一至九位应按计量规范附录的规定设置，十至十二位应根据拟建工程的工程量清单项目名称和项目特征设置，同一招标工程的项目编码不得重复。

分部分项工程量清单的12位项目编码，是按五级编码进行设置的。

第一级编码：一、二位为第一级编码，表示专业工程代码，如建筑与装饰工程为01、仿古建筑工程为02、通用安装工程为03、市政工程为04、园林绿化工程为05；矿山工程为06；构筑物工程为07；城市轨道交通工程为08；爆破工程为09。以后进入国家标准的专业工程代码以此类推。

第二级编码：三、四位为第二级编码，表示附录分类顺序码。

第三级编码：五、六位为第三级编码，表示分部工程顺序码。

第四级编码：七～九位为第四级编码，表示分项工程项目名称顺序码。

第五级编码：十～十二位为第五级编码，表示清单项目名称顺序码。

例如，砌筑砖外墙的项目编码结构如下：

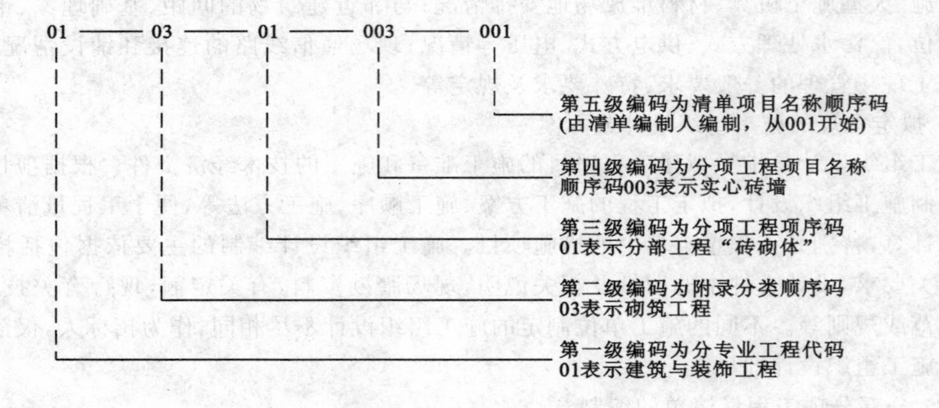

c. 项目特征

项目特征是构成分部分项工程项目、措施项目自身价值的本质特征。它是区别清单项目的依据，是确定综合单价的前提，是履行合同的基础。

项目特征必须描述的内容如下：

● 涉及正确计量的必须描述，如门窗采取“樘”作为计价单位，则洞口尺寸或框外围尺寸就必须描述。

● 涉及结构要求的必须描述，如混凝土强度等级(C20或C30)。

● 涉及材质要求的必须描述，如油漆的品种、管材的材质(碳钢管、无缝钢管)。

● 涉及安装方式的必须描述，如管道工程中钢管的连接方式。

总之影响计价的内容必须描述。

项目特征可不详细描述的内容如下：

● 无法准确描述的可不详细描述。如土壤类别，由于我国幅员辽阔，各地差异较大，特别是南方，同一地点表层土与表层土以下的土壤，其类别是不相同的，要求清单编制者准确判断某类土方所占比例是困难的。在这种情况下,可考虑将土壤类别描述为综合,但应注明由投标人根据地勘资料自行确定土壤类别,决定报价。

● 施工图、标准图标注明确的,可不再详细描述,可描述为见××图集××图号,减少对项目理解的不一致,但是图集中涉及选择的内容,招标人应该根据设计明确。

● 还有一些项目可不详细描述,但清单编制人在项目特征描述中应注明由投标人自定,如各种运距问题,要清单编制人决定是很困难的,同时投标人根据施工情况统筹安排,各不相同,自主决定运距,也是体现竞争的要求。为了减少因为运距引起的价款争议,招标人在合同中应该有"投标人应充分考虑施工中的各种运距,以此报价,结算时不得调整"的意思表示。

● 一些地方以项目调整见××定额的描述也可以。当清单项目的特征与现行定额某些项目的规定是一致的,也可以采用"见××定额项目"的方式予以描述。

项目特征的描述方式可以划分为"问答式"与"简化式"两种。

问答式主要是工程量清单编制人直接采用计量规范附录中提供的特征描述项目,采用问答的方式进行描述。这种方式的优点是全面、详细;缺点是显得烦琐,打印用纸较多。

简化式则与问答式相反,对需要描述的项目特征内容根据当地的习惯,采用口语化的方式直接表述,省略了规范上的描述要求,简洁明了,打印用纸较少。

两种描述方式对比如表 6.2 所示。

表 6.2 特征描述方式对比表

序号	项目编码	项目名称	项目特征描述	
			问答式	简化式
1	010401003001	实心砖墙	① 砖品种、规格、强度等级:页岩标砖,MU10,240×115×53 (mm) ② 砂浆强度等级:M7.5 混合砂浆	M7.5 混合砂浆、MU10 页岩标砖
2	010502002001	矩形柱	① 混合土种类:商品混凝土 ② 混合土强度等级:C30	C30 商品混凝土

d. 计量单位

计量规范中有两个或两个以上计量单位的,应结合拟建工程项目的实际情况,确定其中 1 个为计量单位。一般选择与计价定额相同的计量单位,以便计价。同一工程项目的计量单位应统一。

不同的计量单位,其工程量汇总的有效数字应遵守下列规定:

● 以"t"为计量单位,结果保留小数点后 3 位,第 4 位四舍五入;

● 以"m、m^2、m^3"等为计量单位,结果保留小数点后 2 位,第 3 位四舍五入;

● 以"项"、"个"等为计量单位,结果应取整数。

在列项过程中,出现计量规范中未包括的项目,编制人应作补充,并报省级或行业工程造价管理机构备案,省级或行业工程造价管理机构应汇总报住房和城乡建设部标准定额研究所。

补充项目的编码应由专业工程代码与 B 和三位阿拉伯数字组成,并从 001 起顺序编制,同一招标工程的项目不得重码。

补充的工程量清单需附有补充项目的名称、项目特征、计量单位、工程量计算规则、工作内容。不能计量的措施项目，需附有补充项目的名称、工作内容及包含范围。

② 分部分项工程清单工程量的计算

分部分项工程清单工程量必须按照计量规范附录中的计算规则计算，提倡分层按轴线分步计算再汇总，这样计算思路清晰，表达清楚，便于检查和核对。由于招标工程量清单编制人在清单编制的同时要确定招标控制价，因此要根据当地的计价定额分析项目特征，分析计价项目，对计价项目按照计价定额计算出计价工程量，以便套用计价定额来确定清单项目的综合单价，从而进行招标控制价的计算。清单工程量和计价工程量是按照不同的依据计算出来的，但都需要翻阅图纸、识别数据，很多项目的计算规则还不一致，为了提高工作效率，工作中编制人往往将清单工程量和计价工程量一并计算，工程量计算实例如表 6.3 所示。

表 6.3 工程量计算表

工程名称：××大学教学楼(建筑与装饰工程)　　　　第　页　共　页

序号	项目编码	项目名称	单位	工程量	计算式
1	010101003001	挖沟槽土方	m^3	560.45	$V=(a+2c+kh)hL$ $=(1.2+2\times0.3+0.33\times2.1)$ $\times2.1\times107.052$ $=560.45$
计价 1	AA0005	挖沟槽土方(≤4 m)	m^3	560.45	$V_{计}=V_{清}$　清单单位含量＝1
计价 2	AA0013	机械运土(≤1000 m)	m^3	560.45	$V_{计}=V_{清}$　清单单位含量＝1
	……				
	010902003001	屋面刚性层	m^2	1587.60	$S=BL=(66.24-0.2)\times(24.24$ $-0.2)=1587.60$
计价 1	AG0428	细石混凝土 屋面刚性层(无筋)	m^2	1587.60	$S_{计}=S_{清}$　清单单位含量＝1
计价 2	AG0546	建筑油膏嵌缝	m	1074.88	横向：$N=13$ 根 竖向：$N=9$ 根 $L=(66.24-0.2)\times13+(24.24-0.2)$ $\times9=1074.88$ 清单单位含量$=\frac{1074.88}{1587.60}=0.67$
	……				
	011701001001	综合脚手架	m^2	4980.00	建筑面积＝4980

③ 分部分项工程量清单的填写编制

按照以上步骤和方法，将分部分项工程工程量清单的上述内容，分别填入“分部分项工程和单价措施项目清单与计价表”中，便完成了“分部分项工程量清单”的编制。举例如表 6.4 所示。

表 6.4　分部分项工程和单价措施项目清单与计价表

工程名称：××大学教学楼(建筑与装饰工程)　　　　第　页　共　页

序号	项目编码	项目名称	项目特征描述计量	单位	工程数量	金额(元)		
						综合单价	合价	其中：暂估价
0101　土石方工程								
1	010101003001	挖沟槽土方	三类土，挖土深度<2 m，投标人自行考虑弃土运距	m³	560.45			
			(其他略)					
			土石方工程小计					
0103　桩基工程								
			……					
0109　屋面及防水工程								
	010902003001	屋面刚性层	细石混凝土刚性层 40 mm 厚，C20，建筑油膏嵌缝	m²	1587.60			
			(其他略)					
			屋面及防水工程小计					
			……					
			分部工程费合计					
			措施项目					
0117　脚手架工程								
	011701001001	综合脚手架	框架结构，檐口高度16.80 m	m²	4980.00			
			脚手架工程小计					
			……					
			单价措施项目费合计					

注：为计取规费等的使用，可在表中增设其中："定额人工费"等。

(3) 措施项目清单的编制

措施项目清单应根据拟建工程的具体情况、常规的施工方案或常规的施工组织、计量规范、设计文件、招标文件等进行编制。

① 单价措施项目清单的编制

计量规范对单价措施项目在附录中列出了项目编码、项目名称、项目特征、计量单位、工程量计算规则，应按照分部分项工程量清单的编制方法和步骤编制。

需要特别注意的是，《房屋建筑与装饰工程工程量计算规范》(GB 50854—2013)附录中现浇混凝土工程项目“工作内容”中包括了模板工程的内容，同时又在措施项目中单列了现浇混凝土模板工程项目。对此，招标人应根据工程实际情况选用。若招标人在措施项目清单中未编制现浇混凝土模板项目清单，即表示现浇混凝土模板项目不单列，现浇混凝土工程项目的综合单价中应包括模板工程费用。

一般而言，如果当地计价定额中模板工程工程量按立方米计量，则模板工程不宜单列，而宜含在混凝土工程中，作为混凝土构件的计价项目之一。如果当地计价定额中模板工程工程量按平方米计量，则模板工程宜单列。

在工程量清单计价时，一定要认真分析清单，准确判断模板工程是单列还是在混凝土构件项目中一并计价，以避免漏项或重复计价。

预制混凝土构件按现场制作编制的，“工作内容”中包括了模板工程，不再另列。若采用成品预制混凝土构件，则构件成品价（包括了模板、钢筋、混凝土等所有费用）应计入综合单价中，其模板工程也不再另列。

单价措施项目填入“分部分项工程和单价措施项目清单与计价表”，既可以继分部分项工程项目后填写，也可以利用新空表填写。

② 总价措施项目清单的编制

计量规范对总价措施项目在附录中列出了项目编码、项目名称，未列出项目特征、计量单位和工程量计算规则，编制时应执行计量规范的规定。其中“安全文明施工”是每个项目都必须填列的项目，其他项目根据工程实际和招标文件的要求填列，既要充分考虑工程需要，也不能简单全部填列。如“非夜间施工照明”，若拟建工程没有地下室等特殊施工部位，则不应填列；若施工现场场地充分，不会发生二次搬运，“二次搬运”也不应填列。所以，总价措施项目清单应根据拟建工程的实际情况列项。

总价措施项目清单在“总价措施项目清单与计价表”填列，具体见表6.5。

表6.5　总价措施项目清单与计价表

工程名称：××大学教学楼(建筑与装饰工程)　　　　第　页　共　页

序号	项目编码	项目名称	计算基础	费率(%)	金额(元)	调整费率(%)	调整后金额(元)	备注
		安全文明施工	分部分项工程定额人工费					
		夜间施工增加	分部分项工程定额人工费					
		二次搬运	分部分项工程定额人工费					
		冬雨季施工增加	分部分项工程定额人工费					
		地上、地下设施、建筑物的临时保护设施	据施工方案报价					
		合计						

编制人(造价员)：　　　　复核人(造价工程师)：

注：① “计算基础”中安全文明施工费可为“定额基价”、“定额人工费”或“定额人工费＋定额机械费”，其他项目可为“定额人工费”或“定额人工费＋定额机械费”。

② 按施工方案计算的措施费，若无“计算基础”和“费率”的数值，也可只填“金额”数值，但应在备注栏说明施工方案出处或计算方法。

(4) 其他项目清单的编制

其他项目包括暂列金额、暂估价、计日工、总承包服务费。其他项目清单的编制,应根据拟建工程的具体情况编制。

① 暂列金额

因为工程建设过程中存在很多不确定因素,消化这些因素必然会影响合同价格的调整,暂列金额正是为解决这类不可避免的价格调整而设立的,以便合理确定工程造价的控制目标。

暂列金额可根据工程的复杂程度、设计深度、工程环境条件(包括地质、水文、气候条件等)进行估算,一般可按分部分项工程费和措施项目费的10%～15%为参考,许多省、自治区、直辖市工程造价主管部门对此有明确规定。

暂列金额包含在已签约合同价款中,但由发包人掌握使用。发包人按照合同约定或规范规定支付后,暂列金额余额归发包人所有。

暂列金额首先在暂列金额明细表中编制,汇总的金额再填入"其他项目清单与计价汇总表",暂列金额明细表的编制内容主要包括:工程名称、标段、项目名称、计量单位、暂定金额等,其编制格式详见表6.6所示。

表 6.6　暂列金额明细表

工程名称:××大学教学楼(建筑与装饰工程)　　　标段:　　　　　第　页　共　页

序号	项目名称	计量单位	暂定金额(元)	备　注
1	暂列金额	项		
	合　计			

注:此表由招标人填写,如不能详列,也可只列暂定金额总额,投标人应将上述暂列金额计入投标总价中。

② 暂估价

暂估价是指招标阶段至签订合同协议时,招标人在招标文件中提供的用于支付必然要发生但暂时不能确定价格的材料,以及需要另行发包的专业工程金额。暂估价在招标阶段预见肯定会发生,只是因为标准不明确或者需要由专业承包人完成,暂时无法确定其价格或金额。

暂估价中的材料、工程设备暂估单价应根据工程造价信息或参照市场价格估算,在"材料(工程设备)暂估单价及调整表"中填列。由于暂估价单价计入工程量清单综合单价中,因此不用在"其他项目清单与计价汇总表"中填列。材料(工程设备)暂估单价及调整表的编制内容主要包括:工程名称,标段,材料名称、规格、型号,计量单位,单价(元)等。其编制格式及示例详见表6.7所示。

专业工程暂估价应分不同的专业,按有关计价规定估算,在"专业工程暂估价及结算价表"中填列,其编制内容主要包括工程名称、标段、工程内容、金额(元)等,其编制格式及示例详见表6.8所示。

说明:该工程招标文件明确:门窗工程另行发包。编制人可以自行设计表格填列该门窗工程的估算过程,参见表6.9。

表 6.7　材料(工程设备)暂估单价及调整表

工程名称:××大学教学楼(建筑与装饰工程)　　标段:　　第　页　共　页

序号	材料(工程设备)名称、规格、型号	计量单位	数量		暂估(元)		确认(元)		差额±(元)		备注
			数量	确认	单价	合价	单价	合价	单价	合价	
1	钢筋Φ10以内	t	65		3800	247000.00					
2	钢筋Φ10以上	t	55		3900	214500.00					
3	螺纹钢	t	80		4150	332000.00					
	合　计					793500.00					

注:此表由招标人填写"暂估单价",并在备注栏说明估价的材料、工程设备拟用在哪些清单项目上,投标人应将上述材料暂估单价计入工程量清单综合单价中。

表 6.8　专业工程暂估价及结算价表

工程名称:××大学教学楼(建筑与装饰工程)　　标段:　　第　页　共　页

序号	工程名称	工程内容	暂估金额(元)	结算金额(元)	差额±(元)	备注
1	门窗工程	合同图纸中标明的该门窗工程的制作、运输、安装、调试等工作	110736.00			
	合计		110736.00			

注:此表"暂估金额"由招标人填写,投标人应将"暂估金额"计入投标总价中。结算时按合同结算金额填写。

表 6.9　门窗工程估算表

工程名称:××大学教学楼(建筑与装饰工程)　　标段:　　第　页　共　页

序号	名称及代号	洞口尺寸(mm)		数量(樘)	单价(元/m²)	合计(元)	备　注
		宽度	高度				
1	门工程						据招标同期工程所在地造价信息暂估单价,该单价已经包括制作、运输、安装等费用
1.1	铝合金防盗门 M1	1200	2400	20	260	14976.00	
1.2	夹板门 M2	1000	2200	60	240	31680.00	
	门小计					46656.00	
2	窗工程						
2.1	铝合金推拉窗 C1	1500	1800	120	180	58320.00	
2.2	铝合金固定窗 C2	500	600	120	160	5760.00	
	窗小计					64080.00	
	合计					110736.00	

注:此表"暂估金额"由招标人填写,投标人应将"暂估金额"计入投标总价中。结算时按合同结算金额填写。

③ 计日工

计日工是为了解决现场发生的零星工作的计价而设立的，以完成零星工作所消耗的人工工时、材料数量、机械台班进行计量，并按计日工表中填报的综合单价进行计价与支付。国际上常见的标准合同条款中，大多数都设立了计日工机制。

计日工表中给出的暂定数量，尽可能估算一个比较贴近实际的数量，并尽可能把项目列全，以防患于未然。工程实际中有的编制人由于难以预测计日工而不提供计日工的暂估数量，这不利于投标报价的有效竞争和造价控制。暂估数量不准，不影响造价的最终确定，结算时是按照发包人实际签证确认的事项及数量计算。

计日工表的编制内容主要包括：工程名称、标段、项目名称（含人工、材料、施工机械）、单位、暂定数量等，其编制格式及示例详见表 6.10 所示。

表 6.10　计日工表

工程名称：××大学教学楼（建筑与装饰工程）　　标段：　　第　页　共　页

编号	项目名称	单位	暂定数量	实际数量	综合单价(元)	合价	
						暂定	实际
一	人工						
1	建筑普工	工日	50				
2	混凝土工	工日	10				
3	建筑技工	工日	10				
4	装饰普工	工日	20				
5	装饰技工	工日	10				
人工小计							
二	材料						
材料小计							
三	施工机械						
施工机械小计							
四、企业管理费和利润(按人工费计取)							
总计							

注：此表项目名称、暂定数量由招标人填写，编制招标控制价时，单价由招标人按有关计价规定确定；投标时，单价由投标人自主报价，按暂定数量计算合价计入投标总价中。结算时，按发承包双方确认的实际数量计算合价。

④ 总承包服务费

总承包服务费是指要求总承包人对发包的专业工程提供协调和配合服务，如分包人使用总承包人的脚手架、水电接剥等；对供应的材料、设备提供收发和保管服务，以及对施工现场进行的统一管理；对竣工资料进行统一汇总整理所发生并向总承包人支付的费用。

拟建工程在招标文件中明确有专业工程分包或甲供材料（发包人提供材料），则需要编制总承包服务费，可按总承包服务费计价表中所规定的内容进行编制。

总承包服务费计价表的编制内容主要包括：项目名称（发包人发包专业工程、发包人供应材料）、标段、项目价值、服务内容等。其编制格式及示例详如表 6.11 所示。

⑤ 其他项目清单与计价汇总表

其他项目清单与计价汇总表的编制内容主要包括：暂列金额、暂估价等。具体编制格式及示例详见表 6.12 所示。

表 6.11 总承包服务费计价表

工程名称：××大学教学楼（建筑与装饰工程） 标段： 第 页 共 页

序号	项目名称	项目价值（元）	服务内容	计算基础	费率（%）	金额（元）
1	发包人发包专业工程	110736.00	1.按专业工程承包人要求提供施工工作面并对施工现场进行同一管理，对竣工资料进行整理汇总； 2.为专业工程承包人提供垂直运输机械和焊接电源接入点并承担垂直运输费和电费	项目价值		
2	发包人供应材料	793500.00	对发包人提供的材料进行验收、保管和使用发放	项目价值		
	合计	—	—		—	

注：此表项目名称、服务内容由招标人填写，编制招标控制价时，费率及金额由招标人按有关计价规定确定；投标时，费率及金额由投标人自主报价，计入投标总价中。

表 6.12 其他项目清单与计价汇总表

工程名称：××大学教学楼（建筑与装饰工程） 标段： 第 页 共 页

序号	项目名称	金额	结算金额（元）	备注
1	暂列金额			明细详见表-12-1
2	暂估价	110736.00		
2.1	材料（工程设备）暂估价/结算价	—		明细详见表-12-2
2.2	专业工程暂估价/结算价	110736.00		明细详见表-12-3
3	计日工			明细详见表-12-4
4	总承包服务费			明细详见表-12-5
	合计			

注：材料（工程设备）暂估单价进入清单项目综合单价，此处不汇总。

其他项目清单由招标人（业主）根据拟建工程的具体情况，按照上述内容列项进行编制。在编制其他项目清单时，若出现上述内容以外的项目，招标人（业主）可以自作补充。

(5) 规费和税金项目清单的编制

① 规费项目清单

规费项目应按照以下内容列项：社会保险费（包括：养老保险费、失业保险费、医疗保险费、工伤保险费、生育保险费）；住房公积金；工程排污费。

出现计价规范未列的项目，应根据省级政府或省级有关部门的规定列项。

② 税金项目清单

税金项目清单应该包括以下内容：营业税；城市维护建设税；教育费附加；地方教育费附加。

出现计价规范未列的项目，应根据税务部门的规定列项。

由于税费项目和税金项目都由政府权力机构确定，内容明确并具有一定的稳定性，因此一般把规费、税金项目清单合并编制，其内容主要包括：工程名称、标段、项目名称、计算基础等。其编制格式及示例详见表 6.13 所示。

表 6.13 规费、税金项目清单与计价表

工程名称：××大学教学楼（建筑与装饰工程） 标段： 第 页 共 页

序号	项目名称	计算基础	计算基数	计算费率(%)	金额(元)
1	规费	定额人工费			
1.1	社会保险费	定额人工费			
(1)	养老保险费	定额人工费			
(2)	失业保险费	定额人工费			
(3)	医疗保险费	定额人工费			
(4)	工伤保险费	定额人工费			
(5)	生育保险费	定额人工费			
1.2	住房公积金	定额人工费			
1.3	工程排污费	按工程所在地环保部门收取标准按实计入			
2	税金	分部分项工程费＋措施项目费＋其他项目费＋规费－按规定不计税的工程设备金额			
合计					

编制人（造价人员）： 复核人（造价工程师）：

(6) 主要材料、工程设备一览表的填写

材料价款占合同价款的大部分，为了加强对材料价款的管理，“13 计价规范”新增了主要材料、工程设备一览表，具体如下：

① 发包人提供材料和工程设备一览表

若招标文件明确有发包人提供材料或工程设备，招标工程量清单要提供“发包人提供材料和工程设备一览表”，其编制格式及示例详见表 6.14 所示。

表 6.14 发包人提供材料和工程设备一览表

工程名称：××大学教学楼(建筑与装饰工程) 标段： 第 页 共 页

序号	材料(工程设备)名称、规格、型号	单位	数量	单价(元)	交货方式	送达地点	备注
1	钢筋Φ10 以内	t	65	3800	当面移交	工地仓库	
2	钢筋Φ10 以上	t	55	3900	当面移交	工地仓库	
3	螺纹钢	t	80	4150	当面移交	工地仓库	

注：此表由招标人填写，供投标人在报价报价取定总承包服务费时参考。

② 承包人提供主要材料和工程设备一览表

发包人在招标文件中要明确承包人提供主要材料和工程设备的具体内容，并在招标工程量清单中提供“承包人提供主要材料和工程设备一览表”，其编制格式及示例详见表 6.15 所示。

表 6.15 承包人提供主要材料和工程设备一览表

(适用于造价信息差额调整法)

工程名称：××大学教学楼(建筑与装饰工程) 标段： 第 页 共 页

序号	材料(工程设备)名称、规格、型号	单位	数量	风险系数(%)	基准单价(元)	投标单价(元)	发包人确认单价(元)	备注
1	水泥 32.5	kg	69235.798	≤3	0.35			
2	中砂	m^3	131.265	≤5	80.00			
3	细砂	m^3	49.13	≤5	80.00			
4	石灰膏	m^3	5.781	≤5	120.00			
5	商品混凝土 C10	m^3	36.87	≤3	260.00			
6	商品混凝土 C20	m^3	224.903	≤3	280.00			
7	商品混凝土 C30	m^3	359.019	≤3	320.00			
	……							

注：① 此表由招标人填写除“投标单价”栏以外的内容，投标人在投标时自主确定投标单价。

② 招标人应优先采用工程造价管理机构发布的单价作为基准单价，未发布的，通过市场调查确定其基准单价。

(7) 总说明、封面和扉页

① 总说明

通过编制总说明，可以让清单使用人更理解清单的内容，招标工程量清单、招标控制价、投标报价、竣工结算都是使用同一表样，但是内容不完全相同，工程量清单的总说明的内容应包括：

(a) 工程概况：包括建设规模、工程特征、计划工期、施工现场实际情况、自然地理条件、环境保护要求等。

(b) 工程招标与专业工程发包范围。

(c) 工程量清单编制依据。

(d) 工程质量、材料、施工等的特殊要求。

(e) 其他需要说明的问题，如招标人(业主)自行采购材料的名称、规格、型号、单价；承包人对甲供材料提供的服务，甲供材料款的结算方式；专业发包工程的内容；总承包人提供的服务等。

总说明的编制格式及示例见表 6.16。

表 6.16 总 说 明

工程名称：××大学教学楼(建筑与装饰工程)　　标段：　　第 页 共 页

1. 工程概况：本工程为框架结构，采用混凝土灌注桩，建筑层数为四层，建筑面积为 4980 m^2，计划工期为 160 日历天。施工现场距既有教学楼 30 m，施工中应注意采取相应的防噪措施。

2. 工程招标范围：本次工程招标范围为施工图范围内的建筑工程和安装工程。

3. 工程量清单编制依据：

(1)《建设工程工程量清单计价规范》(GB 50500—2013)；

(2)《房屋建筑与装饰工程工程量计算规范》(GB 50854—2013)、《通用安装工程工程量计算规范》(GB 50856—2013)；

(3)《四川省建设工程工程量清单计价定额》(2009)及相关办法；

(3) ××大学教学楼工程设计文件及相关资料；

(4) 与建设工程有关的标准、规范、技术资料；

(5) 拟定的招标文件；

(6) 施工现场情况、地勘水文资料、工程特点及常规施工方案；

(7) 其他相关资料。

4. 其他需要说明的问题：

(1) 招标人提供现浇构件的全部钢筋；承包人应在施工现场对招标人提供的钢筋进行验收、保管和使用发放；招标人供应钢筋的价款，由招标人按每次发生的金额支付给承包人，再由承包人支付给供应商。

(2) 门窗工程另行发包。总承包人应配合专业工程承包人完成以下工作：

① 按专业工程承包人要求提供施工工作面并对施工现场进行统一管理，对竣工资料进行整理汇总；

② 为专业工程承包人提供垂直运输机械和焊接电源接入点并承担垂直运输费和电费。

表-01

② 扉页和封面

扉页和封面明确了招标工程量清单的编制主体、编制人以及相应的签字盖章，明确了相应的法律责任，应按照规定的内容填写。

(a) 封面

招标人具备自行编制工程量清单能力时，可以自行编制，否则可以委托工程造价咨询人编制，招标工程量清单的封面因此有所不同。

招标人自行编制招标工程量清单的封面，应填写招标工程项目的具体名称，招标人应盖单位公章，具体格式及示例参见表 6.17。

招标人委托工程造价咨询人编制招标工程量清单的封面，除了需要盖招标人公章外，还应加盖工程造价咨询人公章。其格式及示例如表 6.18 所示。

表 6.17

××大学教学楼 工程 **招标工程量清单** 招标人：××大学 （单位盖章） ××年×月×日

封-1

表 6.18

××大学教学楼 工程 **招标工程量清单** 招标人：××大学 （单位盖章） 造价咨询人：××工程造价咨询公司 （单位盖章） ××年×月×日

封-1

（b）扉页

扉页实际上就是签字盖章页，也是分招标人自行编制和委托工程造价咨询人编制两种情况。

招标人自行编制工程量清单时，由招标人单位注册的造价人员编制，招标人盖单位公章，法定代表人或其授权人签字或盖章。编制人是造价工程师的，由其签字盖执业专用章；编制人是造价员的，在编制人栏签字并盖执业专用章，并应由造价工程师复核，并在复核人栏签字盖执业专用章。其格式及示例见表6.19。

表6.19

××大学教学楼 工程 **招标工程量清单** 招标人：××大学 （单位盖章） 法定代表人 或授权人：××× （签字或盖章） 编制人：×××　　　　复核人：××× （造价人员签字或盖章）　　（造价工程师签字或盖章） 编制时间：××年×月×日　　　　复核时间：××年×月×日

扉-1

招标人委托工程造价咨询企业编制招标工程量清单时，由工程造价咨询人单位注册的造价人员编制，工程造价咨询人盖单位资质专用章，法定代表人或其授权人签字或盖章。编制人是造价工程师的，由其签字盖执业专用章；编制人是造价员的，在编制人栏签字并盖执业专用章，并应由造价工程师复核，并在复核人栏签字盖执业专用章。其格式见表6.20。

表 6.20

××大学教学楼 工程

招标工程量清单

招　标　人：××大学
（单位盖章）

造价咨询人：××工程造价咨询公司
（单位盖章）

法定代表人
或授权人：×××
（签字或盖章）

法定代表人
或授权人：×××
（签字或盖章）

编　制　人：×××
（造价人员签字或盖章）

复　核　人：×××
（造价工程师签字或盖章）

编制时间：×××年××月××日　　复核时间：×××年××月××日

扉-1

(8) 复核整理、装订成册

工程量清单编制后，应按照编制单位内部工作程序进行复核，避免漏项、重项、少估冒算，特别是对于量大或对造价影响大的项目（如混凝土及钢筋混凝土工程、装饰标准高的项目等）要重点复核，确定无误后，按照招标文件明确的顺序装订成册，一般顺序如下：

① 封面
② 扉页
③ 填表须知
④ 总说明

⑤ 分部分项工程与单价措施项目清单与计价表

⑥ 总价措施项目清单与计价表

⑦ 其他项目清单与计价汇总表

a. 暂列金额明细表

b. 材料(工程设备)暂估单价及调整表

c. 专业工程暂估价及结算价表

d. 计日工表

e. 总承包服务费计价表

⑧ 规费、税金项目计价表

⑨ 发包人提供材料和工程设备一览表

⑩ 承包人提供主要材料和工程设备一览表

按照计量规范对各种表格予以编码,编码顺序也是装订顺序。

6.5 工程量清单计价的编制

6.5.1 工程量清单计价编制概述

(1) 工程量清单计价的编制内容

工程量清单计价的编制内容包括编制招标控制价、投标报价、合同价款调整、合同价款期中支付、竣工结算与支付、合同解除的价款结算与支付等。

在此介绍招标控制价和投标报价的编制,重点是投标报价的编制。

(2) 工程量清单计价编制的一般规定

① 工程量清单计价应采用综合单价

为简化计价程序,实现与国际接轨,工程量清单计价采用综合单价的计价方法,综合单价计价是有别于定额工料单价计价的另一种单价计价方法,应包括完成规定计量单位、合格产品所需的全部费用,考虑到我国的现状,综合单价包括除规费、税金以外的全部费用。即综合单价计价指按照合同规定完成工程量清单项目工作内容并计算其单位综合费用的一种方法,其费用包括人工费、材料和工程设备费、施工机具使用费、企业管理费和利润以及一定范围内的风险费用。

综合单价法不但适用于分部分项工程量清单,亦适用于措施项目清单、其他项目清单。对于综合单价的编制,各省、自治区、直辖市工程造价管理机构制订具体办法,统一综合单价的计算和编制。

② 安全文明施工费不得竞争

计价规范明确规定,措施项目中的安全文明施工费必须按国家或省级、行业建设主管部门的规定计算,不得作为竞争性费用。

很多省、自治区、直辖市明文规定,安全文明施工费在编制招标控制价、投标报价时应足额计取,结算时对按规定应进行现场评价的工程,承包人凭《安全文明施工费评价及费用测定表》测定的费率办理竣工结算,未经现场评价或承包人不能出具《安全文明施工费评价及费用测定表》的,承包人不得收取安全文明施工费中的文明施工费、安全施工费、临时设施费。有的省、自治区、直辖市还提倡在招标文件中明确投标报价时安全文明施工费的取费基础，统一安全文明施工费的额度。

③ 规费和税金不得竞争

计价规范明确规定，规费和税金必须按照国家或省级、行业建设主管部门的规定计算，不得作为竞争性费用。

规费包括社会保险费(养老保险费、医疗保险费、失业保险费等)、住房公积金、工程排污费等，这些都是国家提高人民生活水准、提供社会保障的重要手段，规定规费不予竞争是促进我国社会保障制度的健全、保护劳动人民的重要措施。

税金是国家收入的重要来源，是国家建设和发展的重要保障，纳税是每个企业和公民的法定义务，不得偷税漏税，也不得竞争。

④ 甲供材料单价应计入相应项目的综合单价

发包人提供的材料和工程设备(简称甲供材料)应在招标文件中按照规范规定的《发包人提供材料和工程设备一览表》，写明材料的名称、规格、数量、单价、交货方式、交货地点等。承包人投标时，甲供材料单价应计入相应项目的综合单价中；签约后，发包人应按合同约定扣除甲供材料货款，不予支付。甲供材料不符合要求的，按合同约定由发包人承担相应的责任。

⑤ 承包人采购、提供材料和工程设备必须满足合同约定的质量标准

除合同约定的发包人提供的甲供材料外，合同工程所需的材料和工程设备应由承包人提供，承包人提供的材料和工程设备均应由承包人负责采购、运输和保管。承包人应按合同将采购材料和工程设备的供货人及品种、规格、数量和供货时间等提交发包人确认，并负责提供材料和工程设备的质量证明文件，满足合同约定的质量标准。否则，按合同约定承担相应的责任。

⑥ 发承包双方必须在合同中明确计价风险，合理分摊

建设工程发承包，必须在招标文件、合同中明确计价中的风险内容及其范围，不得采用无限风险、所有风险或类似语句规定计价中的风险内容及范围。

计价规范明确由于以下因素出现，影响合同价款调整的，应由发包人承担：

a. 国家法律、法规、规章和政策发生变化；

b. 省级或行业建设主管部门发布的人工费调整，承包人对人工费或人工单价的报价高于发布的除外；

c. 由政府定价或政府指导价管理的原材料等价格进行了调整。

如水、电、燃油等原材料目前还是实行政府定价或政府指导价，价格发生变化时，应该据实调整。

由于市场波动影响合同价款的，应由发承包双方合理分摊，并应该在合同中具体约定分摊方法。有的省、自治区、直辖市还出台文件规范风险分摊的范围和比例。

(3) 确定综合单价是工程量清单计价的关键环节

工程量清单计价采取综合单价，其造价计算方法如图 6.1 所示。通过该图可以看出，确定综合单价是工程量清单计价的关键环节。

(4) 招标控制价与投标报价的联系和区别

① 两者之间的联系

a. 两者计价内容相同，都包括分部分项工程费、措施项目费、其他项目费、规费和税金。

b. 确定综合单价的方法相同。

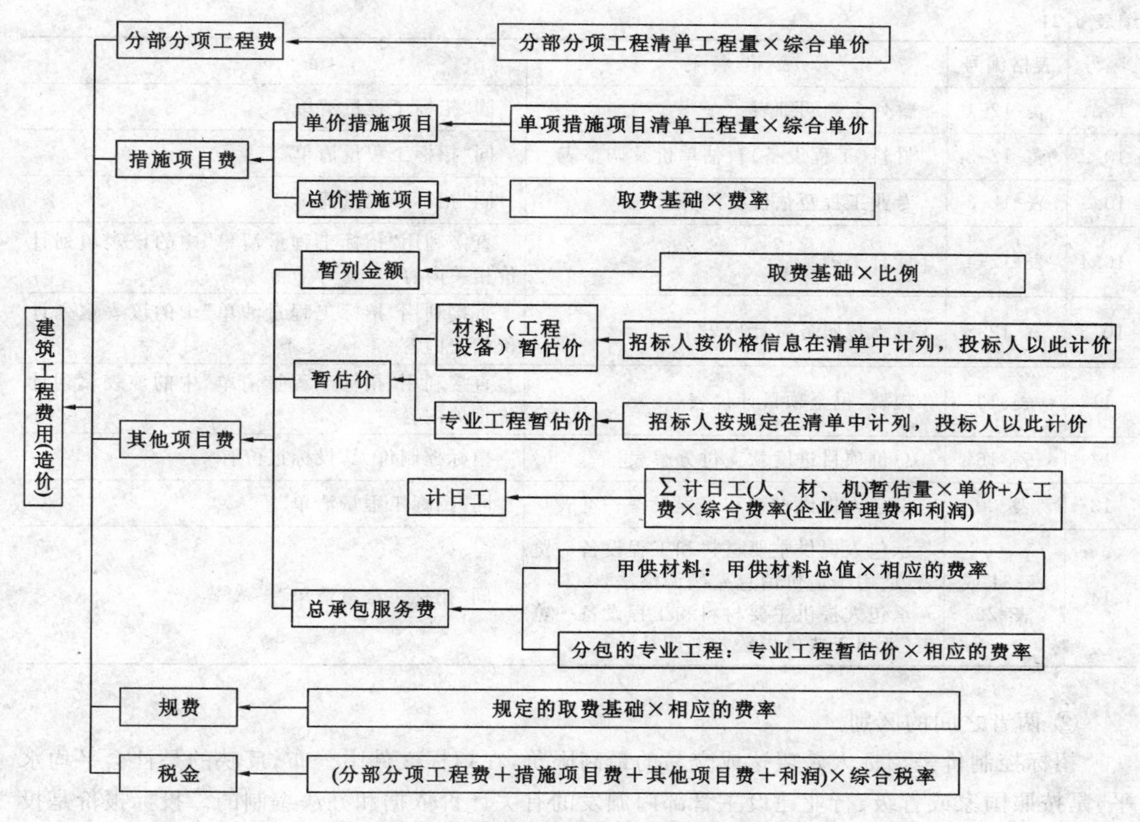

图 6.1 工程量清单计价费用组成和计算方法

c. 使用的表格大部分相同，投标报价只是比招标控制价多表-16“总价项目进度款支付分解表”。招标控制价与投标报价使用表格一览表见表 6.21。

表 6.21 招标控制价/投标报价使用表格一览表

序号	表格编号	表格名称	备注
1	封-2/封-3	招标控制价封面/投标报价封面	填写方法和要求同“招标工程量清单封面”
2	扉-2/扉-3	招标控制价扉页/投标报价扉页	填写方法和要求同“招标工程量清单扉页”
3	表-01	总说明	表样相同
4	表-02	建设项目招标控制价/投标报价汇总表	表样相同，根据需要分别打印
5	表-03	单项工程招标控制价/投标报价汇总表	表样相同，根据需要分别打印
6	表-04	单位工程招标控制价/投标报价汇总表	表样相同，根据需要分别打印
7	表-08	分部分项工程和单价措施项目清单与计价表	直接利用“招标工程量清单”中的该表填列计价相关内容
8	表-09	综合单价分析表	表样相同
9	表-11	总价措施项目清单与计价表	均直接利用“招标工程量清单”中的该表填列计价相关内容
10	表-12	其他项目清单与计价汇总表	均直接利用“招标工程量清单”中的该表填列计价相关内容

续表 6.21

序号	表格编号	表格名称	备　注
10.1	表-12-1	暂列金额明细表	同“招标工程量清单”
10.2	表-12-2	材料(工程设备)暂估单价及调整表	同“招标工程量清单”
10.3	表-12-3	专业工程暂估价及结算价表	同“招标工程量清单”
10.4	表-12-4	计日工表	直接利用“招标工程量清单”中的该表填列计价相关内容
10.5	表-12-5	总承包服务费计价表	直接利用“招标工程量清单”中的该表填列计价相关内容
11	表-13	规费、税金项目计价表	直接利用“招标工程量清单”中的该表填列计价相关内容
12	表-16	总价项目进度款支付分解表	招标控制价无,投标报价有
13	表-20	发包人提供材料和工程设备一览表	同“招标工程量清单”
14	表-21 或 表-22	承包人提供主要材料和工程设备一览表(适用于造价信息差额调整法) 承包人提供主要材料和工程设备一览表(适用于造价指数差额调整法)	同“招标工程量清单”

② 两者之间的区别

招标控制价是招标人希望达成交易的最高限价,在招标文件中公布,反映的是社会平均水平,是按照国家或省级、行业建设主管部门颁发的有关计价依据和办法编制的。投标报价是投标人希望达成交易的价格,不得高于招标控制价,反映的是企业个别水平,根据企业自身的管理水平自主报价。

由上可知,二者的数据来源不同,招标控制价主要根据计价规定计算,如工程所在地工程造价主管部门颁发的计价定额、计价办法、造价信息和各种费率,考虑的是常规施工组织设计或施工方案;投标报价是依据投标人的企业定额、市场价格信息计算,考虑是企业对拟建工程具体的施工组织设计或施工方案。

两者单位工程造价计价程序的区别如表 6.22 所示。

表 6.22　单位工程招标控制价/投标报价计价程序表

序号	汇总内容	计算方法	金额
1	分部分项工程	按计价规定计算/自主报价	
1.1			
1.2			
……			
2	措施项目	按计价规定计算/自主报价	
2.1	其中:安全文明施工费	按规定标准估算/按规定标准计算	
3	其他项目		
3.1	其中:暂列金额	按招标文件提供金额计列/按招标文件提供金额计列	
3.2	专业工程暂估价	按招标文件提供金额计列/按招标文件提供金额计列	

续表 6.22

序号	汇总内容	计算方法	金额
3.3	计日工	按计价规定估算/自主报价	
3.4	总承包服务费	按计价规定估算/自主报价	
3.5	规费	按规定标准计算/按规定标准计算	
3.6	税金	(1＋2＋3＋4－不纳入计税范围的工程设备金额)×规定税率	
招标控制价合计/投标报价合计		1＋2＋3＋4＋5	

在此重点介绍投标报价，招标控制价可以根据投标报价的方法，根据当地计价定额、计价办法、造价信息等资料确定。

6.5.2　投标报价的编制

投标报价是投标人投标时响应招标文件所报出的对已标价工程量清单汇总后标明的总价，是投标人希望获得拟建工程施工任务的交易价格。

投标是一种要约，需要严格遵守招标投标的有关法律规定及程序，还需要对招标文件作出实质性响应，并符合招标文件的各项要求，科学、规范地编制投标文件与合理地提出报价，这直接关系到承揽工程项目的中标率。

(1) 投标报价编制流程

任何一个施工项目的投标报价都是一项复杂的系统工程，需要周密思考，统筹安排，在通过各种途径(如当地的招标投标网)取得招标信息后，投标人首先要决定是否参加投标，如果参加投标，即进行前期工作，准备资料，申请并参加资格预审；获取招标文件；组建投标报价工作小组；然后进入询价与编制阶段，整个投标报价的过程可以按一定程序进行，如图 6.2所示。

投标报价流程的很多环节将在“招标投标与合同管理”课程中介绍，在此重点介绍与投标报价紧密相关的环节。

① 调查工程现场

招标人在招标文件中一般会明确进行工程现场踏勘的时间和地点。投标人应按规定的时间前往调查，不仅要对现场的自然条件和施工条件进行调查，还应对各种构件、半成品和商品混凝土的供应能力，以及现场附近的生活设施、治安情况进行调查。有的招标文件明确不统一组织投标人现场踏勘，由投标人自行进行，投标人也应予以重视，一定要到施工现场踏勘，为合理报价收集现场资料。

② 询价

投标报价是合理低价中标，投标人必须通过各种渠道，采用各种手段对材料价格、施工机械台班价格、劳务价格、分包价格进行全面调查。

询价的注意事项：一是产品质量必须可靠，并满足招标文件的有关规定；二是供货方式、时间、地点，有无附加条件和费用。

询价的渠道：直接与生产厂商联系，甚至可以采取“捆绑式”投标方式进行询价；了解生产厂商的代理人或从事该项业务的经纪人；了解经营该项产品的销售商；向咨询公司询价；通过互联网查询；自行进行市场调查或信函询价。

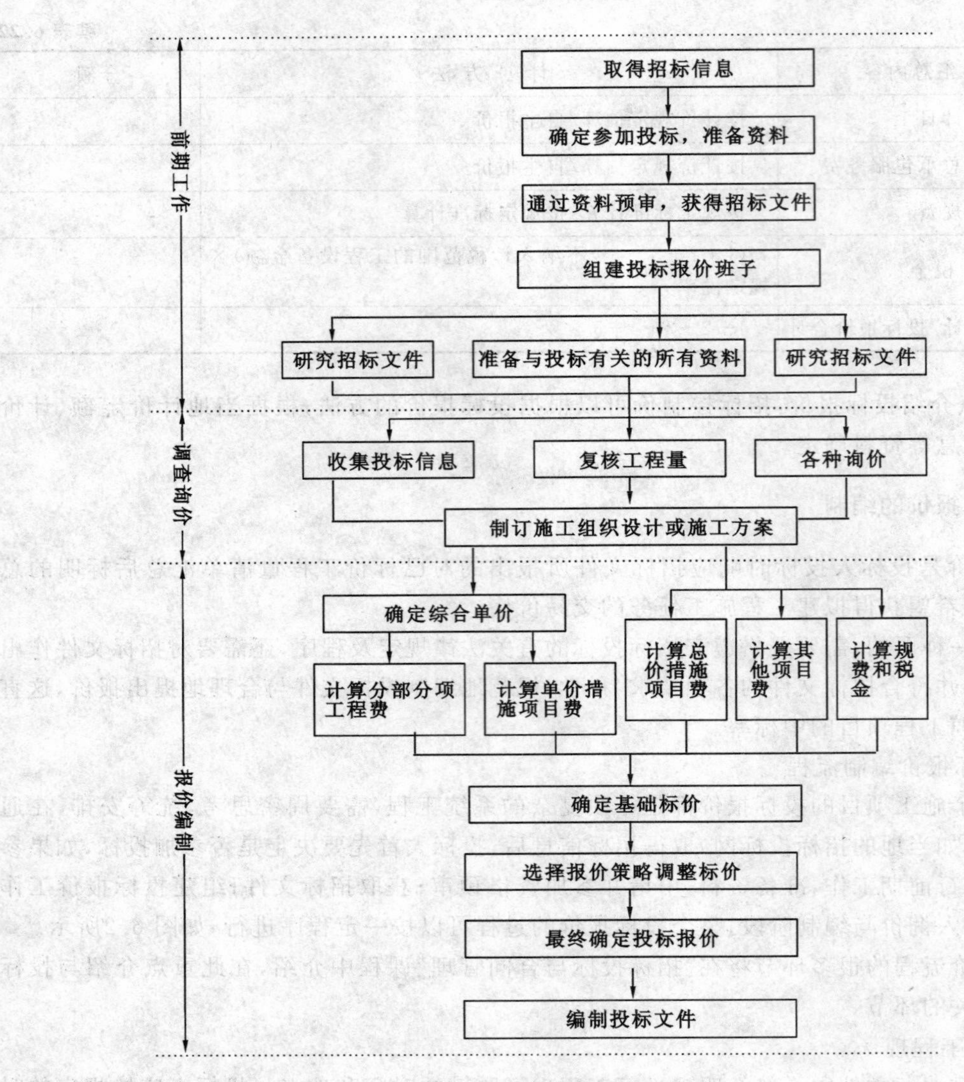

图 6.2 投标报价流程图

询价十分重要，是合理报价的基础和前提。

③ 复核工程量

招标人对提供的招标工程量的准确性和完整性负责，投标人复核招标工程量的目的不是修改工程量清单，而是为了分析招标工程量清单的准确性而考虑相应的投标策略，也为拟定切实可行的施工组织设计或施工方案提供数据。

复核发现招标工程量清单有误，投标人不能修改招标工程量清单，可以向招标人书面提出修改意见，是否向招标人提出修改意见取决于投标人的投标策略。

④ 编制施工组织设计或施工方案

施工组织设计或施工方案是实现设计图纸的具体方案和措施，不同的施工企业对同一拟建工程会采取不同的施工组织设计或施工方案，只有确定了具体可行的施工组织设计或施工方案，才能确定合理的投标报价。

(2) 投标报价编制的相关规定

报价是投标的关键性工作,报价是否合理不仅直接关系到投标的成败,还关系到中标后企业的盈亏。投标报价虽然是市场竞争行为,由投标人自主报价,但是为了规范市场秩序,国家有相关的规定,报价时必须执行。

① 投标报价应由投标人或受其委托具有相应资质的工程造价咨询人编制。

② 投标人自主确定投标报价,但必须执行计价规范的强制性规定。

③ 投标报价不得低于工程成本。

工程成本是指承包人为实施合同工程并达到质量标准,在确保安全施工的前提下,必须消耗或使用的人工、材料、工程设备、施工机械台班及管理等方面发生的费用和按规定缴纳的规费和税金。

《中华人民共和国招标投标法》第四十一条规定:“中标人的投标应当符合下列条件……(二)能够满足招标文件的实质性要求,并且经评审的投标价格最低;但是投标报价低于成本的除外。”《评标委员会和评标方法暂行规定》(七部委第12号令)第二十一条规定:“在评标过程中,评标委员会发现投标人的报价明显低于其他投标报价或者在设有标底时明显低于标底的,使得其投标报价可能低于其个别成本的,应当要求该投标人作出书面说明并提供相关证明材料。投标人不能合理说明或者不能提供相关证明材料的,由评标委员会认定该投标人以低于成本报价竞标,其投标应作为废标处理”。有的省还出台了具体的评标办法,如四川省。

④ 投标人必须按照招标工程量清单填报价格。项目编码、项目名称、项目特征、计量单位、工程量必须与招标工程量清单一致。

⑤ 投标人的投标报价高于招标控制价的应予以废标。

⑥ 综合单价中应包括招标文件中划分的应由投标人承担的风险范围及其费用,招标文件没有明确的,应提请招标人明确。

投标报价要以招标文件中设定的发承包双方责任划分,作为考虑投标报价费用项目和费用计算的基础。发承包双方的责任划分不同,会导致合同风险不同的分摊,从而导致投标人选择不同的报价,所以发承包双方应当在招标文件或合同中对此类风险的范围和幅度予以明确约定,进行合理分摊。根据工程特点和工期要求,一般采取的方式是承包人承担5%以内的材料、工程设备价格风险,10%以内的施工机具使用费风险。有的省出台了具体的风险分摊办法。

⑦ 规费和税金必须按国家或省级、行业建设主管部门的规定计算,不得作为竞争性费用。

⑧ 招标工程量清单与计价表中列明的所有需要填写单价和合价的项目,投标人均应填写且只允许有一个报价。未填写单价和合计的项目,可视为此项费用已包含在已标价工程量清单中其他项目的单价和合价之中。当竣工结算时,此项目不得重新组价予以调整。

⑨ 投标总价应当与分部分项工程费、措施项目费、其他项目费和规费、税金的合计金额一致。

合计金额不一致的,在评标过程中作为细微偏差应予以纠正。

(3) 投标报价的编制依据

①《建设工程工程量清单计价规范》(GB 50500—2013);

② 国家或省级、行业建设主管部门颁发的计价办法;

③ 企业定额;

④ 招标文件、招标工程量清单及其补充通知、答疑纪要；

⑤ 建设工程设计文件及相关资料；

⑥ 施工现场情况、工程特点及投标时拟定的施工组织设计或施工方案；

⑦ 与建设项目相关的标准、规范等技术资料；

⑧ 市场价格信息或工程造价管理机构发布的工程造价信息；

⑨ 其他的相关资料。

(4) 投标报价的填写编制

投标报价时工程量清单计价表的填写编制，应根据前述的编制依据和综合单价计价方法，分别填写和计算各项计价表，以及编写相关说明。其填写编制内容主要包括：人工、材料、机械台班价格表，分部分项工程量清单综合单价分析表，分部分项工程量与单价措施项目清单与计价表，总价措施项目清单与计价表，其他项目清单与计价汇总表，暂列金额明细表，材料(工程设备)暂估单价表，专业工程暂估价表，计日工表，总承包服务费计价表，规费、税金项目清单与计价表，总价项目进度款支付分解表，发包人提供材料和工程设备一览表，承包人提供主要材料和工程设备一览表，单位工程投标报价汇总表，单项工程投标报价汇总表，建设项目投标报价汇总表，总说明，投标总价(封面)等。

小 结

本章主要讲述工程量清单及其计价的概念、作用、特点和适用范围；工程量清单的编制原则、编制依据、编制内容与编制格式；工程量清单计价的编制方法、计价依据、计价过程和计价程序；工程量清单计价表的填写编制等。现就其基本要点归纳如下：

(1) 工程量清单是指载明建设工程的分部分项工程项目、措施项目、其他项目的名称和相应数量以及规费、税金项目等内容的明细清单。由分部分项工程量清单、措施项目清单、其他项目清单、规费和税金项目清单等内容组成。

(2) 工程量清单计价是指招标人根据国家统一的计价规范以及计量规范的工程量规则提供招标工程量清单和技术说明，由投标人依据企业自身的条件和市场价格对招标工程清单自主报价的工程造价计价方式。

(3) 工程量清单计价方法有综合单价法和工料单价法两种，但是，按“13 计价规范”的规定与要求，计价时大多采用综合单价法。在采用综合单价法时，应填写编制的内容包括：工程项目总价表，单项工程费汇总表，单位工程费汇总表，分部分项工程与单价措施项目清单计价表，其他项目清单计价表，规费、税金项目清单计价表，分部分项工程量清单综合单价分析表，措施项目清单分析表，人工、材料、机械数量及价格表，主要清单项目工、料、机单价分析表和工程量清单说明等。

通过本章的学习，要了解工程量清单和工程量清单计价的概念、重要作用、特点和适用范围；熟悉工程量清单编制的原则、编制依据、编制内容与编制格式；掌握工程量清单计价的计价依据、计价过程、计价程序和填写编制方法。

复习思考题

6.1　什么是工程量清单？
6.2　工程量清单有何作用？
6.3　工程量清单的项目是怎样划分的？
6.4　工程量清单的组成内容有哪些？
6.5　工程量清单的编制应遵循哪些原则？
6.6　工程量清单编制的主要依据是什么？
6.7　工程量清单有哪些编制内容和编制格式？
6.8　什么是工程量清单计价？
6.9　工程量清单计价具有什么特点？
6.10　工程量清单计价的适用范围是什么？
6.11　工程量清单计价常用的是哪种方法？为什么？
6.12　简述工程量清单计价的编制过程。
6.13　简述工程量清单的计价程序。
6.14　工程量清单计价包括哪些编制内容？
6.15　工程量清单计价需要填写与计算哪些计价表？

7 建筑工程量清单及计价表编制实例

本章提要

为适应我国建筑业和建筑市场发展的需要,满足理论教学紧密联系实际的要求,在收集整理部分工程实例资料的基础上,按照《建设工程工程量清单计价规范》(GB 50500—2013)、《房屋建筑与装饰工程工程量计算规范》(GB 50854—2013)的规定与要求,采用工程量清单计价模式,编制了××住宅楼建筑工程造价实例,以供读者学习和应用时参考。

7.1 设计图纸及说明

7.1.1 工程概况

××市××小区××住宅楼工程概况,详见本教材 5.2.1.1。

7.1.2 建筑设计说明

××市××小区××住宅楼工程的建筑设计说明,详见本教材 5.2.1.2。

7.1.3 结构设计说明

××市××小区××住宅楼工程的结构设计说明,详见本教材 5.2.1.3。

7.1.4 设计图纸

××市××小区××住宅楼工程设计图纸,详见图 5.1～图 5.11。

7.2 ××住宅楼清单计价编制依据与编制说明

7.2.1 编制依据

本工程根据招标文书和工程概况,编制依据如下:

(1)《建设工程工程量清单计价规范》(GB 50500—2013);

(2)《房屋建筑与装饰工程工程量计算规范》(GB 50857—2013);

(3)《重庆市建筑工程计价定额》(2008 年)、《重庆市装饰工程计价定额》(2008 年)、《重庆市混凝土及砂浆配合比表、施工机械台班定额》(2008 年)和《重庆市建设工程费用定额》(2008 年);

(4) 重庆市建筑材料市场价格信息;

(5) 重庆市20××年4季度主城区建筑材料市场平均价格；

(6)《西南地区建筑标准设计通用图——西南03J201-1、西南04J312、西南04J412、西南04J517、西南05G701》(2005年)；

(7)《混凝土结构施工图平面整体表示方法制图规则和构造详图13G101-1》(2013年)；

(8) 重庆市现行工程造价计算的有关规定及配套取费标准；

(9) ××住宅楼工程建筑、结构施工图纸，以及现场地质勘察资料。

7.2.2 编制说明

(1) 本工程量清单投标报价案例中，综合单价是按照《重庆市建筑工程计价定额》中规定的基价、《重庆市建设工程费用定额》中规定的工程类别和费用标准，以及按综合单价法计算得出。其管理费、利润以“人工费＋材料费＋机械费”(直接费)为计费基础时，取费费率四类工程分别为9.30％、2.8％。

(2) 本案例措施项目清单计价表中“运输密闭费”按照渝建[2004]91号文件的规定计取，即以土石方工程量为计算基础，按0.8元/m^3计取。安全文明施工专项费用不列入措施项目清单，按渝建发[2006]177号文件的规定计取，即单列“安全文明施工专项费用”于“单项工程费汇总表”的“税金”项前，并以建筑面积为计算基础，按4.00元/m^2计取(砖混结构)。

(3) 单位工程费汇总表中规费按4.87％、税金按3.41％计取。

(4) 本工程的垂直运输设备采用卷扬机；基础开挖采用人工挖土方，按支挡土板的方式施工，人工运土的运距为50 m，土壤类别为三类土。

(5) 本工程木门窗为预制厂加工制作，汽车运输，运距为5 km以内。木门窗均由厂商直接将成品运至现场，并由专业作业队进行安装。搭设安全网，垂直封闭施工。

7.2.3 设计图纸修改与要求

(1) 为与现行《建筑工程计价定额》的规定一致，本工程中现浇混凝土构件和预制混凝土构件的等级均改为C30。

(2) 因本工程建设地点位于市内，为适应城市建设环保的规定与要求，本工程的现浇混凝土构件均采用商品混凝土。

(3) 本工程室内喷刷涂料，改为室内天棚、墙面刮腻子2遍，喷刷乳胶漆2遍。

7.3 ××住宅楼工程量计算

工程量计算书主要包括门窗面积计算、混凝土及钢筋混凝土构件体积计算、“三线一面”基数计算和各分部分项工程量计算等内容。详见本教材5.2.2工程量计算书所示。

7.4 ××住宅楼工程量清单编制

工程量清单，主要包括分部分项工程量清单、措施项目清单、其他项目清单、规费项目清单和税金项目清单等内容。由业主根据计价规范、计量规范、施工图纸、施工现场实际情况进行编制，并提供给参加投标的承包商(建筑施工企业)。其编制格式和内容如下：封面(见

表7.1)，填表须知(见表7.2)，总说明(见表7.3)，分部分项工程量清单(见表7.4)，措施项目清单(一)(见表7.5)，措施项目清单(二)(见表7.6)，其他项目清单汇总表(见表7.7)，暂列金额明细表(见表7.8)，材料暂估单价表(见表7.9)，专业工程暂估价表(见表7.10)，计日工表(见表7.11)，总承包服务费计价表(见表7.12)，规费、税金项目清单(见表7.13)。

(1) 封面，见表7.1。

表7.1　封面

＿＿＿＿＿＿＿＿工程

工程量清单

招　标　人：＿＿＿＿＿＿＿＿ （单位盖章）	工程造价 咨　询　人：＿＿＿＿＿＿＿＿ （单位资质专用章）
法定代表人 或其授权人：＿＿＿＿＿＿＿＿ （签字或盖章）	法定代表人 或其授权人：＿＿＿＿＿＿＿＿ （签字或盖章）
编　制　人：＿＿＿＿＿＿＿＿ （造价人员签字盖专用章）	复　核　人：＿＿＿＿＿＿＿＿ （造价工程师签字盖专用章）
编制时间：　年　月　日	复核时间：　年　月　日

(2) 填表须知，见表7.2。

表7.2　填表须知

1. 工程量清单及其计价格式中所有要求签字、盖章的地方，必须由规定的单位和人员签字、盖章；
2. 工程量清单及其计价格式中的任何内容不得随意删除或涂改；
3. 工程量清单计价格式中所列明的所有需要填报的单价和合价，投标人均应填报，未填报的单价和合价，视为此项费用已包含在工程量清单的其他单价和合价中；
4. 金额(价格)均应以＿人民币＿表示

(3)总说明，见表7.3。

表7.3　总说明

工程名称：　　　　　　　　　　　　　　　　　　　　　　第　页共　页

一、编制依据

本工程根据招标文书和工程概况，编制依据如下：

1.《建设工程工程量清单计价规范》(GB 50500—2013)、《房屋建筑与装饰工程工程量计算规范》(GB 50854—2013)；

2.《重庆市建筑工程计价定额》(2008年)、《重庆市装饰工程计价定额》(2008年)、《重庆市混凝土及砂浆配合比表、施工机械台班定额》(2008年)和《重庆市建设工程费用定额》(2008年)；

3. 重庆市建筑材料市场价格信息；

续表 7.3

第 页 共 页

4. 重庆市20××年4季度主城区建筑材料市场平均价格；

5.《西南地区建筑标准设计通用图——西南03J201-1、西南04J312、西南04J412、西南04J517、西南05G701》(2005年)；

6.《混凝土结构施工图平面整体表示方法制图规则和构造详图13G101-1》(2013年)；

7. 重庆市现行工程造价计算的有关规定及配套取费标准；

8. ××住宅楼工程建筑、结构施工图纸，以及现场地质勘察资料。

二、其他有关说明

1. 本工程量清单投标报价案例中，综合单价是按照《重庆市建筑工程计价定额》中规定的基价、《重庆市建设工程费用定额》中规定的工程类别和费用标准，以及按综合单价法计算得出。其管理费、利润以"人工费＋材料费＋机械费"(直接费)为计费基础时，取费费率四类工程分别为9.30%、2.8%。

2. 本案例措施项目清单计价表中"运输密闭费"按照渝建[2004]91号文件的规定计取，即以土石方工程量为计算基础，按0.8元/m^3计取。安全文明施工专项费用不列入措施项目清单，按渝建发[2006]177号文件的规定计取，即单列"安全文明施工专项费用"于"单项工程费汇总表"的"税金"项前，并以建筑面积为计算基础，按4.00元/m^2计取(砖混结构)。

3. 单位工程费汇总表中规费按4.87%、税金按3.41%计取。

4. 本工程的垂直运输设备采用卷扬机；基础开挖采用人工挖土方，按支挡土板的方式施工，人工运土的运距为50 m，土壤类别为三类土。

5. 本工程木门窗为预制厂加工制作，汽车运输，运距为5 km以内。木门窗均由厂商直接将成品运至现场，并由专业作业队进行安装。搭设安全网，垂直封闭施工。

三、设计图纸修改与要求

1. 为与现行《建筑工程计价定额》的规定一致，本工程中现浇混凝土构件和预制混凝土构件的等级均改为C30；

2. 因本工程建设地点位于市内，为适应城市建设环保的规定与要求，本工程的现浇混凝土构件均采用商品混凝土；

3. 本工程室内喷刷涂料，改为室内天棚、墙面刮腻子2遍，喷刷乳胶漆2遍

(4) 分部分项工程量清单，见表7.4。

表 7.4 分部分项工程量清单表

工程名称：××市××小区××住宅楼(建筑、装饰工程)

序号	项目编码	项 目 名 称	计量单位	工程数量
		A1 土石方工程		
1	010101001001	平整场地 ① 土壤类别：三类土壤 ② 弃土运距：50 m ③ 取土运距：50 m	m^2	402.99
2	010101003001	挖基础地槽土方 ① 土壤类别：三类土壤 ② 基础类型：带形基础 ③ 垫层底宽：0.9～2.3 m ④ 挖土深度：1.2～1.5 m ⑤ 弃土运距：50 m	m^3	249.10

续表 7.4

序号	项目编码	项 目 名 称	计量单位	工程数量
3	010103001001	基槽土方回填 ① 土质要求:天然黄土 ② 密实度要求:0.9 ③ 夯填(碾压):夯填	m^3	179.30
		小计		
		A3 砌筑工程		
4	010302001001	内外实心砖墙 ① 砖品种、规格、强度等级:240×115×53 MU10 页岩砖 ② 墙体类型:内外砖墙 ③ 墙体厚度:240 mm ④ 勾缝要求:砂浆勾缝 ⑤ 砂浆强度等级、配合比:M7.5 混合砂浆	m^3	382.08
5	010302001002	内外实心砖墙 ① 砖品种、规格、强度等级:240×115×53 MU10 页岩砖 ② 墙体类型:内外砖墙 ③ 墙体厚度:240 mm ④ 勾缝要求:砂浆勾缝 ⑤ 砂浆强度等级、配合比:M5.0 混合砂浆	m^3	350.26
6	010302006001	零星砖砌体 ① 砖品种、规格、强度等级:240×115×53 MU10 页岩砖 ② 墙体类型: 零星砖砌体 ③ 墙体厚度:240 mm ④ 勾缝要求:砂浆勾缝 ⑤ 砂浆强度等级、配合比:M5.0 混合砂浆	m^3	9.76
7	010302006002	砖砌台阶 ① 砖品种、规格、强度等级:240×115×53 MU10 页岩砖 ② 墙体类型:砖砌台阶 ③ 墙体厚度:240 mm ④ 砂浆强度等级:M5.0 混合砂浆	m^2	8.64
8	010305001001	内外墙条石基础 ① 垫层材料种类、厚度 ② 石材品种、规格、强度等级:300×300×1000 毛条石 MU1000 kg/cm² 以上 ③ 基础深度:2 m 以内 ④ 基础类型:带形基础 ⑤ 砂浆强度等级、配合比:M5.0 混合砂浆	m^3	182.32
		A4 混凝土及钢筋混凝土工程		
9	010403004001	现浇钢筋混凝土圈梁 ① 梁底标高: ② 梁截面:180 mm×240 mm ③ 混凝土强度等级:C30 ④ 混凝土拌合料要求:商品混凝土(特细砂塑性混凝土,碎石粒径 5~31.5)	m^3	26.53

续表 7.4

序号	项目编码	项 目 名 称	计量单位	工程数量
10	010405008001	现浇钢筋混凝土雨篷 ① 混凝土强度等级:C30 ② 混凝土拌合料要求:商品混凝土(特细砂低塑混凝土,碎石粒径 35～50)	m^2	9.28
11	010407001002	现浇钢筋混凝土阳台立柱、扶手 ① 混凝土强度等级:C30 ② 混凝土拌合料特殊要求:商品混凝土(特细砂塑性混凝土,碎石粒径 5～40)	m^3	6.06
12	010407001002	现浇钢筋混凝土女儿墙压顶 ① 混凝土强度等级:C30 ② 混凝土拌合料特殊要求:商品混凝土(特细砂塑性混凝土,碎石粒径 5～20)	m^3	4.13
13	010407001003	商品混凝土的制作、运输及泵送混凝土 ① 混凝土搅拌站生产能力:50 m^3/h ② 运距 5 km 以内 ③ 输送泵车排除量:60 m^3/h	m^3	36.84
14	010410003001	预制钢筋混凝土过梁 ① 工作内容:包括构件制作、运输及安装灌浆 ② 构件类型:Ⅱ类 ③ 混凝土强度等级:C30 ④ 砂浆强度等级:1∶2 水泥砂浆 ⑤ 运输距离:5 km	m^3	15.16
15	010410003002	预制钢筋混凝土过梁挑梁 ① 工作内容:包括构件制作、运输及安装灌浆 ② 构件类型:Ⅱ类 ③ 混凝土强度等级:C30 ④ 砂浆强度等级:1∶2 水泥砂浆 ⑤ 运输距离:5 km	m^3	8.76
16	010412001001	预制钢筋混凝土平板 ① 工作内容:包括构件制作、运输及安装灌浆 ② 构件类型:Ⅱ类 ③ 混凝土强度等级:C30 ④ 砂浆强度等级:1∶2 水泥砂浆 ⑤ 运输距离:5 km	m^3	15.41
17	010412001002	预制钢筋混凝土阳台栏板 ① 工作内容:包括构件制作、运输及安装灌浆 ② 构件类型:Ⅱ类 ③ 混凝土强度等级:C30 ④ 砂浆强度等级:M5 ⑤ 运输距离:5 km	m^3	4.65

续表 7.4

序号	项目编码	项 目 名 称	计量单位	工程数量
18	010412002001	预制钢筋混凝土空心板 ① 工作内容：包括构件制作、运输及安装灌浆 ② 构件类型：Ⅱ类 ③ 混凝土强度等级：C30 ④ 砂浆强度等级：1∶2 水泥砂浆 ⑤ 运输距离：5 km	m^3	28.08
19	010412002002	预制预应力混凝土空心板 ① 工作内容：包括构件制作、运输及安装灌浆 ② 构件类型：Ⅱ类 ③ 混凝土强度等级：C30 ④ 砂浆强度等级：1∶2 水泥砂浆 ⑤ 运输距离：5 km	m^3	83.33
20	010413001001	预制钢筋混凝土楼梯踏步 ① 工作内容：包括构件制作、运输及安装灌浆 ② 构件类型：Ⅰ类 ③ 混凝土强度等级：C30 ④ 砂浆强度等级：1∶2 水泥砂浆 ⑤ 运输距离：5 km	m^3	6.44
21	010414002001	预制钢筋混凝土小型构件 ① 工作内容：包括构件制作、运输及安装灌浆 ② 构件类型：Ⅰ类 ③ 混凝土强度等级：C30 ④ 砂浆强度等级：1∶2 水泥砂浆 ⑤ 运输距离：5 km	m^3	5.48
22	010414002002	预制混凝土钢筋花格 ① 工作内容：包括构件制作、运输及安装灌浆 ② 构件类型：Ⅰ类 ③ 混凝土强度等级：C30 ④ 砂浆强度等级：1∶2 水泥砂浆 ⑤ 运输距离：5 km	m^3	12.15
23	010416001001	现浇混凝土钢筋 钢筋种类、规格：HRB335(Ⅱ级)螺纹钢Φ10 以上	t	3.14
24	010416002001	预制混凝土钢筋 钢筋种类、规格：HRB335(Ⅱ级)螺纹钢Φ10 以上	t	8.70
25	010416005001	先张法预应力构件钢筋 ① 钢筋种类、规格：Φ5 以下冷拔钢丝 ② 锚具种类：	t	2.81
		A6 金属结构工程		
26	010606009001	金属窗栅 ① 钢材品种、规格：圆钢为主 ② 油漆品种、刷调和漆遍数：刷 2 遍	t	0.2

续表 7.4

序号	项目编码	项 目 名 称	计量单位	工程数量
		A7 屋面及防水工程		
27	010702001001	屋面刚性防水 ① 防水层厚度:40 mm ② 嵌缝材料种类:建筑油膏 ③ 混凝土强度等级:C20	m^2	167.40
28	010702004001	屋面排水管 ① 排水管品种、规格:ϕ150 铸铁管 ② 接缝、嵌缝材料种类 ③ 油漆品种、刷漆遍数	m	89.60
29	010703003001	雨篷顶抹防水砂浆 ① 防水层厚度:25 mm ② 砂浆配合比:1∶2 水泥砂浆 ③ 外加剂材料种类:防水粉	m^2	41.43
		小计		
		A8 防腐、隔热、保温工程		
30	010803001001	屋面铺保温隔热层 ① 保温隔热部位:屋面 ② 保温隔热方式:现浇 ③ 保温隔热材料品种、规格:水泥珍珠岩	m^2	8.71
		B1 楼地面工程		
31	020101003001	1∶2.5 水泥豆石浆地面面层(底层) ① 垫层材料种类、厚度:1∶2.5 水泥砂浆,厚 20 mm ② 面层种类、厚度:1∶2.5 水泥豆石浆,厚 15 mm	m^2	195.92
32	020101003002	1∶2 水泥豆石浆楼面面层(楼层) ① 垫层材料种类、厚度:1∶2 水泥砂浆,厚 20 mm ② 面层种类、厚度:1∶2 水泥豆石浆,厚 15 mm	m^2	1057.30
33	020101003003	混凝土散水(室外) ① 垫层材料种类:碎石,厚度 80 mm ② 防水材料种类:沥青砂浆灌缝 ③ 面层厚度 80 mm,混凝土强度等级 C15	m^2	55.94
34	020105001001	1∶2 水泥砂浆踢脚线 ① 踢脚线高度:150 mm ② 底层厚度:12 mm ③ 面层厚度:8 mm	m^2	228.80
35	020106003001	1∶2.5 水泥豆石浆楼梯面层 ① 门窗:1∶2.5 水泥豆石浆 ② 面层厚度:30 mm ③ 水泥砂浆防滑条宽 20 mm	m^2	134.40
36	020107005001	楼梯金属栏杆木扶手 ① 扶手材料种类、规格:硬木 ② 固定配件种类:圆钢ϕ18 ③ 油漆品种:刷普通调和漆 2 遍	m	66.80

续表 7.4

序号	项目编码	项 目 名 称	计量单位	工程数量
		B2　墙、柱面工程		
37	020201001001	外墙勒脚抹水泥砂浆 ① 墙体种类:砖墙 ② 底层厚度、砂浆种类:15 mm 厚,1∶3 水泥砂浆 ③ 面层厚度、砂浆种类:5 mm 厚,1∶2.5 水泥砂浆	m^2	61.77
38	020201001002	外墙面抹混合砂浆 ① 墙体种类:砖墙 ② 底层厚度、砂浆种类:15 mm 厚,1∶0.3∶3 混合砂浆 ③ 面层厚度、砂浆种类:5 mm 厚,同上	m^2	1802.00
39	020201001003	内墙裙抹水泥砂浆 ① 墙体种类:砖墙 ② 底层厚度、砂浆种类:15 mm 厚,1∶3 水泥砂浆 ③ 面层厚度、砂浆种类:5 mm 厚,1∶2.5 水泥砂浆	m^2	332.00
40	020201001004	内墙面抹混合砂浆 ① 墙体种类:砖墙 ② 底层厚度、砂浆种类:15 mm 厚,1∶0.3∶3 混合砂浆 ③ 面层厚度、砂浆:5 mm 厚,同上	m^2	3672.60
41	020203001001	水泥砂浆零星抹灰 ① 墙体种类:砖墙面等 ② 底层厚度、砂浆种类:20 mm 厚,1∶3 水泥砂浆 ③ 面层厚度、砂浆种类:5 mm 厚,1∶2 水泥砂浆	m^2	607.00
42	020206003001	灶台板及上部墙面贴瓷砖 ① 底层厚度、砂浆种类:12 mm 厚、1∶3 水泥砂浆 ② 黏结层厚度、材料种类:8 mm 厚、1∶0.15∶2 混合砂浆 ③ 面层材料品种、规格、颜色:白色普通瓷砖、150×150×6	m^2	54.00
43	020206003002	阳台、雨篷等贴马赛克 ① 底层厚度、砂浆种类:12 mm 厚,1∶3 水泥砂浆 ② 黏结层厚度、材料种类:8 mm 厚,1∶0.15∶2 混合砂浆 ③ 面层材料品种、规格、颜色:天蓝色玻璃马赛克	m^2	203.50
		B3　天棚工程		
44	020301001001	天棚(空心板底)抹灰 ① 基层类型:混凝土板天棚 ② 抹灰厚度、材料种类:15 mm 厚,1∶1∶4 和 1∶0.5∶2.5 混合砂浆	m^2	454.80
		B4　门窗工程		
45	020401001001	木制镶板门 ① 门类型:全板镶板木门 M-1、M-2、M-3、M-4 ② 框截面尺寸: ③ 骨架材料种类:松木 ④ 面层材料品种:实心松木板 ⑤ 木制门运输:运距 5 km	m^2	264.52

续表 7.4

序号	项目编码	项目名称	计量单位	工程数量
46	020401008001	带窗全板镶板门 ① 门类型:带窗全板镶板木门 M-5 ② 框截面尺寸: ③ 骨架材料种类:松木 ④ 面层材料品种:实心松木板 ⑤ 带窗全板镶板门运输:运距 5 km	m^2	119.12
47	020404007001	折叠半玻镶板门 ① 门类型:折叠半玻镶板木门 M-6 ② 框截面尺寸: ③ 骨架材料种类:松木 ④ 玻璃品种、厚度:普通白玻璃,3 mm 厚 ⑤ 折叠半玻镶板门运输:运距 5 km	m^2	99.04
48	020405001001	木制平开窗 ① 窗类型:木制玻璃窗 ② 框材质、断面尺寸:一等锯材,52 cm^2 ③ 玻璃品种、厚度:普通白玻璃,3 mm 厚 ④ 木制平开窗运输:运距 5 km	m^2	15.92
49	020405001002	木制玻璃窗(双层窗) ① 窗类型:木制玻璃纱窗(一玻一纱) ② 框材质、断面尺寸:一等锯材,52 cm^2 ③ 玻璃品种、厚度:普通白玻璃、3 mm 厚 ④ 木制单层玻璃窗运输:运距 5 km	m^2	163.27
50	020405001003	木制纱窗扇(双层窗) ① 窗类型:木制玻璃纱窗(一玻一纱) ② 框材质、断面尺寸:一等锯材、52 cm^2 ③ 纱品种:普通窗纱 ④ 木制纱窗扇运输:运距 5 km	m^2	163.27
		B5 油漆、涂料、裱糊工程		
51	020501001001	木制镶板门油漆 ① 门类型:全板镶板门 ② 油漆品种:普通调和漆(乳白色) ③ 油漆遍数:2 遍	m^2	264.52
52	020501001002	带窗全板镶板门 ① 门类型:带窗全板镶板木门 ② 油漆品种:普通调和漆(乳白色) ③ 油漆遍数:2 遍	m^2	119.12
53	020501001003	折叠半玻镶板门 ① 门类型:折叠半玻镶板木门 ② 油漆品种:普通调和漆(乳白色) ③ 油漆遍数:2 遍	m^2	99.04

续表 7.4

序号	项目编码	项目名称	计量单位	工程数量
54	020502001001	木制平开窗 ① 窗类型:木制玻璃窗 ② 油漆品种:普通调和漆(乳黄色) ③ 油漆遍数:2遍	m^2	15.92
55	020502001002	木制玻纱窗(双层窗) ① 窗类型:木制玻璃纱窗(一玻一纱) ② 油漆品种:普通调和漆(乳黄色) ③ 油漆遍数:2遍	m^2	163.27
56	020507001001	天棚及内墙面刮腻子 ① 基层类型:内墙抹灰面 ② 腻子种类:大白粉、石膏粉、血料等 ③ 刮腻子要求:找平、砂光	m^2	5127.40
57	020507001001	天棚及内墙面刷喷乳胶漆 ① 基层类型:内墙抹灰面 ② 腻子种类:大白粉、石膏粉、血料等 ③ 刮腻子要求:找平、砂光 ④ 涂料品种、刷喷遍数:乳胶漆,2遍	m^2	5127.40

(5) 措施项目清单

措施项目清单包括以下两部分:

① 措施项目清单(一),见表7.5。

表 7.5 措施项目清单(一)

工程名称:××住宅楼　　标段:(建筑、装饰工程)　　第　页　共　页

序号	项目名称	计算基础	费率(%)	金额(元)
1	安全文明施工费			
2	夜间施工费			
3	二次搬运费			
4	冬雨季施工			
5	大型机械设备进出场及安拆			
6	施工排水			
7	施工降水			
8	地上、地下设施、建筑物的临时保护设施			
9	已完工程及设备保护			
10	各专业工程的措施项目			
合计				

注:本表适用于以"项"计价的措施项目。

② 措施项目清单(二),见表7.6。

表7.6 措施项目清单(二)

工程名称:××住宅楼　　标段:(建筑、装饰工程)　　第 页 共 页

序号	项目编码	项目名称	项目特征描述	单位	工程量	金额(元)	
						综合单价	合价
本页小计							
合　计							

注:本表适用于以综合单价形式计价的措施项目。

(6) 其他项目清单

其他项目清单包括以下几个部分:

① 其他项目清单汇总表,见表7.7。

表7.7 其他项目清单汇总表

工程名称:××住宅楼　　标段:(建筑、装饰工程)　　第 页 共 页

序号	项目名称	计量单位	暂定金额(元)	备　注
1	暂列金额			明细详见表-12-1
2	暂估价			
2.1	材料暂估价		—	明细详见表-12-2
2.2	专业工程暂估价			明细详见表-12-3
3	计日工			明细详见表-12-4
4	总承包服务费			明细详见表-12-5
5				
合　计				

注:材料暂估单价进入清单项目综合单价,此处不汇总。

② 暂列金额明细表,见表7.8。

表 7.8 暂列金额明细表

工程名称:××住宅楼　　标段:(建筑、装饰工程)　　第　页　共　页

序号	项 目 名 称	计量单位	暂定金额(元)	备　注
1				
2				
3				
4				
5				
	合　计			—

注:此表由招标人填写,如不能详列,也可只列暂定金额总额,投标人应将上述暂列金额计入投标总价中。

③ 材料暂估单价表,见表 7.9。

表 7.9 材料暂估单价表

工程名称:××住宅楼　　标段:(建筑、装饰工程)　　第　页　共　页

序号	材料名称、规格、型号	计量单位	单价(元)	备　注
				—

注:① 此表由招标人填写,并在备注栏说明暂估价的材料拟用在哪些清单项目上,投标人应将上述材料暂估单价计入工程量清单综合单价报价中;

② 材料包括原材料、燃料、构配件以及按规定应计入建筑安装工程造价的设备。

④ 专业工程暂估价表,见表 7.10。

表 7.10 专业工程暂估价表

工程名称:××住宅楼　　标段:(建筑、装饰工程)　　第　页　共　页

序号	工程名称	工程内容	金额(元)	备　注
1				
2				
3				
4				
5				
	合　计			—

注:此表由招标人填写,投标人应将上述专业工程暂估价计入投标总价中。

⑤ 计日工表，见表 7.11。

表 7.11　计日工表

工程名称：××住宅楼　　标段：(建筑、装饰工程)　　第　页　共　页

序号	项目名称	单位	暂定数量	综合单价(元)	合价
一	人工				
1					
2					
3					
4					
人工小计					
二	材料				
1					
2					
3					
4					
5					
6					
材料小计					
三	施工机械				
1					
2					
3					
4					
施工机械小计					
合　计					

注：此表项目名称、数量由招标人填写，编制招标控制价时，单价由招标人按有关计价规定确定；投标时，单价由投标人自主报价，计入投标总价中。

⑥ 总承包服务费计价表，见表 7.12。

表 7.12　总承包服务费计价表

工程名称：××住宅楼　　标段：(建筑、装饰工程)　　第　页　共　页

序号	工程名称	项目价值(元)	服务内容	费率(%)	金额(元)
1					
2					
3					

续表 7.12

第　页 共　页

序号	工 程 名 称	项目价值(元)	服务内容	费率(%)	金额(元)
合　计					

(7) 规费、税金项目清单

规费、税金项目清单,见表 7.13。

表 7.13 规费、税金项目清单

工程名称:××住宅楼　标段:(建筑、装饰工程)　第　页 共　页

序号	项 目 名 称	计算基础	费率(%)	金额(元)
1	规费			
1.1	工程排污费			
1.2	社会保障费			
(1)	养老保险费			
(2)	失业保险费			
(3)	医疗保险费			
1.3	住房公积金			
1.4	危险作业意外伤害保险			
1.5	工程定额测定费			
2	税金	分部分项工程费+措施项目费+其他项目费+规费		
合　计				

注:根据建设部、财政部发布的《建筑安装工程费用组成》(建标[2003]206 号)的规定,"计算基础"可为"直接费"、"人工费"或"人工费+机械费"。

7.5 ××住宅楼工程量清单计价表的填写编制

根据业主(建设单位)提供的××市××小区××住宅楼(经济适用房)工程量清单、施工图纸及施工现场实际情况,参照地方建设主管部门颁发的消耗量定额,按照招标文件的规定,并结合企业自身的实际情况,进行分部分项工程量清单、措施项目清单、其他项目清单的计价填写编制,并计算和确定了完成工程量清单中所列项目的全部费用。本工程案例中,投标人按

照工程量清单计价格式，分别编制填写封面（投标总价）（见表7.14），总说明（见表7.15），工程项目投标报价汇总表（见表7.16），单项工程投标报价汇总表（见表7.17），单位工程投标报价汇总表（见表7.18），分部分项工程量清单计价表（见表7.19），工程量清单综合单价分析表（见表7.20），措施项目清单计价表（一）（见表7.21），措施项目清单计价表（二）（见表7.22），其他项目清单计价汇总表（见表7.23），暂列金额明细表（见表7.24），材料暂估单价表（见表7.25），专业工程暂估价表（见表7.26），计日工表（见表7.27），总承包服务费计价表（见表7.28），规费、税金项目清单计价表（见表7.29）。

（1）封面（投标总价）

封面（即投标总价），见表7.14。

表7.14 投标总价

投 标 总 价

建设单位：××市××小区

工程名称：××住宅楼

投标总价（小写）：695815.00元

（大写）：陆拾玖万伍仟捌佰壹拾伍元整

投 标 人：×××

（单位盖章）

法定代表人
或其授权人：×××

（签字或盖章）

编 制 人：×××

（造价人员签字盖专用章）

编制时间：××年××月××日

（2）总说明

总说明，见表7.15。

表7.15 总说明

工程名称： 第 页 共 页

1. 根据业主（建设单位）提供的××市××小区××住宅楼（经济适用房）工程量清单、施工图纸及施工现场实际情况，参照地方建设主管部门颁发的消耗量定额，按照招标文件的规定，并结合企业自身的实际情况，进行分部分项工程量清单计价表、措施项目清单计价表、其他项目清单计价表的填写编制，并计算和确定了完成工程量清单中所列项目的全部费用；
2. 其他有关说明，详见工程量清单编制中总说明

（3）工程项目投标报价汇总表

工程项目投标报价汇总表，见表7.16。

表 7.16　工程项目投标报价汇总表

工程名称:××住宅楼(建筑、装饰工程)　第　页　共　页

序号	单项工程名称	金额(元)	其　中		
			暂估价(元)	安全文明施工费(元)	规费(元)
1	××市××小区××住宅楼	695815.00		6332.00	
合　计					

(4) 单项工程费汇总表

单项工程费汇总表,见表 7.17。

表 7.17　单项工程费汇总表

工程名称:××住宅楼(建筑、装饰工程)　第　页　共　页

序号	单项工程名称	金额(元)	其　中		
			暂估价(元)	安全文明施工费(元)	规费(元)
1	建筑、装饰工程	695815.00		6332.00	
2	安装工程	—		—	
合　计					

(5) 单位工程投标报价汇总表

单位工程投标报价汇总表,见表 7.18。

表 7.18　单位工程投标报价汇总表

工程名称:××住宅楼　标段:(建筑、装饰工程)　第　页　共　页

序号	分部工程项目名称	金 额(元)	其中:暂估价(元)
1	分部分项工程量清单计价合计	548580	
1.1	A1　土石方工程	8056	
1.2	A3　砌筑工程	167218	
1.3	A4　混凝土及钢筋混凝土工程	159608	
1.4	A6　金属工程	1148	
1.5	A7　屋面及防水工程	9022	
1.6	A8　防腐、隔热、保温工程	1325	
1.7	B1　楼地面工程	28141	
1.8	B2　墙、柱面工程	64580	
1.9	B3　天棚工程	2902	

续表 7.18

第 页 共 页

序号	分部工程项目名称	金 额(元)	其中:暂估价(元)
1.10	B4 门窗工程	67426	
1.11	B5 油漆、涂料、裱糊工程	39154	
1.12	B6 其他工程	—	
2	措施项目清单计价合计[措施表(一)+措施表(二)]	75301	(19804 元+55497 元)
3	其他项目清单计价合计	15000	
3.1	暂列金额	10000	
3.2	专用工程暂估价	—	
3.3	计日工	5000	
3.4	总承包服务费	—	
4	规费[(1)×规定费率(4.87%)]	26716	
5	安全文明施工费(1583.1 m^2×4.00 元/m^2)	6332	
6	工程定额测定费[(1+2+3+4+5)×规定费率(0.14%)]	941	
7	税金[(1+2+3+4+5+6)×规定费率(3.41%)]	22945	
	合计(结转至单项工程费汇总表)	695815	

(6) 分部分项工程量清单计价表

分部分项工程量清单计价表,见表 7.19。

表 7.19 分部分项工程量清单计价表

工程名称:××住宅楼 标段:(建筑、装饰工程) 第 页 共 页

序号	项目编码	项目名称及项目特征描述	计量单位	工程数量	金额(元)	
					综合单价	合价
		A1 土石方工程				
1	010101001001	平整场地 ① 土壤类别:三类土壤 ② 弃土运距:50 m ③ 取土运距:50 m	m^2	402.99	1.57	632.69
2	010101003001	挖基础地槽土方 ① 土壤类别:三类土壤 ② 基础类型:带形基础 ③ 垫层底宽:0.9~2.3 m ④ 挖土深度:1.2~1.5 m ⑤ 弃土运距:50 m	m^3	249.10	21.45	5343.20
3	010103001001	土方回填(基槽) ① 土质要求:天然黏土 ② 密实度要求:0.9 ③ 夯填(碾压):夯填	m^3	179.30	11.60	2079.88
		小 计				8055.77

续表 7.19

第　页共　页

序号	项目编码	项目名称及项目特征描述	计量单位	工程数量	金额(元)	
					综合单价	合价
		A3　砌筑工程				
4	010302001001	内外实心砖墙 ① 砖品种、规格、强度等级:240×115×53 MU10 页岩砖 ② 墙体类型:内外砖墙 ③ 墙体厚度:240 mm ④ 勾缝要求:砂浆勾缝 ⑤ 砂浆强度等级、配合比:M7.5 混合砂浆	m^3	382.08	207.29	79201.36
5	010302001002	内外实心砖墙 ① 砖品种、规格、强度等级:240×115×53 MU10 页岩砖 ② 墙体类型:内外砖墙 ③ 墙体厚度:240 mm ④ 勾缝要求:砂浆勾缝 ⑤ 砂浆强度等级、配合比:M5.0 混合砂浆	m^3	350.26	180.11	63085.33
6	010302006001	零星砖砌体 ① 砖品种、规格、强度等级:240×115×53 MU10 页岩砖 ② 墙体类型:零星砖砌体 ③ 墙体厚度:240 mm ④ 勾缝要求:砂浆勾缝 ⑤ 砂浆强度等级、配合比:M5.0 混合砂浆	m^3	9.76	201.44	1966.05
7	010302006002	砖砌台阶 ① 砖品种、规格、强度等级:240×115×53 MU10 页岩砖 ② 墙体类型:砖砌台阶 ③ 墙体厚度:240 mm ④ 砂浆强度等级:M5.0 混合砂浆	m^2	8.64	44.36	383.27
8	010305001001	内外墙条石基础 ① 垫层材料种类、厚度 ② 石材品种、规格、强度等级:300×300×1000 条石 MU1000 kg/cm^2 以上 ③ 基础深度:2 m 以内 ④ 基础类型:带形基础 ⑤ 砂浆强度等级、配合比:M5.0 混合砂浆	m^3	182.32	123.86	22582.16
		小　计				167218.17

续表 7.19

第 页 共 页

序号	项目编码	项目名称及项目特征描述	计量单位	工程数量	金额(元)	
					综合单价	合价
		A4 混凝土及钢筋混凝土工程				
9	010403004001	现浇钢筋混凝土圈梁 ① 梁底标高: ② 梁截面:180 mm×240 mm ③ 混凝土强度等级:C30 ④ 混凝土拌合料要求:商品混凝土(特细砂塑性混凝土,碎石粒径 5～31.5)	m^3	26.53	446.85	11854.93
10	010405008001	现浇钢筋混凝土雨篷 ① 混凝土强度等级:C30 ② 混凝土拌合料要求:商品混凝土(特细砂低塑混凝土,碎石粒径 35～50)	m^2	9.28	20.93	194.23
11	010407001001	现浇钢筋混凝土阳台立柱、扶手 ① 混凝土强度等级:C30 ② 混凝土拌合料特殊要求:商品混凝土(特细砂塑性混凝土,碎石粒径 5～40)	m^3	6.06	523.25	3170.90
12	010407001002	现浇钢筋混凝土女儿墙压顶 ① 混凝土强度等级:C30 ② 混凝土拌合料特殊要求:商品混凝土(特细砂塑性混凝土,碎石粒径 5～20)	m^3	4.13	523.25	2161.02
13	010407001003	商品混凝土的制作、运输及泵送混凝土 ① 混凝土搅拌站生产能力:50 m^3/h ② 运距 5 km 以内 ③ 输送泵车排除量:60 m^3/h	m^3	36.84	38.00	1399.92
14	010410003001	预制钢筋混凝土过梁 ① 工作内容:包括构件制作、运输及安装灌浆 ② 构件类型:Ⅱ类 ③ 混凝土强度等级:C30 ④ 砂浆强度等级:1∶2 水泥砂浆 ⑤ 运输距离:5 km	m^3	15.16	511.09	7748.12
15	010410003002	预制钢筋混凝土过梁挑梁 ① 工作内容:包括构件制作、运输及安装灌浆 ② 构件类型:Ⅱ类 ③ 混凝土强度等级:C30 ④ 砂浆强度等级:1∶2 水泥砂浆 ⑤ 运输距离:5 km	m^3	8.76	511.09	4477.15

续表 7.19

第　页共　页

序号	项目编码	项目名称及项目特征描述	计量单位	工程数量	金额(元)	
					综合单价	合价
16	010412001001	预制钢筋混凝土平板 ① 工作内容:包括构件制作、运输及安装灌浆 ② 构件类型:Ⅱ类 ③ 混凝土强度等级:C30 ④ 砂浆强度等级:1∶2 水泥砂浆 ⑤ 运输距离:5 km	m^3	15.41	502.22	7739.21
17	010412001002	预制钢筋混凝土阳台栏板 ① 工作内容:包括构件制作、运输及安装灌浆 ② 构件类型:Ⅱ类 ③ 混凝土强度等级:C30 ④ 砂浆强度等级:M5.0 ⑤ 运输距离:5 km	m^3	4.65	519.88	2417.44
18	010412002001	预制钢筋混凝土空心板 ① 工作内容:包括构件制作、运输及安装灌浆 ② 构件类型:Ⅱ类 ③ 混凝土强度等级:C30 ④ 砂浆强度等级:1∶2 水泥砂浆 ⑤ 运输距离:5 km	m^3	28.08	472.84	13267.89
19	010412002002	预制预应力混凝土空心板 ① 工作内容:包括构件制作、运输及安装灌浆 ② 构件类型:Ⅱ类 ③ 混凝土强度等级:C30 ④ 砂浆强度等级:1∶2 水泥砂浆 ⑤ 运输距离:5 km	m^3	83.33	472.84	39401.75
20	010413001001	预制钢筋混凝土楼梯踏步 ① 工作内容:包括构件制作、运输及安装灌浆 ② 构件类型:Ⅰ类 ③ 混凝土强度等级:C30 ④ 砂浆强度等级:1∶2 水泥砂浆 ⑤ 运输距离:5 km	m^3	6.44	569.92	3670.29

续表 7.19

第 页 共 页

序号	项目编码	项目名称及项目特征描述	计量单位	工程数量	金额(元)	
					综合单价	合价
21	010414002001	预制钢筋混凝土小型构件 ① 工作内容:包括构件制作、运输及安装灌浆 ② 构件类型:Ⅰ类 ③ 混凝土强度等级:C30 ④ 砂浆强度等级:1∶2 水泥砂浆 ⑤ 运输距离:5 km	m^3	5.48	691.32	3788.43
22	010414002002	预制混凝土钢筋花格 ① 工作内容:包括构件制作、运输及安装灌浆 ② 构件类型:Ⅰ类 ③ 混凝土强度等级:C30 ④ 砂浆强度等级:1∶2 水泥砂浆 ⑤ 运输距离:5 km	m^3	12.15	691.32	8399.54
23	010416001001	现浇混凝土钢筋 钢筋种类、规格:HRB335(Ⅱ级)螺纹钢Φ10以上	t	3.14	3402.45	10683.69
24	010416002001	预制混凝土钢筋 钢筋种类、规格:HRB335(Ⅱ级)螺纹钢Φ10以上	t	8.70	3408.65	29655.26
25	010416005001	先张法预应力构件钢筋 ① 钢筋种类、规格:Φ5 以下冷拔钢丝 ② 锚具种类:	t	2.81	3408.65	9578.31
		小 计				159608.08
		A6 金属结构工程				
26	010606009002	金属窗栅 ① 钢材品种、规格:圆钢为主 ② 油漆品种、刷调和漆遍数:刷 2 遍	t	0.2	5740.88	1148.18
		小 计				1148.18
		A7 屋面及防水工程				
27	010702001001	屋面刚性防水 ① 防水层厚度:40 mm ② 嵌缝材料种类:建筑油膏 ③ 混凝土强度等级:C20	m^2	167.40	20.85	3490.29
28	010702004001	屋面排水管 ① 排水管品种、规格:ϕ150 铸铁管 ② 接缝、嵌缝材料种类 ③ 油漆品种、刷漆遍数	m	89.60	58.08	5203.97

续表 7.19

第　页　共　页

序号	项目编码	项目名称及项目特征描述	计量单位	工程数量	金额(元)	
					综合单价	合价
29	010703003001	雨篷顶抹防水砂浆 ① 防水层厚度:25 mm ② 砂浆配合比:1∶2 水泥砂浆 ③ 外加剂材料种类:防水粉	m^2	41.43	7.92	328.13
		小　计				9022.39
		A8　防腐、隔热、保温工程				
30	010803001001	屋面铺保温隔热层 ① 保温隔热部位:屋面 ② 保温隔热方式:现浇 ③ 保温隔热材料品种、规格:水泥珍珠岩	m^2	8.71	152.07	1324.53
		小　计				1324.53
		B1　楼地面工程				
31	020101003001	1∶2.5 水泥豆石浆地面面层(底层) ① 垫层材料种类、厚度:1∶2.5 水泥砂浆,厚 20 mm ② 面层种类、厚度:1∶2.5 水泥豆石浆,厚 15 mm	m^2	195.92	16.41	3215.05
32	020101003002	1∶2.5 水泥豆石浆楼面面层(楼层) ① 垫层材料种类、厚度:1∶2.5 水泥砂浆,厚 20 mm ② 面层种类、厚度:1∶2.5 水泥豆石浆,厚 15 mm	m^2	1057.30	13.78	14569.59
33	020101003003	混凝土散水(室外) ① 垫层材料种类:碎石,厚度 80 mm ② 防水材料种类:沥青砂浆灌缝 ③ 面层厚度 80 mm、混凝土强度等级 C15	m^2	55.94	26.30	1471.22
34	020105001001	1∶2.5 水泥砂浆踢脚线 ① 踢脚线高度:150 mm ② 底层厚度:12 mm ③ 面层厚度:8 mm	m^2	228.80	1.93	441.58
35	020106003001	1∶2 水泥豆石浆楼梯面层 ① 面层:1∶2.5 水泥豆石浆 ② 面层厚度:30 mm ③ 水泥砂浆防滑条宽 20 mm	m^2	134.40	30.14	4050.82
36	020107005001	楼梯金属栏杆及硬木扶手 ① 扶手材料种类、规格:硬木 ② 固定配件种类:圆钢Φ18 ③ 油漆品种:刷普通调和漆 2 遍	m	66.80	65.76	4392.77
		小　计				28141.03

续表 7.19

第 页 共 页

序号	项目编码	项目名称及项目特征描述	计量单位	工程数量	金额(元)	
					综合单价	合价
		B2 墙、柱面工程				
37	020201001001	外墙勒脚抹水泥砂浆 ① 墙体种类:砖墙 ② 底层厚度、砂浆种类:15 mm 厚,1∶3 水泥砂浆 ③ 面层厚度、砂浆种类:5 mm 厚,1∶2.5 水泥砂浆	m^2	61.77	8.05	497.25
38	020201001002	外墙面抹混合砂浆 ① 墙体种类:砖墙 ② 底层厚度、砂浆种类:15 mm 厚,1∶0.3∶3 混合砂浆 ③ 面层厚度、砂浆种类:5 mm 厚,同上	m^2	1802.00	7.33	13208.66
39	020201001003	内墙裙抹水泥砂浆 ① 墙体种类:砖墙 ② 底层厚度、砂浆种类:15 mm 厚,1∶3 水泥砂浆 ③ 面层厚度、砂浆种类:5 mm 厚,1∶2.5 水泥砂浆	m^2	332.00	8.05	2672.60
40	020201001004	内墙面抹混合砂浆 ① 墙体种类:砖墙 ② 底层厚度、砂浆种类:15 mm 厚,1∶0.3∶3 混合砂浆 ③ 面层厚度、砂浆:5 mm 厚,同上	m^2	3672.60	7.33	26920.16
41	020203001001	水泥砂浆零星抹灰 ① 墙体种类:砖墙面等 ② 底层厚度、砂浆种类:20 mm 厚,1∶3 水泥砂浆 ③ 面层厚度、砂浆种类:5 mm 厚,1∶2 水泥砂浆	m^2	607.00	13.12	7963.84
42	020206003001	灶台板及上部墙面贴瓷砖 ① 底层厚度、砂浆种类:12 mm 厚,1∶3 水泥砂浆 ② 黏结层厚度、材料种类:8 mm 厚,1∶0.15∶2混合砂浆 ③ 面层材料品种、规格、颜色:白色普通瓷砖,150×150×6	m^2	54.00	42.40	2289.60
43	020206003002	阳台、雨篷等贴马赛克 ① 底层厚度、砂浆种类:12 mm 厚,1∶3 水泥砂浆 ② 黏结层厚度、材料种类:8 mm 厚,1∶0.15∶2混合砂浆 ③ 面层材料品种、规格、颜色:天蓝色玻璃马赛克	m^2	203.50	54.19	11027.67
		小 计				64579.78

续表 7.19

第 页 共 页

序号	项目编码	项目名称及项目特征描述	计量单位	工程数量	金额(元)	
					综合单价	合价
		B3 天棚工程				
44	020301001001	天棚(空心板底)抹灰 ① 基层类型:混凝土板天棚 ② 抹灰厚度、材料种类:15 mm 厚,1:1:4 和 1:0.5:2.5 混合砂浆	m^2	454.80	6.38	2901.62
		小 计				2901.62
		B4 门窗工程				
45	020401001001	木制镶板门 ① 门类型:全板镶板木门 M-1、M-2、M-3、M-4 ② 框截面尺寸: ③ 骨架材料种类:松木 ④ 面层材料品种:实心松木板 ⑤ 木制门运输:运距 5 km	m^2	264.52	88.64	23447.05
46	020401008001	带窗全板镶板门 ① 门类型:带窗全板镶板木门 M-5 ② 框截面尺寸: ③ 骨架材料种类:松木 ④ 面层材料品种:实心松木板 ⑤ 带窗全板镶板门运输:运距 5 km	m^2	119.12	89.26	10632.65
47	020404007001	折叠半玻镶板门 ① 门类型:折叠半玻镶板木门 M-6 ② 框截面尺寸: ③ 骨架材料种类:松木 ④ 玻璃品种、厚度:普通白玻璃,3 mm 厚 ⑤ 折叠半玻镶板门运输:运距 5 km	m^2	99.04	81.48	8069.78
48	020405001001	木制平开窗 ① 窗类型:木制玻璃窗 ② 框材质、断面尺寸:一等锯材,52 cm^2 ③ 玻璃品种、厚度:普通白玻璃,3 mm 厚 ④ 木制平开窗运输:运距 5 km	m^2	15.92	99.08	1577.35
49	020405001002	木制玻璃窗(双层窗) ① 窗类型:木制玻璃纱窗(一玻一纱) ② 框材质、断面尺寸:一等锯材,52 cm^2 ③ 玻璃品种、厚度:普通白玻璃,3 mm 厚 ④ 木制单层玻璃窗运输:运距 5 km	m^2	163.27	99.08	16176.79
50	020405001003	木制纱窗扇(双层窗) ① 窗类型:木制玻璃纱窗(一玻一纱) ② 框材质、断面尺寸:一等锯材,52 cm^2 ③ 玻璃品种、厚度:普通白玻璃,3 mm 厚 ④ 木制纱窗扇运输:运距 5 km	m^2	163.27	46.07	7521.85
		小 计				67425.47

续表 7.19

第 页 共 页

序号	项目编码	项目名称及项目特征描述	计量单位	工程数量	金额(元)	
					综合单价	合价
		B5 油漆、涂料、裱糊工程				
51	020501001001	木制镶板门油漆 ① 门类型:全板镶板门 ② 油漆品种:普通调和漆(乳白色) ③ 油漆遍数:2 遍	m^2	264.52	14.39	3806.44
52	020501001002	带窗全板镶板门油漆 ① 门类型:带窗全板镶板木门 ② 油漆品种:普通调和漆(乳白色) ③ 油漆遍数:2 遍	m^2	119.12	14.39	1714.14
53	020501001003	折叠半玻镶板门油漆 ① 门类型:折叠半玻镶板木门 ② 油漆品种:普通调和漆(乳白色) ③ 油漆遍数:2 遍	m^2	99.04	14.39	1425.19
54	020502001001	木制平开窗油漆 ① 窗类型:木制玻璃窗 ② 油漆品种:普通调和漆(乳黄色) ③ 油漆遍数:2 遍	m^2	15.92	12.92	205.69
55	020502001002	木制玻纱窗(双层窗)油漆 ① 窗类型:木制玻璃纱窗(一玻一纱) ② 油漆品种:普通调和漆(乳黄色) ③ 油漆遍数:2 遍	m^2	163.27	12.92	2109.45
56	020507001001	天棚及内墙面刮腻子 ① 基层类型:内墙抹灰面 ② 腻子种类:大白粉、石膏粉、血料等 ③ 刮腻子要求:找平、砂光	m^2	5127.40	1.73	8870.40
57	020507001002	天棚及内墙面刷喷乳胶漆 ① 基层类型:内墙抹灰面 ② 腻子种类:大白粉、石膏粉、血料等 ③ 刮腻子要求:找平、砂光 ④ 涂料品种、刷喷遍数:乳胶漆,2 遍	m^2	5127.40	4.10	21022.34
		小 计				39153.65
		合 计				548580.00

(7) 分部分项工程量清单综合单价分析表,见表 7.20。

表 7.20 分部分项工程量清单综合单价分析表

工程名称： 单位：(元) 第 1 页 共 16 页

序号	项目编号	项目名称	计价定额编号	单位	直接费				管理费		利润		综合单价（元）
					人工费（元）	材料费（元）	机械费（元）	小计（元）	费率（%）	金额（元）	费率（%）	金额（元）	
1	010101001001	平整场地 ① 土壤类别：三类土壤 ② 弃土运距：50 m ③ 取土运距：50 m	AA0024	m²	1.40	0.00	0.00	1.40	9.30	0.13	2.80	0.04	1.57
			小计					1.40		0.13		0.04	1.57
2	010101003001	挖基础土方 ① 土壤类别：三类土壤 ② 基础类型：带形基础 ③ 垫层底宽：0.9～1.2 m ④ 挖土深度：1.2～1.5 m ⑤ 弃土运距：50 m	AA0003 挖基槽	m³	14.82	0.00	0.00	14.82	9.30	1.38	2.80	0.42	16.62
			AA0015 运土方		4.31	—	—	4.31		0.40		0.12	4.83
			小计					19.13		1.78		0.54	21.45
3	010103001001	土方回填 ① 土质要求：天然黏土 ② 密实度要求：0.9 ③ 夯填(碾压)：夯填	AA0021 基槽回填	m³	8.73	0.03	1.59	10.35	9.30	0.96	2.80	0.29	11.60
			小计					10.35		0.96		0.29	11.60
4	010302001001	内外实心砖墙 ① 砖品种、规格、强度等级：240×115×53 MU10 页岩砖 ② 墙体类型：内外砖墙 ③ 墙体厚度：240 mm ④ 勾缝要求：砂浆勾缝 ⑤ 砂浆强度等级：M7.5 混合砂浆	AE0001 换砌砖墙	m³	39.68	142.99	2.24	184.91	9.30	17.20	2.80	5.18	207.29
			小计					184.91		17.20		5.18	207.29

注：AE0001 换，即换定额中的材料费，如下所示：118.75 元+(108.65 元－98.20 元)×2.32=142.99 元。

续表 7.20

第 2 页 共 16 页

序号	项目编号	项目名称	计价定额编号	单位	直接费				管理费		利润		综合单价（元）
					人工费（元）	材料费（元）	机械费（元）	小计（元）	费率（%）	金额（元）	费率（%）	金额（元）	
5	010302001002	内外实心砖墙 ① 砖品种、规格、强度等级：240×115×53 MU10 页岩砖 ② 墙体类型：内外砖墙 ③ 墙体厚度：240 mm ④ 勾缝要求：砂浆勾缝 ⑤ 砂浆强度等级：M5.0 混合砂浆	AE0001 砌砖墙	m^3	39.68	118.75	2.24	160.67	9.30	14.94	2.80	4.50	180.11
			小计					160.67		14.94		4.50	180.11
6	010302006001	零星砖砌体 ① 砖品种、规格、强度等级：240×115×53 MU10 页岩砖 ② 墙体类型：零星砖砌体 ③ 墙体厚度：240 mm ④ 勾缝要求：砂浆勾缝 ⑤ 砂浆强度等级：M5.0 混合砂浆	AE0038 砖砌体	m^3	57.50	120.19	2.01	179.70	9.30	16.71	2.80	5.03	201.44
			小计					179.70		16.71		5.03	201.44
7	010302006002	砖砌台阶 ① 砖品种、规格、强度等级：240×115×53 MU10 页岩砖 ② 墙体类型：砖砌台阶 ③ 墙体厚度：240 mm ④ 砂浆强度等级：M5.0 混合砂浆	AE0033 砖砌体	m^2	12.15	26.90	0.52	39.57	9.30	3.68	2.80	1.11	44.36
			小计					39.57		3.68		1.11	44.36

续表 7.20

第 3 页　共 16 页

序号	项目编号	项目名称	计价定额编号	单位	直接费				管理费		利润		综合单价（元）
					人工费（元）	材料费（元）	机械费（元）	小计（元）	费率（%）	金额（元）	费率（%）	金额（元）	
8	010305001001	内外墙毛条石基础 ① 垫层材料种类、厚度 ② 石材规格、强度等级：300×300×1000 条石 MU1000 kg/cm² 以上 ③ 基础深度：2 m 以内 ④ 基础类型：带形基础 ⑤ 砂浆强度等级、配合比：M5.0 水泥砂浆	AC0026 毛条石	m³	42.75	66.42	1.32	110.49	9.30	10.28	2.80	3.09	123.86
			小计					110.49		10.28		3.09	123.86
9	010403004001	现浇钢筋混凝土圈梁（含模板制安） ① 梁底标高： ② 梁截面：180 mm×240 mm ③ 混凝土强度等级：C30 ④ 混凝土拌合料要求：商品混凝土（特细砂塑性混凝土，碎石粒径 5～31.5）	AF0010 混凝土	m³	38.55	165.40	—	203.95	9.30	18.97	2.80	5.71	228.63
			AF0067 模板	m³	54.46	140.21	—	194.67		18.10		5.45	218.22
			小计					398.62		37.07		11.16	446.85
10	010405008001	现浇钢筋混凝土雨篷（含模板制安） ① 混凝土强度等级：C30 ② 混凝土拌合料要求：商品混凝土（特细砂低塑混凝土，碎石粒径 35～50）	AF0034	m²	0.90	17.77	—	18.67	9.30	1.74	2.80	0.52	20.93
			小计					18.67		1.74		0.52	20.93

续表 7.20

第 4 页　共 16 页

序号	项目编号	项目名称	计价定额编号	单位	直接费				管理费		利润		综合单价（元）
					人工费（元）	材料费（元）	机械费（元）	小计（元）	费率（%）	金额（元）	费率（%）	金额（元）	
11	010407001001	现浇钢筋混凝土阳台立柱、扶手（含模板制安） ① 混凝土强度等级:C30 ② 混凝土要求:商品混凝土(特细砂塑性混凝土,碎石粒径 5～40)	AF0048	m³	51.95	169.05	—	221.00	9.30	20.55	2.80	6.19	247.74
			AF0079	m³	136.80	107.16	1.81	245.77		22.86		6.88	275.51
			小计					466.77		43.41		13.07	523.25
12	010407001002	现浇钢筋混凝土女儿墙压顶 ① 混凝土强度等级:C30 ② 混凝土拌合料特殊要求:商品混凝土(特细砂塑性混凝土,碎石粒径 5～20)	AF0048	m³	51.95	169.05	—	221.00	9.30	20.55	2.80	6.19	247.74
			AF0079	m³	136.80	107.16	1.81	245.77		22.86		6.88	275.51
			小计					466.77		43.41		13.07	523.25
13	010407001003	商品混凝土的制作、运输及泵送混凝土 ① 混凝土搅拌站生产能力:50 m³/h ② 运距 5 km 以内 ③ 输送泵车排除量:60 m³/h	AF0051	m³	0.50	1.00	5.30	6.80	9.30	0.63	2.80	0.19	7.62
			AF0053	m³	1.00	—	20.95	21.95		2.04		0.62	24.61
			AF0055	m³	—	—	5.15	5.15		0.48		0.14	5.77
			小计					33.90		3.15		0.95	38.00
14	010410003001	预制钢筋混凝土过梁 ① 工作内容:包括构件制作、运输与安装灌浆 ② 构件类型:Ⅱ类 ③ 混凝土强度等级:C30 ④ 砂浆强度等级:1∶2 水泥砂浆 ⑤ 运输距离:5 km	AF0183 混凝土	m³	33.80	162.58	18.28	214.66	9.30	19.96	2.80	6.01	240.63
			AF0219 模板	m³	45.88	57.02	0.27	103.16		9.59		2.89	115.64
			AF0276＋4×AF0277		7.40	2.89	55.75	66.04		6.14		1.85	74.03
			AF0260 安装浆	m³	19.70	22.73	29.64	72.07		6.70		2.02	80.79
			小计					455.93		42.39		12.77	511.09

续表 7.20

第 5 页　共 16 页

序号	项目编号	项目名称	计价定额编号	单位	直接费				管理费		利润		综合单价（元）
					人工费（元）	材料费（元）	机械费（元）	小计（元）	费率（%）	金额（元）	费率（%）	金额（元）	
15	010410003001	预制钢筋混凝土挑梁 ① 工作内容：包括构件制作、运输与安装灌浆 ② 构件类型：Ⅱ类 ③ 混凝土强度等级：C30 ④ 砂浆强度等级：1∶2 水泥砂浆 ⑤ 运输距离：5 km	AF0183 混凝土	m^3	33.80	162.58	18.28	214.66	9.30	19.96	2.80	6.01	240.63
			AF0219 模板	m^3	45.88	57.02	0.27	103.16		9.59		2.89	115.64
			AF0276＋4×AF0277		7.40	2.89	55.75	66.04		6.14		1.85	74.03
			AF0260 安装灌浆	m^3	19.70	22.73	29.64	72.07		6.70		2.02	80.79
			小计					455.93		42.39		12.77	511.09
16	010412001001	预制钢筋混凝土平板 ① 工作内容：包括构件制作、运输与安装灌浆 ② 构件类型：Ⅱ类 ③ 混凝土强度等级：C30 ④ 砂浆强度等级：1∶2 水泥砂浆 ⑤ 运输距离：5 km	AF0193 混凝土	m^3	38.00	168.54	18.55	225.09	9.30	20.93	2.80	6.30	252.32
			AF0232 模板	m^3	15.38	14.87	8.92	39.16		3.64		1.10	43.90
			AF0276＋4×AF0277		7.40	2.89	55.75	66.04		6.14		1.85	74.03
			AF0271 安装灌浆	m^3	51.20	59.29	7.23	117.72		10.95		3.30	131.97
			小计					448.01		41.66		12.55	502.22
17	010412001002	预制钢筋混凝土阳台栏板 ① 工作内容：包括构件制作、运输与安装灌浆 ② 构件类型：Ⅱ类 ③ 混凝土强度等级：C20 ④ 砂浆 ⑤ 运输距离：5 km	AF0211 混凝土	m^3	56.13	170.98	18.55	245.66	9.30	22.85	2.80	6.88	275.39
			AF0244 模板	m^3	28.93	48.02	0.32	77.27		7.19		2.16	86.62
			AF0276＋4×AF0277		7.40	2.89	55.75	66.04		6.14		1.85	74.03
			AF0273 安装灌浆	m^3	30.18	40.01	4.60	74.79		6.96		2.09	83.84
			小计					463.76		43.14		12.98	519.88

续表 7.20

第 6 页　共 16 页

序号	项目编号	项目名称	计价定额编号	单位	直接费				管理费		利润		综合单价（元）
					人工费（元）	材料费（元）	机械费（元）	小计（元）	费率（%）	金额（元）	费率（%）	金额（元）	
18	010412002001	预制钢筋混凝土空心板（包括预应力空心板） ① 工作内容：包括构件制作、运输与安装灌浆 ② 构件类型：Ⅱ类 ③ 混凝土强度等级：C30 ④ 砂浆强度等级：1∶2 水泥砂浆 ⑤ 运输距离：5 km	AF0194 混凝土	m^3	38.33	172.03	18.55	228.91	9.30	21.29	2.80	6.41	256.61
			AF0231 模板	m^3	42.95	22.67	2.75	68.37		6.36		1.91	76.64
			AF0276＋4×AF0277		7.40	2.89	55.75	66.04		6.14		1.85	74.03
			AF0270 安装灌浆	m^3	30.75	26.18	1.55	58.48		5.44		1.64	65.56
			小计					421.80		39.23		11.81	472.84
19	010412002002	预制预应力钢筋混凝土空心板（包括预应力空心板） ① 工作内容：包括构件制作、运输与安装灌浆 ② 构件类型：Ⅱ类 ③ 混凝土强度等级：C30 ④ 砂浆强度等级：1∶2 水泥砂浆 ⑤ 运输距离：5 km	AF0194 混凝土	m^3	38.33	172.03	18.55	228.91	9.30	21.29	2.80	6.41	256.61
			AF0231 模板	m^3	42.95	22.67	2.75	68.37		6.36		1.91	76.64
			AF0276＋4×AF0277		7.40	2.89	55.75	66.04		6.14		1.85	74.03
			AF0270 安装灌浆	m^3	30.75	26.18	1.55	58.48		5.44		1.64	65.56
			小计					421.80		39.23		11.81	472.84
20	010413001001	预制钢筋混凝土楼梯踏步 ① 工作内容：包括构件制作、运输与安装灌浆 ② 构件类型：Ⅰ类 ③ 混凝土强度等级：C30 ④ 砂浆强度等级：1∶2 水泥砂浆 ⑤ 运输距离：5 km	AF0210 混凝土	m^3	42.35	168.92	18.55	229.83	9.30	21.37	2.80	6.44	257.64
			AF0253 模板	m^3	101.85	38.90	0.70	141.45		13.16		3.96	158.57
			AF0274＋4×AF0275		9.80	1.91	64.11	75.82		7.05		2.12	84.99
			AF0272 安装灌浆	m^3	29.40	14.34	17.56	61.30		5.70		1.72	68.72
			小计					508.40		47.28		14.24	569.92

续表 7.20

第 7 页 共 16 页

序号	项目编号	项目名称	计价定额编号	单位	直接费 人工费（元）	直接费 材料费（元）	直接费 机械费（元）	直接费 小计（元）	管理费 费率（%）	管理费 金额（元）	利润 费率（%）	利润 金额（元）	综合单价（元）
21	010414002001	预制钢筋混凝土小型构件（含混凝土花格） ① 工作内容：包括构件制作、运输与安装灌浆 ② 构件类型：Ⅰ类 ③ 混凝土强度等级：C30 ④ 砂浆强度等级：1∶2 水泥砂浆 ⑤ 运输距离：5 km	AF0211 混凝土	m^3	56.13	170.98	18.55	245.66	9.30	22.85	2.80	6.88	275.39
			AF0249 模板	m^3	87.18	131.87	1.35	220.39		20.50		6.17	247.06
			AF0274＋4×AF0275		9.80	1.91	64.11	75.82		7.05		2.12	84.99
			AF0273 安装灌浆	m^3	30.18	40.01	4.60	74.79		7.00		2.09	83.88
			小计					616.66		57.40		17.26	691.32
22	010416001001	现浇混凝土钢筋 钢筋种类、规格：HRB335（Ⅱ级）螺纹钢Φ10 以上	AF0280 钢筋制安	t	223.75	2748.84	62.60	3035.19	9.30	282.27	2.80	84.99	3402.45
			小计					3035.19		282.27		84.99	3402.45
23	010416002001	预制混凝土钢筋 钢筋种类、规格：HRB335（Ⅱ级）螺纹钢Φ10 以上	AF0281 钢筋制安	t	248.50	2722.99	69.23	3040.72	9.30	282.79	2.80	85.14	3408.65
			小计					3040.72		282.79		85.14	3408.65
24	010416005001	先张法预应力构件钢筋 ① 钢筋种类、规格：Φ5 以下冷拔钢丝 ② 锚具种类：	AF0281	t	248.50	2722.99	69.23	3040.72	9.30	282.79	2.80	85.14	3408.65
			小计					3040.72		282.79		85.14	3408.65
25	010606009001	楼梯金属栏杆（包括金属窗栅） ① 钢材品种、规格：圆钢为主 ② 油漆品种、刷漆遍数：普通调和漆、刷 2 遍	AG0061 制作	t	603.75	3105.05	719.16	4427.96	9.30	411.80	2.80	123.98	4963.74
			AG00622 安装	t	487.25	55.52	15.04	557.81		51.88		15.62	625.31
			AL0217 调和漆	t	51.75	83.69	—	135.44		12.60		3.79	151.83
			小计					5121.21		476.28		143.39	5740.88

续表 7.20

第 8 页 共 16 页

序号	项目编号	项目名称	计价定额编号	单位	直接费				管理费		利润		综合单价（元）
					人工费（元）	材料费（元）	机械费（元）	小计（元）	费率（%）	金额（元）	费率（%）	金额（元）	
26	010606009002	金属窗栅 ① 钢材品种、规格：圆钢为主 ② 油漆品种、刷漆遍数：普通调和漆、刷 2 遍	AG0061 制作	t	603.75	3105.05	719.16	4427.96	9.30	411.80	2.80	123.98	4963.74
			AG00622 安装	t	487.25	55.52	15.04	557.81		51.88		15.62	625.31
			AL0217 调和漆	t	51.75	83.69	—	135.44		12.60		3.79	151.83
			小计					5121.21		476.28		143.39	5740.88
27	010702001001	屋面刚性防水 ① 防水层厚度：40 mm ② 嵌缝材料种类：建筑油膏 ③ 混凝土强度等级：C20	AJ0030 商品混凝土	m^2	3.38	15.21	0.01	18.60	9.30	1.73	2.80	0.52	20.85
			小计					18.60		1.73		0.52	20.85
28	010702004001	屋面排水管 ① 排水管品种、规格：ϕ150 铸铁管 ② 接缝、嵌缝材料种类：水泥砂浆 ③ 油漆品种、刷漆遍数	AJ0072 安装	m	7.80	44.01	—	51.81	9.30	4.82	2.80	1.45	58.08
			小计					51.81		4.82		1.45	58.08
29	010703003001	雨篷顶抹防水砂浆 ① 防水层厚度：25 mm ② 砂浆配合比：1：2 水泥砂浆 ③ 外加剂材料种类：防水粉	AJ0032	m^2	2.87	6.55	0.24	7.06	9.30	0.66	2.80	0.20	7.92
			小计					7.06		0.66		0.20	7.92
30	010803001001	屋面铺保温隔热层 ① 保温隔热部位：屋面 ② 保温隔热方式：现浇 ③ 保温隔热材料品种、规格：水泥珍珠岩	AK0128 珍珠岩	m^3	17.98	117.67	—	135.65	9.30	12.62	2.80	3.80	152.07
			小计					135.65		12.62		3.80	152.07

续表 7.20

第 9 页　共 16 页

序号	项目编号	项目名称	计价定额编号	单位	直接费				管理费		利润		综合单价（元）
					人工费（元）	材料费（元）	机械费（元）	小计（元）	费率（%）	金额（元）	费率（%）	金额（元）	
31	020101003001	1：2.5 水泥豆石浆地面面层（底层） ① 垫层种类、厚度：1：2.5 水泥砂浆，厚 20 mm ② 面层种类、厚度：1：2.5 水泥豆石浆，厚 15 mm	AI0035 底层	m²	6.79	7.46	0.39	14.64	9.30	1.36	2.80	0.41	16.41
			小计					14.64		1.36		0.41	16.41
32	020101003002	1：2.5 水泥豆石浆楼面面层（楼层） ① 垫层种类 ② 面层种类、厚度：1：2.5 水泥豆石浆，厚 30 mm	AI0036 楼面	m²	5.54	6.46	0.30	12.30	9.30	1.14	2.80	0.34	13.78
			小计					12.30		1.14		0.34	13.78
33	020101003003	混凝土散水（室外） ① 垫层材料种类：碎石、厚度 80 mm ② 防水材料种类：沥青砂浆灌缝 ③ 面层厚度 60 mm、混凝土强度等级 C15	AI0116+2×AI0117	m²	4.05	19.32	0.09	23.46	9.30	2.18	2.80	0.66	26.30
			小计					23.46		2.18		0.66	26.30
34	020105001001	1：2.5 水泥砂浆踢脚线 ① 踢脚线高度：150 mm ② 底层厚度：12 mm ③ 面层厚度：8 mm	AI0027	m²	1.25	0.44	0.03	1.72	9.30	0.16	2.80	0.05	1.93
			小计					1.72		0.16		0.05	1.93
35	020106003001	1：2.5 水泥豆石浆楼梯面层 ① 面层：1：2.5 水泥豆石浆 ② 面层厚度：30 mm ③ 水泥砂浆防滑条宽 20 mm	AI0040 楼梯面层	m²	17.62	8.84	0.43	26.89	9.30	2.50	2.80	0.75	30.14
			小计					26.89		2.50		0.75	30.14

续表 7.20

第10页 共16页

序号	项目编号	项目名称	计价定额编号	单位	直接费				管理费		利润		综合单价（元）
					人工费（元）	材料费（元）	机械费（元）	小计（元）	费率（%）	金额（元）	费率（%）	金额（元）	
36	020107005001	楼梯金属栏杆及硬木扶手 ① 扶手材料种类、规格：硬木 ② 固定配件种类：圆钢Φ18 ③ 油漆品种、刷漆遍数：调和漆，刷2遍	AF0101 圆钢栏杆	m	8.08	42.84	7.74	58.66	9.30	5.46	2.80	1.64	65.76
			小计					58.66		5.46		1.64	65.76
37	020201001001	外墙勒脚抹水泥砂浆 ① 墙体种类：砖墙 ② 底层厚度、砂浆种类：15 mm厚，1∶3水泥砂浆 ③ 面层厚度、砂浆种类：5 mm厚，1∶2.5水泥砂浆	AL0001 外墙裙	m^2	3.62	3.33	0.23	7.18	9.30	0.67	2.80	0.20	8.05
			小计					7.18		0.67		0.20	8.05
38	020201001002	外墙面抹混合砂浆 ① 墙体种类：砖墙 ② 底层厚度、砂浆种类：1∶0.3∶3混合砂浆 ③ 面层厚度、砂浆种类：5 mm厚，同上	AL0012 外墙面	m^2	3.43	2.89	0.22	6.54	9.30	0.61	2.80	0.18	7.33
			小计					6.54		0.61		0.18	7.33
39	020201001003	内墙裙抹水泥砂浆 ① 墙体种类：砖墙 ② 底层厚度、砂浆种类：15 mm厚，1∶3水泥砂浆 ③ 面层厚度、砂浆种类：5 mm厚，1∶2.5水泥砂浆	AL0001 内墙裙	m^2	3.62	3.33	0.23	7.18	9.30	0.67	2.80	0.20	8.05
			小计					7.18		0.67		0.20	8.05

续表 7.20

第 11 页　共 16 页

序号	项目编号	项目名称	计价定额编号	单位	直接费				管理费		利润		综合单价（元）
					人工费（元）	材料费（元）	机械费（元）	小计（元）	费率（%）	金额（元）	费率（%）	金额（元）	
40	020201001004	内墙面抹混合砂浆 ① 墙体种类：砖墙 ② 底层厚度、砂浆种类：1∶0.3∶3 混合砂浆 ③ 面层厚度、砂浆种类：同上	AL0012 内墙面	m²	3.43	2.89	0.22	6.54	9.30	0.61	2.80	0.18	7.33
			小计					6.54		0.61		0.18	7.33
41	020203001001	水泥砂浆零星项目抹灰 ① 墙体种类：砖墙面等 ② 底层厚度、砂浆种类：20 mm 厚，1∶3 水泥砂浆 ③ 面层厚度、砂浆种类：5 mm 厚，1∶2 水泥砂浆	AL0006	m²	8.32	3.17	0.21	11.70	9.30	1.09	2.80	0.33	13.12
			小计					11.70		1.09		0.33	13.12
42	020206003001	灶台板及上部墙面贴瓷砖 ① 底层厚度、砂浆配合比：1∶3 水泥砂浆，厚 12 mm ② 黏结层厚度、材料种类：1∶0.15∶2 混合砂浆，厚 8 mm ③ 面层材料品种、规格、颜色：白色普通瓷砖，150×150×6	AL0071 内墙面	m²	12.96	24.66	0.20	37.82	9.30	3.52	2.80	1.06	42.40
			小计					37.82		3.52		1.06	42.40
43	020206003002	阳台、雨篷等贴马赛克 ① 底层厚度、砂浆配合比：1∶3 水泥砂浆，厚 12 mm ② 黏结层厚度、材料种类：1∶0.15∶2 混合砂浆，厚 8 mm ③ 面层材料品种、规格、颜色：天蓝色玻璃马赛克	AL0067 零星项目	m²	25.89	22.17	0.26	48.32	9.30	4.49	2.80	1.35	54.16
			小计					48.32		4.49		1.35	54.16

续表 7.20

第 12 页　共 16 页

序号	项目编号	项目名称	计价定额编号	单位	直接费 人工费（元）	直接费 材料费（元）	直接费 机械费（元）	直接费 小计（元）	管理费 费率（%）	管理费 金额（元）	利润 费率（%）	利润 金额（元）	综合单价（元）
44	020301001001	天棚(空心板底)抹灰 ① 基层类型:混凝土板天棚 ② 抹灰厚度、材料种类:混合砂浆,厚 15 mm ③ 砂浆配合比:1∶1∶4 混合砂浆和 1∶0.5∶2.5 混合砂浆	AL0137 混凝土板	m²	3.42	2.11	0.16	5.69	9.30	0.53	2.80	0.16	6.38
			小计					5.69		0.53		0.16	6.38
45	020401001001	木制镶板门 ① 门类型:全板镶板木门 M-1、M-2、M-3、M-4 ② 框截面尺寸: ③ 骨架材料种类:松木 ④ 面层材料品种:实心松木板 ⑤ 木制门运输:运距 5 km	AH0001 制作	m²	8.80	46.41	3.30	58.51	9.30	5.44	2.80	1.64	65.59
			AH0018 安装	m²	6.93	11.24	0.01	18.18		1.69		0.51	20.38
			AH0091＋AH0092×4	m²	0.21		1.11	2.38		0.22		0.07	2.67
			小计					79.07		7.35		2.22	88.64
46	020401008001	带窗全板镶板门 ① 门类型:带窗全板镶板木门M-5 ② 框截面尺寸: ③ 骨架材料种类:松木 ④ 面层材料品种:实心松木板 ⑤ 带窗全板镶板门运输:运距 5 km	AH0009 制作	m²	8.49	42.05	2.73	53.27	9.30	4.95	2.80	1.49	59.71
			AH0023 安装	m²	7.46	16.51	0.01	23.98		2.23		0.67	26.88
			AH0091＋AH0092×4	m²	0.21		1.11	2.38		0.22		0.07	2.67
			小计					79.63		7.40		2.23	89.26

续表 7.20

第 13 页　共 16 页

序号	项目编号	项目名称	计价定额编号	单位	直接费 人工费(元)	直接费 材料费(元)	直接费 机械费(元)	直接费 小计(元)	管理费 费率(%)	管理费 金额(元)	利润 费率(%)	利润 金额(元)	综合单价(元)
47	020404007001	折叠半玻镶板门 ① 门类型:折叠半玻镶板木门 M-6 ② 框截面尺寸: ③ 骨架材料种类:松木 ④ 玻璃品种、厚度:普通玻璃,3 mm厚 ⑤ 折叠半玻镶板门运输:运距 5 km	AH0007 制作	m²	6.66	37.89	2.63	47.18	9.30	4.39	2.80	1.32	52.89
			AH0022 安装	m²	7.17	15.94	0.01	23.12		2.15		0.65	25.92
			AH0091＋AH0092×4	m²	0.21		1.11	2.38		0.22		0.07	2.67
			小计					72.68		6.76		2.04	81.48
48	020405001001	木制平开窗 ① 窗类型:木制单层玻璃窗 ② 框材质、断面尺寸:一等锯材,52 cm² ③ 玻璃品种、厚度:普通玻璃,3 mm厚 ④ 木制平开窗运输:运距 5 km	AH0031 制作	m²	6.99	41.43	2.89	51.31	9.30	4.77	2.80	1.44	57.52
			AH0040 安装	m²	10.35	24.33	0.01	34.69		3.23		0.97	38.89
			AH0091＋AH0092×4	m²	0.21		1.11	2.38		0.22		0.07	2.67
			小计					88.38		8.22		2.48	99.08
49	020405001002	木制单层玻璃窗(双层窗) ① 窗类型:木制玻璃纱窗(一玻一纱) ② 框材质、外围尺寸:一等锯材,52 cm² ③ 玻璃品种、厚度:普通玻璃,3 mm厚 ④ 木制单层玻璃窗运输:运距 5 km	AH0031 制作	m²	6.99	41.43	2.89	51.31	9.30	4.77	2.80	1.44	57.52
			AH0040 安装	m²	10.35	24.33	0.01	34.69		3.23		0.97	38.89
			AH0091＋AH0092×4	m²	0.21		1.11	2.38		0.22		0.07	2.67
			小计					88.38		8.22		2.48	99.08

续表 7.20

第 14 页 共 16 页

序号	项目编号	项目名称	计价定额编号	单位	直接费				管理费		利润		综合单价（元）
					人工费（元）	材料费（元）	机械费（元）	小计（元）	费率（%）	金额（元）	费率（%）	金额（元）	
50	020405001003	木制纱窗扇（双层窗） ① 窗类型：木制玻璃纱窗（一玻一纱） ② 框材质、外围尺寸：一等锯材，52 cm² ③ 玻璃品种、厚度：普通玻璃，3 mm厚 ④ 木制纱窗扇运输：运距5 km	AH0039 制作	m²	3.38	16.17	1.67	21.22	9.30	1.97	2.80	0.59	23.78
			AH0048 安装	m²	7.37	10.12	0.01	17.50		1.63		0.49	19.62
			AH0091＋AH0092×4	m²	0.21		1.11	2.38		0.22		0.07	2.67
			小计					41.10		3.82		1.15	46.07
51	020501001001	木制镶板门油漆 ① 门类型：全板镶板门 ② 油漆品种：普通调和漆（乳白色） ③ 油漆遍数：2 遍	AL0175 单层	m²	4.94	7.90	—	12.84	9.30	1.19	2.80	0.36	14.39
			小计					12.84		1.19		0.36	14.39
52	020501001002	带窗全板镶板门油漆 ① 门类型：带窗全板镶板木门 ② 油漆品种：普通调和漆（乳白色） ③ 油漆遍数：2 遍	AL0175 单层	m²	4.94	7.90	—	12.84	9.30	1.19	2.80	0.36	14.39
			小计					12.84		1.19		0.36	14.39
53	020501001003	折叠半玻镶板门油漆 ① 门类型：折叠半玻镶板木门 ② 油漆品种：普通调和漆（乳白色） ③ 油漆遍数：2 遍	AL0175 单层	m²	4.94	7.90	—	12.84	9.30	1.19	2.80	0.36	14.39
			小计					12.84		1.19		0.36	14.39

续表 7.20

第 15 页　共 16 页

序号	项目编号	项目名称	计价定额编号	单位	直接费				管理费		利润		综合单价（元）
					人工费（元）	材料费（元）	机械费（元）	小计（元）	费率（%）	金额（元）	费率（%）	金额（元）	
54	020502001001	木制平开窗油漆 ① 窗类型:木制玻璃窗 ② 油漆品种:普通调和漆(乳黄色) ③ 油漆遍数:2 遍	AL0176 单层	m²	4.94	6.59	—	11.53	9.30	1.07	2.80	0.32	12.92
			小计					11.53		1.07		0.32	12.92
55	020502001002	木制玻纱窗(双层窗)油漆 ① 窗类型:木制玻璃纱窗(一玻一纱) ② 油漆品种:普通调和漆(乳黄色) ③ 油漆遍数:2 遍	AL0176 单层	m²	4.94	6.59	—	11.53	9.30	1.07	2.80	0.32	12.92
			小计					11.53		1.07		0.32	12.92
56	020507001001	天棚及内墙面刮腻子 ① 基层类型:内墙抹灰面 ② 腻子种类:大白粉、石膏粉、血料等 ③ 刮腻子要求:找平、砂光	AL0239 抹灰面上	m²	1.01	0.54	—	1.55	9.30	0.14	2.80	0.04	1.73
			小计					1.55		0.14		0.04	1.73
57	020507001002	天棚及内墙面刷乳胶漆 ① 基层类型:天棚与内墙抹灰面上刮腻子 ② 涂料品种、刷喷遍数:乳胶漆,2 遍	AL0247 腻子面上	m²	1.36	2.30	—	3.66	9.30	0.34	2.80	0.10	4.10
			小计					3.66		0.34		0.10	4.10
58		综合脚手架搭设 ① 钢管脚手架 ② 竹脚手板 ③ 尼龙安全网 ④ 防锈漆	AD0004 檐高 24 m 以内	m²	4.59	11.02	1.62	17.23	9.30	1.60	2.80	0.48	19.31
			小计					17.23		1.60		0.48	19.31

续表 7.20

第16页　共16页

序号	项目编号	项目名称	计价定额编号	单位	直接费				管理费		利润		综合单价（元）
					人工费（元）	材料费（元）	机械费（元）	小计（元）	费率（%）	金额（元）	费率（%）	金额（元）	
59		垂直运输机械 ① 自升式塔式起重机(400 kN·m) ② 施工电梯(75 m)	AM0006 檐高30 m以内	m^2	0.48	—	13.45	13.93	9.30	1.30	2.80	0.39	15.62
			小计					13.93		1.30		0.39	15.62
60													
61													

(8) 措施项目清单

措施项目清单包括以下两部分：

① 措施项目清单(一)，见表 7.21。

表 7.21 措施项目清单(一)

工程名称：××住宅楼　　标段：(建筑、装饰工程)　　第　页　共　页

序号	项 目 名 称	计算基础	费率(%)	金额(元)
1	安全文明施工费(单独列项计算)	—	—	—
2	夜间施工费		0.67	
3	二次搬运费		0.80	
4	冬雨季施工		0.52	
5	包干费		1.20	
6	已完工程及设备保护费		0.15	
7	工程定位复测、点交及场地清理费		0.13	
8	材料检验试验费		0.14	
9				
10	组织措施费合计	直接工程费(548580 元)	3.61	19804.00
合　计				

注：本表适用于以“项”计价的措施项目。

② 措施项目清单(二)，见表 7.22。

表 7.22 措施项目清单(二)

工程名称：××住宅楼　　标段：(建筑、装饰工程)　　第　页　共　页

序号	项目编码	项目名称	项目特征描述	单位	工程量	金额(元)	
						综合单价	合价
1		脚手架搭设	钢管脚手架、竹脚手板及尼龙安全网	m^2	1583.10	19.31	30570
2		运输密闭费		m^3	249.10	0.80	199
3		垂直运输机械	自升式塔式起重机施工电梯	m^2	1583.10	15.62	24728
本页小计							55497
合　计							55497

注：本表适用于以综合单价形式计价的措施项目。

(9) 其他项目清单

其他项目清单包括以下几个部分：

① 其他项目清单汇总表，见表7.23。

表7.23 其他项目清单汇总表

工程名称：××住宅楼　　标段：(建筑、装饰工程)　　第 页 共 页

序号	项目名称	计量单位	暂定金额(元)	备注
1	暂列金额		10000.00	明细详见表-12-1
2	暂估价		—	
2.1	材料暂估价		—	明细详见表-12-2
2.2	专业工程暂估价		—	明细详见表-12-3
3	计日工		5000.00	明细详见表-12-4
4	总承包服务费		—	明细详见表-12-5
5				
	合计		15000.00	

注：材料暂估单价进入清单项目综合单价，此处不汇总。

② 暂列金额明细表，见表7.24。

表7.24 暂列金额明细表

工程名称：××住宅楼　　标段：(建筑、装饰工程)　　第 页 共 页

序号	项目名称	计量单位	暂定金额(元)	备注
1	预留准备金	元	5000.00	
2	材料上涨准备金	元	5000.00	
3				
4				
5				
	合计		10000.00	—

注：此表由招标人填写，如不能详列，也可只列暂定金额总额，投标人应将上述暂列金额计入投标总价中。

③ 材料暂估单价表，见表7.25。

表7.25 材料暂估单价表

工程名称：××住宅楼　　标段：(建筑、装饰工程)　　第 页 共 页

序号	材料名称、规格、型号	计量单位	单价(元)	备注
	—	—	—	
—				

注：① 此表由招标人填写，并在备注栏说明暂估价的材料拟用在哪些清单项目上，投标人应将上述材料暂估单价计入工程量清单综合单价报价中；

② 材料包括原材料、燃料、构配件以及按规定应计入建筑安装工程造价的设备。

④ 专业工程暂估价表，见表 7.26。

表 7.26 专业工程暂估价表

工程名称：××住宅楼　　标段：(建筑、装饰工程)　　第　页　共　页

序号	工程名称	工程内容	金额(元)	备注
	—	—	—	
合计				—

注：此表由招标人填写，投标人应将上述专业工程暂估价计入投标总价中。

⑤ 计日工表，见表 7.27。

表 7.27 计日工表

工程名称：××住宅楼　　标段：(建筑、装饰工程)　　第　页　共　页

序号	项目名称	单位	暂定数量	综合单价(元)	合价
一	人工				
1	普工	工日	60	25.00	1500.00
2	技工	工日	50	40.00	2000.00
3					
4					
人工小计					3500.00
二	材料				
1	散装水泥	kg	2000.00	0.25	500.00
2					
3					
4					
5					
6					
材料小计					500.00
三	施工机械				
1	柴油机	台班	10.00	100.00	1000.00
2					
3					
4					
施工机械小计					1000.00
合计					5000.00

注：此表项目名称、数量由招标人填写，编制招标控制价时，单价由招标人按有关计价规定确定；投标时，单价由投标人自主报价，计入投标总价中。

⑥ 总承包服务费计价表,见表 7.28。

表 7.28 总承包服务费计价表

工程名称:××住宅楼　　标段:(建筑、装饰工程)　　第 页 共 页

序号	工程名称	项目价值(元)	服务内容	费率(%)	金额(元)
1	该工程没有分包	—	—	—	—
2					
3					
合计					

(10) 规费、税金项目清单

规费、税金项目清单,见表 7.29。

表 7.29 规费、税金项目清单

工程名称:××住宅楼　　标段:(建筑、装饰工程)　　第 页 共 页

序号	项目名称	计算基础	费率(%)	金额(元)
1	规费	直接工程费(548580 元)	4.87	26716.00
1.1	工程排污费			
1.2	社会保障费			
(1)	养老保险费			
(2)	失业保险费			
(3)	医疗保险费			
1.3	住房公积金			
1.4	危险作业意外伤害保险			
1.5	工程定额测定费			
2	税金	分部分项工程费+措施项目费+其他项目费+规费-按规定不计税的工程设备金额	3.41	23191.00
合计				

注:根据建设部、财政部发布的《建筑安装工程费用组成》(建标[2003]206 号)的规定,"计算基础"可为"直接费"、"人工费"或"人工费+机械费"。

8 土建工程施工预算

本章提要

本章主要讲述施工预算的概念、作用和主要内容，以及施工预算与施工图预算的区别；施工预算的编制依据、编制方法、编制步骤和编制时应注意的问题；“两算”对比的目的、对比方法和对比内容。

8.1 施工预算的作用与内容

8.1.1 施工预算的概念

施工预算是指建筑施工企业对所承建工程进行施工管理的成本计划文件。建筑施工企业编制施工预算，其目的是控制施工中的各种工料消耗和成本支出，以取得好的施工效果。

建筑施工企业为了保质保量地完成承建的施工任务，取得好的经济效益，就必须加强企业自身的经营与管理。施工预算就是为了适应建筑施工企业加强经营管理的需要，根据企业内部经济核算和队组核算的要求，按照建筑施工图纸、施工组织设计和施工定额，计算承建单位工程或分部、分层、分段工程所需人工、材料和机械台班需用量，为建筑施工企业内部提供施工中的各项工料消耗和成本支出，并指导施工生产活动的计划成本文件。同时施工预算成本也是与施工图预算成本和实际工程成本进行分析对比的基础资料。

8.1.2 施工预算的作用

施工预算的编制与贯彻执行，对建筑施工企业加强施工管理、实行经济核算、进行“两算”对比、控制工程成本和提高施工管理水平都起着十分重要的作用。其具体作用可归纳为以下几个方面：

(1) 它是建筑施工企业编制施工作业计划、劳动力需用量计划、主要材料需用量计划和构件需用量加工计划等的依据；

(2) 它是建筑施工企业基层施工单位(项目经理部或施工队)向施工班组签发施工任务书和限额领料单的依据；

(3) 它是建筑施工企业向工人计算计件工资、超额奖金，进行施工企业内部承包，实行按劳分配的依据；

(4) 它是建筑施工企业进行“两算”对比(即施工预算与施工图预算对比)的依据；

(5) 它是建筑施工企业定期开展企业内部计件活动分析，核算和控制承建工程成本支出的依据；

(6) 它是促进实施技术节约措施的有效方法。

从上述作用中可以看出，施工预算涉及企业内部所有业务部门和基层施工单位。无论计划部门编制施工计划和组织施工，劳动部门安排劳动力计划，材料部门安排材料计划，财务部门和综合部门开展经济活动分析、进行“两算”对比、核算和控制工程成本，工程项目经理部及施工队进行内部承包，以及向施工队组签发施工任务书和限额领料单等，无不依赖施工预算提供的资料数据。因此，结合工程实际，及时、准确地编制施工预算，对于提高企业经营管理水平，明确经济责任制，降低工程成本，提高经济效益，都是十分重要的。

8.1.3 施工预算的主要内容

施工预算一般以单位工程为编制对象，按分部或分层、分段进行工料分析计算。其基本内容包括工程量，人工、材料、机械需用量和定额直接费等。施工预算由编制说明书和计算表格两大部分组成。

8.1.3.1 编制说明书

施工预算的编制说明书主要包括以下内容：

(1) 编制依据，说明采用的有关施工图纸、施工定额(企业定额)、人工工资标准、材料价格、机械台班单价、施工组织设计或施工方案以及图纸会审记录等；

(2) 所编施工预算涉及的工程范围；

(3) 根据现场勘察资料考虑了哪些因素；

(4) 根据施工组织设计考虑了哪些施工技术组织措施；

(5) 有哪些暂估项目和遗留项目，并说明其原因和处理办法；

(6) 还存在和需要解决的问题有哪些，以后的处理办法怎样；

(7) 其他需要说明的问题。

8.1.3.2 计算表格

施工预算的计算表格，国家没有统一规定，现行常用的主要表格有以下几种：

(1) 工程量计算表

它是施工预算的基础表格，见表 8.1。

表 8.1 工程量计算表

序号	分部分项工程名称	单位	数量	计算式	备注

(2) 工料分析表

它是施工预算的基本计算用表，见表 8.2。该表与施工图预算中的“工程预算表”的不同之处：一是本表在一般情况下不设分项计价部分；二是本表的人工分析部分划分较细，既按工种(如砌砖工、抹灰工、钢筋工、木工、混凝土工等)，又按级别划分。本表的计算和填写方法与施工图预算的工料分析基本相似，所不同的是二者所使用的定额、项目划分及工程量计算有较大的差别。上述这些问题在后面讲述施工预算的编制时再详细介绍。

表 8.2 施工预算工料分析表

建设单位＿＿＿＿＿＿　　　　　　　　　　　　　　　　　　建筑面积＿＿＿＿＿＿

工程名称＿＿＿＿＿＿　　　年　月　日　第　页　　　　　　结构层数＿＿＿＿＿＿

人工分析				定额编号	分部分项工程名称	工程数量	材料分析 名称规格 单位合计					
工级	工级	工级	工级									
合计数	合计数	合计数	合计数									
定额标准计算数量							定额单位	定额标准计算数量				

复核　　　　　　　　　　　　　　　　　　　　编制

(3) 人工汇总表

它是编制劳动力计划及合理调配劳动力的依据。由“工料分析表”中的人工数,按不同工种和级别分别汇总而成,见表 8.3。

表 8.3 施工预算人工汇总表

建设单位＿＿＿＿＿＿

工程名称＿＿＿＿＿＿

序号	分部工程名称	分工种用工数及人工费									分部工程小计（工日/元）
		普工	砖工	木工							
		级	级	级	级	级	级	级	级	级	
		（工资单价）元	元	元	元	元	元	元	元	元	
单位工程合计	人工数	工日									
	人工费	元									

(4) 材料汇总表

它是编制材料需用量的依据。由“工料分析表”中的材料数量,区别不同规格,按现场用材与加工厂用材分别进行汇总而成,见表8.4。

表8.4 施工预算材料汇总表

建设单位______

工程名称______ 年 月 日 第 页

序号	材料名称	规格	单位	数量	单价	材料费(元)	备注
单位工程合计(元)							

(5) 机械汇总表

它是计算施工机械费的依据,是根据施工组织设计规定的实际进场机械,按其种类、型号、台数、工期等计算出台班数,然后汇总而成,见表8.5。

表8.5 施工预算机械汇总表

建设单位______

工程名称______ 年 月 日 第 页

序号	机械名称	型号	台班数	台班单价	机械费(元)	备注
单位工程合计(元)						

为了便于计算人工费、材料费、施工机械使用费,上述表8.3、表8.4、表8.5除列有“数量”外,还列有“单价”和“金额”栏目。

(6)“两算”对比表

它是在施工预算编制完毕后,将其计算出的人工、材料消耗量以及人工费、材料费、施工机械使用费、其他直接费等,按单位工程或分部工程,与施工图预算中相对应的费用进行对比,找出节约或超支的原因，作为单位工程开工前在计划阶段的预测分析用表，见表8.6、表8.7。

表8.6 “两算”对比表(一)——直接费综合对比

建设单位__________ 建筑面积__________

工程名称__________ 结构层数__________

序号	项目	施工图预算(元)	施工预算(元)	对比结果		
				节约	超支	%
一	单位工程直接费 其中：人工费 机械费 材料费					
二	分部工程直接费					
1	土石方工程 其中：人工费 机械费 材料费					
2	砖石工程 其中：人工费 机械费 材料费					
3						

主管　　　　审核　　　　编制

表8.7 “两算”对比表(二)——实物量单项对比

建设单位__________ 建筑面积__________

工程名称__________ 结构层数__________

序号	工料名称及规格	单位	施工图预算			施工预算			对比结果					
			数量	单价(元)	合价(元)	数量	单价(元)	合价(元)	数量差			金额差		
									节约	超支	%	节约	超支	%
一	人工													
	其中：土石方工程	工日												
	砖石工程	工日												
	…	工日												
		工日												
二	材料													
1	32.5水泥	t												
2	42.5水泥	t												
3	ϕ10以内钢筋	t												
4	ϕ10以外钢筋	t												
5	板方材	m^3												
6	…													

主管　　　　审核　　　　编制

此外,还有钢筋混凝土构件、金属构件、门窗木作构件的加工订货表、钢筋加工表、铁件加工表、门窗五金表等,视各单位的业务分工和具体编制内容而定。

8.1.4 施工预算与施工图预算的区别

施工预算与施工图预算有以下区别:

(1) 编制依据与作用不同 "两算"编制依据中最大的区别是使用的定额不同,施工预算套用的是施工定额,而施工图预算套用的是预算定额或计价定额,两个定额的各种消耗量有一定差别。两者的作用也不一样,施工预算是企业控制各项成本支出的依据,而施工图预算是计算单位工程的预算造价,确定企业工程收入的主要依据。

(2) 工程项目划分的粗细程度不同 施工预算的项目划分和工程量计算,要求应按分层、分段、分工种、分项进行,比施工图预算的项目划分细得多,计算也更为准确。如钢筋混凝土构件制作,施工定额分为模板、钢筋、混凝土分项计算,而预算定额则合并为一项计算。

(3) 计算范围不同 施工预算一般只计算到直接费为止,这是因为施工预算只供企业内部管理使用,如向班组签发施工任务书和限额领料单,而施工图预算要计算整个工程预算造价,包括直接费、间接费、利润、价差调整、税金和其他费用等。

(4) 考虑施工组织因素的多少不同 施工预算所考虑的施工组织方面的因素要比施工图预算细得多。如垂直运输机械,施工预算要考虑是采用井架还是塔吊或别的机械,而施工图预算则是综合计算的,不需要考虑具体采用哪种机械。

(5) 计算单位不同 "两算"中工程量计算单位也不一样,如门窗安装工程量,施工预算按樘数计算,而施工图预算则是按框外围面积计算。又如单个体积小于 0.07 m^3 的过梁安装工程量,施工预算以根数计算,而施工图预算则以体积计算。

8.2 施工预算的编制

8.2.1 施工预算的编制依据

施工预算的编制依据如下:

(1) 施工图纸、说明书、图纸会审记录及有关标准图集等技术资料。

(2) 施工组织设计或施工方案。施工组织设计或施工方案所确定的施工顺序、施工方法、施工机械、施工技术组织措施和施工现场平面布置等内容,都是施工预算编制的依据。

(3) 施工定额和有关补充定额(或全国建筑安装工程统一劳动定额和地区材料消耗定额)。施工定额是编制施工预算的主要依据之一。目前各省、市、自治区或企业根据本地区的情况,自行编制施工定额(或企业定额),为施工预算的编制与执行创造了条件。有的地区没有编制施工定额,编制施工预算时,人工可执行现行的《全国建筑安装工程统一劳动定额》,材料可按地区颁发的《建筑安装工程材料消耗定额》计算,施工机械可根据施工组织设计或施工方案所确定的施工机械种类、型号、台数和施工期等进行计算。

(4) 人工工资标准、材料预算价格(或市场价格)、机械台班预算价格。这些价格是计算人工费、材料费、机械费的主要依据。

(5) 审批后的施工图预算书。施工图预算书中的数据,如工程量、定额直接费以及相应的人工费、材料费、机械费、人工和主要材料的预算消耗数量等，都给施工预算的编制提供有利条件和可比的数据。

(6) 其他费用规定。其他有关费用包括气候影响、停水停电、机具维修、基础因下雨塌方以及不可预见的零星用工等，企业可以通过测算，确定一个综合系数来计算，由企业内部包干使用，多不退，少不补，一次包干。该项费用的计算应根据本地区、本企业的规定执行。

(7) 计算手册和有关资料。包括建筑材料手册、五金手册以及有关的系数计算表等资料。

8.2.2 施工预算的编制方法

施工预算的编制方法，一般有实物法、实物金额法和单位计价法，与施工图预算的编制方法基本相同，现分述如下：

(1) 实物法　这种方法是根据施工图纸、施工定额、施工组织设计或施工方案等计算出工程量后，套用施工定额，并分析计算其人工和各种材料数量，然后加以汇总，但不进行价格计算。由于这种方法是只计算确定实物的消耗量，故称实物法。

(2) 实物金额法　这种方法是在实物法算出人工和各种材料消耗量后，再分别乘以所在地区的人工工资标准和材料预算价格，求出人工费、材料费和直接费。这种方法不仅计算各种实物消耗量，而且计算出各项费用的金额，故称实物金额法。

(3) 单位计价法　这种方法与施工图预算的编制方法大体相同，所不同的是施工预算的项目划分内容与分析计算都比施工图预算更为详细，更为精确。

上述三种方法的主要区别在于计价方式的不同。实物法只计算实物消耗量，并据此向施工班组签发施工任务书和限额领料单，还可以与施工图预算的人工、材料消耗数量进行对比分析；实物金额法是通过工料分析，汇总人工、材料消耗数量，再进行计价；单位计价法是按分部分项工程项目分别进行计价。对施工机械台班使用数量和机械费，三种方法都是按施工组织设计或施工方案所确定的施工机械的种类、型号、台数及台班费用定额进行计算。这是与施工图预算在编制依据与编制方法上的又一个不同点。

8.2.3 施工预算的编制步骤

现将实物金额法编制施工预算的步骤简述如下：

(1) 收集熟悉有关资料，了解施工现场情况。编制前应将有关资料收集齐全，如施工图纸及图纸会审记录，施工组织设计或施工方案，施工定额和工程量计算规则等。同时还要深入施工现场，了解施工现场情况及施工条件，如施工环境、地质、道路及施工现场平面布置等。上述工作是施工预算编制必备的前提条件和基本准备工作。

(2) 计算工程量。工程量计算是一项十分细致又繁琐复杂的工作，也是施工预算编制工作中最基本的工作，所需时间长，技术要求高，故工作量也最大。及时、准确地计算出工程量，关系着施工预算的编制速度与质量。因此，应按照施工预算的要求认真做好工程量的计算工作，工程量计算表格形式见表 8.1。

(3) 套用施工定额。在工程量计算完毕后，按照分部、分层、分段划分的要求，经过整理汇总，列出各个工程量项目，并将这些工程量项目的名称、计量单位和工程数量，逐项填入“施工预算工料分析表”内(详见表 8.2)，然后套用施工定额，即可将查到的定额编号与工料定额消耗指标分别列入上表的栏目里。

(4) 工料分析。施工预算的工料分析方法与施工图预算的工料分析方法基本相同，即用分项工程量分别乘以定额工料消耗指标，求出所需人工和各种材料的消耗量。逐项分析计算完毕后，就可为各分部工程和单位工程的工料汇总创造条件。机械台班数量的计算，可按其机械种类、型号、台数、使用期限，分别计算各种施工机械的台班需用量。

(5) 工料汇总。在上述人工、材料、机械台班分析计算完毕后，按照人工汇总表(详见表 8.3)、材料汇总表(详见表 8.4)、机械台班汇总表(详见表 8.5)，以分部工程分别汇总，最后按整个单位工程进行汇总，并据此编制单位工程工料需用量计划，计算直接费和进行“两算”对比。

(6) 计算直接费和其他费用。工料汇总完毕后，根据现行的地区人工工资标准、材料预算价格(或实际价格)和机械台班预算价格，按照上述三个汇总表(即表 8.3、表 8.4、表 8.5)，分别计算人工费、材料费、机械费和各分部工程或单位工程的施工预算直接费。最后根据本地区或本企业的规定，计算其他有关费用。

(7) 拟写编制说明。

(8) 整理装订，审批后分发执行。

8.2.4 编制施工预算应注意的问题

(1) 编制内容与范围　施工预算应按所承担施工任务的内容和范围进行编制，凡属在外单位加工或购买的成品、半成品，如木材加工厂制作的木门窗，预制加工厂制作的钢筋混凝土构件，金属加工厂制作的金属构件以及购买的钢、铝合金门窗等，编制施工预算时均不进行工料分析。在本企业附属企业加工的各种构件，均可另行分别编制施工预算，不要同施工现场分项工程项目混合编制，以便施工队进行施工管理和经济核算。

(2) 填表要求　工料分析时，要求在同一页的工料分析表中不要列两个不同的分部工程，即使一个分部工程一张表列不满时，下一个分部工程也需另起一页。人工、材料、机械台班汇总表应按分部工程填列，按单位工程汇总，以便于进行“两算”对比。

(3) 工程量的计量单位　为了能直接套用施工定额的工料消耗指标，不移动小数点位置，对编制施工预算进行工料分析所采用工程量的计量单位，要求与定额计量单位相同，如现行的《全国建筑安装工程统一劳动定额》的定额计量单位是：土方、砖石砌筑、混凝土浇筑等以“m^3”，脚手架以“10 m”，墙面抹灰、油漆、玻璃等以“10 m^2”，钢筋以“t”等为计量单位。

(4) 定额换算　施工定额中有一系列换算方法和换算系数的规定，必须认真学习，正确使用。对规定应该换算的定额项目，则必须在定额换算后方可套用。

(5) 工料分析和汇总　为了正确计算人工费和材料费，在进行工料分析和汇总时，人工应该按不同工种和级别进行分析和汇总，材料应该按不同品种和规格进行分析和汇总。

(6) 编制及时　编制施工预算是加强企业管理，实行经济核算的重要措施。施工企业内部编制的各种计划，开展工程定包，贯彻按劳分配，进行经济活动分析和成本预测等，无一不依赖于施工预算所提供的资料。因此，必须采取各种有效措施，使施工预算能在单位工程开工以前编制完毕，以保证使用。

8.3 “两算”对比

“两算”是指施工图预算和施工预算，前者是确定建筑企业工程收入的依据，反映预算成本的多少，后者是建筑企业控制各项成本支出的尺度，反映计划成本的高低。“两算”按要求应在单位工程开工前进行编制，以便于进行“两算”的对比分析。

8.3.1 “两算”对比的目的

“两算”对比是指施工图预算与施工预算的对比。它是在“两算”编制完毕后工程开工前进行的，其目的是通过“两算”对比，找出节约或超支的原因，提出研究解决的措施，防止因人工、材料、机械台班及相应费用的超支而导致工程成本的亏损，并为编制降低成本计划额度提供依据。因此，“两算”对比对于建筑企业自觉运用经济规律，改进和加强施工组织管理，提高劳动生产率，降低工程成本，提高经济效益，都有重要的实际意义。

8.3.2 “两算”对比的方法

“两算”对比方法有“实物对比法”和“实物金额对比法”两种。

(1) 实物对比法　这种方法是将施工预算所计算的单位工程人工和主要材料耗用量填入“两算”对比表相应的栏目里(见表 8.7)，再将施工图预算的工料用量也填入“两算”对比表相应的栏目里，然后进行对比分析，计算出节约或超支的数量差和百分率。

(2) 实物金额对比法　这种方法是将施工预算所计算的人工、材料和施工机械台班耗用量，分别乘以相应的人工工资标准、材料预算价格和施工机械台班预算价格，得出相应的人工费、材料费、施工机械费和工程直接费，并填入“两算”对比表相应的栏目里(见表 8.6)，再将施工图预算所计算的人工费、材料费、施工机械费和工程直接费也填入“两算”对比表相应的栏目里，然后进行对比分析，计算出节约或超支的费用差(金额差)和百分率。

8.3.3 “两算”对比的内容

“两算”对比一般只对工程消耗量和直接费进行对比分析，而对工程间接费和其他费用不作对比分析。

(1) 人工数量和人工费的对比分析　施工预算的人工数量和人工费与施工图预算比较，一般要低 10%～15%。这是因为施工定额与预算定额所考虑的因素不一样，存在着一定的幅度差额。如砌砖工程项目中的材料、半成品的场内水平运距，预算定额取一定的综合运距，而施工定额要求按各种材料、半成品的实际水平运距计算。又如，预算定额考虑了一定的人工幅度差(一般为 10%)，而施工定额则没有考虑。

(2) 主要材料数量和材料费的对比分析　由于“两算”套用的定额水平不一致，施工预算的材料消耗量一般都低于施工图预算。如果出现施工预算的材料消耗量大于施工图预算，应认真分析，根据实际情况调整施工预算。

(3) 机械台班数量和机械费的对比分析　预算定额的机械台班耗用量是综合考虑的，多数地区的预算定额或单位计价表中是以金额(施工机械台班使用费)表示的。而施工定额要求按照实际情况，根据施工组织设计或施工方案规定的施工机械种类、型号、数量、工期进行计算。因此,在“两算”对比分析时,机械台班使用可采用实物金额对比法进行,以分析计算机械费的节约和超支。

(4) 周转材料摊销费的对比分析　周转材料主要指脚手架和模板等。施工图预算所套用的预算定额,脚手架不管其搭设方式如何,一般是按建筑面积套用综合脚手架定额,计算脚手架的摊销费,而施工预算的脚手架是根据施工组织设计或施工方案规定的搭设方法和内容进行计算。施工图预算的模板是按混凝土构件的模板摊销费计算,而施工预算是按构件混凝土与模板的接触面积计算。上述脚手架和模板的材料消耗量,预算定额是按摊销量计算,施工定额是按一次使用量加上损耗量计算。因此,脚手架和模板无法用实物量进行对比,只能按其摊销费用进行对比,以分析其节约或超支。

(5) 措施费用的对比分析　措施费用(即其他直接费等)包括施工用水、用电费,冬雨季、夜间施工增加费,材料二次搬运费,临时设施费,现场管理费等,因费用项目和计取办法各地规定不同,只能采用金额进行对比,以分析其节约或超支。

上述均属于直接费的对比分析,关于企业管理费、财务费用和其他费用,应由上级公司单独进行核算,一般不进行“两算”对比。

小　结

本章主要讲述施工预算的概念、作用及主要内容,施工预算的编制依据、编制方法和编制步骤,施工预算与施工图预算的区别、“两算”对比等。现就其基本要点归纳如下:

(1) 施工预算是建筑企业内部为加强单位工程施工管理而编制的计划成本文件。具体方法是对拟建工程按分部、分层、分段的要求,计算出所需人工、材料和机械台班需用量,以供建筑企业控制施工中的各项成本支出,达到降低工程成本的目的。按施工预算编制的计划成本,是与预算成本和实际工程成本进行分析比较的基础资料。

(2)“两算”对比是指施工预算与施工图预算的分析对比。前者是建筑企业控制各项成本支出的尺度,反映计划成本的高低;后者是确定建筑企业工程收入的依据,反映预算成本的多少。按规定与要求,对比内容主要是对工程消耗量、直接费和其他直接费进行分析对比,对工程间接费和其他费用不作分析对比。通过“两算”对比,找出影响成本超支或节约的原因,提出研究解决的措施,以防止因各项成本支出的超支而导致亏损。

通过本章的学习,要重点掌握施工预算的编制内容、方法与步骤,熟悉“两算”对比的主要内容及分析对比方法。

复习思考题

8.1　什么叫施工预算?

8.2　施工预算与施工图预算的主要区别是什么?

8.3　施工预算的编制方法有哪几种?

8.4　施工预算的内容和作用有哪些?

8.5　施工预算的编制依据有哪些?

8.6　施工预算的编制程序是什么?

8.7　编制施工预算时应注意的事项有哪些?

8.8　什么是“两算”对比? 为什么要进行“两算”对比?“两算”对比的主要内容是什么?

9 设计概算的编制

本章提要

本章主要讲述设计概算的概念、作用、组成内容、编制原则和编制依据；单位工程设计概算的编制步骤、建筑工程设计概算的编制、设备及安装工程设计概算的编制和建筑工程设计概算的编制实例；单项工程综合概算的编制、建设项目总概算的编制和建设项目总概算编制实例等。

9.1 设计概算概述

9.1.1 设计概算的概念

设计概算是初步设计（或扩大初步设计）文件的重要组成部分，是控制和确定工程造价的经济文件。它是指在初步设计阶段和在投资估算的控制下，由设计单位以初步设计或扩大初步设计图纸及说明、概算定额（或概算指标，或综合预算定额）、费用计算标准（即费用定额）、材料设备预算价格等资料为依据，而编制和确定拟建建设项目所需全部投资费用的经济文件。

建设项目若实行两阶段设计，其扩大初步设计阶段按规定要求应编制设计概算；若实行三阶段设计，初步设计阶段应编制设计概算，而技术设计阶段应编制修正概算。

9.1.2 设计概算的作用

设计概算在整个工程项目的建设过程中起着极为重要的作用，现分述如下：

(1) 设计概算是编制建设项目投资计划、确定和控制建设项目投资的依据

根据国家现行的规定，年度建设项目投资计划的编制，确定计划投资总额及其构成，都必须以批准的初步设计概算为依据，未经批准的建设项目初步设计及概算，不能列入年度建设项目投资计划。经批准的建设项目设计投资总额，是该建设项目投资的最高限额，在整个建设过程中未经批准，都不能随意突破这一限额。

(2) 设计概算是签订贷款合同的依据

建设投资人（业主）和银行，必须根据批准的设计概算和年度投资计划签订贷款合同，并严格实行监督控制，未经主管部门批准银行不得追加贷款。

(3) 设计概算是控制施工图设计和施工图预算的依据

建设投资人（业主）和设计单位，必须按照批准的初步设计和总概算进行施工图设计，使其施工图预算不得突破设计概算，以严格控制工程造价。

(4) 设计概算是评价设计技术经济合理性和选择最佳设计方案的依据

设计概算是建设项目设计技术经济合理性的综合体现，并据此对不同设计方案进行分析比较和选择最佳设计方案的依据。

(5) 设计概算是考核建设项目投资效果的依据

建设投资人(业主)通过设计概算与施工图预算和竣工决算的对比，可以分析和考核建设投资效果的好坏，以验证设计概算的准确性，并有利于加强设计概算的管理和工程造价的控制。

9.1.3　设计概算的组成内容

设计概算文件包括建设项目概算编制说明、总概算书、单项工程综合概算书、单位工程概算书、工程建设其他费用概算、主要材料与设备需用表等组成内容。即建设项目总概算由一个或若干个单项工程综合概算、工程建设其他费用概算、建设预备费概算和投资方向调节税概算等内容组成；单项工程综合概算由若干个单位建筑工程概算和若干个设备及安装工程概算等内容组成。因此，建设项目设计总概算是由单个到整体、局部到综合、逐个编制、层层汇总而成。其具体组成内容现分述如下：

(1) 单位工程概算

单位工程概算是指概略计算和确定各单位工程所需建设费用的经济文件。它是单项工程综合概算的组成部分，也是编制单项工程综合概算的主要依据。单位工程概算按工程性质的不同，其内容组成分为建筑工程概算和设备及安装工程概算两大类。建筑工程概算内容组成，包括土建工程概算、装饰装修工程概算、给排水及采暖工程概算、通风及空调工程概算、电气照明工程概算、弱电工程概算、特殊构筑物工程概算等；设备及安装工程概算的内容组成，包括机械设备及安装工程概算、电气设备及安装工程概算，以及工具、器具及生产家具购置费概算等。

(2) 单项工程综合概算

单项工程综合概算是指概略计算和确定建设项目中各单项工程所需建设费用的经济文件。单项工程综合概算是建设项目总概算的主要组成部分，由单项工程中各单位工程概算逐个编制与汇总而组成。因此，单位工程综合概算的组成内容，主要包括建筑工程概算、设备及安装工程概算和工程建设其他费用概算等(不编制总概算时列入)。

(3) 建设项目总概算

建设项目总概算是指概略计算和确定整个建设项目从筹建到竣工验收所需全部建设费用的经济文件。建设项目总概算的组成内容，主要由建设项目中的各单项工程综合概算、工程建设其他费用概算、预备费概算、投资方向调节税概算、财务费用概算(含建设期贷款利息)和经营性项目铺底流动资金概算等编制汇总而成。

9.1.4　设计概算的编制原则和编制依据

9.1.4.1　设计概算的编制原则

(1) 贯彻理论与实践、设计与施工、技术与经济相结合的原则

设计概算编制人员应结合建设项目的性质特点和建设地点等施工条件，注意初步设计中所采用的新技术、新工艺和新材料对概算造价的影响，以便合理计算各项费用。

(2) 深入调查研究和掌握第一手资料的原则

在熟悉初步设计文件的基础上，设计概算编制人员应深入施工现场，调查研究和掌握第一手资料，对新结构、新技术、新工艺、新材料和非标准设备的价格要查对核准。

(3) 突出重点、保证编制质量的原则

初步设计编制深度有限，设计细部难以做到详尽清楚。因此，应突出重点，注意关键项目和主要部分的计算精度，确保设计概算编制质量。

(4) 概算造价不突破投资估算的原则

设计概算编制人员编制概算时，概算造价的计算应在投资估算范围内，不得随意突破投资估算，如突破投资估算，应分析原因，拟定解决措施，并报主管部门备案。

9.1.4.2　设计概算的编制依据

(1) 经批准的可行性研究报告和投资估算文件。建设项目的可行性研究报告，是由国家或各地建设行政主管部门审查批准，它是建设项目能否开工建设的重要依据。批准后的投资估算文件是控制设计概算的最高额定标准，要求设计概算不得突破投资估算。按照国家的现行规定，如果设计概算超过投资估算 10%以上，则应对初步设计及设计概算进行调整。

(2) 经批准的初步设计或扩大初步设计文件。初步设计或扩大初步设计中的具体设计内容及要求，是编制设计概算的主要依据，并据此计算工程量和概算造价，确定主要材料设备的规格、型号和数量等。

(3) 现行概算定额(或概算指标)、费用定额和有关计算资料。

(4) 现行的地区人工工资标准、材料预算价格、施工机械台班单价和市场价格信息。

(5) 建设地区的自然经济条件。主要包括气象、地质、水文、交通运输、原材料和产品的加工、供应和销售等。

9.2　单位工程设计概算的编制

9.2.1　单位工程设计概算的编制步骤

单位工程设计概算的编制步骤与施工图预算的编制步骤基本相同。其编制的具体步骤如下：

(1) 熟悉设计文件、了解施工现场情况

熟悉施工图纸等设计文件，了解设计意图，掌握工程全貌，明确工程结构形式和特点；调查了解施工现场的地形、地貌和施工作业环境。

(2) 收集有关基础资料

收集和掌握的基础资料，包括建设地区的工程地质、水文气象、交通运输条件、材料设备来源及价格等。

(3) 熟悉定额资料

设计概算一般可以利用概算定额进行编制，也可以利用概算指标进行编制，有时还可以利用综合预算定额进行编制等。因此，这就要求概算编制人员全面熟悉有关的定额资料。

(4) 列出扩大分项工程项目、计算工程量

首先将单位工程划分成若干个与定额子目相对应的扩大分项工程项目，然后按照概算工

程量计算规则计算工程量。

(5) 套用定额、计算直接费

将计算后的概算工程量,分别列入工程概算表内,再套用相对应的概算定额(或概算指标),然后再计算定额直接费。

(6) 计算各项费用,确定工程概算造价

按照各地区制定的费用定额计算各项费用,将其计算的各项费用累加起来就得到工程概算造价。

(7) 概算技术经济指标的计算与分析

根据计算和确定的设计概算造价,分别计算单位面积的概算造价、单位面积工料消耗数量等概算技术经济指标,同时对这些指标进行分析比较,以总结经验,取得更好的投资效益。

9.2.2 建筑工程设计概算的编制

9.2.2.1 利用概算定额编制建筑工程设计概算

当建设项目初步设计(或扩大初步设计)有一定的深度,建筑和结构设计内容及要求比较明确,有关工程量等数据基本上能满足设计概算编制的要求时,就可以根据概算定额(或综合预算定额)编制设计概算。

利用概算定额编制建筑工程设计概算的方法与利用预算定额编制施工图预算的方法基本相同。其编制方法与步骤如下:

(1) 熟悉设计图纸,列出扩大分项工程项目

编制建筑工程设计概算与编制建筑工程施工图预算一样,其编制方法是在熟读图纸的基础上,列出扩大结构分项工程项目。设计概算中的分项工程项目须根据概算定额的项目确定,所以在列项之前,必须了解概算定额的项目划分情况。例如某省建筑工程概算定额划分为以下 10 个分部工程:

① 土石方、基础工程;
② 墙体工程;
③ 柱、梁工程;
④ 门窗工程;
⑤ 楼地面工程;
⑥ 屋面工程;
⑦ 装饰工程;
⑧ 厂区道路工程;
⑨ 构筑物工程;
⑩ 其他工程。

每个分部工程中的每个概算定额项目,一般由几个预算定额的项目综合而成。经过综合的概算定额项目的定额单位与预算定额项目的定额单位是不相同的。了解了概算定额综合的基本情况,才能正确列出项目并据以计算工程量。概算定额项目与预算定额项目对照表可详见表 9.1。

表 9.1 概算定额项目与预算定额项目对照表

概算定额项目	单位	综合的预算定额项目	单位	备注
砖基础	m^3	砖基础 水泥砂浆防潮层 基础挖方	m^3 m^2 m^3	
砖外墙	m^3	砖墙砌体 外墙面抹灰或勾缝 钢筋加固 钢筋混凝土过梁 墙内面抹灰 刷石灰浆	m^3 m^2 t m^3 m^2 m^2	
现浇钢筋混凝土墙	m^3	现浇钢筋混凝土墙体 内墙面抹石灰砂浆 刷石灰浆	m^3 m^2 m^2	
门窗	m^2	门窗制作 门窗安装 门窗运输 门窗油漆	m^2 m^2 m^2 m^2	
现浇钢筋混凝土楼板	m^3	面层 现浇钢筋混凝土楼板 天棚面抹灰 刷石灰浆	m^2 m^3 m^2 m^2	
预制空心楼板	m^3	面层 预制空心板 板运输 板安装 板缝灌浆 天棚面抹灰 刷白浆	m^2 m^3 m^3 m^3 m^3 m^2 m^2	

(2) 工程量计算

设计概算工程量的计算必须按照一定的计算规则进行。而设计概算的工程量计算规则与施工图预算的工程量计算规则是不相同的。现将某省的设计概算工程量计算规则与施工图预算工程量计算规则作一对比,它们之间的差别见表 9.2。

表 9.2 概、预算工程量计算规则(部分)对比表

项目名称	概算工程量计算规则	预算工程量计算规则
内墙基础、垫层	按中心线尺寸计算工程量后乘以系数 0.97	按净长尺寸计算工程量
内墙	按中心线长计算工程量	按净长尺寸计算工程量
内、外墙	不扣除嵌入墙身的过梁体积	要扣除嵌入墙身的过梁体积
楼地面垫层、面层	按中心线尺寸计算工程量后乘以系数 0.9	按净面积计算工程量

(3) 直接费计算及工料分析

在工程量计算完毕以后,可套用概算定额中的综合基价计算工程直接费,同时进行工料分析,并计算工程需用的各种材料用量。有的地区规定,部分概算定额基价需要调整与换算,那

么套用概算定额基价时，应按调整或换算后的概算价格进行计算。直接费计算和工料分析见表9.3。

表9.3 概算工程量计算及工料分析表

定额号	项目名称	单位	工程量	单价（元）	其中		合价（元）	其中		锯材（m^3）	水泥（kg）	玻璃（m^2）
					人工费（元）	机械费（元）		人工费（元）	机械费（元）			
1—105	C15混凝土基础垫层	m^3	25.06	143.48	22.05	9.03	3595.61	552.57	226.29	$\frac{0.0065}{0.163}$	$\frac{307.04}{7694.42}$	
1—114	M5水泥砂浆砖基础	m^3	74.788	130.44	21.92	1.73	9755.35	1639.35	129.38		$\frac{79.53}{5947.89}$	
4—68	单层木玻璃窗	m^2	74.52	76.56	12.48	2.36	5705.25	930.01	175.87	$\frac{0.0515}{3.838}$		$\frac{0.7}{55.14}$
	小 计						19056.21	3121.93	531.54	4.001	13642.31	55.14

（4）概算造价计算

根据已计算的工程直接费，按各地区的费用定额和其他费用指标等规定，计算工程间接费、利润和其他费税，最后将上述费用累加，即得出拟建工程的设计概算造价。

建筑工程设计概算书的表格形式，可以利用工程预算表代替，也可以另行设计。

9.2.2.2 利用概算指标编制建筑工程设计概算

概算指标是一种用建筑面积、建筑体积或万元为单位，以整幢建筑物为对象而编制的指标，其数据均来自各种已竣工的建筑物预算或决算资料，即用其建筑面积（或体积）除需要的各种人工、材料而得出。目前以建筑面积（100 m^2）为单位表示的较普遍，也有以万元指标表示的。

由于概算指标是按整幢建筑物每100 m^2 建筑面积（或每1000 m^3 体积）或每万元货币指标表示的价值来规定人工、材料和施工机械台班的消耗量，所以概算指标比概算定额更加综合与扩大，因此，利用概算指标编制设计概算比利用概算定额编制设计概算更加简化，是一种较为准确而又节省时间的方法。对占投资比重较小的或比较简单的工程项目，以及设计深度不够、编制依据不齐全时，可以利用概算指标进行编制。但是要特别注意设计对象的结构特征应与概算指标的结构特征基本一致，否则计算出的概算造价有较大的误差。

（1）概算指标的构成

概算指标一般由以下几部分内容构成：

① 工程概况；

② 工程造价分析表；

③ 工程量分析表；

④ 工料消耗指标。

以上几部分的内容见表 9.4、表 9.5、表 9.6、表 9.7。

表 9.4　工程概况

工程名称	住宅楼		施工地点		某　市	结构类型	混合	有效施工时间		216 天	
建筑面积	3372.46 m^2		首层占地面积		674.49 m^2	平均每户面积	56.2 m^2	开竣工时间		2001.3.3～2001.12.31	
工程特征	层数	首层高	标准层高	顶层高	檐高	开间	进深	地震设防烈度	地耐力	地下室面积	
	5	2.90 m	2.90 m	2.90 m	15.25 m	2.73 m 3.3 m	4.7 m 5.2 m	8	110 kN/m^2		
结构特征	基础	外墙	外装饰	内墙	隔墙	内装饰	楼板	楼地面	阳台形式	屋面保温	屋面排水
	混凝土砖	1.5 砖	局部抹灰勾缝	1 砖	半砖	普通灰涂料	空心板	豆石混凝土	预制挑阳台	加气板	有组织
	屋面板	窗	门	梁	卫生间标准	采暖方式	照明配线	动力	电灯型号	通风方式	煤气
	空心板	钢	木		3 间	板式钢片	暗管白炽灯				

表 9.5　工程造价分析表

内　容	单方造价		占总造价百分率(%)								
	元/m^2	%	人工费	材料费	机械费	其他费	直接费小计	管理费	其他间接费	利润	材料调价
总造价	646.26	100	5.78	59.78	1.00	4.40	70.96	11.03	6.87	2.38	8.76
其中：											
土　建	528.83	81.83	5.95	56.51	1.13	5.02	68.61	11.46	6.85	2.38	10.70
暖　气	33.02	5.11	4.07	76.92	0.92	1.30	83.21	7.33	7.09	2.37	
上下水	55.26	8.55	4.06	78.56	0.12	1.30	84.04	7.31	6.28	2.37	
照　明	29.15	4.51	8.03	64.22	0.42	2.57	75.24	14.46	7.93	2.37	

(2) 利用概算指标编制设计概算的方法

① 根据初步设计图纸的要求和结构特征，如结构性质(砖木、混合钢筋混凝土等)，基础、墙、柱、梁、楼地面、屋盖、门窗、内外墙粉刷等的用料和做法，选用与设计结构特征相符合的概算指标。

表 9.6 工程量分析表(土建工程)

项目名称	单位	工程量(100 m²)
挖运土	m³	60.49
回填土	m³	36.15
混凝土垫层	m³	2.98
混凝土基础	m³	6.95
砖基础	m³	5.80
现浇钢筋混凝土构件	m³	2.60
其中:柱	m³	1.48
板	m³	0.84
其他	m³	0.28
现浇钢筋混凝土小构件	m³	1.96
其中:圈梁	m³	1.86
其他	m³	0.10
预制钢筋混凝土构件	m³	7.52
其中:板	m³	5.66
其他	m³	1.86
内外墙砌砖	m³	40.35
楼地面混凝土垫层	m³	3.92
抹楼地面	m²	88.22
屋面防水	m²	22.59
脚手架	m²	100
预制加气混凝土板	m²	2.74
木门窗	m²	24.01
钢门	m²	14.81
抹内墙	m²	408.93
抹外墙	m²	35.46

表 9.7 工料消耗指标(土建工程)

名 称	单位	消耗量(100 m²)
人工	工日	309.43
32.5# 水泥	t	10.76
Φ10 内钢筋	kg	378.36
Φ10 外钢筋	kg	403.92
型钢	kg	11.86
模板(摊销)	m³	0.83
装修木材	m³	0.22
木脚手杆、板	m³	0.10
钢脚手架(摊销)	t	0.02
标准砖	千块	23.75
生石灰	kg	4509.97
砂子	m³	32.73
石子	m³	14.29
豆石	m³	2.81
油毡	m²	59.14
石油沥青	kg	135.94
2 mm 玻璃	m²	2.91
3 mm 玻璃	m²	16.96
预制混凝土空心板	m³	5.66
预制混凝土小构件	m³	1.86
加气混凝土板	m³	2.74
木门	m²	24.01
空腹钢窗	m²	8.87
钢门带窗带纱	m²	5.97
各种油漆	kg	18.76

② 将概算指标中的每 100 m² 建筑面积(或每 1000 m³ 建筑体积)的工日消耗量乘以地区日工资标准,求出人工费。即

人工费(概算)=指标规定的人工工日数×地区日工资标准

③ 将概算指标中的每 100 m² 建筑面积(或 1000 m³ 建筑体积)的主要材料消耗量乘以地区材料预算价格,求出主要材料费。即

主要材料费(概算)=指标规定的主要材料耗用量×相应的地区材料预算价格

其他材料费一般按占主要材料费的百分率计算。因此,当计算出主要材料费之后,根据主要材料费乘以其他材料费占主要材料费的百分率,求出其他材料费。即

其他材料费(概算)=主要材料费×其他材料费费率

④ 概算指标中的施工机械台班使用费以“元”表示,使用概算指标时,不必另行计算。

⑤ 将上述人工费、主要材料费、其他材料费及施工机械使用费相加,即得每 100 m² 建筑面积(或每 1000 m³ 建筑体积)的直接费。

⑥ 将直接费乘以间接费费率,求出间接费。

⑦ 将直接费、间接费之和乘以利润率,求出利润。

⑧ 将直接费、间接费和利润相加，求出 100 m^2 建筑面积（或每 1000 m^3 建筑体积）概算价格。即

100 m^2 建筑面积（或每 1000 m^3 建筑体积）概算造价＝直接费×（1＋间接费率）×（1＋利润率）

⑨ 将 100 m^2 建筑面积（或 1000 m^3 建筑体积）概算造价除以 100 m^2 建筑面积（或 1000 m^3建筑体积），求出每 1 m^2 建筑面积（或每 1 m^3 建筑体积）概算造价（概算单价）。即

$$概算单价=\frac{100\ m^2\ 建筑面积（或\ 1000\ m^3\ 建筑体积）的概算造价}{100\ m^2（或\ 1000\ m^3）}$$

⑩ 根据初步设计图纸计算建筑面积（或建筑体积）后，再将计算的建筑面积（或建筑体积）乘以每 1 m^2 建筑面积（或每 1 m^3 建筑体积）的概算单价，即得到建筑工程设计概算造价。

建筑工程概算造价 ＝ 拟建工程建筑面积（或建筑体积）× 概算单价

如果采用表 9.4、表 9.5、表 9.6、表 9.7 中的各项指标来编制设计概算，一般来讲，该工程要符合 3 个条件：该工程的建设地点与概算指标中的工程建设地点在同一地区；该工程的工程结构特征与概算指标中的工程结构特征基本相同；该工程的建筑面积与概算指标中工程的建筑面积相差不大。

9.2.3　建筑工程设计概算编制实例

（1）工程概况

本实例系××市××区××花园小区内的一幢住宅楼，建筑面积 3000 m^2，工程特征和结构与表 9.4 中的内容相同。

（2）设计概算造价计算

本实例要求按概算指标编制该住宅楼的土建工程设计概算。

由于本住宅楼与表 9.4 中所示的住宅楼在同一地区，所以可以根据概算指标直接计算工程概算造价，然后再计算工料需用量。具体计算过程见表 9.8、表 9.9。

表 9.8　概算造价计算表（利用概算指标计算）

单位工程名称：某住宅楼

序号	项　目	计 算 式	金额（元）	备　注
1	土建工程造价	3000×528.83＝1586490	1586490	
2	直接费	1586490×68.61％＝1088491	1088491	
	其中：人工费	1586490×5.95％＝94396	94396	
	材料费	1586490×56.51％＝896526	896526	
	机械费	1586490×1.13％＝17927	17927	
	其他直接费	1586490×5.02％＝79642	79642	
3	施工管理费	1586490×11.46％＝181812	181812	
4	其他间接费	1586490×6.85％＝108675	108675	
5	法定利润	1586490×2.38％＝37758	37758	
6	材料调价	1586490×10.70％＝169754	169754	

表 9.9 工料需用计算表

单位工程名称:某住宅楼

序号	名 称	计算式	单 位	数 量
1	人工	$3000\times\frac{309.43}{100}=9282.90$	工日	9282.90
2	32.5# 水泥	$3000\times\frac{10.76}{100}=322.80$	t	322.80
3	Φ10 内钢筋	$3000\times\frac{378.36}{100}=11350.80$	kg	11350.80
4	Φ10 外钢筋	$3000\times\frac{403.92}{100}=12117.60$	kg	12117.60
5	型钢	$3000\times\frac{11.86}{100}=355.80$	kg	355.80
6	模板	$3000\times\frac{0.83}{100}=24.90$	m^3	24.90
7	装修木材	$3000\times\frac{0.22}{100}=6.60$	m^3	6.60
8	木脚手杆、板	$3000\times\frac{0.10}{100}=3.00$	m^3	3.00
9	钢脚手架	$3000\times\frac{0.02}{100}=0.60$	t	0.60
10	标准砖	$3000\times\frac{23.75}{100}=712.50$	千块	712.50
11	生石灰	$3000\times\frac{4509.97}{100}=135299.10$	kg	135299.10
12	砂子	$3000\times\frac{32.73}{100}=981.90$	m^3	981.90
13	石子	$3000\times\frac{14.29}{100}=428.70$	m^3	428.70
14	豆石	$3000\times\frac{2.81}{100}=84.30$	m^3	84.30
15	油毡	$3000\times\frac{59.14}{100}=1774.20$	m^2	1774.20
16	石油沥青	$3000\times\frac{135.94}{100}=4078.20$	kg	4078.20
17	2 mm 玻璃	$3000\times\frac{2.91}{100}=87.30$	m^2	87.30
18	3 mm 玻璃	$3000\times\frac{16.96}{100}=508.80$	m^2	508.80
19	预制钢筋混凝土空心板	$3000\times\frac{5.66}{100}=169.80$	m^3	169.80
20	预制钢筋混凝土小构件	$3000\times\frac{1.86}{100}=55.80$	m^3	55.80
21	加气混凝土板	$3000\times\frac{2.74}{100}=82.20$	m^3	82.20
22	木门	$3000\times\frac{24.01}{100}=720.30$	m^2	720.30
23	空腹钢窗	$3000\times\frac{8.87}{100}=266.10$	m^2	266.10
24	带纱钢门连窗	$3000\times\frac{5.97}{100}=179.10$	m^2	179.10
25	各种油漆	$3000\times\frac{18.76}{100}=562.80$	kg	562.80

用概算指标编制概算的方法较为简便，主要工作是计算拟建工程的建筑面积，然后套用相应的概算指标直接计算出各项费用和工料需用量。

在实际工作中，拟建工程与概算指标往往有一定的差别，当选不到与其在工程结构和结构特征上完全相同的概算指标时，可以采取调整或修正概算指标的方法，然后再套用并进行计算。

① 调整方法 1

当拟建工程和概算指标同属于一个地区，建筑面积相近，但是结构特征不完全一样时（例如拟建工程是轻质砌块外墙、铝合金窗，而概算指标中的工程结构特征是一砖外墙、普通单层木窗），这就要对概算指标进行一定的调整修正。

调整的基本思路是：从原指标的每 1 m^2 造价中，减去每 1 m^2 建筑面积换出的结构构件的价值，加上每 1 m^2 建筑面积需换入结构构件的价值，即得每 1 m^2 造价修正指标，再将每 1 m^2 造价修正指标乘上拟建工程的建筑面积，即得到这项工程的概算造价。计算公式如下：

$$\begin{matrix}\text{每 1 m}^2\text{ 建筑面积}\\ \text{造价修正指标}\end{matrix}=\begin{matrix}\text{原指标}\\ \text{单方造价}\end{matrix}-\begin{matrix}\text{每 1 m}^2\text{ 建筑面积}\\ \text{换出结构构件价值}\end{matrix}+\begin{matrix}\text{每 1 m}^2\text{ 建筑面积}\\ \text{换入结构构件价值}\end{matrix}$$

式中

$$\text{每 1 m}^2\text{ 建筑面积换出结构构件价值}=\frac{\text{原指标结构构件工程量}\times\text{地区概算定额工程单价}}{\text{原指标面积}}$$

$$\text{每 1 m}^2\text{ 建筑面积换入结构构件价值}=\frac{\text{拟建工程结构构件工程量}\times\text{地区概算定额单价}}{\text{拟建工程建筑面积}}$$

工程概算造价＝拟建工程建筑面积×每 1 m^2 建筑面积造价修正指标

【例 9.1】 拟建工程建筑面积 3500 m^2，按图算出轻质砌块外墙 632.51 m^3，铝合金窗 250 m^2。原概算指标每 100 m^2 建筑面积一砖外墙 25.71 m^3，普通单层木窗 15.36 m^2，每 1 m^2 概算造价 523.76 元。求修正后的单方造价和概算造价。

【解】 每 1 m^2 建筑面积造价修正指标$=523.76+\frac{3516.28}{100}-\frac{4508.89}{100}=513.83$ 元/m^2

工程概算造价＝3500×513.83＝1798405 元

② 调整方法 2

不通过修正每 1 m^2 造价指标的方法，而直接修正原指标中的工料数量。修正表见表 9.10。

表 9.10 建筑工程概算指标修正表 （100 m^2 建筑面积）

序号	概算定额编号	结构名称	单位	数量	单价(元)	合价(元)	备 注
		换入部分					
1	2—78	轻质砌块外墙	m^3	18.07	164.44	2971.43	$632.51\times\frac{100}{3500}=18.07$
2	4—68	铝合金窗	m^2	7.14	76.31	544.85	$250\times\frac{100}{3500}=7.14$
		小计				3516.28	
		换出部分					
3	2—78	砖砌一砖外墙	m^3	25.71	133.22	3425.09	
4	4—90	普通单层木窗	m^2	15.36	70.56	1083.80	
		小计				4508.89	

具体做法是:从原指标的人工、材料数量和机械使用费中,换出与拟建工程不同的结构构件人工、材料数量和机械使用费,换入所需的人工、材料和机械使用费。这些费用是根据换入、换出结构构件工程量乘以相应概算定额中的人工、材料数量和机械使用费而计算得出的。

9.3 单项工程综合概算的编制

单项工程综合概算书是计算和确定单项工程建设费用的经济文件,其组成内容是各专业的单位工程概算书。单项工程综合概算书是建设项目总概算的组成部分。

如果单项工程综合概算书需要单独编制,其内容应包括综合概算编制说明、综合概算表、单位工程概算表和主要建筑材料表等。

9.3.1 综合概算编制说明

编制说明是单项工程综合概算书的组成部分,包括以下内容:

(1) 工程概况。说明该单项工程的建设地址、建设规模、资金来源等。

(2) 编制依据。说明综合概算编制的设计文件、定额、费用计算标准等。

(3) 编制范围。说明综合概算所包括以及未包括的工程和费用情况。

(4) 投资分析。说明按费用构成或投资性质分析各项工程和费用占总投资的比例。

(5) 编制方法。说明综合概算编制是利用的概算定额或概算指标,还是其他方法等。

(6) 主要材料和设备数量。说明主要建筑材料(钢材、木材、水泥)及设备的数量等。

(7) 其他需要说明的问题。

9.3.2 综合概算表的填写编制内容

综合概算表由工程项目和项目费用所组成。现分述如下。

9.3.2.1 综合概算表的项目组成内容

(1) 编制工业建设概算

如果拟建工程是工业建设时,其综合概算表的项目主要包括建筑工程和设备及安装工程两部分。

① 建筑工程:包括土建工程、卫生工程(给水、排水、采暖、通风工程)、电气照明工程、工业管道工程和特殊构筑物工程等。

② 设备及安装工程:包括机械设备及安装工程和电气设备及安装工程。

(2) 编制民用建设概算

如果拟建工程是民用建设时,其综合概算表的项目包括:

① 土建工程;

② 卫生工程;

③ 电气照明工程。

9.3.2.2 综合概算表的费用组成内容

① 建筑工程费用;

② 安装工程费用;

③ 设备购置费用;

④ 工器具及生产家具购置费用。

当要求不编制总概算时，还应编制工程建设其他费用概算和预备费概算。

单项工程综合概算表详见表 9.11。

表 9.11 机械装配车间综合概算表

序号	单位工程和费用名称	概算价值(万元)					技术经济指标(元/m^2)			占总投资(%)
		建筑工程费	设备购置费	工器具购置费	工程建设其他费用	合计	单位	数量	单位造价(元)	
一	建筑工程	262.00			1.75	263.75	m^2	4256		61.16
1	一般土建工程	212.81			1.25	214.06	m^2	4256	502.96	49.64
2	给排水工程	5.13				5.13	m^2	4256	12.05	1.19
3	通风工程	21.33				21.33	m^2	4256	50.12	4.95
4	工业管道工程	0.65				0.65	m^2	58.50	111.11	0.15
5	设备基础工程	14.08				14.08	m^2	402.25	350.03	3.26
6	电气照明工程	8.00			0.50	8.50	m^2	4256	19.97	1.97
	⋮									
	⋮									
二	设备及安装工程		130.95	35.56		167.51				38.84
1	机械设备及安装		113.31	34.71		148.02	t	427.25	3464.48	34.32
2	动力设备及安装		17.64	1.85		19.49	kW	343.78	566.98	4.52
	⋮									
	⋮									
	总计	262.00	130.95	36.56	1.75	431.26				100

9.4 建设项目总概算的编制

建设项目总概算是计算和确定建设项目全部建设费用的总文件，它包括建设项目从筹建到竣工验收交付使用的全部建设费用。其编制内容主要有编写编制说明和总概算表的填写及编制。

9.4.1 编制说明的编写

编制说明的编写，主要应说明以下问题：

(1) 工程概况

编写时应说明该建设项目的生产品种、规模、公用工程及厂外工程的主要情况，并说明该建设项目总概算所包括的工程项目与费用，以及不包括的工程项目与费用。

（2）编制依据

编写时应说明建设项目总概算的编制依据。它们主要包括该建设项目中各单项工程综合概算、工程建设其他费用概算及基本预备费概算，以及该建设项目的设计任务书、初步设计图纸、概算定额或概算指标、费用定额（含各种计费费率）、材料设备价格信息等有关文件和资料。

（3）编制方法

说明该建设项目总概算的编制，是利用概算定额的方法进行编制的，还是利用概算指标的方法进行编制的，还是利用其他的方法进行编制的。这都应在编制说明中表述清楚。

（4）投资分析与费用构成

主要是对各项投资的比例进行分析，以及与同类建设工程比较，分析其投资多少与出现高低的原因，从而说明建设项目的设计是否经济合理。

（5）主要材料与设备的需用数量

编制说明中还应说明建筑安装工程主要材料（钢材、木材、水泥），以及主要机械设备和电气设备的需用数量。

（6）其他有关问题的说明

其他有关问题的说明，主要是指有关的编制文件与资料，以及其他需要说明的问题等。

9.4.2 总概算表的填写编制

总概算表的填写编制内容，主要是由“工程费用项目”和“工程建设其他费用项目”两大部分组成。把这两大部分合计以后，再列出“预备费用项目”，最后列出“回收资金”项目，计算汇总后就可得出该建设项目总概算造价。现以工业建设项目为例，分述如下。

9.4.2.1 工程费用项目

（1）主要生产项目和辅助生产项目

① 主要生产工程项目，根据建设项目的性质和设计要求确定；

② 辅助生产工程项目，如机修车间、电修车间、木工车间等。

（2）公用设施工程项目

① 给排水工程，如全厂房、水塔、水池及室外管道等；

② 供电及电讯工程，如全厂变电及配电所、广播站、输电及通讯线路等；

③ 供气和采暖工程，如全厂锅炉房、供热站及室外管道等；

④ 总图运输工程，如全厂码头、围墙、大门、公路、铁路、通路及运输车辆等；

⑤ 厂外工程，如厂外输水管道、厂外供电线路等。

（3）文化、教育工程项目

如子弟学校和图书馆等。

（4）生活、福利及服务性工程项目

如住宅、宿舍、厂部办公室、浴室和医务室等。

9.4.2.2 其他工程费用项目

（1）工程建设其他费用；

（2）预备费；

（3）回收资金。

9.4.3 建设项目总概算编制实例

9.4.3.1 建设项目概况

(1) 建设项目名称

××市××工业园区××总厂

(2) 相关的各项数据

该总厂各单项工程概算造价等相关数据统计如下：

① 主要生产厂房项目

该项目综合概算造价7400万元。其中，建筑工程概算2800万元，设备购置费概算3900万元，安装工程概算700万元。

② 辅助生产用房项目

该项目综合概算造价4900万元。其中，建筑工程概算1900万元，设备购置费概算2600万元，安装工程概算400万元。

③ 公共用房工程项目

该项目综合概算造价2200万元。其中，建筑工程概算1320万元，设备购置费概算660万元，安装工程概算220万元。

④ 环境保护工程项目

该项目综合概算造价660万元。其中，建筑工程概算330万元，设备购置费概算220万元，安装工程概算110万元。

⑤ 厂区道路工程项目

该项目综合概算造价330万元。其中，建筑工程概算220万元，设备购置费概算110万元。

⑥ 服务性工程项目

该项目建筑工程概算160万元。

⑦ 生活福利工程项目

该项目建筑工程概算220万元。

⑧ 厂外工程项目

该项目建筑工程概算110万元。

⑨ 工程建设其他费用概算400万元。

(3) 各项计费费率规定

① 基本预备费费率为10%；

② 建设期内每年涨价预备费费率为6%；

③ 贷款年利率为6%(每半年计利息一次)；

④ 固定资产投资方向调节税税率为5%。

(4) 工期及建设资金筹集

该建设项目建设工期为2年，每年建设投资相等。建设资金筹集为：第一年贷款5000万元，第二年贷款4800万元，其余为自筹资金。

9.4.3.2 建设项目总概算编制要求

(1) 试计算与编制该建设项目总概算(即计算该建设项目固定资产投资概算)。

(2) 按照规定应计取的基本预备费、涨价预备费、建设期贷款利息和固定资产投资方向调节税，在计算后将其费用名称和计算结果填入总概算表内。

(3) 完成该建设项目总概算表的填写与编制。

9.4.3.3　该建设项目总概算表的填写编制

根据上述该建设项目概况、相关的各项数据和总概算的编制要求，进行总概算的填写与编制。其总概算表填写与编制见表9.12。

表 9.12　建设项目固定资产投资总概算表　单位:万元

序号	工程费用名称	概算价值					占固定资产投资比例(%)
		建筑工程费用	设备购置费用	安装工程费用	其他费用	合计	
1	工程费用	7060	7490	1430		15980	75.14
1.1	主要生产项目	2800	3900	700		7400	
1.2	辅助生产项目	1900	2600	400		4900	
1.3	公用工程项目	1320	660	220		2200	
1.4	环境保护工程项目	330	220	110		660	
1.5	总图运输工程项目	220	110			330	
1.6	服务性工程项目	160				160	
1.7	生活福利工程项目	220				220	
1.8	厂外工程项目	110				110	
2	工程建设其他费用				400	400	1.88
	小计(1+2)	7060	7490	1430	400	16380	
3	建设预备费用				3292	3292	15.48
3.1	基本预备费用				1638	1638	
3.2	涨价预备费用				1654	1654	
4	投资方向调节税				984	984	4.62
5	建设期贷款利息				612	612	2.88
6	合　计	7060	7490	1430	5288	21268	

9.4.3.4　建设预备费概算的计算

建设预备费概算包括建设基本预备费概算和建设期涨价预备费概算。现分别计算如下：

(1) 建设基本预备费概算的计算

按照国家现行规定，建设基本预备费概算的计算是以建筑安装工程费用概算、设备及工器具购置费用概算和工程建设其他费用概算之和作为计算该项费用概算的基础，乘以建设基本预备费费率就可得到建设基本预备费概算。工程建设其他费用概算还应包括初步设计增加费、地基局部处理费、预防突发事故措施费及隐蔽工程检查必要时的挖掘修复费等概算。其计算式如下：

建设基本预备费概算＝(7060＋7490＋1430＋400)×基本预备费费率

$=16380 \times 10\% = 1638$ 万元

(2) 建设期涨价预备费概算的计算

建设项目在建设期内由于各种价格因素的变动,对工程造价影响的预测预备费,包括因人工、材料、机械、设备的价差发生,而对建筑安装工程费和工程建设其他费用进行调整,以及利率、汇率调整等所增加的费用。

建设期涨价预备费概算的测算方法,可根据国家规定的投资综合价格指数,按估算年份价格水平的投资额为基数,采用复利的方法计算。其计算公式如下:

$$PF = \sum_{t=1}^{n} I_t[(1+f)^t - 1]$$

式中 PF——涨价预备费概算;

n——建设期年份数;

I_t——建设期内第 t 年的投资额,包括建筑安装工程费用概算、设备及工器具购置费用概算、工程建设其他费用概算和建设基本预备费概算;

f——年投资价格上涨率。

$$\text{涨价预备费概算} = \frac{16380+1638}{2}[(1+6\%)^1 - 1] + \frac{16380+1638}{2}[(1+6\%)^2 - 1]$$

$$= 540.54 + 1113.51 = 1654 \text{ 万元}$$

(说明:建设期为 2 年,每年建设投资相等,故除以 2。)

(3) 建设预备费概算的计算

建设预备费概算=建设基本预备费概算+建设期涨价预备费概算

$=1638+1654=3292$ 万元

9.4.3.5 固定资产投资方向调节税概算的计算

按照国家现行规定,固定资产投资方向调节税概算是以建筑安装工程费用概算、设备及工器具购置费用概算、工程建设其他费用概算和建设预备费用概算之和作为计算该项税费概算的基础,乘以固定资产投资方向调节税税率就可得到固定资产投资方向调节税概算。其计算式如下:

固定资产投资方向调节税概算$=(16380+3292) \times 5\%$

$=19672 \times 5\% = 984$ 万元

(说明:固定资产投资方向调节税是因产业政策、控制投资规模、引导投资方向、调整投资结构等需收此税,并统称固定资产投资方向调节税。税率实行差别税率,按两大类建设进行征收,一是新(扩)建设项目,按 0%、5%、15%、30%四个档次征收;二是更新改造项目,按 0%、10%两个档次征收。计费基础是以建设项目实际完成的投资额为计税依据,即以实际完成的建筑安装工程费、设备及工器具购置费、工程建设其他费用和建设预备费之和为计算基础。)

9.4.3.6 建设期贷款利息概算的计算

建设期贷款利息,包括向国内银行和其他非银行金融机构贷款、出口信贷、外国政府贷款、国际商业银行贷款及在境内外发行的债券等,在建设期间内应偿付的借款利息,实行复利计算。

(1) 当贷款总额一次性贷出且利率固定时,其计算式如下:

$$F = P(1+i)^n$$

则

$$贷款利息 = F - P$$

式中 P——一次性贷款金额；

F——建设期还款时的本利和；

i——年利率；

n——贷款期限。

(2) 当总贷款分年均衡发放时，建设期利息的计算可按当年借款在年中支用考虑，即当年贷款按半年计息，上年贷款按全年计息。计算公式如下：

$$Q_j = \left(P_{j-1} + \frac{1}{2}A_j\right)i$$

式中 Q_j——建设期第 i 年应计利息；

P_{j-1}——建设期第($j-1$)年末贷款累计金额与利息累计金额之和；

A_j——建设期第 j 年贷款金额；

i——年利率。

(3) 建设期贷款利息概算的计算

由于该建设项目的贷款是按分年均衡发放的，故年实际贷款利率 i' 可按照上述(2)中的计算方法进行计算，具体计算如下：

$$i' = \left[1 + \left(\frac{1}{2} \times 6\%\right)\right]^2 - 1 = 6.09\%$$

则

$$第一年贷款利息概算 = \frac{1}{2} \times 5000 \times 6.09\% = 152.25 万元$$

$$第二年贷款利息概算 = \left(P_1 + \frac{1}{2}A_2\right)i' = \left(5000 + 152.25 + \frac{1}{2} \times 4800\right) \times 6.09\% = 460 万元$$

式中 P_1——第一年建设期贷款累计金额与利息累计金额之和，即 5000＋152.25＝5152.25 万元；

A_2——第二年贷款金额 4800 万元。

故：

$$建设期贷款利息概算 = 152.25 + 460 = 612.25 万元$$

小 结

本章主要讲述了设计概算的概念、作用、组成内容，设计概算的编制原则、依据、方法与步骤；建筑工程概算的编制、设备及安装工程概算的编制和建筑工程概算编制实例；单项工程综合概算的编制、建设项目总概算的编制和建设项目总概算编制实例等。现归纳如下：

(1) 建设项目设计概算是设计文件的组成部分，是确定建设项目工程概算造价的主要依据。一个建设项目总概算是由一个或若干个单项工程综合概算、工程建设其他费用概算、建设预备费概算和固定资产投资调节税概算等内容组成，单位工程综合概算是由若干个单位建筑工程概算和若干个设备及安装工程概算等内容组成。因此，建设项目总概算是由单个到整体、局部到综合、逐个编制、层层汇总而成。

(2) 当建设项目初步设计或扩大初步设计已全部完成，建筑与结构设计比较明确，工程量数据能满足设计概算编制的要求时，就可以利用概算定额编制设计概算。其编制方法与施工图预算的编制方法基本相同，只不过编制内容和计算数据要比编制施工图预算简单粗略。

(3) 当建设项目初步设计的要求和结构特征与选用概算指标的结构特征基本一致时，就可以利用概算指标编制设计概算。其编制方法是用拟建工程的建筑面积(平方米)或建筑体积(立方米)乘以相应的各项概算指标，即可计算出拟建工程概算造价及各项工料的需用数量。这种方法比利用概算定额编制设计概算更加综合与简单，是一种比较准确而又节约时间的简便方法。

本章通过建筑工程概算编制实例和建设项目总概算编制实例的介绍，使同学们能进一步熟悉和掌握建设项目设计概算的编制原则、依据、方法与步骤，以巩固所学的理论知识。

通过本章的学习，要了解建设项目总概算的组成内容，重点掌握利用概算定额或概算指标编制设计概算的必备条件，熟悉建设项目设计概算的编制原则、依据、方法与步骤。

复习思考题

9.1 什么叫设计概算？有何重要作用？

9.2 设计概算的编制原则和编制依据是什么？

9.3 设计概算的组成内容是什么？有何特点？

9.4 什么叫单位工程设计概算？有哪些具体的编制方法？

9.5 什么叫单项工程设计概算？有哪些具体的组成内容？

9.6 什么叫建设项目总概算？有哪些具体的组成内容？

9.7 试述单位工程设计概算的编制方法与步骤。

9.8 试述单项工程综合概算的编制方法与步骤。

9.9 试述建设项目总概算的编制方法与步骤。

9.10 试述工程建设其他费用概算的计算与编制方法。

9.11 试述建设预备费概算的计算与编制方法。

9.12 试述固定资产投资调节税概算的计算与编制方法。

9.13 与编制施工图预算相比，设计概算的编制有什么特点？

10 工程结算和竣工决算

本章提要

本章主要讲述工程结算的种类(包括工程价款结算、年终结算和竣工结算);竣工结算的编制依据、编制内容、编制方法和编制步骤;单位工程竣工成本决算和建设项目竣工决算的作用等。

10.1 工程结算

10.1.1 工程结算及其种类

10.1.1.1 工程结算的概念

工程结算是指承包商(施工企业)在工程项目竣工后,按照合同的规定向业主(建设单位)办理已完工程价款清算的经济文件。

工程结算是一项政策性很强而又非常细致的工作,要求按照国家财政部、建设部颁发的财建[2004]369 号文《建设工程价款结算暂行办法》的规定进行工程结算。

10.1.1.2 工程结算种类

工程结算在项目施工中通常需要发生多次,一直到整个项目全部竣工验收,还需要进行最终建筑产品的工程竣工结算,从而完成最终建筑产品的工程造价的确定和控制。由于建筑产品价值大、生产周期长的特点,工程结算分为工程价款结算、工程年终结算和工程竣工结算三种。

10.1.1.3 工程结算的方式

我国现行工程结算根据不同情况,可以采取多种方式。

(1) 按月结算

采取旬末或月中预支,月终结算,竣工后清算的办法。即每月月末由承包方提出已完工程月报表以及工程款结算清单,交现场监理工程师审查签证并经过业主确认之后,办理已完工程的工程价款月终结算。跨年度竣工的工程,在年终进行工程盘点,办理年度结算。目前,我国建安工程项目中,大多采用按月结算的办法。

(2) 竣工后一次结算

当建设项目或单位工程全部建筑安装工程建设期在 12 个月以内时,或者工程承包合同价值在 100 万元以下的,可采取工程价款每月月中预支,竣工后一次性结算。

(3) 分段结算

对当年开工,但当年不能竣工的单项工程或单位工程,可以按照工程形象进度,划分不同阶段进行结算。分段结算可按月预支工程款，分段的划分标准由各部门、自治区、直辖市、计划单列市规定。

(4) 目标结算

目标结算就是在工程合同下，将承包工程的内容分解成不同的控制界面，以业主验收控制界面作为支付工程价款的前提条件，换言之，是将合同中的工程内容分解为不同的验收单元，当承包商完成单元工程内容并经业主验收后，业主支付构成单元工程内容的工程价款。

在目标结算方式下，承包商欲得到工程款，必须履行合同约定的质量标准完成界面内的工程内容，否则承包商会遭受损失。

在目标结算方式下，对控制界面的设定应明确描述，以便量化和质量控制，同时也要适应项目资金的供应周期和支付频率。

10.1.2　工程价款结算

10.1.2.1　工程价款结算的概念

工程价款结算又称为工程中间结算，主要包括工程预付备料款结算和工程进度款结算。

由于施工企业流动资金有限和建筑产品的生产特点，一般都不是等到工程全部竣工后才结算工程价款。为了及时反映工程进度和施工企业的经营成果，使施工企业在施工过程中消耗的流动资金能及时地得以补偿，目前一般对工程价款实行中间结算的办法，即按逐月完成工程进度及工程量计算工程价款，向建设单位办理工程价款结算手续，待工程全部竣工后，再办理工程竣工结算。

10.1.2.2　工程预付款结算

我国目前工程承发包中，大部分工程实行包工包料，就是说承包商必须有一定数量的备料周转金。通常在工程承包合同中，会明确规定发包方（甲方）在开工前拨付给承包方（乙方）一定数额的工程预付备料款。该预付款构成承包商为工程项目储备主要材料、构件所需要的流动资金。

我国《建筑工程施工合同（示范文本）》规定，甲乙双方应当在专门条款内约定甲方向乙方预付工程款的时间和数额，开工后按约定的时间和比例逐次扣回。预付时间应不迟于约定的开工日期前 7 天。甲方不按约定预付，乙方在约定预付时间 7 天后向甲方发出要求预付的通知，甲方收到通知后仍不能按要求预付，乙方可在发出通知后 7 天停止施工，甲方应从约定应付之日起向乙方支付应付款的贷款利息，并承担违约责任。

建设部颁布的《招标文件范本》中也明确规定，工程预付款仅用于乙方支付施工开始时与本工程有关的动员费用。如乙方滥用此款，甲方有权立即收回。在乙方向甲方提交金额等于预付款数额（甲方认可的银行开出）的银行保函后，甲方按规定的金额和规定的时间向乙方支付预付款，在甲方全部扣回预付款之前，该银行保函将一直有效。当预付款被甲方扣回时，银行保函金额相应递减。

(1) 预付备料款的限额

预付备料款的限额可由以下主要因素决定：主要材料（包括外购构件）占工程造价的比重、材料储备期、施工工期。

对于施工企业常年应备的备料款限额，可以按照下面的公式计算：

$$备料款限额=\frac{年度承包工程总值\times主要材料所占比重}{年度施工日历天数}\times材料储备天数$$

一般情况下，建筑工程不得超过当年建安工作量（包括水、电、暖）的30%；安装工程按年安装工程量的10%；材料所占比重较多的安装工程按年计划产值的15%左右拨付。

实际工程中，备料款的数额亦可根据各工程类型、合同工期、承包方式以及供应体制等不同条件来确定。例如工业项目中钢结构和管道安装所占比重较大的工程，其主要材料所占比重比一般安装工程高，故备料款的数额亦相应提高。

（2）备料款的扣回

由于发包方拨付给承包方的备料款属于预支性质，那么在工程进行中，随着工程所需主要材料储备的逐步减少，应以抵充工程价款的方式扣回。其扣款方式有两种：

① 可从未施工工程尚需要的主要材料以及构件的价值相当于备料款数额时起扣，从每次结算工程价款中，按材料比重扣抵工程价款，在竣工前全部扣清。备料款起扣点按以下公式计算：

$$T=P-\frac{M}{N}$$

式中 T——起扣点，即预付备料款开始扣回时的累计完成工作量金额；

M——预付备料款的限额；

N——主材比重；

P——承包工程价款总额。

$$主材比重=\frac{主要材料费}{工程承包合同造价}$$

② 建设部《招标文件范本》中明确规定，在乙方完成金额累计达到合同总价的10%后，由乙方开始向甲方还款。甲方从每次应付给的金额中，扣回工程预付款，甲方至少在合同规定的完工期前3个月将工程预付款的总计金额按逐次分摊的办法扣回，当甲方一次付给乙方的余额少于规定扣回的金额时，其差额应转入下一次支付中作为债务结转。甲方不按规定支付工程预付款的，乙方按《建设工程施工合同（示范文本）》第21条享有权利。

10.1.2.3 工程进度款结算

建筑安装企业在工程施工中，按照每月形象进度或者控制界面等完成的工程数量计算各项费用，向建设单位（业主）办理工程进度款的支付（即中间结算）。

以按月结算为例，现行的中间结算办法是，施工企业在旬末或月中向建设单位提出预支工程款账单，预支一旬或半月的工程款，月终再提出工程款结算账单和已完工程月报表，收取当月工程价款，并通过银行结算，按月进行结算，同时对现场已完工程进行盘点，有关资料要提交监理工程师和建设单位审查签证。多数情况下是以施工企业提出的统计进度月报表为支取工程款的凭证，即工程进度款。其支付步骤如图10.1所示。

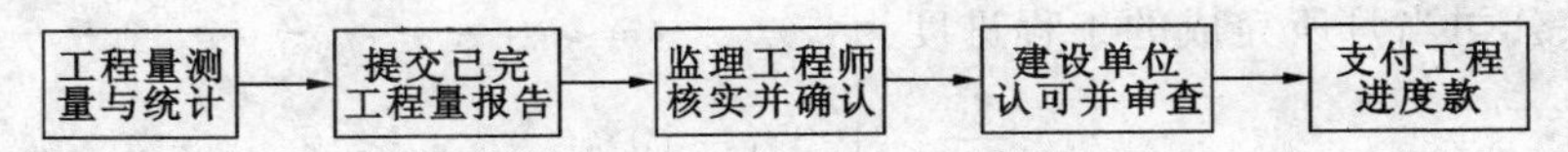

图10.1 工程进度款支付步骤

工程进度款支付过程中；需遵循如下要求：

（1）工程量的确认

参照FIDIC条款的规定，工程量的确认应做到：

① 乙方应按约定的时间，向监理工程师提交已完工程量的报告。监理工程师接到报告后7天内按设计图纸核实已完工程量(以下称计量)，并在计量前24小时通知乙方，乙方为计量提供便利条件并派人参加。乙方不参加计量的，甲方自行进行，计量结果有效，作为工程价款支付的依据。

② 监理工程师收到乙方报告后7天内未进行计算的，从第8天起，乙方报告中开列的工程量即视为已被确认，作为工程价款支付的依据。监理工程师不按约定时间通知乙方，使乙方不能参加计量时，计量结果无效。

③ 监理工程师对乙方超出设计图纸范围或因自身原因造成返工的工程量，不予计量。

(2) 合同收入的组成

财政部制定的《企业会计准则——建造合同》中对合同收入的组成内容进行了解释。合同收入包括两部分内容：

① 合同中规定的初始收入，即承包商与客户在双方签订的合同中最初商订的合同总金额，它构成合同收入的基本内容。

② 因合同变更、索赔、奖励等构成的收入，这部分收入并不构成合同双方在签订合同时已在合同中商订的合同总金额，而是在执行合同过程中由于合同变更、索赔、奖励等原因而形成的追加收入。

(3) 工程进度款支付

我国工商行政管理总局、建设部颁布的《建设工程施工合同(示范文本)》中对工程进度款支付作了如下规定：

① 工程进度款在双方计量确认后14天内，甲方应向乙方支付工程进度款。同期用于工程上的甲方供应材料设备的价款以及按约定时间甲方应按比例扣回的预付款，同期结算。

② 符合规定范围的合同价款的调整，工程变更调整的合同价款及其他条款中约定的追加合同价款，应与工程进度款同期调整支付。

③ 甲方超过约定的支付时间不付工程进度款，乙方可向甲方发出要求付款通知，甲方收到乙方通知后仍不能按要求付款，可与乙方协商签订延期付款协议，经乙方同意后可延期支付。协议须明确延期支付时间和从甲方计量签字后第15天起计算应付款的贷款利息。

④ 甲方不按合同约定支付工程进度款，双方又未达成延期付款协议，导致施工无法进行，乙方可停止施工，由甲方承担违约责任。

【例10.1】 某施工企业承包某项工程，合同造价为800万元，双方签订的合同中规定，工程备料款额度为18%，工程进度达到68%时，开始起扣工程备料款。经测算，主材费率为56%。设该公司在累计完成工程进度64%后的当月，完成工程价款为80万元。试计算该月应收取的工程进度款及应归还的工程备料款。

【解】 该公司当月所完成的工程进度为：

$$\frac{80}{800}\times 100\% = 10\%$$

该公司在未达到起扣工程备料款时当月应收取工程进度款为：

$$800\times 4\% = 32\text{ 万元}$$

该公司在已达到起扣工程备料款时当月应收取的工程进度款为：

$$(80-32)\times(1-56\%) = 21.12\text{ 万元}$$

该公司当月应收取的工程进度款为：

$$32+21.12=53.12 \text{ 万元}$$

当月应归还的工程备料款为：

$$80-53.12=26.88 \text{ 万元}$$

或

$$48-21.12=26.88 \text{ 万元}$$

【例 10.2】 某工程业主与承包商签订了施工合同，合同中含有两个子项工程，估算工程量 A 项为 2300 m^3、B 项为 3200 m^3，经协商合同价 A 项为 180 元/m^3、B 项为 160 元/m^3。合同还作了如下规定：

(1) 开工前业主应向承包商支付合同价 20%的预付款；

(2) 业主自第 1 个月起，从承包商的工程款中，按 5%的比例扣留保留金；

(3) 当子项工程实际工程量超过估算工程量 10%时，可进行调价，调整系数为 0.9；

(4) 根据市场情况规定价格调整系数平均按照 1.2 计算；

(5) 监理工程师签发月度付款最低金额为 25 万元；

(6) 预付款在最后两个月扣除，每月扣 50%。

承包商每月实际完成并经监理工程师签证确认的工程量见表 10.1。

表 10.1 某工程每月实际完成并经工程师签证确认的工程量 单位：m^3

月份	1 月	2 月	3 月	4 月
A 项	500	800	800	600
B 项	700	900	800	600

第一个月，工程量价款为 $500\times180+700\times160=20.2$ 万元，应签的工程款为 $20.2\times1.2\times(1-5\%)=23.028$ 万元，由于合同规定工程师签发的最低金额为 25 万元，故本月工程师不予签发付款凭证。

请问：预付款、从第二个月起每月工程量价款、工程师应签证的工程款、实际签发的付款凭证金额各是多少？

【解】 (1) 预付金额为：

$$(2300\times180+3200\times160)\times20\%=18.52 \text{ 万元}$$

(2) 第二个月，工程量价款为：

$$800\times180+900\times160=28.80 \text{ 万元}$$

应签证的工程款为：

$$28.8\times1.2\times0.95=32.832 \text{ 万元}$$

本月工程师实际签发的付款凭证金额为：

$$23.028+32.832=55.86 \text{ 万元}$$

(3) 第三个月，工程量价款为：

$$800\times180+800\times160=27.20 \text{ 万元}$$

应签证的工程款为：

$$27.20\times1.2\times0.95=31.008 \text{ 万元}$$

应扣预付款为：

$$18.52\times50\%=9.26 \text{ 万元}$$

应付款为：

$$31.008-9.26=21.748 \text{ 万元}$$

因本月应付款金额小于25万元，故工程师不予签发付款凭证。

(4) 第四个月，A项工程累计完成工程量为2700 m^3，比原估算工程量2300 m^3 超出400 m^3，已超过估算工程量的10%，超出部分其单价应进行调整，超过估算工程量10%的工程量为：

$$2700-2300\times(1+10\%)=170 \text{ m}^3$$

该部分工程量单价应调整为：

$$180\times0.9=162 \text{ 元/m}^3$$

A项工程工程量价款为：

$$(600-170)\times180+170\times162=10.494 \text{ 万元}$$

B项工程累计完成工程量为3000 m^3，比原估算工程量3200 m^3 减少200 m^3，不超过估算工程量，其单价不予调整。

B项工程工程量价款为：

$$600\times160=9.60 \text{ 万元}$$

本月完成A、B两项工程量价款合计为：

$$10.494+9.60=20.094 \text{ 万元}$$

应签证的工程款为：

$$20.094\times1.2\times0.95=22.907 \text{ 万元}$$

本月工程师实际签发的付款凭证金额为：

$$21.748+22.907-18.52\times50\%=35.395 \text{ 万元}$$

10.1.2.4 工程保修金(尾留款)的预留

按规定，工程项目总造价中须预留一定比例的尾款作为质量保修金，等到工程项目保修期结束时最后拨付。对于尾款的扣除，通常采取两种方法：

(1) 当工程进度款拨付累计额达到该建筑安装工程造价的一定比例(一般为95%～97%)时，停止支付，预留造价部分作为尾留款。

(2) 我国颁布的《招标文件范本》中规定，尾留款(保留金)的扣除，可以从甲方向乙方第一次支付的工程进度款开始，在每次乙方应得的工程款中扣留投标书附录中规定的金额作为保留金，直至保留金总额达到投标书附录中规定的限额为止。

10.1.3 工程年终结算

年终结算是指一项工程在本年度内不能竣工而需跨入下年度继续施工，为了正确反映企业本年度的经营成果，由承包商(施工企业)会同业主(建设单位)对在建工程进行已完(或未完)工程量的盘点，以结清年度内的工程价款。

10.1.4 工程竣工结算

10.1.4.1 工程竣工结算的含义及要求

工程竣工结算指承包商(施工企业)按照合同规定全部完成所承包的工程内容，并经验收质量合格，符合合同要求和竣工条件后，对照原设计施工图，根据增减变化内容，调整工程结算费用，作为向业主(建设单位)进行最终工程价款结算的经济技术文件。

在《建设工程施工合同(示范文本)》中对竣工结算作了如下规定：

(1) 工程竣工验收报告经甲方认可后28天内，乙方向甲方递交竣工结算报告以及完整的结算资料，甲乙双方按照协议书约定的合同价款及专用条款约定的合同价款调整内容，进行工程竣工结算。

(2) 甲方收到乙方递交的竣工结算报告及结算资料后28天内进行核实，给予确认或者提出修改意见。甲方确认竣工结算报告后通知经办银行向乙方支付工程竣工结算价款。乙方收到竣工结算价款后14天内将竣工工程交付甲方。

(3) 甲方收到竣工结算报告及结算资料后28天内无正当理由不支付工程竣工结算价款，从第29天起按乙方同期向银行贷款利率支付拖欠工程价款的利息，并承担违约责任。

(4) 甲方收到竣工结算报告及结算资料后28天内不支付工程竣工结算价款，乙方可以催告甲方支付结算价款。甲方在收到竣工结算报告及结算资料后56天内仍不支付的，乙方可以与甲方协议将该工程折价，也可以由乙方申请人民法院将该工程依法拍卖，乙方就该工程折价或者拍卖的价款优先受偿。

(5) 工程竣工验收报告经甲方认可后28天内，乙方未能向甲方递交竣工结算报告及完整的结算资料，造成工程竣工结算不能正常进行或工程竣工结算价款不能及时支付，甲方要求交付工程的，乙方应当交付；甲方不要求交付工程的，乙方承担保管责任。

(6) 甲乙双方对工程竣工结算价款发生争议时，按争议的约定处理。

实际工作中，当年开工、当年竣工的工程，只需要办理一次性结算。跨年度的工程，在年终办理一次年终结算，将未完工程结转到下一年度，此时竣工结算等于各年度结算的总和。

办理工程价款竣工结算的一般公式为：

$$\begin{matrix}\text{竣工结算}\\\text{工程价款}\end{matrix}=\begin{matrix}\text{预算(或概算)}\\\text{或合同价款}\end{matrix}+\begin{matrix}\text{施工过程中预算或}\\\text{合同价款调整数额}\end{matrix}-\begin{matrix}\text{预付及已结}\\\text{算工程价款}\end{matrix}$$

10.1.4.2 *工程竣工结算的作用*

(1) 工程竣工结算可作为考核业主投资效果，核定新增固定资产价值的依据；

(2) 工程竣工结算可作为双方统计部门确定建筑安装工作量和实物量完成情况的依据；

(3) 工程竣工结算可作为造价部门经建设银行终审定案，确定工程最终造价，实现双方合同约定的责任依据；

(4) 工程竣工结算可作为承包商确定最终收入，进行经济核算，考核工程成本的依据。

10.1.4.3 *工程竣工结算方式*

工程竣工结算书以承包商(施工单位)为主进行编制。目前有以下几种结算方式：

(1) 以施工图预算为基础编制竣工结算

这种方式是对增减项目和费用等，经业主或业主委托的监理工程师审核签证后，编制的调整预算。

(2) 以包干承包结算方式编制竣工结算

这种方式实际上是按照施工图预算加系数包干编制的竣工结算。依据合同规定，倘若未发生包干范围以外的工程增减项目，包干造价就是最终结算造价。

(3) 以房屋建筑每平方米造价为基础编制竣工结算

这种方式是双方根据施工图和有关技术经济资料，经计算确定出每平方米造价，在此基础上，按实际完成的平方米数量进行结算。

(4) 以投标的造价为基础编制竣工结算

如果工程实行招投标时，承包方可对报价采取合理浮动。通常中标一方根据工期、质量、奖惩、双方所承担的责任签订工程合同，对工程实行造价一次性包干。合同所规定的造价就是竣工结算造价。在结算时只需将双方在合同中约定的奖惩费用和包干范围以外的增减工程项目列入，并作为“合同补充说明”进入工程竣工结算。

10.1.4.4 工程竣工结算的编制

(1) 工程竣工结算的编制原则

① 工程项目已具备结算条件，如竣工图纸完整无误，竣工报告及所有验收资料完整。业主或委托工程建设监理单位对结算项目逐一核实是否符合设计及验收规范要求，不符合不予结算，需返工的，应返工合格后再结算。

② 实事求是，正确确定造价。施工单位要有对国家负责的态度，认真编制工程竣工结算。

(2) 工程竣工结算的编制依据

① 原施工图预算及工程承包合同。

② 竣工报告和竣工验收资料，如基础竣工图和隐蔽资料等。

③ 经设计单位签证后的设计变更通知书、图纸会审纪要、施工记录、业主委托监理工程师签证后的工程量清单。

④ 预算定额及有关技术、经济文件。

(3) 工程竣工结算的编制内容

① 工程量增减调整。这是编制工程竣工结算的主要部分，即所谓量差，就是说所完成的实际工程量与施工图预算工程量之间的差额。量差主要表现为：

a. 设计变更和漏项。因实际图纸修改和漏项等而产生的工程量增减，该部分可依据设计变更通知书进行调整。

b. 现场工程更改。实际工程中出现施工方法不符、基础超深等情况均可根据双方签证的现场记录，按照合同或协议的规定进行调整。

c. 施工图预算错误。在编制竣工结算前，应结合工程的验收和实际完成工程量情况，对施工图预算中存在的错误予以纠正。

② 价差调整。工程竣工结算可按照地方预算定额或基价表的单价编制，因当地造价部门文件调整发生的人工、计价材料和机械费用的价差均可以在竣工结算时加以调整。未计价材料则可根据合同或协议的规定，按实调整价差。

③ 费用调整。属于工程数量的增减变化，需要相应调整安装工程费的计算；属于价差的因素，通常不调整安装工程费，但要计入计费程序中，换言之，该费用应反映在总造价中；属于其他费用，如停窝工费用、大型机械进出场费用等，应根据各地区定额和文件规定，一次结清，分摊到工程项目中去。

10.1.4.5 工程竣工结算的审查

工程竣工结算审查是竣工结算阶段的一项重要工作。审查工作通常由业主、监理公司或审计部门把关进行。审核内容通常有以下几方面：

(1) 核对合同条款。主要针对工程竣工是否验收合格，竣工内容是否符合合同要求，结算方式是否按合同规定进行；套用定额、计费标准、主要材料调差等是否按约定实施。

(2) 审查隐蔽资料和有关签证等是否符合规定要求。

(3) 审查设计变更通知是否符合手续程序，是否加盖公章。

(4) 根据施工图核实工程量。

(5) 审核各项费用计算是否准确。主要从费率、计算基础、价差调整、系数计算、计费程序等方面着手进行。

10.2 竣工决算

10.2.1 竣工决算及其分类

建设项目竣工决算是指在竣工验收交付使用阶段，由业主(建设单位)编制的建设项目从筹建到竣工投产或使用全过程的全部实际支出费用的经济文件。该文件是竣工验收报告的重要组成部分。

国家规定，所有新建、扩建、改建和恢复项目竣工后均要编制竣工决算。根据建设项目规模的大小，可分为大中型建设项目竣工决算和小型建设项目竣工决算两大类。

施工企业在竣工后，也要编制单位工程(或单项工程)竣工成本决算，用作预算和实际成本的核算比较，以便总结经验，提高管理水平。但两者在概念和内容上不同。

10.2.2 竣工决算的作用

(1) 竣工决算是国家对基本建设投资实行计划管理的重要手段

根据国家基本建设投资的规定，在批准基本建设项目计划任务书时，可依据投资估算来估计基本建设计划投资额。在确定基本建设项目设计方案时，可依据设计概算决定建设项目计划总投资最高数额。在施工图设计时，可编制施工图预算，用以确定单项工程或单位工程的计划价格，同时规定其不得超过相应的设计概算。因此，竣工决算可反映出固定资产计划完成情况以及节约或超支原因，从而控制投资费用。

(2) 竣工决算是竣工验收的主要依据

我国基本建设程序规定，对于批准的设计文件规定的工业项目经负荷运转和试生产，生产出合格产品，民用项目符合设计要求，能够正常使用时，应及时组织竣工验收工作，并全面考核建设项目，按照工程的不同情况，由负责验收的委员会或小组进行验收。

(3) 竣工决算是确定建设单位新增固定资产价值的依据

竣工决算中需要详细计算建设项目所有的建筑工程费、安装工程费、设备费和其他费用等新增固定资产总额及流动资金，以作为建设管理部门向企事业使用单位移交财产的依据。

(4) 竣工决算是基本建设成果和财务的综合反映

建设项目竣工决算包括项目从筹建到建成投产(或使用)的全部费用。除了采用货币形式表示基本建设的实际成本和有关指标外，还包括建设工期、工程量和资产的实物量以及技术经济指标，并综合了工程的年度财务决算，全面反映了基本建设的主要情况。

10.2.3 竣工决算的编制

10.2.3.1 竣工决算的编制依据

竣工决算的编制依据主要有：

(1) 建设项目计划任务书和有关文件；

(2) 建设项目总概算书以及单项工程综合概算书；

(3) 建设项目设计图纸以及说明，其中包括总平面图、建筑工程施工图、安装工程施工图以及相关资料；

(4) 设计交底或者图纸会审纪要；

(5) 招投标标底、工程承包合同以及工程结算资料；

(6) 施工记录或者施工签证以及其他工程中发生的费用记录，如工程索赔报告和记录、停(交)工报告等；

(7) 竣工图以及各种竣工验收资料；

(8) 设备、材料调价文件和相关记录；

(9) 历年基本建设资料和历年财务决算及其批复文件；

(10) 国家和地方主管部门颁布的有关建设工程竣工决算的文件。

10.2.3.2 竣工决算的编制内容

竣工决算的内容包括竣工决算报告说明书、竣工决算报表、工程竣工图和工程造价比较分析四部分。大中型建设项目竣工决算报表通常包括建设项目竣工财务决算审批表、竣工工程概况表、竣工财务决算表、建设项目交付使用资产总表以及明细表、建设项目建成交付使用后的投资效益表等；小型建设项目竣工决算报表由建设项目竣工财务决算审批表、竣工财务决算总表和交付使用资产明细表组成。

(1) 竣工决算报告说明书

竣工决算报告说明书概括了竣工工程建设成果和经验，是全面考核分析工程投资与造价的书面总结，也是竣工决算报告的重要组成部分，其主要内容如下：

① 建设项目概况及评价；

② 会计财务的处理、财产物资情况及债权债务的清偿情况；

③ 资金节余、基建结余资金等的上交分配情况；

④ 主要技术经济指标的分析、计算情况；

⑤ 基本建设项目管理以及决算中存在的问题以及建议；

⑥ 需要说明的其他事项。

(2) 竣工决算报表结构

根据国家财政部财基字[1998]4 号关于《基本建设财务管理若干规定》的通知以及财基字[1998]498 号文《基本建设项目竣工财务决算报表》和《基本建设项目竣工财务决算报表填表说明》的通知，建设项目竣工财务决算报表格式有建设项目竣工财务决算审批表、大中型建设项目概况表、大中型建设项目竣工财务决算表、大中型建设项目交付使用资产总表、建设项目交付使用资产明细表等。小型建设项目竣工财务决算报表有建设项目竣工财务决算审批表、小型建设项目竣工财务决算总表、建设项目交付使用资产明细表等。

（3）工程竣工图

工程竣工图是真实地记录和反映各种建筑物、构筑物等情况的技术文件，它是工程交工验收、改建和扩建的依据，是国家的重要技术档案。对竣工图的要求是：

① 根据原施工图未变动的，由施工单位在原施工图上加盖“竣工图”图章标志后，即可作为竣工图。

② 施工过程中尽管发生了一些设计变更，但可以将原施工图加以修改补充作为竣工图的，可以不重新绘制，由施工单位负责在原施工图（必须是新蓝图）上注明修改的部分，并附以设计变更通知单和施工说明，加盖“竣工图”图章标志后作为竣工图。

③ 凡结构形式改变、工艺变化、平面布置改变、项目改变以及有其他重大改变，不宜再在原施工图上修改、补充者，应重新绘制改变后的竣工图。属设计原因造成的，由设计单位负责重新绘制；属施工原因造成的，由施工单位负责重新绘制；属其他原因造成的，由建设单位自行绘制或委托设计单位绘制。施工单位负责在新图上加盖“竣工图”图章标志，并附以记录和说明，作为竣工图。

④ 为满足竣工验收和竣工决算的需要，应绘制能反映竣工工程全部内容的工程设计平面示意图。

10.2.3.3　竣工决算书的编制步骤

（1）收集、整理和分析有关资料

收集和整理出一套较为完整的相关资料，是编制竣工决算的必要条件。在工程进行的过程中应注意保存和收集资料，在竣工验收阶段则要系统地整理出所有技术资料、工程结算经济文件、施工图纸和各种变更与签证资料，分析其准确性。

（2）清理各项账务、债务和结余物资

在收集、整理和分析资料过程中，应注意建设工程从筹建到竣工投产（或使用）的全部费用的各项账务、债权和债务的清理，既要核对账目，又要查点库存实物的数量，做到账物相等、相符；对结余的各种材料、工器具和设备要逐项清点核实，妥善管理，且按照规定及时处理、收回资金；对各种往来款项要及时进行全面清理，为编制竣工决算提供准确的数据依据。

（3）填写竣工决算报表

依照建设项目竣工决算报表的内容，根据编制依据中有关资料进行统计或计算各个项目的数量，并将其结果填入相应表格栏目中，完成所有报表的填写。这是编制工程竣工决算的主要工作。

（4）编写建设工程竣工决算说明书

根据建设项目竣工决算说明的内容、要求，以及编制依据材料和填写在报表中的结果编写建设工程竣工决算说明书。

（5）上报主管部门审查

以上编写的文字说明和填写的表格经核对无误，可装订成册，即可作为建设项目竣工文件，并报主管部门审查，同时把其中的财务成本部分送交开户银行签证。竣工决算在上报主管部门的同时，抄送设计单位。大中型建设项目的竣工决算还需抄送财政部、建设银行总行和省、市、自治区财政局和建设银行分行各一份。

建设项目竣工决算编制的一般程序如图 10.2 所示。

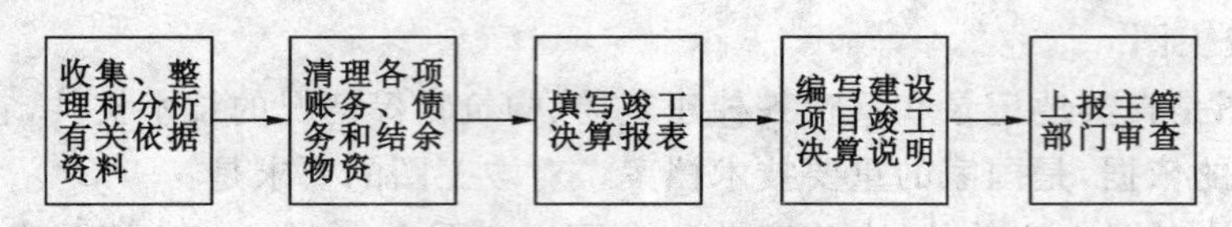

图 10.2 建设项目竣工决算编制程序

建设项目竣工决算文件，由建设单位负责组织人员编制，在竣工建设项目办理验收交付使用一个月之内完成。

小 结

本章主要讲述工程结算的概念、种类，工程竣工结算的编制依据、内容和方法；工程竣工决算的概念、作用，工程竣工决算的编制依据、内容和方法等。现就其基本要点归纳如下：

(1) 工程结算是指办理已完工程价款清算的经济技术文件。因建筑产品具有价值大、施工生产周期长等特点，因此，工程结算是分阶段进行的，一般分为工程价款结算(工程中间结算)、工程年终结算和工程竣工结算。工程竣工结算的编制内容，包括对工程量差的调整、材料价差的调整和各项费用的调整，不过上述调整必须在经过现场监理工程师审批通过的基础上进行，不得随意增加或减少。

(2) 工程竣工决算分为单位工程竣工成本决算和建设项目竣工决算两种。就承包商(施工企业)来讲，按规定只编制单位工程竣工成本决算，后者应由业主(建设单位)编制。其目的是为了进行实际成本分析，反映经营效果，总结经验教训，提高企业管理水平。

通过本章的学习，要了解工程结算和工程竣工决算的概念、作用与种类，重点掌握工程竣工结算的编制依据、主要内容、编制方法和相关量价的调整。

复习思考题

10.1 何谓工程结算？

10.2 工程价款结算有哪几种方式？

10.3 工程预付备料款的计算受哪些因素制约？

10.4 工程备料款的起扣点如何计算？

10.5 简述工程进度款的支付步骤。

10.6 工程竣工结算的编制应遵循什么原则？

10.7 工程竣工结算有何作用？

10.8 工程竣工结算的编制依据是什么？

10.9 简述工程竣工结算的含义及编制内容。

10.10 工程竣工结算有哪几种结算方式？

10.11 简述建设项目竣工决算的含义及分类。

10.12 建设项目竣工决算有何作用？

10.13 建设项目竣工决算的编制依据是什么？

10.14 建设项目竣工决算包括哪些内容？

10.15 简述建设项目竣工决算的编制程序。

参考文献

[1] 武育秦.建筑工程定额与预算.重庆:重庆大学出版社,1993.

[2] 李景云.建筑工程定额与预算.重庆:重庆大学出版社,2002.

[3] 武育秦.建筑工程造价.重庆:重庆大学出版社,2009.

[4] 廖天平.建筑工程定额与预算.北京:高等教育出版社,2002.

[5] 王武齐.建筑工程计量与计价.北京:中国建筑工业出版社,2004.

[6] 龚维丽.工程造价的确定与控制.北京:中国计划出版社,2000.

[7] 《建设工程工程量清单计价规范》编制组.《建设工程工程量清单计价规范》宣贯辅导教材.北京:中国计划出版社,2008.

[8] 《建设工程工程量清单计价规范》GB 50500—2013.

[9] 《建设工程工程量清单计价规范》GB 50500—2008.

[10] 《建筑工程建筑面积计算规范》GB 50353—2013.

[11] 《建筑工程建筑面积计算规范》GB 50353—2005.

[12] 《房屋建筑与装饰工程工程量计算规范》GB 50854—2013.

[13] 《重庆市建筑工程计价定额》CQJZDE—2008.

[14] 《重庆市装饰工程计价定额》CQZSDE—2008.

[15] 《混凝土及砂浆配合比表、施工机械台班定额》CQPSDE—2008.